Linux Shell

命令行及脚本编程实例详解

（第2版）

刘艳涛◎编著

清華大学出版社
北 京

内容简介

本书是获得大量读者好评的“Linux 典藏大系”中的经典畅销书《Linux Shell 命令行及脚本编程实例详解》的第 2 版。**本书第 1 版累计 13 次印刷，销量超过 2 万册，被 ChinaUnix 技术社区大力推荐。**本书理论结合实践，全面、系统地介绍 Linux Shell（Bash）脚本编程的语法、命令和技巧等内容。本书偏重于实践，在讲解理论知识时结合大量典型实例让读者了解理论知识在实际环境中的应用，并对易混淆和较难理解的知识点做了重点分析，以加深读者对知识的理解。**本书提供教学视频、实例源程序、思维导图、教学 PPT 和习题参考答案等超值配套资源，以帮助读者高效、直观地学习。**

本书共 15 章，分为 2 篇。第 1 篇“Linux Shell 基础知识与命令”，主要内容包括 Linux 和 Linux Shell 简介、初识 Linux Shell、常用的 Shell（Bash）命令、Shell 命令进阶；第 2 篇“Shell 脚本编程”，主要内容包括 Shell 编程基础、Shell 的条件执行、Bash 循环、Shell 函数、正则表达式、脚本输入处理、Shell 重定向、管道和过滤器、捕获、sed 和 awk、其他 Linux Shell 概述。

本书非常适合初次接触 Linux Shell 命令行和脚本编程的入门读者阅读，也适合有一定基础而想进一步提升的进阶读者阅读，还适合作为高等院校和 Linux 培训机构的教材。对于基于 Linux 平台的开发人员而言，本书还是一本不可多得的案头查询手册。

图书在版编目（CIP）数据

Linux Shell 命令行及脚本编程实例详解 / 刘艳涛编著. —2 版. —北京：清华大学出版社，2024.4
（Linux 典藏大系）
ISBN 978-7-302-66019-4

Ⅰ. ①L… Ⅱ. ①刘… Ⅲ. ①Linux 操作系统－程序设计 Ⅳ. ①TP316.89

中国国家版本馆 CIP 数据核字（2024）第 070104 号

责任编辑：王中英
封面设计：欧振旭
责任校对：胡伟民
责任印制：杨　艳

出版发行：清华大学出版社
网　　址：https://www.tup.com.cn，https://www.wqxuetang.com
地　　址：北京清华大学学研大厦 A 座　　邮　　编：100084
社 总 机：010-83470000　　邮　　购：010-62786544
投稿与读者服务：010-62776969，c-service@tup.tsinghua.edu.cn
质量反馈：010-62772015，zhiliang@tup.tsinghua.edu.cn
印 装 者：北京联兴盛业印刷股份有限公司
经　　销：全国新华书店
开　　本：185mm×260mm　　印　　张：24.75　　字　　数：625 千字
版　　次：2010 年 1 月第 1 版　　2024 年 4 月第 2 版　　印　　次：2024 年 4 月第 1 次印刷
定　　价：99.80 元

产品编号：101195-01

前言

截至 2022 年，全球云服务市场规模达到 30 000 亿元。其中，知名的云服务提供商包括亚马逊的 AWS、微软的 Azure、谷歌的云服务和阿里巴巴的云服务等。这些云服务广泛地使用 Linux 操作系统，这需要人们在 Linux 服务器上进行大量的数据处理和管理，以及应用部署和监测等工作。

为了实现批量、自动化地完成工作，人们必须使用命令行和 Shell 脚本。在 Linux 系统中，技术人员通常基于命令行完成大量的管理和配置任务，并通过 Shell 脚本将一些重复和需要定期执行的任务自动完成，通过短短的几行脚本就能自动将手头的大部分工作完成，从而节省大量的时间。另外，理解 Shell 脚本也可以让技术人员更全面地了解操作系统。

Shell 脚本还可以和很多外部命令行工具结合起来完成信息查询、文本处理、任务定时自动化和监测系统等工作。当然，这些便利在带来效率提升的同时也隐藏着不小的风险。例如，稍不留神可能就会将整个根目录全部毁掉，或者错误地处理重要的配置文件。这时，了解 Linux 命令行和 Shell 脚本的相关细节，以及 Linux 的使用规范就显得格外重要。

本书是获得大量读者好评的"Linux 典藏大系"中的经典畅销书《Linux Shell 命令行及脚本编程实例详解》的第 2 版。截至本书完稿时，本书第 1 版累计 13 次印刷，销量超过 2 万册。本书结合大量实例全面、系统地介绍 Linux Shell（Bash）的命令、语法和使用技巧等知识，面向系统管理员、基于 Linux 系统的软件开发和测试人员，以及所有想高效使用 Linux 系统的爱好者。

关于"Linux 典藏大系"

"Linux 典藏大系"是专门为 Linux 技术爱好者推出的系列图书，涵盖 Linux 技术的方方面面，可以满足不同层次和各个领域的读者学习 Linux 的需求。该系列图书自 2010 年 1 月陆续出版，上市后深受广大读者的好评。2014 年 1 月，创作者对该系列图书进行了全面改版并增加了新品种。新版图书一上市就大受欢迎，各分册长期位居 Linux 图书销售排行榜前列。截至 2023 年 10 月底，该系列图书累计印数超过 30 万册。可以说，"Linux 典藏大系"是图书市场上的明星品牌，该系列中的一些图书多次被评为清华大学出版社"年度畅销书"，还曾获得"51CTO 读书频道"颁发的"最受读者喜爱的原创 IT 技术图书奖"，另有部分图书的中文繁体字版在中国台湾出版发行。该系列图书的出版得到了国内 Linux 知名技术社区 ChinaUnix（简称 CU）的大力支持和帮助，读者与 CU 社区中的 Linux 技术爱好者进行了广泛的交流，取得了良好的学习效果。另外，该系列图书还被国内上百所高校和培训机构选为教材，得到了广大师生的一致好评。

关于第 2 版

随着技术的发展，本书第 1 版与当前 Linux 的新版本有所脱节，这给读者的学习带来了不便。应广大读者的要求，笔者结合 Linux 技术的发展对第 1 版图书进行全面的升级改版，推出第 2 版。相比第 1 版图书，第 2 版在内容上的变化主要体现在以下几个方面：

- Bash 的版本从 4.0 更新到 5.1；
- 增加对 Z Shell 相关内容的讲解；
- 增加助记提示，帮助读者记忆繁杂的选项和参数；
- 修订第 1 版中的一些疏漏，并修正一些表述不够准确的内容；
- 增加思维导图和课后习题，以方便读者梳理和巩固所学知识。

本书特色

1. 视频教学，高效、直观

本书涉及很多命令的具体用法，为此笔者专门录制了对应的配套教学视频，以便读者更加高效和直观地学习书中的重要知识点和操作，从而取得更好的学习效果。

2. 内容全面，涵盖面广

本书理论结合实践，全面介绍 Linux 系统常用命令的用法，并对 Linux Shell 脚本编程的基本概念、语法、命令、技巧和难点都结合实例和示意图进行详细讲解。

3. 由浅入深，循序渐进

本书从最基本的 Shell 命令开始讲解，逐步深入 Shell 脚本编程，让读者可以循序渐进地掌握 Shell 的各种特性，并在实际开发中加以使用。

4. 实例丰富，实用性强

本书结合 700 多个典型实例，对 Linux 的常用命令、Linux Shell 的相关概念与脚本编程的相关知识进行详细的讲解，从而帮助供读者了解这些知识在实际环境中的应用。

5. 经验传授，避坑提示

本书总结笔者多年的 Linux 系统管理和程序设计经验，讲解时穿插大量的经验和技巧，并给出多个避坑提示，尽可能帮读者扫清 Linux Shell 编程学习中容易遇到的各种障碍。

6. 提供习题、源代码、思维导图和教学 PPT

本书特意在每章后提供多道习题，用以帮助读者巩固和自测该章的重要知识点，另外还提供源代码、思维导图、习题答案和教学 PPT 等配套资源，以方便读者学习和老师教学。

本书内容

第 1 篇　Linux Shell 基础知识与命令

本篇涵盖第 1～4 章，主要介绍 Linux 命令行和 Linux Shell 基础知识，包括 Linux 和 Linux Shell 简介、Bash 简介、Shell 在 Linux 环境中的角色、Shell 变量、Shell 环境进阶、常用的 Shell（Bash）命令、Shell 命令进阶等。通过学习本篇内容，读者可以快速了解 Linux Shell 的基础知识，并掌握 Linux Shell 常用命令的用法，为后续章节的学习打好基础。

第 2 篇　Shell 脚本编程

本篇涵盖第 5～15 章，全面介绍 Shell 脚本编程的相关知识，包括 Shell 编程基础、Shell 的条件执行、Bash 循环、Shell 函数、正则表达式、脚本输入处理、Shell 重定向、管道和过滤器、捕获、sed 和 awk、其他 Linux Shell 概述等。通过学习本篇内容，读者可以全面、系统地掌握 Shell 脚本编程方方面面的知识。

读者对象

- Linux Shell 编程入门人员；
- Linux Shell 编程进阶人员；
- Linux Shell 编程爱好者；
- 基于 Linux 系统的程序员；
- Linux 系统管理员；
- 网络管理人员；
- Linux 培训机构的学员；
- 相关院校的学生与老师；
- 需要 Linux Shell 查询手册的技术人员。

配书资源获取方式

为了便于读者学习，本书提供以下配书资源：

- 配套教学视频；
- 实例源程序；
- 高清思维导图；
- 习题参考答案；
- 配套教学 PPT。

上述配书资源有 3 种获取方式：一是关注微信公众号“方大卓越”，然后回复数字“21”，即可自动获取下载链接；二是到清华大学出版社网站（www.tup.com.cn）上搜索到本书，然后在本书页面上找到“资源下载”栏目，单击“网络资源”按钮进行下载；三是在本书技术论坛（www.wanjuanchina.net）上的 Linux 模块进行下载。

技术支持

虽然笔者对本书所述内容都尽量核对，并多次进行文字校对，但因时间所限，可能还存在疏漏和不足之处，恳请广大读者批评与指正。读者在阅读本书时若有疑问，可以通过以下方式获得帮助：

- 加入本书 QQ 交流群（群号：302742131）进行提问；
- 在本书技术论坛（见上文）上留言，会有专人负责答疑；
- 发送电子邮件到 book@ wanjuanchina.net 或 bookservice2008@163.com 获得帮助。

刘艳涛

2024 年 3 月

目录

第1篇　Linux Shell 基础知识与命令

第 2 篇 Shell 脚本编程

第1篇
Linux Shell 基础知识与命令

第 1 章　Linux 和 Linux Shell 简介

欢迎来到 Linux Shell 的世界，在我们开始 Linux Shell 之旅前，先简单地了解关于 Linux 和 Linux Shell 的历史及其相关的基本概念，以便为接下来的学习打好基础。希望通过本章的学习，读者能对 Linux Shell 有一个初步的了解。

1.1　关于 Linux

1.1.1　什么是 Linux

Linux 是自由开源的类 UNIX 操作系统。该操作系统的内核由林纳斯·本纳第克特·托瓦兹（Linus Benedict Torvalds）在 1991 年 10 月 5 日首次公开发布。

狭义来讲，Linux 只表示操作系统的内核本身，但通常采用“Linux 内核”来表达该意思。广义来讲，Linux 常用来指基于 Linux 内核的完整操作系统，包括 GUI 组件和许多其他实用工具。

Linux 最初是作为支持 Intel x86 架构的个人计算机的一个自由操作系统开发的，目前，Linux 已经被移植到更多的计算机硬件平台上。世界上绝大部分的超级计算机都在运行 Linux 发行版或变种，包括最快的前 10 名超级计算机运行的都是基于 Linux 内核的操作系统。Linux 也广泛应用在嵌入式系统上，如手机、平板计算机、路由器、电视和电子游戏机等。在移动设备上广泛使用的 Android 操作系统就是基于 Linux 内核开发的。

Linux 的发展是自由软件和开源软件联盟的结果。只要遵循 GNU 通用公共许可证，任何个人和机构都可以使用、修改和发布 Linux 的底层源代码。通常情况下，Linux 被打包成供桌面应用和服务器应用的 Linux 发行版。一些主流的 Linux 发行版包括 Debian 及其派生版本，（如 Ubuntu 和 Kali Linux）、Red Hat Enterprise Linux 及其派生版本，（如 Fedora 和 CentOS）、openSUSE 及其商业版 SUSE Linux Enterprise Server，以及 Arch Linux。Linux 发行版包含 Linux 内核、配套的实用程序和库，以及发行版使用的大量应用软件。

通常情况下，面向桌面应用的 Linux 发行版包括 X Windows 系统和一个相应的桌面环境，如 GNOME 或 KDE。一些 Linux 发行版也会包含使用较少资源的桌面系统和桌面环境，以适配较老或低性能的计算机。一个用于服务器应用的发行版可能会从标准安装中忽略所有的图形环境，而包含一些其他软件，如 Apache HTTP 服务和一个 SSH 服务。因为 Linux 是一个自由软件，所以任何人都可以创建一个符合自己应用需求的发行版。

1.1.2 谁创建了 Linux

1991 年，林纳斯·本纳第克特·托瓦兹开始了之后被称为 Linux 内核的项目开发。它最初是用于访问大学里的 UNIX 服务器的一个终端模拟器。托瓦兹专门为当时正在使用的硬件写了一个独立于操作系统的程序，因为他想使用 80386 处理器的新功能。这个程序的开发是在使用 GNU C 编译器的 MINIX 操作系统上完成的，即 Linux 的前身。

正如托瓦兹在他的书 *Just for Fun* 中所写，他最终意识到他编写了一个操作系统内核。1991 年 8 月 25 日他在 Usenet 上对外公布这件事情。

1.1.3 Linux 在日常生活中的应用

可以把 Linux 作为一个服务器操作系统来使用，或者作为个人计算机上的独立操作系统使用。作为一个服务器操作系统，Linux 为客户端提供不同的服务和网络资源。一个服务器操作系统必须具有以下特性：

- 稳定的；
- 强壮的；
- 安全的；
- 高性能的。

Linux 不仅具备以上特性，而且它是自由和开源的。它作为一个杰出的操作系统，可以应用于：

- 台式计算机；
- 网站服务器；
- 软件开发工作站；
- 网络监控工作站；
- 工作组服务器；
- 杀手级网络服务，如 DHCP、防火墙、路由、FTP、SSH、邮件、代理和代理缓存服务器等。

1.1.4 Linux 内核是什么

正如前面所说，Linux 内核，即 Linux 操作系统的核心。它主要由以下模块组成：

- 进程管理；
- 定时器；
- 中断管理；
- 内存管理；
- 模块管理；
- 虚拟文件系统接口；
- 文件系统；
- 设备驱动程序；

- ❑ 进程间通信；
- ❑ 网络管理；
- ❑ 系统引导。

Linux 内核决定谁将使用这些资源，可以使用多长时间，以及什么时候可以使用这些资源。它在计算机硬件和各种应用程序之间起到了媒介的作用，如图 1.1 所示。

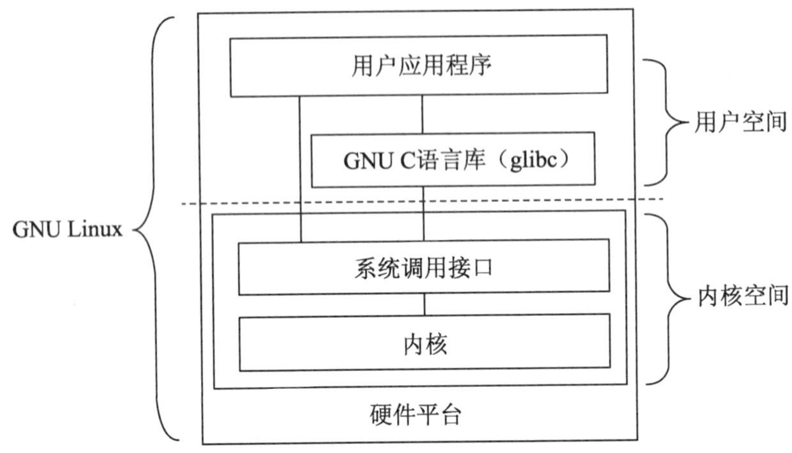

图 1.1　Linux 内核示意

1.1.5　Linux 的理念

如前面所述，Linux 是类 UNIX 的操作系统，UNIX 的理念是一套基于 UNIX 操作系统顶级开发者们的经验提出的软件开发的准则和哲学。因此这些理念也同样适用于 Linux 操作系统：

- ❑ 小即是美；
- ❑ 让程序只做好一件事；
- ❑ 可移植性比效率更重要；
- ❑ 一切即文件——使用方便而且把硬件作为文件处理是安全的；
- ❑ 使用 Shell 脚本来提高效率和可移植性；
- ❑ 避免使用可定制性低下的用户界面；
- ❑ 所有程序都是数据的过滤器。

1.2　什么是 Linux Shell

Linux Shell 是用户和 Linux 内核之间的接口程序，为用户提供使用操作系统的接口。当从 Shell 向 Linux 传递命令时，内核会做出相应的反应。

- ❑ Shell 是一个用户程序，或是一个为用户与系统交互提供的环境。
- ❑ Shell 是一个执行从标准输入设备（如键盘或文件）读入的命令的语言解释程序，它拥有自己内建的 Shell 命令集，Shell 也能被系统中其他应用程序所调用。

- 当用户登录或打开控制台时 Shell 就会运行。
- Shell 不是系统内核的一部分，但是它使用系统内核执行程序及创建文件等。

可以通过多种方式来访问和使用 Shell。

- 终端：Linux 桌面提供基于 GUI 的登录系统。一旦登录，就可以通过运行 X 终端（XTerm）、GNOME 终端（GTerm）或 KDE 终端（KTerm）应用程序来访问 Shell。
- 安全 Shell 连接（SSH）：可以通过它远程登录服务器或工作站来访问其 Shell。
- 使用控制台：一些 Linux 系统同样提供基于文本的登录系统。通常情况下，登录系统后就可以直接访问 Shell。

当普通用户成功登录时，系统将执行一个 Shell 程序，Shell 进程会提供一个命令行提示符。作为默认值，普通用户用“$”作为提示符，超级用户（root）用“#”作为提示符。一旦出现了 Shell 提示符，就可以输入命令名称及命令所需的参数，按 Enter 键后，Shell 将执行这些命令。

当 Shell 执行命令时，首先检查命令是否内部命令，若不是，再检查是否为一个应用程序（这里的应用程序可以是 Linux 本身的实用程序，如 date 和 cat，也可以是购买的商业程序，如 rtds，或者是自由软件，如 Emacs），Shell 在搜索路径里寻找这些应用程序（搜索路径是一个存放可执行程序的目录列表）。如果输入的命令不是一个内部命令并且在搜索路径里没有找到这个可执行文件，则 Shell 会显示一条错误信息。如果能够成功找到命令，则该命令将被分解为系统调用并传给 Linux 内核。

在 Shell 中，可以使用如下按键组合来编辑和回调命令。

- Ctrl + W：删除光标位置前的单词。
- Ctrl + U：清空行。
- ↑和↓方向键：查看命令历史。
- Tab：自动补全文件名、目录名和命令等。
- Ctrl + R：搜索之前使用的命令。
- Ctrl + C：中止当前命令。
- Ctrl + D：退出登录 Shell。
- Esc + T：调换光标前的两个单词。

当用户准备结束登录对话进程时，可以输入 logout 命令、exit 命令或按 Ctrl+D 组合键，结束登录。

Shell 的另一个重要特性是它自身就是一个解释型的程序设计语言，Shell 程序设计语言支持绝大多数在高级语言中能见到的程序元素，如函数、变量、数组和程序控制结构等。Shell 编程语言简单、易学，任何在提示符中输入的命令都可以放到一个可执行的 Shell 脚本中。

1.3　Shell 的种类

Linux（UNIX 或类 UNIX）中的 Shell 有多种类型，最常用的种类有 Bourne Shell（sh）、C Shell、Korn Shell 和 Z Shell。这 4 种 Shell 各有优缺点。

Bourne Shell 是 UNIX 最初使用的 Shell，并且在每种 UNIX 上都可以使用。Bourne Shell

在 Shell 编程方面相当优秀，但是在处理与用户的交互方面不如其他几种 Shell。

Bourne-Again Shell（Bash）是 Linux 系统中最常用的 Shell。它是 Bourne Shell 的扩展，与 Bourne Shell 完全向后兼容，并且在 Bourne Shell 的基础上增加、增强了很多特性，可以提供如命令补全、命令编辑和命令历史等功能，它还包含很多 C Shell 和 Korn Shell 的优点，有灵活和强大的编程接口，同时又有很友好的用户界面。

C Shell（Csh）是一种比 Bourne Shell 更适合编程的 Shell，它的语法和用法与 C 语言很相似，Linux 为喜欢使用 C Shell 编程的人提供了 TCSH。

TCSH 是与 C Shell 兼容的增强版本。它包括命令行编辑、可编程单词补全、拼写校正、历史命令替换、作业控制和类似 C 语言的语法。

Korn Shell（Ksh）集合了 C Shell 和 Bourne Shell 的优点，并和 Bourne Shell 完全兼容。Linux 系统提供了 Ksh 的扩展，它支持任务控制，可以在命令行上挂起在后台执行、唤醒或终止程序。

Z Shell 是一款用于交互式使用的 Shell，包含 Bash、Ksh 和 Tcsh 等其他 Shell 的许多优秀功能，也拥有诸多自身的特色。

Linux 中还包括一些其他的 Shell 类型，比较流行的 Ash 等。但无论哪一种 Shell，它最主要的功能都是解译使用者在命令行提示符中输入的命令。在 MS-DOS 中也有一种 Shell，它的名字是 COMMAND.COM，也用于解释用户输入的命令，只是没有 Linux Shell 的功能强大。每种 Shell 都有它的用途及命令语法，提供不同的内建功能。有些 Shell 是有专利的，有些 Shell 则可从互联网上直接免费获得。

可以使用如下命令查看系统中所有可用的 Shell：

```
-bash-5.1$ cat /etc/shells
/bin/sh
/bin/bash
/sbin/nologin
/bin/tcsh
/bin/csh
/bin/ksh
```

可以看到，系统文件内容有多行，每行都是一种 Shell，表示系统支持多种 Shell。

用户登录 Linux 系统时由/etc/passwd 文件决定将要使用哪种 Shell，例如，查看 root 账号在/etc/passwd 文件中的定义：

```
-bash-5.1$ grep root /etc/passwd
root:x:0:0:System Admin:/root:/bin/bash
```

可以看到，在输出结果中，以冒号“:”分隔的最后一个字段就是定义此账号在登录后所使用的 Shell，由此可知在此实例中，root 账号所使用的 Shell 是 Bash。

还可以使用如下命令查看账号当前使用的 Shell 的类型。

```
-bash-5.1$ echo $SHELL
/bin/bash
```

或者：

```
-bash-5.1$ ps -p $$
  PID TTY          TIME  CMD
23579 pts/0    00:00:00  bash
```

1.4　怎样使用 Shell

要使用 Shell，只需要输入简单的命令即可，命令是一个用于执行特定任务的计算机程序。

如果系统启动后进入的是文本模式，那么在登录系统后就可以直接使用 Shell，可以在登录后的 Shell 中输入命令并执行（命令是为执行特定任务而构建的计算机程序）。如果系统是以图形界面模式启动的，例如 GNOME 桌面或 KDE 桌面，那么可以在图形界面中选择“应用程序”|“系统工具”|“终端”命令打开一个 Shell；或者按 Ctrl+Alt+F3 组合键切换到虚拟控制台并使用用户名和密码登录。如果想切换回图形界面模式，可以按 Ctrl+Alt+F2 组合键。

Linux 终端提供了一个让用户简单地与 Shell（如 Bash）交互的手段。Shell 是一个解释并执行在命令行提示符中输入的命令的程序。当启动 GNOME、KDE 或 X Window 终端时，这些应用程序会启动系统账号中所指定的默认 Shell。可以随时切换到不同的 Shell。接下来简单了解 GNOME 终端的使用和配置。

GNOME 终端程序是完全可以配置的，可以通过设置如下选项来定义一些属性。

- 前景和背景色。
- 窗口标题。
- 字体大小和类型。
- 回滚缓冲区等。

1.5　Shell 脚本是什么

Shell 脚本就像早期的 DOS 时期的.bat 一样，主要的功能就是将许多命令汇总在一起，让使用者能够通过一个操作执行多个命令，方便管理员进行设置或者管理。但是 Shell 脚本比 Windows 中的批处理功能更强大，它提供了数组、循环、条件及逻辑判断等重要的功能，让使用者可以直接以 Shell 来写程序，比用其他编程语言编写的程序效率更高，毕竟它使用了 Linux/UNIX 中的命令。

Shell 脚本是利用 Shell 功能所写的一个程序，这个程序是纯文本文件格式，将一些 Shell 的语法与命令写在里面，然后使用正则表达式、管道命令及数据流重定向等功能实现需要的功能。

Shell 脚本是 Linux/UNIX 编程环境的基本组成部分。Shell 脚本一般由以下几部分构成：

- Shell 关键字，如 if…else 和 for do…done。
- Shell 命令，如 export、echo、exit、pwd 和 return。
- Linux 命令，如 date、rm 和 mkdir。
- 文本处理功能，如 awk、cut、sed 和 grep。
- 函数，通过函数把一些常用的功能放在一起。例如，/etc/init.d 目录下的大部分或全部系统 Shell 脚本所使用的函数，都在文件/etc/init.d/functions 中。

- 控制流语句，如 if…then…else 或执行重复操作的 Shell 循环。

每个 Shell 脚本都有它的用途。例如，备份文件系统和数据库到网络存储服务器上，Shell 脚本可以像 Linux 命令一样被执行。

1.6　为什么使用 Shell 脚本

Shell 脚本的应用知识对于每个想熟练地管理 Linux 操作系统的人是必须要掌握的，即使你可能从来不必写脚本。例如，当 Linux 启动时，它会执行/etc/rc.d 目录下的 Shell 脚本来加载系统配置和运行服务，那么详细地理解这些启动脚本对于分析系统的行为或者修改这些脚本都是很重要的。

学习编写 Shell 脚本并不难，因为它的语法简单、易懂，类似于直接调用命令行并将其串联在一起，并且只有几种规则需要学习。大部分简短的脚本第一次使用就可以正确地执行，即使要调试长的脚本也是简单的。

总之，使用 Shell 的原因如下：

- 使用简单；
- 节省时间：可以把冗长、重复的一连串命令合并成一条简单的命令；
- 可以创建自己的自动化工具和应用程序；
- 使系统管理任务自动化；
- 因为脚本已经过很好的测试，所以在使用脚本做类似配置服务或系统管理任务时，发生错误的概率将大大减少。

常用的 Shell 脚本的实例如下：

- 监控你的 Linux 系统；
- 备份数据和创建快照；
- 创建邮件告警系统；
- 查找耗尽系统资源的进程；
- 查找是否所有的网络服务都正常运行等。

1.7　实例：创建第一个 Shell 脚本

要想成功地写一个 Shell 脚本，需要做以下 3 件事情：

- 写一个脚本。
- 允许 Shell 执行该脚本。
- 把该脚本放到 Shell 可以找到的地方。

一个 Shell 脚本即是一个包含 ASCII 文本的文件，因此可以使用一个文本编辑器来创建一个脚本。文本编辑器是一个类似于读写 ASCII 文本文件的文字处理机程序。有很多种文本编辑器可以在 Linux 系统中使用，它们既可以用于命令行环境也可以用于用户图形界面环境，可以根据自己的喜好选择适合的文本编辑器。

打开文本编辑器并编写包含如下内容的第一个 Shell 脚本：

```
#!/bin/bash
#My first script

ls -l .*
```

保存文件，这里将其命名为 my_first。

脚本的第一行是重要的。它告诉 Shell 使用什么程序解释脚本。在本例中使用的是 /bin/bash。其他脚本语言如 Perl、Awk、Python 等也同样使用这个机制。

脚本的第二行是一个注释。每一行中出现在“#”符号后的任何内容都将被 Bash 忽略。一旦脚本变得很大且很复杂，注释将是极其重要的。程序员用注释来解释代码的用途，以方便其他程序员查看代码。

脚本的最后一行是 ls 命令，它将列出当前目录下所有以点开头的文件和目录（即所有隐藏文件和目录）。

默认情况下，Linux 是不允许文件执行的（从安全性来说，这是一件非常好的事情）。下一步要做的就是允许 Shell 执行脚本。我们使用 chmod 命令来完成此操作，命令如下：

```
-bash-5.1$ chmod 755 my_script
```

755 表示给予用户读写和执行的权限，其他用户只有读和执行的权限。如果用户希望自己的脚本是私有的（即只有用户本人可以读写和执行），则使用 700 来替代。现在就可以运行脚本了，只需要在命令行提示符中调用脚本的文件名即可，命令如下：

```
-bash-5.1$ ./my_script
```

之后将会看到脚本的运行结果，如果脚本没有成功运行，请检查实际保存脚本的路径，然后切换到正确的目录并尝试重新运行脚本。

1.8 小　　结

下面总结本章的知识点：

- Linux 是自由开源的类 UNIX 操作系统。该操作系统的内核是由林纳斯•本纳第克特•托瓦兹在 1991 年 10 月 5 日首次公开发布。
- Linux 既可以作为服务器操作系统使用，又可以作为个人计算机的独立操作系统使用。
- Linux 内核即 Linux 操作系统的核心。它的主要模块分为：存储管理、CPU 和进程管理、文件系统、设备管理和驱动、网络通信、系统的初始化（引导）和系统调用等。
- Linux 的主要理念：一个程序只做一件事并做好、一切皆文件、小即是美、在文本文件中存储和配置数据、可移植性高于效率、用户界面简单美观。
- Linux Shell 是用户和 Linux 内核之间的接口程序，为用户提供使用操作系统的接口。
- Linux 中常用的 Shell 有 Bourne Shell（Sh）、C Shell（Csh）、Korn Shell（Ksh）。
- 如果系统启动后进入的是文本模式，那么登录系统后可以直接使用 Shell。
- Shell 脚本是使用纯文本文件，集合一些 Shell 的语法和命令，并用正则表示法或管道命令以及数据流重导向等功能，达到处理效果的程序。

- Shell 脚本具有使用简单、节省时间、使系统管理自动化等特点。

1.9 习 题

一、填空题

1．Linux 是类 UNIX 操作系统，该操作系统内核是由________创建的。

2．Linux Shell 是________的接口程序，为用户提供使用操作系统的接口。

3．Shell 脚本一般由________、________、________、________、________和______构成。

二、选择题

1．Linux 操作系统具有的特性是（ ）。

A．稳定的　B．自由的　C．安全的　D．高性能

2．当普通用户成功登录系统时，Shell 命令行提示符为（ ）。

A．#　B．$　C．%　D．&

3．使用 Shell 脚本的好处是（ ）。

A．简单　B．节省时间

C．使系统管理自动化　D．减少出错概率

三、判断题

1．如果用户的系统启动后进入的是文本模式，则用户登录系统后就可以直接使用 Shell。（ ）

2．创建一个 Shell 脚本后，必须添加执行权限才可以执行。（ ）

四、操作题

1．创建一个名为 test.sh 的 Shell 脚本，输出 Hello World!字符串。

第 2 章　初识 Linux Shell

你是否想过，当在 Shell 的任何目录下运行一个标准的命令行功能（如 cp）时，Shell 是怎么知道这个命令存放在哪里并且是否存在的呢？

这个问题可能会使刚接触 Linux Shell 环境的人感到困惑。因此，本章将介绍 Linux Shell 及 Shell 环境的相关概念。

注意：我们已经知道 Linux Shell 的类型有多种，但本书中介绍的所有 Linux Shell 相关的概念和实例都是以最常用的 Bash 为基础进行讲解的。

2.1　Bash 概述

2.1.1　Bash 简介

Bash 是一个与 Bourne Shell 兼容的命令语言解释器，可以执行从标准输入设备或文件中读取的命令。Bash 与原来的 Bourne Shell（简写为 sh）向后兼容，并且融合了一些有用的 Korn Shell 和 C Shell 的特性。相对于 sh，Bash 在编程和交互式使用两方面都进行了功能改进。另外，大部分的 sh 脚本可以在不修改的情况下由 Bash 直接运行。

Bash 具有很好的移植性。它使用在构建时发现编译平台特征的配置系统，因此可以构建在几乎任何一种 UNIX 版本上。

2.1.2　Bash 的改进

Bash 的语法是 Bourne Shell 语法的一个改进版本。在大多数情况下，Bourne Shell 脚本可以被 Bash 正常运行。下面列出了 Bash 提供的部分改进功能。

- 支持命令行编辑；
- 支持命令行补全；
- 不限制命令行大小；
- 不限制数组的大小；
- 支持 Bash 启动文件：可以运行 Bash 作为一个交互式登录 Shell 或交互式非登录 Shell；
- 支持条件表达式；
- 支持目录堆栈：访问目录的历史记录；

- ❑ 支持限制性 Shell：提供了更多的 Shell 执行的控制模式；
- ❑ 提供 Bash POSIX 模式：使 Bash 行为更接近 POSIX 标准的规定。

2.2　Shell 在 Linux 环境中的角色

Linux 环境由以下几部分构成。

- ❑ 内核：Linux 操作系统的核心。
- ❑ Shell：为用户和内核提供一个交互的接口。
- ❑ 终端模拟器：允许用户输入命令并在屏幕上回显命令的运行结果。
- ❑ Linux 桌面和窗口管理器：Linux 桌面是各种软件应用程序的集合，包括文件管理器、窗口管理器和终端模拟器等。

由此可见，Shell 在 Linux 环境中扮演非常重要的角色，包括读取命令行、解释命令行的含义并执行、通过输出返回执行结果等。

2.2.1　与登录 Shell 相关的文件

当 Linux 系统的运行目标为 multi-user.target 时，用户可以在本地登录系统控制台，或在系统运行目标为 graphical.target 时，直接以图形界面方式登录。这两种情况都需要在登录时输入用户名和密码。这时，Bash 将使用以下初始化文件和启动脚本。

- ❑ /etc/profile：系统级的初始化文件，定义了一些环境变量，由登录 Shell 调用执行。
- ❑ /etc/bash.bashrc 或/etc/bashrc：其文件名因不同的 Linux 发行版而异，每个交互式 Shell 的系统级的启动脚本都定义了一些函数和别名。
- ❑ /etc/bash.logout：系统级的登录 Shell 清理脚本，当登录 Shell 退出时执行。部分 Linux 发行版默认没有此文件。
- ❑ $HOME/.bash_profile、$HOME/.bash_login 和$HOME/.profile：用户个人初始化脚本，由登录 Shell 调用执行。这 3 个脚本只有一个会被执行，按照此顺序查找，第一个存在的脚本将被执行。
- ❑ $HOME/.bashrc：用户个人的每个交互式 Shell 的启动脚本。
- ❑ $HOME/.bash_logout：用户个人的登录 Shell 清理脚本，当登录 Shell 退出时执行。
- ❑ $HOME/.inputrc：用户个人的由 Readline 使用的启动脚本，用于处理某些情况下的键盘映射。

2.2.2　Bash 启动脚本

通过 2.2.1 节的介绍可以知道，用户登录时自动执行的脚本主要用于设置一些环境，如设置 JAVA_HOME 的路径。其中的一些脚本被登录 Shell 调用，登录 Shell 是用户登录系统时最先执行的 Shell。登录 Shell 设置一些环境，然后把这些环境授予非登录 Shell。

当用户登录时，登录 Shell 会调用如下脚本。

- ❑ /etc/profile：当用户在运行目标 multi-user.target 登录系统时首先运行。

- /etc/profile.d：当/etc/profile 运行时，会调用该目录下的一些脚本。
- $HOME/.bash_profile、$HOME/.bash_login 和$HOME/.profile：在/etc/profile 运行后，登录 Shell 会按照顺序检查这 3 个文件，如果文件存在，则执行并跳过后续的检查。
- $HOME/.bashrc：上述脚本中的一个脚本运行后即调用此脚本。
- /etc/bashrc 或/etc/bash.bashrc：由$HOME/.bashrc 调用运行。

当一个交互式的非登录 Shell 启动时，Bash 将读取并运行如下脚本。

- $HOME/.bashrc：如果此文件存在即运行。
- /etc/bashrc：将被$HOME/.bashrc 调用运行。
- /etc/profile.d：此目录下的脚本将被/etc/bashrc 或/etc/bash.bashrc 调用运行。

Bash 启动脚本主要设置的环境如下。

- 环境变量 PATH 和 PS1（将在 2.3.1 节中介绍这两个变量）。
- 通过变量 EDITOR 设置默认的文本编辑器。
- 设置默认的 umask（文件或目录的权限属性）。
- 覆盖或移除不想要的变量或别名。
- 设置别名。
- 加载函数。

2.2.3　实例：定制自己的 Bash 登录脚本

本节以一个实际的.bash_profile 脚本为例，来学习如何定制一个自己的 Bash 登录脚本。首先在自己的 Linux 账号的 home 目录下创建一个名称为.bash_profile 的文件，然后使用文本编辑器打开并编辑此文件，我们以 Vi 文本编辑器为例，其内容如下：

```
$ vi ~/.bash_profile
# .bash_profile
# Custom Command Prompt
export PS1="\n\e[1;32m[\e[0;31m\u\e[0;34m@\e[0;31m\h\e[1;32m]\e[1;32m[\e
[0;34m\w\e[1;32m]$ "

# Get the aliases and functions
if [ -f ~/.bashrc ]; then
        . ~/.bashrc
fi

# User specific environment and startup programs
PATH=$PATH:$HOME/bin:/usr/bin:/usr/local/bin:/usr/sbin:/usr/local/sbin:
/sbin
export PATH
unset USERNAME
umask 022

# Custom DJRavine Modification
login_pwd=`pwd`;
login_date=`date`;
login_users=`users`;
login_uptime=`uptime`;
server_ip=`/sbin/ifconfig | grep 'inet addr:'| grep -v '127.0.0.1' | head
-1 | cut -d: -f2 | awk '{ print $1}'`;
disk_available=$(df -h --block-size=1024 | awk '{sum += $4;} END {print
sum;}');
```

```
disk_used=$(df -lh --block-size=1024 | awk '{sum += $3;} END {print sum;}');
disk_size=$(df -lh --block-size=1024 | awk '{sum += $2;} END {print sum;}');
disk_available_gb=$(echo "scale=2; $disk_available/(1024^2)" | bc)
disk_used_gb=$(echo "scale=2; $disk_used/(1024^2)" | bc)
disk_size_gb=$(echo "scale=2; $disk_size/(1024^2)" | bc)
red="\033[31m"
blue="\033[34m"
green="\033[32m"
echo -e " "
echo -e "${blue}+--------------------------------------------------------------"
echo -e " ${green}                         Welcome!                            "
echo -e "${blue}+--------------------------------------------------------------"
echo -e " ${green}Server IP: ${red}"$server_ip
echo -e " ${green}Date: ${red}"$login_date
echo -e " ${green}Users: ${red}"$login_users
echo -e " ${green}Directory: ${red}"$login_pwd
echo -e " ${green}Uptime: ${red}"$login_uptime
echo -e "${blue}+--------------------------------------------------------------"
df -lh  | column -c 6 | awk '{ printf " \033[22;32m%s\t%s\t\033[22;31m%s\
t%s\t%s\n", $1, $6, $2, $3, $4,$5 }'
echo -e " ${green}Total Disk Space: ${red}${disk_size_gb} GB"
echo -e " ${green}Total Free Space: ${red}${disk_available_gb} GB"
echo -e " ${green}Total Used Space: ${red}${disk_used_gb} GB"
echo -e "${blue}+--------------------------------------------------------------"
```

编辑完成后保存并退出文本编辑器。

再创建一个名称为.bashrc 的文件，使用文本编辑器打开并编辑此文件，内容如下：

```
$ vi ~/.bashrc
alias l.='ls -d .* --color=tty'
alias ll='ls -l --color=tty'
alias ls='ls --color=tty'
alias vi='vim'
```

编辑完成后保存并退出文本编辑器。重新登录系统，将会看到如下输出结果：

```
+------------------------------------------------------------------
                          Welcome!
+------------------------------------------------------------------
 Server IP: X.X.X.X
 Date: Tue Jun 6 11:16:52 AM CST 2023
 Users: root yantaol
 Directory: /home/yantaol
 Uptime:  11:16:52 up 2 days, 17:10, 3 users, load average: 0.03, 0.03, 0.00
+------------------------------------------------------------------
 Filesystem    Mounted Size    Used    Avail
 /dev/hde1     /         15G    8.0G   5.8G
 /dev/hde3     /local  208G    151G     46G
 tmpfs  /dev/shm       1.9G     0       1.9G
 Total Disk Space: 223.54 GB
 Total Free Space: 53.21 GB
 Total Used Space: 158.90 GB
+------------------------------------------------------------------

 yantaol@hostname][~]$ which l.
alias l.='ls -d .* --color=tty'
       /bin/ls
yantaol@hostname][~]$ which vi
alias vi='vim'
       /usr/bin/vim
```

2.2.4　Bash 退出脚本

当登录 Shell 之后需要退出时，如果$HOEM/.bash_logout 脚本存在，则 Bash 会读取并执行此脚本的内容。$HOEM/.bash_logout 脚本的作用如下：

- 使用 clear 命令清理终端屏幕输出；
- 移除一些临时文件；
- 自动运行一些命令或脚本等。

2.2.5　实例：定制自己的 Bash 退出脚本

编辑文件~/.bash_logout，其内容如下：

```
# .bash_logout

#clear the termimal screen
clear

# clear mysql command history
echo "Clear mysql command history"
/bin/rm $HOME/.mysql_history

echo "Backup files to NAS server"
# backup files to NAS server
~/bin/backup.sh
```

编辑完成后保存并退出文本编辑器。此时在命令行提示下运行 exit 命令，将会得到如下输出结果：

```
yantaol@hostname][~]$ exit
logout

Clear mysql command history
Backup files to NAS server
```

如果文件~/.mysql_history 和~/bin/backup.sh 在 home 目录下不存在，当运行 exit 命令时，会看到如下的输出结果：

```
$ exit
logout

Clear mysql command history
/bin/rm: cannot remove `/home/yantaol/.mysql_history': No such file or
directory
Backup files to NAS server
-bash: /home/yantaol/bin/backup.sh: No such file or directory
```

2.2.6　有效地登录 Shell 的路径

/etc/shells 是一个包含有效的登录 Shell 全路径名的文本文件，这个文件既可以被 chsh 命令（变更登录 Shell）使用，又可以被其他程序查询使用，如 FTP 服务。查看/etc/shells 的内容，命令如下：

```
$ cat /etc/shells
```

输出结果如下：

```
/bin/sh
/bin/bash
/sbin/nologin
/bin/tcsh
/bin/csh
/bin/ksh
```

也可以使用 which 命令显示 Shell 的全路径：

```
$ which bash
/bin/bash
```

2.3　Shell 变量

变量是程序或脚本的重要组成部分。变量为程序或脚本访问内存中可被修改的一块数据提供了简单的方式。

Shell 中的变量可以被指定为任意的数据类型，如文本字符串或数值。也可以通过修改 Shell 中的变量来改变 Shell 的样式。

接下来学习 Shell 中的变量。

2.3.1　变量的类型

Shell 中有两种变量类型，即系统变量（环境变量）和用户自定义的变量（本地变量或 Shell 变量）。

系统变量是由 Shell 创建和维护的变量。可以通过修改系统变量如 PS1、PATH、LANG、HISTSIZE 和 DISPLAY 等，配置 Shell 的样式。

常用的系统变量（环境变量）如表 2.1 所示。

表 2.1　常用的系统变量

系统变量	含　义
BASH_VERSION	保存Bash实例的版本
DISPLAY	设置X display的名字
EDITOR	设置默认的文本编辑器
HISTFILE	保存历史命令的文件名
HISTFILESIZE	历史命令文件所包含的最大行数
HISTSIZE	记录在历史命令中的命令数
HOME	当前用户的主目录
HOSTNAME	计算机的主机名
IFS	定义Shell的内部字段分隔符，一般是空格符、制表符和换行符
PATH	搜索命令的路径。它是以冒号分隔的目录列表。Linux中的标准命令之所以能在Shell命令行的任何路径下直接使用，是因为这些标准命令所在的目录的路径定义在了PATH变量中，Shell会在PATH环境变量指定的全部路径中搜索任何匹配的可执行文件

续表

系 统 变 量	含　义
PS1	提示符设定
PWD	当前工作目录，由cd命令设置
SHELL	设置登录Shell的路径
TERM	设置登录终端的类型
TMOUT	用于Shell内建命令read的默认超时时间。单位为s。在交互式的Shell中，此变量的值作为发出命令后等待用户输入的秒数，如果用户没有输入，则会自动退出

当然，用户可以添加上述变量到用户账号的 home 目录下的初始化文件中，如 ~/.bash_profile 文件。这样在用户每次登录系统时，这些变量会被自动设置为用户需要的值。

如果要查看当前 Shell 的所有系统变量，则在控制台或终端输入如下命令：

```
$ env
```

或者：

```
$ printenv
```

输出结果如下：

```
HOSTNAME=hostname
SHELL=/bin/bash
TERM=vt100
HISTSIZE=1000
USER=yantaol
LS_COLORS=no=00:fi=00:di=01;34:ln=01;36:pi=40;33:so=01;35:bd=40;33;01:
cd=40;33;01:or=01;05;37;41:mi=01;05;37;41:ex=01;32:*.cmd=01;32:*.exe=
01;32:*.com=01;32:*.btm=01;32:*.bat=01;32:*.sh=01;32:*.csh=01;32:*.tar=
01;31:*.tgz=01;31:*.arj=01;31:*.taz=01;31:*.lzh=01;31:*.zip=01;31:*.z=
01;31:*.Z=01;31:*.gz=01;31:*.bz2=01;31:*.bz=01;31:*.tz=01;31:*.rpm=01;
31:*.cpio=01;31:*.jpg=01;35:*.gif=01;35:*.bmp=01;35:*.xbm=01;35:*.xpm=
01;35:*.png=01;35:*.tif=01;35:
MAIL=/var/spool/mail/yantaol
PATH=/usr/local/bin:/bin:/usr/bin
INPUTRC=/etc/inputrc
PWD=/home/yantaol
LANG=en_US.iso88591
KDE_IS_PRELINKED=1
KDEDIRS=/usr
HOME=/home/yantaol
LOGNAME=yantaol
CVS_RSH=ssh
_=/usr/bin/printenv
```

用户自定义的变量即由用户创建和维护的变量。这种类型的变量可以使用任何有效的变量名来定义。

如果要查看当前 Shell 中的所有用户自定义的变量和系统变量，那么可以在控制台或终端上使用 set 命令查看，命令如下：

```
$ env
```

输出结果如下：

```
BASH=/bin/bash
BASH_ARGC=()
BASH_ARGV=()
BASH_LINENO=()
```

```
BASH_SOURCE=()
BASH_VERSINFO=([0]="3" [1]="2" [2]="25" [3]="1" [4]="release" [5]=
"i686-redhat-linux-gnu")
BASH_VERSION='3.2.25(1)-release'
COLUMNS=126
CVS_RSH=ssh
DIRSTACK=()
HISTFILE=/home/yantaol/.bash_history
HISTFILESIZE=1000
HISTSIZE=1000
HOME=/home/yantaol
HOSTNAME=hostname
HOSTTYPE=i686
IFS=$' \t\n'
INPUTRC=/etc/inputrc
LANG=en_US.iso88591
LESSOPEN='|/usr/bin/lesspipe.sh %s'
LINES=40
LOGNAME=yantaol
LS_COLORS='no=00:fi=00:di=01;34:ln=01;36:pi=40;33:so=01;35:bd=40;33;01:
cd=40;33;01:or=01;05;37;41:mi=01;05;37;41:ex=01;32:*.cmd=01;32:*.exe=01;
32:*.com=01;32:*.btm=01;32:*.bat=01;32:*.sh=01;32:*.csh=01;32:*.tar=01;
31:*.tgz=01;31:*.arj=01;31:*.taz=01;31:*.lzh=01;31:*.zip=01;31:*.z=01;
31:*.Z=01;31:*.gz=01;31:*.bz2=01;31:*.bz=01;31:*.tz=01;31:*.rpm=01;31:
*.cpio=01;31:*.jpg=01;35:*.gif=01;35:*.bmp=01;35:*.xbm=01;35:*.xpm=01;
35:*.png=01;35:*.tif=01;35:'
PATH=/usr/local/bin:/bin:/usr/bin
PIPESTATUS=([0]="0")
PS1='\s-\v\$ '
PS2='> '
PS4='+ '
PWD=/home/yantaol
SHELL=/bin/bash
SHLVL=1
SUPPORTED=en_US.UTF-8:en_US:en:zh_CN.UTF-8
TERM=vt100
USER=yantaol
_=set
consoletype=pty
myvar=showset
```

2.3.2　实例：如何定义变量并给变量赋值

在 Shell 中，当第一次使用某个变量名时，实际上就是定义了这个变量。在 Shell 中创建和设置变量是很简单的，其语法如下：

```
varName=varValue
```

在上例中，我们看到可以使用赋值操作符“=”给变量赋值。输入的次序是：变量名、赋值操作符和赋予的值，varName 即变量名，varValue 是赋予 varName 的值。如果没有给出 varValue，则变量 varName 会被赋予一个空字符串。

在赋值操作符“=”的前后，不要有任何空格。例如，下面的变量定义将会得到 command not found 的错误：

```
varName = varValue
varName =varValue
varName= varValue
```

可以把任意字符集合赋值给一个变量。例如，将字符串 yantaol 赋值给 username：

```
$ username=yantaol
```

或者：

```
$ username="yantaol"
```

将一个数字赋值给变量：

```
$ var=1
```

需要注意，shell 的默认赋值是字符串赋值，例如接下来的操作：

```
$ var=$var+1
$ echo $var
1+1
```

此时变量的值是“1+1”，而不是我们预想中的值“2”，在 Bash 中，如果将算术表达式的数值赋值给一个变量，则可以使用 let 命令：

```
$ let var=2+1
$ echo $var
3
```

将一个变量的值直接赋值给另一个变量：

```
$ a=3
$ b=$a
$ echo $b
3
```

将命令的执行结果赋值给变量：

```
$ var=`pwd`
$ echo $var
/home/yantaol
```

也可以使用$(...)来实现同样的功能：

```
$ var=$(pwd)
$ echo $var
/home/yantaol
```

将 Bash 的内置命令 read 读入的内容赋值给变量：

```
$ echo -n "Enter var:"; read var
Enter var:123
$ echo $var
123
```

在上例中，echo -n "Enter var:"语句是打印内容 Enter var:并且不换行，紧接着从标准输入读入内容，这里输入“123”后按 Enter 键，read 命令将读入的内容赋值给 var，即在输出结果中看到的 var 的值是 123。

2.3.3　变量的命名规则

变量名可以包含字母、数字和下画线“_”，但首字符必须是字母或下画线。不要使用“？”“*”和其他特殊字符命名变量。

有效的 Shell 变量名示例如下：

```
USERNAME
LD_LIBRARY_PATH
```

```
_var
var1
```

注意，以下变量名是无效的：

```
?var=123
user*name=yantaol
```

变量名是大小写敏感的，例如，定义如下几个变量：

```
$ var=123
$ Var=1
$ vAR=2
$ VAR=3
```

它们都是不同的变量：

```
$ echo $var
123
$ echo $Var
1
$ echo $vAR
2
$ echo $VAR
3
```

2.3.4　实例：使用 echo 和 printf 命令打印变量的值

通过前面几节的学习，我们已经知道可以使用 echo 命令显示变量的值，此外，还有一种显示变量值的方法就是使用 printf 命令，例如：

```
$ var=123
$ printf "%s\n" $var
123
```

printf 命令提供了一个类似于 printf()系统接口（C 函数）的打印格式化文本的方法。它作为 echo 命令的替代，提供了更多的特性。

printf 命令的语法格式如下：

```
printf <FORMAT> <ARGUMENTS...>
```

printf 命令就是根据指定的格式<FORMAT>打印<ARGUMENTS…>的内容。文本格式在<FORMAT>中指定，紧接着是需要格式化的所有参数。

由此，一个典型的 printf 命令调用如下：

```
printf "FirstName: %s\nLastName: %s" "$FIRSTNAME" "LASTNAME"
```

其中，FirstName: %s\nLastName: %s 和$FIRSTNAME 是格式规范，而后面的两个变量则是作为参数传入。格式字符串中的%s 打印参数的格式类型的分类符，这些分类符有不同的名称，如表 2.2 所示。

表 2.2　分类符

分　类　符	描　　述
%b	打印相关参数并解释其中带有反斜杠“\”的特殊字符
%q	以Shell引用的格式打印相关参数，使其可以在标准输入中重用
%d	以带符号十进制数的格式打印相关参数

续表

分 类 符	描　述
%i	与%d相同
%o	以无符号八进制数的格式打印相关参数
%u	以无符号十进制数的格式打印相关参数
%x	以无符号小写十六进制数的格式打印相关参数
%X	与%x相同，只是十六进制数为大写
%f	以浮点数的格式解析并打印相关参数
%e	以双精度浮点数<N>±e<N>的格式打印相关参数
%E	与%e相同，只是用大写字母E
%g	以%f或%e的格式打印相关参数
%G	以%f或%E的格式打印相关参数
%c	以字符的格式打印相关参数，并且只打印参数中的第一个字符
%s	以字符串的格式打印相关参数
%n	指定打印的字符个数
%%	表示打印一个字符“%”

在 printf 命令的格式用字符串<FORMAT>中还可以使用一些转义字符，如表 2.3 所示。

表 2.3　转义字符

转 义 字 符	描　述
\"	打印双引号
\NNN	用八进制的值表示一个ASCII字符，例如\101，即65，表示字符A
\\	打印一个反斜杠\
\a	发出告警音
\b	删除前一个字符
\f	换页符，在某些实现中会清屏或换行
\n	换行
\r	从行首开始，和换行不一样，仍在本行
\t	Tab键
\v	竖直制表，和\f相似，不同计算机的显示有所不同，通常会引起换行VERTICAL TAB or CTRL-K
\xHH	用十六进制的值表示一个ASCII字符，例如/x41，即65，表示字符A

接下来通过实例来了解如何使用 printf 命令格式化打印变量的值，代码如下：

```
$ var=shell
$ printf "%s\n" $var
shell
$ printf "%1s\n" $var        #如果指定的长度小于参数的实际长度，则打印完整的字符串
shell
$ printf "%1.1s\n" $var      #原点符右边的数字表示打印参数中的字符个数
s
$ printf "%1.2s\n" $var
sh
$ printf "%2.6s\n" $var
```

```
shell
$ printf "%5.6s\n" $var
shell
$ printf "%6.6s\n" $var
 shell
#如果指定打印的字符串长度超过输出的实际长度，则左边用空格补全
$ printf "%10.4s\n" $var
      shel
$ printf "%10.2s\n" $var
        sh
$ printf "%c\n" $var
s
$ var=100
$ printf "%d\n" $var
100
$ printf "%i\n" $var
100
$ printf "%u\n" $var
100
$ printf "%o\n" $var
144
bash-5.1$ printf "%s%%\n" $var
100%
$ var=123
$ printf "%x\n" $var
7b
$ printf "%X\n" $var
7B
$ var=12345678
$ printf "%e\n" $var
1.234568e+07
$ printf "%E\n" $var
1.234568E+07
$ printf "%g\n" $var
1.23457e+07
$ printf "%G\n" $var
1.23457E+07
$ var=123.45678
$ printf "%5.1f\n" $var          #打印的数值长度为 5，保留小数点后 1 位的数字
123.5
$ printf "%6.2f\n" $var
123.46
$ printf "%7.3f\n" $var
123.457
#打印的数值长度为 9，数值的实际长度为 7，保留小数点后 3 位，左面用空格补全
$ printf "%9.3f\n" $var
123.457
$ printf "%10.3f\n" $var
   123.457
$ var="abc def ghi '1\mn"
$ printf "%q\n" "$var"
abc\ def\ ghi\ \'1\\mn
```

与 printf 命令不同，echo 命令没有提供格式化选项，因此 echo 命令比 printf 命令更简单易用。当知道所要显示的变量的内容不会引起问题时，echo 命令是一个很好的显示简单输出的命令。

echo 命令也提供了转义字符的功能，可以使用的转义字符与 printf 命令中的转义字符基本相同，但需要使用-e 选项激活转义字符功能。

下面通过实例来了解如何使用 echo 命令打印变量的值。

```
$ var=10
$ echo "The number is $var"
The number is 10
$ echo -e "Username: $USER\tHome directory: $HOME\n"
Username: yantaol      Home directory: /home/yantaol
```

有时，需要使用${}避免一些歧义。例如：

```
$ LOGDIR="/var/log/"
$ echo "The log file is $LOGDIRmessages"
```

输出结果如下：

```
The log file is
```

Bash 尝试查找一个叫作 LOGDIRmessages 的变量，而不是$LOGDIR。为了避免这种歧义，这里需要使用${}语法，命令如下：

```
$ echo "The log file is ${LOGDIR}messages"
The log file is /var/log/messages
```

2.3.5 变量的引用

当引用一个变量时，通常是用双引号（" "）将变量名括起来，如"$variable"，这样可以防止被引用的变量值中的特殊字符（除$、`和\）被解释为错误的含义。

使用双引号可以防止变量值中由多个单词组成的字符串被分离。一个用双引号括起来的变量变为一个单一的词组，即使它的值中包含空格。下面通过一个实例来了解双引号在引用变量中的作用，代码如下：

```
$ LIST="one two three"
$ for var in $LIST              #将变量 LIST 的值分成 3 个参数传入 for 循环
> do
>     echo "$var"
> done
one
two
three
$ for var in "$LIST"            #将变量 LIST 的值作为一个整体传入 for 循环
> do
>     echo "$var"
> done
one two three
```

再看一个复杂一点的例子，代码如下：

```
var1="a variable containing five words"
COMMAND This is $var1           #执行带有 7 个参数的 COMMAND 命令："This" "is" "a"
                                #"variable" "containing" "five" "words"

COMMAND "This is $var1"         #执行带有一个参数的 COMMAND 命令："This is a
                                #variable containing five words"


var2=""                                 #赋予一个空字符串

COMMAND $var2 $var2 $var2               #相当于无参数执行 COMMAND 命令
```

```
COMMAND "$var2" "$var2" "$var2"     #执行带有 3 个空参数的 COMMAND 命令
COMMAND "$var2 $var2 $var2 "        #执行带有 1 个参数（两个空格）的 COMMAND 命令
```

注意：只有在变量的值中包含空格或要保留其中的空格时，将变量用双引号括起来才是必要的。

在下面的例子中，使用 echo 命令打印出了一些奇怪的变量值：

```
$ var="'(]\\{}\$\""
$ echo $var
'(]\{}$"
$ echo "$var"               #在这里，使用双引号和不使用双引号打印的值没有区别
'(]\{}$"
#在 2.3.1 节中讲过，IFS 是 Bash 的内部变量，此变量定义 Shell 的内部字段分隔符
$ IFS='\'
$ echo $var                 #不加双引号的情况下，在其打印的值中，反斜杠'\'被转换为空格
'(] {}$"
$ echo "$var"
'(]\{}$"
$
$ var2="\\\\\""
$ echo $var2
  "
$ echo "$var2"
\\"
$ var3='\\\\'
$ echo "$var3"
\\\\
$
$ echo "$(echo '"')"    #$(echo '"')相当于`echo '"'`
"
$ var4="Two words"
$ echo "\$var4 = "$var4""
$var4 = Two words
```

单引号的操作类似于双引号，但是它不允许引用变量，因为在单引号中，字符'$'的特殊含义将会失效。每个特殊的字符，除了字符“'”，都将按字面含义解释。

2.3.6　实例：export 语句的使用

在前面章节（主要参见 2.2.2 节）的学习中，我们了解到用户登录系统后，系统将会启动一个登录 Shell。在这个 Shell 中，可以声明一些变量，也可以创建并运行 Shell 脚本程序。运行 Shell 脚本时，系统将创建一个子 Shell，当此 Shell 脚本运行完毕时，这个子 Shell 将终止，环境将返回到执行该脚本运行之前的 Shell。默认情况下，所有用户定义的变量只在当前 Shell 内有效，它们不能被后续的 Shell 引用。要使某个变量可以被子 Shell 引用，可以使用 export 命令将变量进行输出。

Bash 的内置命令 export 会将指定给它的变量或函数自动输出到后续命令的执行环境中。export 命令的语法如下：

```
export [-fnp] [变量或函数名称]=[变量设置值]
```

-f 选项表示 export 为一个函数；-n 选项表示将 export 属性从指定变量或函数中移除；-p 选项表示打印当前 Shell 所有输出的变量，与单独执行 export 命令结果相同。

接下来通过实例来了解 export 命令的用途。例如，创建一个变量 JAVA_HOME，然后给它赋予一个值“/usr/local/jdk”，命令如下：

```
$ JAVA_HOME=/usr/local/jdk
```

使用 echo 命令显示变量的值，命令如下：

```
$ echo $JAVA_HOME
/usr/local/jdk
```

现在运行一个新的子 Shell，命令如下：

```
$ bash
```

再使用 echo 命令显示变量 JAVA_HOME 的值，命令如下：

```
bash-5.1$ echo $JAVA_HOME
```

结果将会得到一个空行，因为变量 JAVA_HOME 没有被输出到新的子 Shell 中。下面看看使用 export 命令的结果。先退出子 Shell，命令如下：

```
bash-5.1$ exit
exit
```

然后运行 export 命令，将变量 JAVA_HOME 输出到后续命令的执行环境中，命令如下：

```
$ export JAVA_HOME
```

现在运行一个新的子 Shell，再使用 echo 命令显示变量 JAVA_HOME 的值，命令如下：

```
bash-5.1$ bash
bash-5.1$ echo $$
30798
bash-5.1$ echo $JAVA_HOME
/usr/local/jdk
```

再运行一个新的子 Shell，变量 JAVA_HOME 仍然有效：

```
bash-5.1$ bash
bash-5.1$ echo $$
31812
bash-5.1$ echo $JAVA_HOME
/usr/local/jdk
```

注意：系统变量会自动输出到后续命令的执行环境中。

2.3.7　实例：如何删除变量

在 Bash 中使用 unset 命令可以删除相应的变量或函数。unset 命令会把变量从当前 Shell 和后续命令的环境中删除，其命令语法如下：

```
unset [-fv] [变量或函数名称]
```

-f 选项表示删除一个已定义的函数；-v 选项表示删除一个变量。

下面学习 unset 命令的使用：

```
bash-5.1$ export JAVA_HOME=/usr/local/jdk
bash-5.1$ unset JAVA_HOME
bash-5.1$ echo $JAVA_HOME
```

注意：使用 unset 命令不能删除一个只读的变量，否则将会出现如下错误。

```
$ readonly JAVA_HOME=/usr/local/jdk
$ echo $JAVA_HOME
/usr/local/jdk
$ unset JAVA_HOME
-bash: unset: JAVA_HOME: cannot unset: readonly variable
```

2.3.8　实例：如何检查变量是否存在

可以使用以下语法来检查一个变量是否存在：

```
${varName? Error: The variable is not defined}
```

上述语句的含义是，如果变量 varName 已定义且不为空，则此语句就相当于$varName；如果变量 varName 的值是空，则此语句的值也是空；如果 varName 是未定义的，则此语句将返回一个错误，并显示问号“？”定义的错误信息 Error: The variable is not defined。

此外，也可以使用下面这个语句：

```
${varName:? Error: The variable is not defined}
```

此语句和上一条语句的唯一区别是：如果变量 varName 的值是空的，则此语句也返回一个错误。

这两个语句对于脚本的完整性检查是有用的，如果使用这两个语句检查的变量未定义，则脚本将会停止执行。

下面用一个实例来演示，如何使用上述格式的语句检查一个变量是否存在：

```
$ JAVA_HOME=/usr/local/jdk #定义一个变量 JAVA_HOME 并赋予值“/usr/local/jdk”
#检查变量是否存在并打印变量的值
$ echo ${JAVA_HOME? ERROR: The variable is not defined}
/usr/local/jdk
$ unset JAVA_HOME            #删除变量 JAVA_HOME
#检查变量是否存在并打印变量的值
$ echo ${JAVA_HOME:? ERROR: The variable is not defined}
bash: JAVA_HOME: ERROR: The variable is not defined
```

Bash 中还有一种更常用的检查变量是否存在的方法，即使用 if 语句判断变量是否存在。我们将在条件测试章节中对使用 if 语句进行详细介绍。

2.4　Shell 环境进阶

通过前几节的学习，想必读者对 Linux Shell 环境已经有了基本的了解，应该对本章开始提出的关于标准命令为什么从 Shell 中的任何路径都可以访问的问题有了答案。没错，这是因为 Shell 会在 PATH 环境变量指定的全部路径中搜索任何可执行的文件，一旦找到与输入相匹配的命令就执行。

接下来详细介绍 Shell 环境相关的知识。

2.4.1　实例：回调历史命令

Bash 将历史命令保存在缓冲区或默认文件~/.bash_history 中。在历史命令缓冲区中可以保存很多命令，保存命令的多少由环境变量 HISTSIZE 定义。

可以使用 history 命令显示在命令行提示符状态下输入的命令列表，例如：

```
$ history
    6  exit
    7  rm -f .tcshrc
    8  ln -sf /opt/swe/tools/in/env/tcshrc .tcshrc
    9  ls -al. tcs
   10  ls -al .tcshrc
   11  exit
   12  exit
   13  hostname
   14  history
   15  ps -ef|grep sgd
   16  id
   17  exit
   18  pwd
   19  pwd
   20  cd /svn/
   21  ls
......
```

从例子中可以看到，history 命令可以显示历史命令列表的行号。

可以在命令行提示符状态下使用“↑”和“↓”方向键找到之前执行过的命令。在命令行提示符状态下，按 Ctrl+R 键后输入相应的关键字，可以搜索历史命令。例如，按 Ctrl+R 键后输入 export，将会看到如下结果：

```
(reverse-i-search)`export': export LD_LIBRARY_PATH=$LD_LIBRARY_PATH:
/usr/local/sasl2/lib
```

在 Shell 命令行提示符状态下，可以简单地输入!!来重复执行上一条执行过的命令，例如：

```
$ uptime
 13:00:28 up 2 days, 13:00,  4 users,  load average: 0.00, 0.01, 0.00
$ !!
uptime
 13:00:32 up 2 days, 13:00,  4 users,  load average: 0.00, 0.01, 0.00
```

此外，还可以回调最近一次执行的以指定字符开头的命令，例如：

```
$ !up
uptime
 13:24:08 up 2 days, 13:23,  4 users,  load average: 0.00, 0.01, 0.00
```

甚至可以使用由 history 命令列出的列表的行号来重新调用相应的历史命令，例如：

```
$ history
......
  990  uptime
  991  uptime
  992  man svn
  993  history
  994  pwd
  995  history
......
$ !991
uptime
 13:32:39 up 2 days, 13:32,  4 users,  load average: 0.09, 0.06, 0.02
$ !994
```

```
pwd
/home/yantaol
```

2.4.2　实例：Shell 的扩展部分

Shell 中的扩展方式有 8 种，分别是（按扩展的先后顺序排序）：花括号扩展、波浪号扩展、参数和变量扩展、命令替换、算术扩展、进程替换、单词拆分和文件名扩展。

参数和变量扩展我们将在 5.4.2 节详细介绍，算术扩展将在 5.5.3 节详细介绍，进程替换依赖于操作系统的支持，这里不进行详细介绍，本节主要介绍花括号扩展、波浪号扩展、命令替换和文件名扩展的相关内容。

花括号扩展是一种能够生成任意字符串的机制。进行花括号扩展的模式在形式上有一个可选的前缀，其后是一组包含在花括号内的用逗号分隔的字符串或序列表达式，最后是一个可选的后缀。例如：

```
$ echo a{b,c,d}e
abe ace ade
```

从上面的例子中可以看出，前缀添加在生成的每个字符串的前面，而后缀将会添加在生成的每个字符串的尾部，整个扩展将从左向右进行。

再看一个花括号内是序列表达式的例子：

```
$ echo {a..z}                       #按字母表顺序显示 a 到 z 的字母
a b c d e f g h i j k l m n o p q r s t u v w x y z
$ echo {0..10}                      #显示 0～10 的数字
0 1 2 3 4 5 6 7 8 9 10
$ echo {5..-3}                      #由大到小地显示-3～5 之间的数字
5 4 3 2 1 0 -1 -2 -3
$ echo {g..a}
g f e d c b a
$ echo {1..3}{a..c}
1a 1b 1c 2a 2b 2c 3a 3b 3c
```

花括号扩展也可以是嵌套的。每个扩展字符串的结果是不排序的，依然按照从左到右的顺序依次扩展，例如：

```
$ echo a{{b,c,d}a,{e,f,g}b,h}i
abai acai adai aebi afbi agbi ahi
$ echo {a,b{1..3},c}
a b1 b2 b3 c
```

花括号扩展可以和许多命令配合使用，可以使命令更简化。例如，在主目录下创建 3 个目录，可以使用如下语句：

```
$ mkdir ~/{dir1,dir2,dir3}          #在 home 下创建 dir1、dir2 和 dir3 这 3 个子目录
```

关于 mkdir 命令，会在 3.2 节详细介绍，读者也可以使用 man 参考手册查看此命令。

在 Bash 4.0 中还提供了一些花括号扩展的新功能。例如，在序列表达式中指定一个增量<INCR>，格式如下：

```
{<START>..<END>..<INCR>}
```

<STSRT>和<END>是整数或者单个字符，增量<INCR>是一个整数。扩展后每个量之间的差值就是指定的增量，例如：

```
$ echo {1..10..2}
1 3 5 7 9
$ echo {10..1..-2}
10 8 6 4 2
$ echo {a..h..3}
a d g
$ echo {h..a..-3}
h e b
```

如果<START>和<END>是整数并且有前导 0，则 Bash 4.0 会试图让每个生成的量都含有同样多的位数，如果位数不同就在前面补 0，例如：

```
$ echo {0001..10..3}
0001 0004 0007 0010
```

花括号扩展在其他扩展之前进行，在其他扩展中的特殊字符都被保留了下来。如果其他扩展包含"{"或者","可以用反斜线转义。为了避免与参数扩展发生冲突，花括号扩展不会识别字符串中的"${"。

波浪号扩展可用来指代你自己的主目录或其他人的主目录，例如：

```
$ cd ~                              #进入自己的主目录
$ pwd
/home/yantaol
$ cd ~fred                          #进入用户 fred 的主目录
$ pwd
/home/fred
```

如果一个单词以未被引用的波浪号"~"开头，那么直到第一个未被引用的斜线之前的所有字符都会被看作波浪号前缀。如果波浪号前缀里面的字符都没有被引用，则波浪号后面的所有字符就会被当成一个可能存在的登录用户名。如果这个登录用户名是一个空字符串，则波浪号会被替换成 Shell 变量 HOME 的值，如果没有设置 HOME 变量，则将波浪号替换成执行该 Shell 的用户的主目录；否则波浪号前缀就被替换成指定的登录用户名的主目录。

如果波浪号前缀是"~+"，则它会被 Shell 变量 PWD 的值代替，例如：

```
$ echo ~+
/tmp
$ echo $PWD
/tmp
```

如果波浪号前缀是"~-"，则它会被 Shell 变量 LODPWD 的替代（如果这个变量已经设置），例如：

```
$ echo ~-
/home/yantaol
$ echo $OLDPWD
/home/yantaol
```

命令替换是用命令的输出替换命令本身，命令替换有如下两种形式：

```
$(COMMAND)
```

或者：

```
`COMMAND`
```

Bash 进行这个扩展时，先执行命令，然后用命令的标准输出结果取代命令替换，在命令的标准输出结果中，最后面的换行符会被删除。例如：

```
$ echo $(uptime)
17:10:35 up 2 days, 11:07, 0 users, load average: 0.00, 0.00, 0.00
$ echo `uptime`
17:10:40 up 2 days, 11:07, 0 users, load average: 0.00, 0.00, 0.00
```

命令替换可以嵌套。使用反引号形式"``"进行嵌套时，里面的反引号需要用反斜杠"\"转义。

如果在 Bash 中没有设置-f 选项，则支持文件名扩展。Bash 支持以下 3 种通配符来实现文件名扩展。

- *：匹配任何字符串，包括空字符串。
- ?：匹配任意单个字符。
- [...]：匹配方括号内的任意字符。

例如，显示/etc 目录下的所有配置文件：

```
$ ls /etc/*.conf
```

或者列出所有以字母 a 或 b 开头的配置文件：

```
$ ls /etc/[ab]*.conf
```

显示所有 JPG 格式的文件（image1.jpg、image2.jpg..image9.jpg）：

```
$ls image?.jpg
```

2.4.3　实例：创建和使用别名

在 Linux 系统环境下，通常需要使用命令行处理一些任务，并且会很频繁地使用某些命令语句。为了节省时间，可以在文件~/.bashrc 中为这些命令语句创建一些别名。

注意：一旦修改~/.bashrc 文件，必须重新登录 Shell，新的设置才会生效。

Bash 的内置命令 alias 用于创建一个别名，创建别名的语法如下：

```
alias name='command'
```

- name：用户定义的用于别名的任意简短的名字。
- command：任意的 Linux 命令。

下面来看一个比较常用的别名的实例：

```
alias ll='ls -l'
```

在命令行输入上面的命令后，接下来每次输入 ll 后按 Enter 键，Bash 会自动将其替换为 ls -l 来执行。

注意：当在命令行执行上面的命令时，会创建一个临时的别名，这个别名只在你退出此 Shell 之前有效。

接下来看一些比较有用的别名的实例，可以将下面这些别名放到自己的~/.bashrc 文件中。

打开当前目录下最后被修改的文件：

```
alias Vim='vim `ls -t | head -1`'
```

找出当前目录下 5 个最大的文件：

```
alias findbig='find . -type f -exec ls -s {} \; | sort -n -r | head -5'
```

列出当前目录下的所有文件，包括隐藏文件，并附加指示符和颜色标识：

```
alias ls='ls -aF --color=always'
```

清除全部历史命令记录和屏幕：

```
alias hcl='history -c; clear'
```

使用 cp、mv 等命令交互式地执行并解释执行了哪些操作：

```
alias cp='cp -iv'
alias mv='mv -iv'
alias rm='rm -iv'
```

简化经常执行的命令：

```
alias x='exit'
```

查看磁盘空间使用情况：

```
alias dus='df -h'
```

切换到不同的目录下：

```
alias ..= 'cd ..'
alias …='cd ../..'
```

上面介绍了如何创建一个别名，那么能否查看当前环境下所有别名呢？答案是肯定的，直接使用命令 alias 不带任何参数即可列出所有别名，示例如下：

```
$ alias
alias ..='cd ..'
alias ...='cd ../..'
alias Vim='vi `ls -at|head -1`'
alias findbig='find . -type f -exec ls -s {} \; | sort -n -r | head -5'
```

如何查看一个特定的别名呢？示例如下：

```
$ alias dus
alias dus='df -h'
```

如果想调用实际的命令而暂时停止使用别名，则可以使用如下方法：

```
$ \aliasname
```

例如，别名 alias cp='cp -iv'，将会请你确认是否要覆盖一个已存在的文件。当要复制很多已经确认要覆盖的文件时，这些询问是很麻烦的。这时你可能会想临时地使用正常的 cp 命令替代这个 cp 别名，可以使用如下的方法：

```
$ \cp * ~/backup/files/
```

如果想删除一个别名，应该怎么办呢？Bash 的内建命令 unalias 提供了这个功能，它可以删除一个特定的别名，示例如下：

```
$ unalias dus
$ alias dus
bash: alias: dus: not found
```

使用命令 unalias 加-a 选项将删除当前环境下的所有别名：

```
$ unalias -a
$ alias
```

注意：虽然别名的使用简单又方便，但是要非常谨慎地使用别名替换标准命令。

2.4.4　实例：修改 Bash 提示符

我们在前面的章节中提到过环境变量 PS1，设置此变量即可定制自己的 Bash 提示符。显示当前提示符的设置，命令如下：

```
$ echo $PS1
\u@\h \w\n$
```

在本例中，变量 PS1 的值显示的信息如下。

- \u：当前用户的用户名；
- \h：主机名；
- \w：当前工作目录的全路径；
- \n：新的一行；
- \$：如果当前用户的 UID 是 0，则显示符号“#”，否则显示符号“$”。

下面来看看还有哪些带有反斜杠的特殊字符可以用于定制 Bash 提示符。

- \a：一个 ASCII 码报警符（07）；
- \d：“星期　月　日”格式的日期（如“Wed Aug 07”）；
- \e：一个 ASCII 码转义符（033）；
- \H：长主机名；
- \j：由当前 Shell 管理的任务数；
- \l：Shell 的终端设备的文件名；
- \r：回车；
- \s：Shell 的名称（如 bash）；
- \t：24 时制“HH:MM:SS”格式的当前时间（如 22:59:25）；
- \T：12 时制“HH:MM:SS”格式的当前时间（如 11:01:32）；
- \@：12 时制“HH:MM AM/PM”格式的当前时间（如 11:00 PM）；
- \A：24 时制“HH:MM”格式的当前时间（如 23:02）；
- \v：Bash 的版本（如 4.1）；
- \V：Bash 的发行号，版本+补丁级别（如 4.1.10）；
- \W：当前工作目录去掉前导目录后的目录名，如果是变量$HOME 所指定的目录，则用符号“~”代替；
- \!：上一个被执行命令的历史编号；
- \#：该命令的命令编号；
- \nnn：与八进制数 nnn 相对应的 ASCII 码；
- \\：一个反斜杠字符；
- \[：开始一个非打印字符序列，可用于将终端控制序列嵌入提示符中；
- \]：结束非打印字符序列。

知道了上述特殊字符的含义，接下来就可以使用这些特殊字符的组合来定制自己的提示符了。

例如，下面的命令用于定制一个可以显示当前时间的提示符：

```
$ export PS1="[\t] \u@\h\n\$ "
[23:42:31] yantaol@server
$
```

也可以在提示符中显示一个命令的输出。下面来看一个在提示符中显示内核版本的例子：

```
$ export PS1="`uname -r`|\u@\h\n\$ "
5.14.0-162.6.1.el9_1.x86_64|yantaol@server
$
```

让 Bash 提示符显示当前用户的进程数，命令如下：

```
$ export PS1="\u@\h [$(ps -ef | grep `whoami` | grep -v grep | wc -l)]> "
```

同样可以将上述语句加入所用账号的~/.bashrc 中，以便登录后自动生效。

此外，还可以让 Bash 提示符带有颜色。下面看一个设置 Bash 提示符带有前景色的例子：

```
$ export PS1="\e[0;34m\u@\h \w\n\$\e[m "
```

上面定义的几个特殊字符的含义如下。

- \e[：指示颜色提示符的开始；
- 0;34m：颜色代码，此代码代表蓝色，编码格式是 x;ym；
- \e[m：指示颜色提示符的结束。

部分颜色代码如下。

- 0;30：黑色；
- 0;34：蓝色；
- 0;32：绿色；
- 0;36：青色；
- 0;31：红色；
- 0;35：紫色；
- 0;33：褐色。

例如，想让使用 root 登录时提示符显示为红色，可以将如下语句加入文件/root/.bashrc 的底部：

```
export PS1="\e[0;31m[\u@\h \W]\\$ \e[m"
```

注意：如果想要每次登录时自动设置 Shell 提示符，则需要将环境变量 PS1 放在~/.bashrc 文件中，并使用 export 命令将其输出到其他子命令中。

同样可以使用 tput 命令修改提示符的设置。例如，使用 tput 命令显示红色的提示符：

```
export PS1="\[`tput setaf 1`\]\u@\h \W]\\$ \[`tput sgr0`\]"
```

下面是部分简单易用的 tput 命令行选项。

- tput bold：设置粗体模式。
- tput rev：显示反转颜色。
- tput sgr0：关闭所有属性。
- tput setaf：设置前景色，颜色代码参见表 2.4。
- tput setab：设置背景色，颜色代码参见表 2.4。

用于 tput 命令的各种颜色代码如表 2.4 所示。

表 2.4　转义字符

颜色代码	颜　色
0	黑色
1	红色
2	绿色
3	黄色
4	蓝色
5	洋红色
6	青色
7	白色

下面再看一个使用 tput 命令改变 Bash 提示符颜色的例子：

```
$ export PS1="\[`tput bold``tput setb 2``tput setaf 7`\]\u@\h:\w $ \
[`tput sgr0`\]"
```

上面的命令是将 Bash 提示符中的所有字体加粗，背景设为绿色，前景设为白色。

我们再看一个复杂一些的变量 PS1 的设置，让 Bash 提示符看上去更专业，命令如下：

```
$ export PS1="`tput setaf 7`\342\224\214\342\224\200\$([[ \$? != 0 ]] &&
echo \"[`tput setaf 1`X`tput setaf 7`]\342\224\200\")[$(if [[ ${EUID} ==
0 ]]; then echo '`tput setaf 1`\h'; else echo '`tput setaf 3`\u`tput setaf
7`@`tput setaf 2`\h'; fi)`tput setaf 7`]\342\224\200[`tput setaf 2`\w`tput
setaf 7`]\n`tput setaf 7`\342\224\224\342\224\200\342\224\200\342\225\274
`tput sgr0`"
```

注意：本例中的 Bash 提示符，你需要将你所用终端的字符集编码设为 UTF-8 才能正常显示，否则可能显示的是乱码。

2.4.5　实例：设置 Shell 选项

本节主要介绍如何使用 Bash 的内置命令 set 和 shopt 控制 Bash 的行为。

你可以通过开启或关闭 Bash 的相关选项控制 Bash 的行为，不同的选项使用不同的开启和关闭的方法。Bash 内置命令 set 控制一组选项，而 Bash 内置命令 shopt 控制另一组选项。

下面查看 set 命令可以设置哪些 Bash 选项：

```
$ set -o
allexport       off
braceexpand     on
emacs           on
errexit         off
errtrace        off
functrace       off
hashall         on
histexpand      on
history         on
ignoreeof       off
interactive-comments    on
```

```
keyword         off
monitor         on
noclobber       off
noexec          off
noglob          off
nolog           off
notify          off
nounset         off
onecmd          off
physical        off
pipefail        off
posix           off
privileged      off
verbose         off
vi              off
xtrace          off
```

关于 Bash 选项的详细信息，请参考 set 命令内置的帮助信息。

从命令的输出中可以看出，只使用命令 set -o 不跟任何选项将列出由 set 命令控制的每个 Bash 选项及其当前的状态（开启或关闭）。

如果要开启一个 Bash 选项，则输入如下命令：

```
$ set -o freature-name
```

关闭刚才开启的选项的命令如下：

```
$ set +o freature-name
```

通过上述实例可以知道，使用命令 set -o 或 set +o 后跟选项名可以开启和关闭特定的 Bash 选项。

例如，开启 ignoreeof 选项，此选项可以使用于退出登录 Shell 的 Ctrl+D 组合键失效，命令如下：

```
$ set -o ignoreeof
```

现在尝试按 Ctrl+D 组合键，类似如下：

```
$ Use "exit" to leave the shell.
```

再将此选项关闭，输入命令如下：

```
$ set +o ignoreeof
```

现在尝试按 Ctrl+D 组合键，就可以正常退出 Shell 了。

查看由 Bash 内置命令 shopt 控制的 Bash 选项及其状态，命令如下：

```
$ shopt
cdable_vars     off
cdspell         off
checkhash       off
checkwinsize    off
cmdhist         on
dotglob         off
execfail        off
expand_aliases  on
extdebug        off
extglob         off
extquote        on
failglob        off
```

```
force_fignore   on
gnu_errfmt      off
histappend      off
histreedit      off
histverify      off
hostcomplete    on
huponexit       off
interactive_comments    on
lithist         off
login_shell     on
mailwarn        off
no_empty_cmd_completion off
nocaseglob      off
nocasematch     off
nullglob        off
progcomp        on
promptvars      on
restricted_shell        off
shift_verbose   off
sourcepath      on
xpg_echo        off
```

关于各选项的详细信息，请参考 shopt 命令内置的帮助信息。

使用 shopt 命令开启和关闭 Bash 选项的语法如下：

```
shopt -s feature-name                  #开启一个 Bash 选项
shopt -u feature-name                  #关闭一个 Bash 选项
```

shopt 命令中有一个 cdspell 选项，用于监测 cd 命令中目录名的拼写错误情况并予以纠正。错误检查包括调换的字符、缺少的字符和重复的字符。例如，输入一个命令如下：

```
$ cd /var/lid
```

将会得到如下输出：

```
-bash: cd: /var/lid: No such file or directory
```

现在开启 cdspell 选项，然后再输入一次同样的命令：

```
$ shopt -s cdspell
$ cd /var/lid
/var/lib
$ pwd
/var/lib
```

注意：选项 cdspell 只在交互式 Shell 中有效。

当然，可以使用命令 shopt 和 set 为自己定制一个 Bash 环境，编辑~/.bashrc 文件，可以添加如下命令：

```
#纠正目录拼写
shopt -q -s cdspell

#当终端窗口大小改变时，确保显示得到更新
shopt -q -s checkwinsize

#开启扩展模式匹配特性
shopt -q -s extglob
```

```
#退出时追加而不是重启命令历史
shopt -s histappend

#使 Bash 尝试保存历史记录中多行命令的所有行
shopt -q -s cmdhist

#及时得到后台任务结束的通知
set -o notify
```

此外，还可以定制系统范围的 Bash 环境。默认情况下，文件/etc/profile 作为 Bash 的系统范围用户参数文件。可以强制设置对所有用户使用这个文件，但是，在 CentOS、Fedora 和 Red Hat 企业级 Linux 中推荐的方法是使用目录/etc/profile.d 中的文件。

2.5　小　　结

下面总结本章所学的主要知识：

- Bash 是大多数 Linux 系统的默认 Shell，它与原来的 Bourne Shell 向后兼容，并且融合了一些有用的 Korn Shell 和 C Shell 的特性。
- 用户登录时，登录 Shell 调用的初始化文件和脚本的次序依次是：/etc/profile、/etc/profile.d 目录下的脚本、$HOME/.bash_profile、$HOME/.bashrc 和/etc/bashrc。
- 一旦修改~/.bashrc 文件，必须重新登录 Shell，新的设置才会生效。
- 当登录 Shell 退出时，如果$HOEM/.bash_logout 脚本存在，则 Bash 会读取并执行此脚本的内容。
- Shell 中有两种变量类型：系统变量（环境变量）和用户自定义的变量（本地变量或 Shell 变量）。
- 在 Bash 中定义变量和赋值的方法是：varName=varValue，在赋值操作符“=”的前后，不要有空格。
- Bash 变量名可以包含字母、数字和下画线“_”，但首字符必须是字母或下画线。
- 当引用一个变量时，通常是用双引号将变量名括起来，这样可以防止被引用的变量值中的特殊字符（除$、`和\）被解释为其他错误含义。
- Bash 的内置命令 export 会将指定给它的变量或函数自动输出到后续命令的执行环境中。
- 在 Bash 中使用 unset 命令可以删除相应的变量或函数。
- 使用 history 命令可以显示在命令行提示符状态下输入的命令列表。
- Shell 中的扩展方式有 8 种，分别是（按扩展的先后顺序排序）：花括号扩展、波浪号扩展、参数和变量扩展、命令替换、算术扩展、进程替换、单词拆分和文件名扩展。
- Bash 的内置命令 alias 用于创建一个别名。
- 如果想每次登录时自动设置 Shell 提示符，则需要将环境变量 PS1 放在~/.bashrc 文件中，并使用 export 命令将其输出到其他子命令中。
- Bash 的内置命令 set 和 shopt 可以用于设置 Shell 选项。

2.6　习　　题

一、填空题

1．Bash 是________的缩写，它是一个与________兼容，执行从标准输入设备或文件中读取命令的________。

2．Linux 环境由四部分构成，分别为________、________、________和________。

3．Shell 有两种变量类型，分别为________和________。

二、选择题

1．下面用来搜索命令的路径的系统变量是（　　）。

A．HISTFILE　　B．PWD　　C．PATH　　D．SHELL

2．下面（　　）变量名是有效的。

A．?name=bob　　B．name=bob　　C．_name=bob　　D．*name=bob

3．当引用一个变量时，最好使用（　　）符号将变量名括起来。

A．" "　　B．' '　　C．{}　　D．()

三、判断题

1．当用户定义变量时，赋值操作符“=”的前后不要有空格。（　　）

2．定义变量时，变量名不区分大小写。（　　）

3．用户在命令行创建的别名为临时别名。当用户退出 Shell 后，其别名失效。（　　）

四、操作题

1．定义一个名为 username 的变量，其值为 test，然后使用 echo 命令输出变量 username 的值。

2．查看历史命令列表，并通过行号重新调用相应的历史命令。

第 3 章　常用的 Shell（Bash）命令

在第 2 章中我们学习了 Shell 变量和 Shell 环境的一些知识。想必读者对 Linux Shell 已经有了一个初步的认识。

本章将学习一些常用的 Shell 命令，应用好这些命令，会在 Linux 环境的一些任务中起到事半功倍的效果。

3.1　查看文件和目录

3.1.1　ls 命令实例：列出文件名和目录

ls 命令是 Linux 系统常用的命令之一。ls 命令可能是用户进入 Linux 命令行提示符状态后第一个输入的命令。虽然用户还没有意识到，但是可能每天都在频繁地使用 ls 命令。

在命令行提示符状态下，直接输入 ls 命令不带任何选项，将会列出当前目录下的所有文件和目录，但不会显示详细的信息，如文件类型、大小、修改日期和时间、权限等不会显示。示例如下：

```
$ ls
acpid         conman.old   libvirt      pm             secure.1     wtmp
anaconda      cron         mail         ppp            secure.2     xferlog
.log
anaconda      cron.1       maillog      prelink        secure.3     xferlog.1
.syslog
audit         cron.2       maillog.1    rpmpkgs        secure.4     xferlog.2
boot.log      cron.3       maillog.2    rpmpkgs.1      spooler      xferlog.3
boot.log.1    cron.4       maillog.3    rpmpkgs.2      spooler.1    xferlog.4
boot.log.2    cups         maillog.4    rpmpkgs.3      spooler.2    Xorg.0.log
boot.log.3    dmesg        messages     rpmpkgs.4      spooler.3    Xorg.0.log
                                                                    .old
boot.log.4    faillog      messages.1   sa             spooler.4    xrdp
brcm-iscsi    gdm          messages.2   samba          tallylog     yum.log
.log
btmp          httpd        messages.3   scrollkeeper   tomcat5      yum.log.1
                                        .log
conman        lastlog      messages.4   secure         virusReport
```

使用-1（数字 1）选项可以每行显示一条记录：

```
$ ls -1
acpid
anaconda.log
anaconda.syslog
audit
```

```
boot.log
boot.log.1
boot.log.2
boot.log.3
boot.log.4
```

使用-l 选项将会以长列表格式显示文件和目录，包括文件类型、大小、修改日期和时间、权限等信息：

```
$ ls -l
total 50716
-rw-r----- 1 root root      21630 Aug 19 00:01 acpid
-rw------- 1 root root     381429 Oct  7  2022 anaconda.log
-rw------- 1 root root      24902 Oct  7  2022 anaconda.syslog
drwxr-x--- 2 root root       4096 Aug 18 22:26 audit
-rw------- 1 root root          0 Aug 18 04:02 boot.log
-rw------- 1 root root          0 Aug 11 04:02 boot.log.1
-rw------- 1 root root          0 Aug  4 04:02 boot.log.2
-rw------- 1 root root          0 Jul 28 04:02 boot.log.3
-rw------- 1 root root          0 Jul 21 04:02 boot.log.4
```

从上面的输出信息中可以看到每行有 7 个字段，那么每个字段的含义是什么呢？下面具体介绍。

- 第一个字符：文件类型，在上面的例子中，第一个字符有的是连字符“-”，有的是字母 d。在使用 ls –l 命令的输出信息中，第一个字符可能有如下几种，其代表的含义如下。
  - -：普通文件。
  - d：目录。
  - s：套接字文件。
  - l：链接文件。
- 字段 1：文件权限，接下来的 9 个字符指示文件的权限。每 3 个字符涉及所有者、用户组和其他用户的读、写、执行权限。例如，rw-r-----表示所有者有读和写的权限，用户组有读的权限，而其他用户没有任何权限。
- 字段 2：链接数，1 表示只有一个链接到此的文件。
- 字段 3：所有者，在上例中，文件的所有者均为 root。
- 字段 4：用户组，在上例中，文件的用户组也均为 root。
- 字段 5：文件大小，默认输出的单位是字节。
- 字段 6：文件最近一次被修改的日期时间，例如，在上例中，文件 acpid 的修改时间是 Aug 19 00:01。
- 字段 7：文件名。

使用-lh 选项可以将文件大小以符合人类阅读习惯的格式显示：

```
$ ls -lh
total 50M
-rw-r----- 1 root root   22K Aug 19 00:01 acpid
-rw------- 1 root root  373K Oct  7  2022 anaconda.log
-rw------- 1 root root   25K Oct  7  2022 anaconda.syslog
drwxr-x--- 2 root root  4.0K Aug 18 22:26 audit
-rw------- 1 root root     0 Aug 18 04:02 boot.log
-rw------- 1 root root     0 Aug 11 04:02 boot.log.1
-rw------- 1 root root     0 Aug  4 04:02 boot.log.2
-rw------- 1 root root     0 Jul 28 04:02 boot.log.3
```

```
-rw------- 1 root root     0 Jul 21 04:02 boot.log.4
-rw------- 1 root root  1.1M Aug 18 04:02 cron.1
-rw------- 1 root root  952K Aug 11 04:02 cron.2
-rw------- 1 root root  856K Aug  4 04:02 cron.3
-rw------- 1 root root  1.1M Jul 28 04:02 cron.4
```

使用-F 选项可以使用特殊的字符归类不同的文件类型：

```
$ ls -F /lib
bdevid/                                libgmodule-2.0.so@
cpp@                                   libgmodule-2.0.so.0@
dbus-1/                                libgmodule-2.0.so.0.1200.3*
firmware/                              libgobject-2.0.a
```

在上面的例子中：

- /：表示目录。
- 无特殊字符：表示普通文件。
- @：表示链接文件。
- *：表示可执行文件。

注意：也可以使用 ls --color=auto 命令，将不同的文件类型显示为不同的颜色，或者将 --color 与-F 选项联合使用。

联合使用-ld 选项，可以用长列表格式列出某个目录的信息。例如：

```
$ ls -ld /var/log
drwxr-xr-x 16 root root 4096 Aug 21 04:02 /var/log
```

使用-R 选项可以递归地列出子目录的内容：

```
$ ls -R /etc/sysconfig/
/etc/sysconfig/:
apmd          crond         irqbalance    network-      smartmontools
                                          scripts
apm-scripts   desktop       kernel        nfs           snmpd.options
atd           dund          keyboard      ntpd          snmptrapd.options
auditd        firstboot     krb524        pand          syslog
authconfig    grub          kudzu         pm-action     sysstat
autofs        hidd          libvirtd      prelink       sysstat.ioconf
bluetooth     httpd         libvirt-      raid-check    system-config-
                            guests                      securitylevel
cbq           hwconf        lincase       rawdevices    system-config-users
cfenvd        i18n          lm_sensors    readonly-     tomcat5
                                          root
cfexecd       init          mkinitrd      rhn           udev-stw
cfservd       ip6tables-    modules       samba         vncservers
              config
clock         ipmi          nasd          samba.rpmnew  wpa_supplicant
conman        iptables      netconsole    saslauthd     xinetd
console       iptables-     network       selinux       yppasswdd
              config
cpuspeed      irda          networking    sendmail

/etc/sysconfig/apm-scripts:
apmscript

/etc/sysconfig/cbq:
avpkt  cbq-0000.example

/etc/sysconfig/console:
```

```
/etc/sysconfig/mkinitrd:
multipath

/etc/sysconfig/modules:
other.modules  udev-stw.modules

/etc/sysconfig/networking:
devices  profiles

/etc/sysconfig/networking/devices:

/etc/sysconfig/networking/profiles:
default

/etc/sysconfig/networking/profiles/default:

/etc/sysconfig/network-scripts:
ifcfg-eth0  ifdown-   ifdown-   ifup-ipv6   ifup-routes  network-
            ipv6      tunnel                             functions
ifcfg-lo    ifdown-   ifup      ifup-ipx    ifup-sit     network-functions
            isdn                                         -ipv6
ifdown      ifdown-   ifup-     ifup-isdn   ifup-sl
            post      aliases
ifdown-     ifdown-   ifup-     ifup-plip   ifup-
bnep        ppp       bnep                  tunnel
ifdown-     ifdown-   ifup-     ifup-plusb  ifup-
eth         routes    eth                   wireless
ifdown-     ifdown-   ifup-     ifup-post   init.ipv6-
ippp        sit       ippp                  functions
ifdown-     ifdown-   ifup-     ifup-ppp    net.hotplug
ipsec       sl        ipsec

/etc/sysconfig/rhn:
sources
```

联合使用-ltr 选项，将以长列表格式按文件或目录的修改时间倒序地列出文件和目录：

```
$ ls -ltr
total 51880
drwxr-xr-x 2 root root       4096 Jul 12  2020 conman.old
drwxr-xr-x 2 root root       4096 Jul 12  2020 conman
drwx------ 2 root root       4096 Jan 22  2021 ppp
drwx------ 2 root root       4096 Aug 31  2022 httpd
drwxr-xr-x 2 root root       4096 Oct  7  2022 mail
drwxr-xr-x 2 root root       4096 Oct  7  2022 pm
-rw------- 1 root root      24902 Oct  7  2022 anaconda.syslog
-rw------- 1 root root     381429 Oct  7  2022 anaconda.log
-rw------- 1 root root          0 Oct  7  2022 tallylog
drwx------ 5 root root       4096 Oct  7  2022 libvirt
```

联合使用-ls 选项，将以长列表格式按文件大小排序地列出文件和目录：

```
$ ls -ls
total 51884
-rw-r--r-- 1 root root  115383508 Aug 21 10:04 lastlog
-rw------- 1 root root    9560095 Jul 28 04:02 maillog.4
-rw------- 1 root root    9557915 Aug 18 04:02 maillog.1
-rw------- 1 root root    8423447 Aug 11 04:02 maillog.2
-rw------- 1 root root    7380013 Aug  4 04:02 maillog.3
-rw------- 1 root root    4464058 Aug 21 10:28 maillog
-rw------- 1 root root    1413012 Aug 11 04:00 messages.2
```

```
-rw------- 1 root root    1403975 Aug 18 04:00 messages.1
-rw------- 1 root root    1402187 Aug  4 03:58 messages.3
-rw------- 1 root root    1388015 Jul 28 04:00 messages.4
```

使用-a 选项可以列出包括隐藏文件或目录在内的所有文件和目录，包括“.”（当前目录）和“..”（父目录）：

```
$ ls -a
.  ..  .bash_history  .bash_logout  .bash_profile  .bashrc
```

使用-A 选项可以列出包括隐藏文件或目录（不包含“.”和“..”）在内的所有文件和目录：

```
$ ls -A
.bash_history  .bash_logout  .bash_profile  .bashrc
```

有时在系统维护操作时，可能想知道文件的 Inode 编号。使用-i 选项可以显示文件或目录的 Inode 编号。

```
$ ls -i /etc/
1279950 a2ps.cfg                                    1278405 man.config
1280419 a2ps-site.cfg                               1343677 maven
1279260 acpi                                        1311078 mc
1278826 adjtime                                     1278112 mgetty+sendfax
```

注意：在 find 命令中，可以使用 Inode 编号移除文件名中含有特殊字符的文件。

使用-n 选项，其输出的信息类似于使用-l 选项，使用 uid 和 gid 显示所有者和用户组信息：

```
$ ls -n
total 51964
-rw-r----- 1 0  0    21630 Aug 19 00:01 acpid
-rw------- 1 0  0   381429 Oct  7  2022 anaconda.log
-rw------- 1 0  0    24902 Oct  7  2022 anaconda.syslog
drwxr-x--- 2 0  0     4096 Aug 18 22:26 audit
-rw------- 1 0  0        0 Aug 18 04:02 boot.log
-rw------- 1 0  0        0 Aug 11 04:02 boot.log.1
-rw------- 1 0  0        0 Aug  4 04:02 boot.log.2
-rw------- 1 0  0        0 Jul 28 04:02 boot.log.3
-rw------- 1 0  0        0 Jul 21 04:02 boot.log.4
```

3.1.2　cat 命令实例：连接显示文件内容

cat 命令也是 Linux 系统常用的命令之一。cat 命令可以查看文件的内容、连接文件、创建一个或多个文件，重定向输出到终端或文件。

cat 命令的语法如下：

```
$ cat [OPTION] [FILE]…
```

使用 cat 命令查看文件/etc/group 的内容：

```
$ cat /etc/group
root:x:0:root
bin:x:1:root,bin,daemon
```

显示多个文件的内容：

```
$ cat /etc/redhat-release /etc/issue
Scientific Linux SL release 5.5 (Boron)
```

```
Scientific Linux SL release 5.5 (Boron)
Kernel \r on an \m
```

使用-n 选项可以显示文件内容的行号：

```
$ cat -n /etc/fstab
     1  LABEL=/             /          xfs      defaults          1 1
     2  LABEL=/local        /local     xfs      defaults          1 2
     3  tmpfs               /dev/shm   tmpfs    defaults          0 0
     4  devpts              /dev/pts   devpts   gid=5,mode=620    0 0
     5  sysfs               /sys       sysfs    defaults          0 0
     6  proc                /proc      proc     defaults          0 0
     7  LABEL=SWAP-hda2     swap       swap     defaults          0 0
```

-b 选项和-n 选项类似，但-b 选项只标示非空白行的行号。

使用-e 选项可以在每行的结尾显示$字符，这个选项在需要将多行内容转换成一行时很有用的。示例如下：

```
$ cat -e /etc/fstab
LABEL=/             /          xfs      defaults          1 1$
LABEL=/local        /local     xfs      defaults          1 2$
tmpfs               /dev/shm   tmpfs    defaults          0 0$
devpts              /dev/pts   devpts   gid=5,mode=620    0 0$
sysfs               /sys       sysfs    defaults          0 0$
proc                /proc      proc     defaults          0 0$
LABEL=SWAP-hda2     swap       swap     defaults          0 0$
```

当只输入 cat 命令，而没有任何参数时，它只是接收标准输入的内容并在标准输出中显示（关于标准输入和输出的内容，将在 11.1 节介绍）。因此，在输入一行内容并按 Enter 键后，会在接下来的一行显示相同的内容。也可以重定向（重定向的内容将在第 11 章详细介绍）标准输出到一个新文件，例如：

```
$ cat >test
```

这时系统会等待用户的输入，输入需要的内容后，按 Ctrl+D 组合键退出，输入的内容将会写入 test 文件。

```
$ cat >test
hello everyone!

$ cat test
hello everyone!
```

使用 cat 命令并利用重定向，还可以将多个文件的内容合并到一个新文件中，例如：

```
$ cat test
hello everyone!

$ cat test1
hello world!

$ cat test test1 > test2

$ cat test2
hello everyone!
hello world!
```

注意：Linux 还有一个 tac 命令，从命令的名称可能已经想到 tac 命令与 cat 命令相反，它将以倒序的形式（先显示文件的最后一行）显示文件的内容。

3.1.3　less 和 more 命令实例：分屏显示文件

more 命令在使用小的 XTerm 窗口，或者不想使用文本编辑器只是想简单地阅读一个文件时是很有用的。more 命令的功能类似于一个过滤器，其可以一次翻阅一整屏文件。

使用 more 命令查看一个文件：

```
$ more /etc/inittab
```

系统会自动地清空屏幕并显示文件的开始部分：

```
# inittab is no longer used.
#
# ADDING CONFIGURATION HERE WILL HAVE NO EFFECT ON YOUR SYSTEM.
#
# Ctrl-Alt-Delete is handled by /usr/lib/systemd/system/ctrl-alt-del.
  target
#
# systemd uses 'targets' instead of runlevels. By default, there are two
  main ta
rgets:
#
# multi-user.target: analogous to runlevel 3
# graphical.target: analogous to runlevel 5
#
# To view current default target, run:
# systemctl get-default
#
# To set a default target, run:
# systemctl set-default TARGET.target
```

如果按空格键，more 命令会将文件向下移动一个适合当前终端屏幕的高度，来显示下一页的内容。

使用-num（num 是一个整数）选项，可以指定一次显示的行数：

```
$ more -5 /etc/inittab
# inittab is no longer used.
#
# ADDING CONFIGURATION HERE WILL HAVE NO EFFECT ON YOUR SYSTEM.
#
# Ctrl-Alt-Delete is handled by /usr/lib/systemd/system/ctrl-alt-del.target
--更多--(35%)
```

也可以通过管道流将 cat 命令显示的内容发送给 more 命令。例如，有时想输出一个文件的全部内容，但要慢慢地查看，命令如下：

```
$ cat README | more
```

与 more 命令相比，笔者更喜欢使用 less 命令查看文件。less 命令与 more 命令类似，但 less 命令向前和向后翻页都支持，而且 less 命令不需要在查看前加载整个文件，即 less 命令查看文件更快速。如果在 Vim 编辑器中使用 less 命令打开同一个 log 文件，则可以速度是不同的。

使用 less 命令查看一个文件：

```
$ less /etc/fstab
LABEL=/              /           xfs        defaults          1 1
LABEL=/local         /local      xfs        defaults          1 2
```

```
tmpfs                   /dev/shm      tmpfs      defaults           0 0
devpts                  /dev/pts      devpts     gid=5,mode=620     0 0
sysfs                   /sys          sysfs      defaults           0 0
proc                    /proc         proc       defaults           0 0
LABEL=SWAP-hda2         swap          swap       defaults           0 0
/etc/fstab (END)
```

当用 less 命令打开一个文件时，可以使用搜索功能，搜索指定的关键字。默认情况下，所有匹配的关键字将会自动高亮显示。

向前搜索：

- /：在 less 命令打开的文件中，输入字符“/”的后面跟要搜索的关键字，然后按 Enter 键，光标将自动跳转到关键字第一次出现的位置并且会高亮显示所有搜索到的关键字。
- n：输入字母 n，将下一个匹配项所在的行作为显示的第一行。
- N：输入字母 N，将前一个匹配项所在的行作为显示的第一行。

向后搜索：

- ?：与字符“/”的功能相反，在问号“?”后输入要搜索的关键字，然后按 Enter 键，将向后搜索关键字。
- n：向后搜索下一个匹配的关键字。
- N：向前搜索下一个匹配的关键字。

当使用 less 命令浏览较大的文件时，可以使用如下屏幕导航命令。

- Ctrl+F：向前翻一个窗口的内容。
- Ctrl+B：向后翻一个窗口的内容。
- Ctrl+D：向前翻半个窗口的内容。
- Ctrl+U：向后翻半个窗口的内容。
- G：跳转到文件的末尾。
- g：跳转到文件的开头。
- q or ZZ：退出 less 命令。

可以使用 less 命令打开多个文件：

```
$ less file1
```

当查看文件 file1 时，使用“:e”可以打开第二个文件 file2：

```
$ less file1
#some lines
```

这时输入“:e”，内容将变为：

```
#some lines
Examine:
```

然后输入文件名 file2：

```
#some lines
Examine: file2
```

然后按 Enter 键：

```
#this is file2
#some lines
file2 (file 2 of 2) (END)
```

当使用 less 命令打开两个以上文件时，可以使用如下关键字切换文件。

- :n：跳转到下一个文件。
- :p：跳转到前一个文件。

less 命令允许在文件的特定位置做一个标记，在需要的时候，可以通过这个标记再次返回到标记的位置。

- m：后面跟任意的小写字母，使用这个字母标记当前的位置。
- '（单引号）：后面跟任意的小写字母，返回到这个小写字母标记的位置。

使用 less 命令查看一个文件并输入 m，将在窗口底部看到如下内容：

```
#some lines
mark:
```

此时输入一个小写字母在当前位置做一个标记，如果想再次回到此标记位置，输入单引号字符“'”，将在窗口底部看到如下内容：

```
#some lines
goto mark:
```

此时输入刚才用作标记的字母，窗口的内容将跳转到之前标记的位置。

一旦使用 less 命令打开一个文件，之后添加到此文件中的内容将不会自动显示出来。但是可以在 less 命令中输入大写字母 F 显示新写入的内容。输入大写字母 F，在窗口的底部会显示如下内容：

```
#some lines
Waiting for data... (interrupt to abort)
```

3.1.4　head 命令实例：显示文件的头部内容

head 命令用于打印指定文件的开头部分的内容。默认情况下，打印每个指定文件的前 10 行内容。

使用-n 选项可以指定打印文件的前 *N* 行，例如：

```
$ head -n 5 /etc/inittab
# inittab is no longer used.
#
# ADDING CONFIGURATION HERE WILL HAVE NO EFFECT ON YOUR SYSTEM.
#
# Ctrl-Alt-Delete is handled by /usr/lib/systemd/system/ctrl-alt-del.target
```

也可以不使用-n 选项，而是在连字符“-”后跟一个正整数来指定要打印的行数，例如：

```
$ head -5 /etc/inittab
# inittab is no longer used.
#
# ADDING CONFIGURATION HERE WILL HAVE NO EFFECT ON YOUR SYSTEM.
#
# Ctrl-Alt-Delete is handled by /usr/lib/systemd/system/ctrl-alt-del.target
```

使用-n 选项时，如果在正整数参数 N 前加一个连字符“-”，则将打印输出除最后 *N* 行以外的所有行，例如：

```
$ head -n -10 /etc/inittab
# inittab is no longer used.
#
```

```
# ADDING CONFIGURATION HERE WILL HAVE NO EFFECT ON YOUR SYSTEM.
#
# Ctrl-Alt-Delete is handled by /usr/lib/systemd/system/ctrl-alt-del.target
#
```

也可以使用-c 选项打印文件的前 *N* 字节的数据，例如：

```
$ head -c 10 /etc/inittab
#
# initta$
```

注意：-c 选项和选项-n 类似，在正整数 *N* 前加上连字符“-”，将打印除最后的 *N* 字节以外的全部字节。

3.1.5　tail 命令实例：显示文件的尾部内容

tail 命令与 head 命令相反，用于打印指定文件的结尾部分的内容。默认情况下，tail 命令打印指定文件的最后 10 行内容。

使用-n 选项可以指定打印文件的最后 *N* 行，例如：

```
$ tail -n 10 /etc/inittab
# systemd uses 'targets' instead of runlevels. By default, there are two
  main targets:
#
# multi-user.target: analogous to runlevel 3
# graphical.target: analogous to runlevel 5
#
# To view current default target, run:
# systemctl get-default
#
# To set a default target, run:
# systemctl set-default TARGET.target
```

使用-f 选项可以即时打印文件中新写入的行。例如：

```
$ tail -f /var/log/messages
```

注意：使用-f 选项对于监控日志文件是非常有用的。

--pid 选项和-f 选项同时使用，可以在特定的进程结束时终结 tail 命令。例如：

```
$ tail -f /tmp/debug.log --pid= 24184
```

如果想使用 tail 命令打开一个稍后才会创建的文件，可以使用--retry 选项持续尝试打开这个文件。此命令如下：

```
$ tail -f  /tmp/debug.log --retry
tail: warning: --retry is useful only when following by name
tail: cannot open `/tmp/debug.log' for reading: No such file or directory
```

如果不加--retry 选项，输出如下：

```
$ tail -f  /tmp/debug.log
tail: cannot open `/tmp/debug.log' for reading: No such file or directory
tail: no files remaining
$
```

3.1.6　file 命令实例：查看文件类型

file 命令用于接收一个文件作为参数并执行某些测试以确定正确的文件类型。

下面这个例子是使用 file 命令确定一个文件类型：

```
$ file /etc/inittab
/etc/inittab: ASCII text

$ file /etc/auto.smb
/etc/auto.smb: Bourne-Again shell script, ASCII text executable

$ file /usr/bin/file
/usr/bin/file: ELF 64-bit LSB pie executable, x86-64, version 1 (SYSV),
dynamically linked, interpreter /lib64/ld-linux-x86-64.so.2, BuildID[sha1]
=4804526276cc354e27ba21086d99fe1219df9b37, for GNU/Linux 3.2.0, stripped

$ file /etc
/etc: directory
```

使用-i 选项，可以用 MIME 类型的格式显示文件类型的信息：

```
$ file -i /etc/inittab
/etc/inittab: text/plain; charset=us-ascii

$ file -i /etc/auto.smb
/etc/auto.smb: text/x-shellscript; charset=us-ascii

$ file -i /usr/bin/file
/usr/bin/file: application/x-pie-executable; charset=binary

$ file -i /etc
/etc/: inode/directory; charset=binary
```

使用-N 选项，输出的队列可以在文件名之后以无空白填充的形式显示，其格式对比如下：

```
$ file -N *
a2ps.cfg: ASCII English text
a2ps-site.cfg: ASCII English text
acpi: directory
adjtime: ASCII text
aliases: ASCII English text
aliases.db: writable, regular file, no read permission
aliases.ORIG: ASCII English text
alsa: directory
alternatives: directory
anacrontab: ASCII text
ant.conf: ASCII text
ant.d: directory
anthy-conf: ASCII text
asound.state: ASCII text, with very long lines
at.deny: writable, regular file, no read permission
audisp: directory
audit: directory
auto.agl: ASCII text
autofs_ldap_auth.conf: writable, regular file, no read permission
```

```
$ file *
a2ps.cfg:                         ASCII English text
a2ps-site.cfg:                    ASCII English text
acpi:                             directory
adjtime:                          ASCII text
aliases:                          ASCII English text
aliases.db:                       writable, regular file, no read permission
aliases.ORIG:                     ASCII English text
alsa:                             directory
alternatives:                     directory
anacrontab:                       ASCII text
ant.conf:                         ASCII text
ant.d:                            directory
anthy-conf:                       ASCII text
asound.state:                     ASCII text, with very long lines
at.deny:                          writable, regular file, no read permission
audisp:                           directory
audit:                            directory
auto.agl:                         ASCII text
autofs_ldap_auth.conf:            writable, regular file, no read permission
```

3.1.7 wc 命令实例：查看文件的统计信息

wc 命令用于查看文件的行数、单词数和字符数等信息，其语法如下：

```
$ wc filename
 X  Y Z /etc/inittab
```

其中：

- X 表示行数；
- Y 表示单词数；
- Z 表示字节数；
- filename 表示文件名。

```
$ wc /etc/inittab
 16  76 490/etc/inittab
```

上述输出表示/etc/inittab 文件有 16 行，共 76 个单词，490B。

使用-l 选项可以只统计文件的行数信息，命令如下：

```
$ wc -l /etc/inittab
16 /etc/inittab
```

使用-w 选项可以只统计文件的单词数信息，命令如下：

```
$ wc -w /etc/inittab
76 /etc/inittab
```

使用-c 选项可以只统计文件的字节数信息，命令如下：

```
$ wc -c /etc/inittab
490 /etc/inittab
```

使用-L 选项可以统计文件中最长的行的长度，命令如下：

```
$ wc -L /etc/inittab
86 /etc/inittab
```

3.1.8　find 命令实例：查找文件或目录

find 命令也是 Linux 系统重要和常用的命令之一。find 命令用于根据指定的参数搜索、定位文件和目录的列表。find 命令可以在多种情况下使用。例如，可以通过权限、用户、用户组、文件类型、日期、大小和其他可能的条件来查找文件。

使用 find 命令查找指定目录下的某个文件的方法如下：

```
# find /etc -name inittab
/etc/inittab
```

注意：此处的命令行提示符是“#”号，表示当前用户的账号是 root。

在当前目录下，查找名称为 inittab 的文件：

```
# find . -name inittab
./inittab
```

找出当前目录下，文件名不区分大小写为 example 的所有文件：

```
$ find . -iname example
./example
./Example
```

找出当前目录下目录名是 tmp 的目录：

```
$ find . -type d -name tmp
./tmp
```

找出当前目录下的所有.php 文件：

```
$ find . -type f -name "*.sh"
./login.php
./index.php
```

找出当前目录下文件权限是 777 的所有文件：

```
$ find . -type f -perm 0777
```

找出当前目录下文件权限不是 777 的所有文件：

```
$ find . -type f ! -perm 777
```

找出/etc/目录下的所有只读文件：

```
# find . -type f ! -perm /a+w
```

找出用户账号主目录下的所有可执行文件：

```
$ find ~ -type f -perm /a+x
```

找出/tmp 目录下的.log 文件并将其删除：

```
$ find /tmp/ -type f -name "*.log" -exec rm -f {} \;
```

找出当前目录下的所有空文件：

```
$ find . -type f -empty
```

找出当前目录下的所有空目录：

```
$ find . -type d -empty
```

找出/tmp 目录下的所有隐藏文件：

```
$ find /tmp/ -type f -name ".*"
```

找出/tmp 目录下，所有者是 root 的文件和目录：

```
$ find /tmp/ -user root
```

找出/tmp 目录下，用户组是 developer 的文件和目录：

```
$ find /tmp/ -group developer
```

找出用户账号主目录下 3 天前修改的文件：

```
$ find ~ -type f -mtime 3
```

找出用户账号主目录下 30 天以前修改的所有文件：

```
$ find ~ -type f -mtime +30
```

找出用户账号主目录下 3 天以内修改的所有文件：

```
$ find ~ -type f -mtime -3
```

找出用户账号主目录下，30 天以前、60 天以内修改的所有文件：

```
$ find ~ -type f -mtime +30 -mtime -60
```

找出/etc 目录下一小时以内变更过的文件：

```
# find /etc -type f -cmin -60
```

找出/etc 目录下一小时以内访问过的文件：

```
# find /etc -type f -amin -60
```

找出用户账号主目录下，大小是 50MB 的所有文件：

```
$ find ~ -type f -size 50M
```

找出用户账号主目录下，大于 50MB 且小于 100MB 的所有文件：

```
$ find ~ -type f -size +50M -size -100M
```

找出用户账号主目录下，大于 100MB 的文件并将其删除：

```
$ find ~ -type f -size +100M -exec rm -rf {} \;
```

3.2　操作文件和目录

3.2.1　touch 命令实例：创建文件

在 Linux 系统中，每个文件都关联一个时间戳，并且每个文件都会存储最近一次访问的时间、最近一次修改的时间和文件属性最近一次变更的时间等信息。因此，当我们创建一个新文件、访问或修改一个已存在的文件时，文件的时间戳都会自动更新。

touch 命令用于创建、变更和修改文件的时间戳。执行 touch 命令的程序是 Linux 操作系统的标准程序。touch 命令的选项如下：

- -a：只改变访问时间。
- -c：不创建任何文件。
- -m：只改变修改时间。

- -r：使用指定文件的时间替代当前时间。
- -t：使用[[CC]YY]MMDDhhmm[.ss]替代当前时间。

使用 touch 命令创建一个名称是 effyl 的新的空文件（0B）：

```
$ touch effyl
```

使用 touch 命令同样可以创建多个文件。例如，下面的命令将创建名称为 sheffyl、myeffyl 和 lueffyl 的 3 个文件：

```
$ touch sheffyl myeffyl lueffyl
```

使用-a 选项可以改变或更新文件的最新访问时间。下面的命令将更新文件的访问时间，如果文件 effyl 不存在，则创建一个以 effyl 命名的新的空文件：

```
$ touch -a effyl
```

使用-c 选项可以避免创建一个新文件，并用当前时间更新文件的时间戳：

```
$ touch -c effyl
```

使用-m 选项可以只改变文件的修改时间，而访问时间不变：

```
$ touch -m effyl
```

可以同时使用-c 和-t 选项来明确设置文件的时间，命令格式如下：

```
$ touch -c -t YYMMDDHHMM filename
```

例如，将文件 effyl 的修改时间和访问时间设置为 2023 年 5 月 13 日 10 点 30 分，命令如下：

```
$ touch -c -t 202305131030 effyl
```

如果想使用文件 myeffyl 的时间戳更新文件 effyl 的时间戳，那么可以使用-r 选项，命令如下：

```
$ touch -r myeffyl effyl
```

3.2.2　mkdir 命令实例：创建目录

mkdir 命令用于创建一个新目录。最基本的 mkdir 命令的使用方法如下：

```
$ mkdir <dirname>
```

上述命令将用给定的目录名在当前目录下创建一个目录。

不一定要在一个目录下创建这个目录的新目录，可以使用相对路径或绝对路径来创建。假设在用户账号的主目录下刚创建了一个目录 backup（/home/yantaol/backup）。现在想在 backup 目录下创建一个名为 old 的目录，那么可以使用相对路径，命令如下：

```
$ mkdir backup/old
```

也可以使用绝对路径，命令如下：

```
$ mkdir /home/yantaol/backup/old
```

使用-p 选项会自动创建所有还不存在的父目录。例如，想在用户账号的主目录下的 backup 目录下创建一个 old 目录，但是 backup 目录还不存在，则可以使用如下命令创建 old 目录：

```
$ mkdir -p backup/old
```

或者：

```
$ mkdir -p /home/yantaol/backup/old
```

上述命令会自动创建 backup 目录。如果在上述情况下不使用-p 选项，将会出现如下错误：

```
$ mkdir backup/old
mkdir: cannot create directory `backup/old': No such file or directory
```

注意：当需要递归地创建目录时，使用-p 选项是一个很简便的方法。

使用-p 选项，同样可以在要创建的目录已经存在的情况下阻止错误的发生。例如，要创建目录 backup，但这个目录已经存在，系统将会显示如下错误信息：

```
$ mkdir backup
mkdir: cannot create directory `backup': File exists
```

如果使用-p 选项，将阻止错误信息的输出，例如：

```
$ mkdir -p backup
$
```

使用-m 选项可以设置将要创建的目录的权限。例如，要创建一个任何人都有读写访问权限的目录，命令如下：

```
$ mkdir -p -m 777 backup/old
```

或者：

```
$ mkdir -p -m a=rwx backup/old
```

3.2.3　cp 命令实例：复制文件或目录

在 Linux 系统中，可以使用 cp 命令复制文件或目录。cp 命令用于将文件从一个地方复制到另一个地方。原来的文件保持不变，新文件可能保持原名或用一个不同的名称。

使用 cp 命令复制文件和目录的语法有以下几种：

```
$ cp [OPTION] SOURCE DEST                    #复制源文件到目标文件
$ cp [OPTION] SOURCE… DIRECTORY              #复制一个或多个源文件到一个目录
$ cp [OPTION] -t DIRECTORY SOURCE…           #同上
```

例如，在当前目录下创建一个文件 file.txt 的副本，取名为 newfile.txt：

```
$ cp file.txt newfile.txt
```

复制当前目录下的文件 file.txt 到/tmp 目录下：

```
$ cp file.txt /tmp/
```

复制当前目录下的所有文件到/tmp 目录：

```
$ cp * /tmp
```

使用-p 选项，可以在复制一个文件到新文件时，保留源文件的所有者、用户组、权限、修改和访问时间及一些扩展属性等信息：

```
$ cp -p filename /path/to/new/location/myfile
```

使用-R 或-r 选项可以递归地复制一个目录，即将一个目录及其下的所有文件和子目录都复制到另一个目录下，命令如下：

```
$ cp -R * /home/yantaol/backup
```

还有比较常用的归档模式复制：

```
$ cp -a * /home/yantaol/backup
```

- -a：存档模式，相当于-dpR。
- -d：保留软链接。
- -p：保留权限、所有权和时间戳等信息。
- -R：递归地复制目录。

3.2.4　ln 命令实例：链接文件或目录

ln 命令用于创建软链接或硬链接。在 3.1.1 节介绍 ls 命令时，介绍了 ls -l 命令可以列出每个条目的第一个字符所指示的文件类型，当这个字符是 l（小写的 L）时，即表示它是一个软链接。

- 软链接又称符号链接，是一类特殊的文件，这个文件包含另一个文件或目录的路径名（绝对路径或相对路径）。当对符号文件进行读或写操作时，系统会自动把该操作转换为对源文件或目录的操作，当删除链接文件时，系统仅删除链接文件，不会删除源文件或目录本身。软链接可以链接不同文件系统的文件。
- 硬链接可以理解为一个文件的一个或多个文件名。它引用的是文件在文件系统中的物理索引（也称为 Inode）。当移动或删除原始文件时，硬链接不会被破坏，因为它所引用的是文件的物理数据而不是文件在文件结构中的位置。硬链接的文件不需要用户有访问原始文件的权限，也不会显示原始文件的位置，这样有助于保护文件的安全。如果删除的文件有相应的硬链接，那么这个文件依然会被保留，直到对它的所有引用都被删除，即硬链接数为 0。硬链接只能链接同一文件系统中的文件。

使用-s 选项可以创建一个软链接：

```
$ ln -s /full/path/of/original/file /full/path/of/symbolic/link/file
```

ln 命令不使用任何选项，默认将创建一个硬链接：

```
$ ln  /full/path/of/original/file /full/path/of/hard/link/file
```

在目录/home/yantaol/lib 下创建一个软链接 library.so，链接到/home/yantaol/src/library.so

```
$ ln -s /home/yantaol/src/library.so /home/yantaol/lib

$ ls -l /home/yantaol/lib/ library.so
lrwxrwxrwx 1 yantaol yantaol 29 Sep  4 19:27 /home/yantaol/lib/library.so
-> /home/yantaobl/src/library.so
```

创建目录的软链接与创建文件的软链接类似：

```
$ mkdir /home/yantaol/src

$ cd /tmp

$ ln -s /home/yantaol/src source

$ ls -l source
lrwxrwxrwx 1 yantaol yantaol 18 Sep  4 19:38 source -> /home/yantaol/src
```

在当前目录下，创建文件 src_original.txt 的硬链接，名称为 dst_link.txt。这两个文件的 Inode 编码应该相同：

```
$ ln src_original.txt dst_link.txt

$ ls -i src_original.txt
1638423 src_original.txt

$ ls -i dst_link.txt
1638423 dst_link.txt
```

注意：Linux 不允许给目录创建硬链接。

当创建一个软链接时，如果已经存在一个与此软链接同名的文件，那么可以使用 --backup 选项让 ln 命令在创建这个新链接之前，先备份已经存在的同名文件。

```
$ ln -s source.txt dst.txt
ln: creating symbolic link `dst.txt' to `source.txt': File exists

$ ln --backup -s source.txt dst.txt

$ ls -l dst.txt*
lrwxrwxrwx 1 yantaobl cc_rdr_tdd_03 10 Sep  4 19:48 dst.txt -> source.txt
-rw-r--r-- 1  yantaobl cc_rdr_tdd_03  0 Sep  4 19:48 dst.txt~
```

注意：如果不想备份而是覆盖已经存在的文件，则使用-f 选项。

3.2.5　mv 命令实例：重命名文件或目录

mv 命令用于将文件或目录从一个位置移到另外一个位置。除了移动文件，mv 命令还可用于修改文件或目录的名称。

mv 命令的基本语法如下：

```
$ mv SOURCE... DIRECTORY
```

例如，将当前目录下的文件 source.txt 移到目录/tmp 下：

```
$ mv source.txt /tmp
```

将目录 dir1、dir2 移到目录 dir_dist 下：

```
$ mv dir1 dir2 dir_dist
```

使用 mv 命令将当前目录下的文件 old.txt 更名为 new.txt：

```
$ mv old.txt new.txt
```

将目录 oldDir 更名为 newDir：

```
$ mv oldDir newDir
```

默认情况下，如果目标文件或目录已存在，mv 命令并不会提示任何信息，而是直接将其重写覆盖。为了避免这个问题，可以使用-i 选项，让 mv 命令在重写覆盖目标文件或目录之前给出提示信息。这样可以通过输入字符 y 或 n 来接受或拒绝此操作。

例如，要将文件 old.txt 更名为 new.txt，但是文件 new.txt 已经存在，在使用-i 选项时将会看到如下结果：

```
$ mv -i old.txt new.txt
```

```
mv: overwrite `new.txt'?
```

使用 mv 命令也可以同时移动多个文件或目录。例如，将当前目录下的所有文件移到目录/tmp 下：

```
$ mv * /tmp/
```

如果只想从源目录中移动目标目录中不存在的文件到目标目录，那么可以使用-u 选项。下面的实例是将目录 dir1 中的文件 file2 和 file3 移动到目录 dir2 中，而文件 file1 已经存在于目录 dir2 中了：

```
$ ls dir1/
file1  file2  file3

$ ls dir2/
file1

$ mv -u dir1/* dir2/

$ ls dir1/
file1

$ ls dir2/
file1  file2  file3
```

3.2.6　rm 命令实例：删除文件或目录

rm 命令用于删除指定的文件或目录，语法如下：

```
$ rm [OPTIONS]… FILE…
```

在下面的例子中，使用 rm 命令删除文件 file1.txt、file2.txt 和 file3.txt，假设这 3 个文件都在当前目录下：

```
$ rm file1.txt file2.txt file3.txt
```

注意：下面的例子执行后可能会导致系统崩溃或数据丢失，因此请谨慎运行这些实例。

星号“*”可以表示所有文件名，因此使用星号“*”可以删除所有的文件。例如，删除当前目录下的所有文件：

```
$ rm *
```

删除当前账号主目录下的 temp 目录中的所有文件：

```
$ rm ~/temp/*
```

使用-i 选项可以让 rm 命令在删除每一个文件或目录前提示用户确认：

```
$ rm -i *
```

删除当前目录下所有以“.doc”为扩展名的文件：

```
$ rm *.doc
```

删除当前目录下所有文件名中包含 movie 字符串的文件：

```
$ rm *movie*
```

删除当前目录下所有以小写字母 a 开头的文件：

```
$ rm a*
```

问号“?”用于匹配一个字符。例如，“???”可以表示任何只有 3 个字符的文件名。下面的例子用于删除当前目录下文件名（包括扩展名）只有 3 个字符的所有文件：

```
$ rm ???
```

删除当前目录下文件扩展名有两个字符的所有文件：

```
$ rm *.??
```

方括号“[]”可以用于匹配括号内的任意一个字符。例如，下面的语句将使用 rm 命令删除当前目录下文件名中含有 a、b 或 c 的所有文件。

```
$ rm *[abc]*
```

删除当前目录下文件名中包含数字 0~9 的所有文件，即文件名中至少有一个数字的文件：

```
$ rm *[0-9]*
```

删除当前目录下文件扩展名是 c 或 h 的所有文件：

```
$ rm *.[ch]
```

删除/tmp 目录下的所有文件及其子目录：

```
$ rm -rf /tmp/*
```

其中：

- -f：删除前不提示用户确认，并忽略不存在的文件。
- -r（或-R）：递归地删除目录及其下的内容。

3.3　管理文件和目录的权限

3.3.1　ls -l：显示文件和目录的权限

在 3.1.1 节中，我们学习了 ls -l 命令，知道了它的输出结果中第一列的第一个字符表示文件的类型（目录、文件或链接），第 2～10 个字符指示文件的 3 种用户类型的权限。

```
-rwxr-xr-x  1 yantaol yantaol      759 Jun  4 09:53 test.sh
```

如上例所示，每个文件或目录都有 3 个用户权限组，其中：

- 所有者权限（第 1 组的 3 个字符 rwxr-xr-x）：只应用于文件或目录的所有者，不影响其他用户的行为。
- 用户组权限（第 2 组的 3 个字符 rwxr-xr-x）：只应用于已经指定给文件或目录的组，同样不影响其他用户的行为。
- 其他用户权限（第 3 组的 3 个字符-rwxr-xr-x）：只应用于系统中的其他用户。

每个文件或目录还有 3 个基本的权限类型：

- r：读权限，即用户读文件或列出目录的权限。
- w：写权限，即用户写、修改文件或目录的权限。
- x：执行权限，即用户执行文件或进入目录的权限。

下面来看一个例子：

```
$ ls -dl /etc
drwxr-xr-x 121 root root 20480 Sep 10 08:35 /etc
```

目录/etc 的权限是 rwxr-xr-x。该目录的所有者是 root，用户组也同样是 root。所有者权限是 rwx，这些权限允许用户 root 对该目录读、写和访问。

用户组权限是 r-x。这里没有给写权限，因此用户组 root 的成员只能查看和列出目录中的内容。用户不能在该目录下创建文件或子目录，同样不能删除任何文件或对目录内容进行改动。

其他用户权限同样是 r-x。其他用户也只能查看和列出目录内容。

如果看到一个目录的权限是 drw-r--r--，那么该目录的所有者可以列出和修改该目录的内容，但是不能进入这个目录，因为没有执行权限。需要进入目录并列出目录内容，必须有读和执行（r-x）的权限。用户组的成员和其他用户也有同样的问题，他们可以列出目录的内容，但是不能进入目录，因为没有执行（x）权限。

下面再看几个权限的解释：

- -r--r--r--：表示所有者、用户组成员和其他用户对文件只有读权限。
- -rw-rw-rw：表示所有者、用户组成员和其他用户对文件有读和写的权限。
- -rwxrwxrwx：表示所有者、用户组成员和其他用户有所有权，他们可以读、写和执行此文件。

3.3.2　chmod 命令实例：修改权限

chmod 命令用于修改文件或目录的权限。chmod 命令根据相应的模式修改每个给定文件的权限。这里的模式有两种：一种是符号表达式模式，另一种是八进制位模式。

使用符号表达式模式的格式如下：

```
$ chmod [OPTION]…[ugoa][[+-=][rwxug]][,...] FILE…
```

字母 ugoa 的组合用于控制改变哪些用户对文件的访问权限：

- u：文件或目录的所有者。
- g：文件或目录的用户组的成员。
- o：不在文件或目录的用户组中的其他用户。
- a：所有用户，即 ugo。

注意： 如果使用 chmod 命令的符号表达式模式，不给出 ugoa 的组合，则得到的结果和使用 a 选项相同。

操作符“+-=”表示权限的授予或撤销。

- +：选定的权限将被添加。
- -：选定的权限将被移除。
- =：文件只拥有选定的权限。

下面来看几个使用符号表达式模式的 chmod 命令实例。

移除用户组成员的写权限：

```
$ ls -l example.sh
```

```
-rwxrwxr-- 1 yantaol yantaol 0 Sep 10 18:40 example.sh

$ chmod g-w example.sh

$ ls -l example.sh
-rwxr-xr-- 1 yantaol yantaol 0 Sep 10 18:40 example.sh
```

赋予其他用户执行文件的权限：

```
$ chmod o+x example.sh

$ ls -l example.sh
-rwxr-xr-x 1 yantaol yantaol 0 Sep 10 18:40 example.sh
```

只给文件的所有者写权限：

```
$ chmod u=w example.sh

$ ls -l example.sh
--w-r-xr-x 1 yantaol yantaol 0 Sep 10 18:40 example.sh
```

用文件的用户组权限替换文件的所有者权限：

```
$ chmod u=g example.sh

$ ls -l example.sh
-r-xr-xr-x 1 yantaol yantaol 0 Sep 10 18:40 example.sh
```

赋予所有人对文件读、写和执行的权限：

```
$ chmod ugo+rwx example.sh
```

chmod 命令的数字模式是以数字来表示读（4）、写（2）和执行（1）的权限，而每个用户权限组的值就是表示读、写和执行权限的这 3 个数字（4、2、1）组合相加得到的八进制数（0～7）。各数字所表示的权限如下：

4：r（读权限）；

2：w（写权限）；

1：x（执行权限）；

例如：

- 表示 rwx 权限就是 4+2+1=7；
- 表示 rw-权限就是 4+2+0=6；
- 表示 r--权限就是 4+0+0=4；
- 表示 r-x 权限就是 4+0+1=5。

赋予所有人对文件的读、写和执行权限：

```
$ chmod 777 example.sh

$ ls -l example.sh
-rwxrwxrwx 1 yantaol yantaol 0 Sep 10 18:40 example.sh
```

赋予文件的所有者和用户组成员读和写权限，其他用户只有读权限：

```
$ chmod 664 example.sh

$ ls -l example.sh
-rw-rw-r-- 1 yantaol yantaol 0 Sep 10 18:40 example.sh
```

使用-R 选项可以递归地修改目录的权限。例如，递归地将当前目录及其下的所有文件和子目录的权限修改为 775：

```
$ chmod -R 775 .
```

如果只想修改当前目录下的所有子目录的权限，而不修改文件的权限，可以将 chmod 命令与 find 命令结合使用：

```
$ find . -type d -exec chmod -R 775 {} \;
```

3.3.3　chown 和 chgrp 命令实例：修改文件的所有者和用户组

chown 命令用于修改文件或目录的所有者和用户组信息，语法如下：

```
$ chown [OPTION]… [OWNER][:[GROUP]] FILE
```

例如，将文件 example.sh 的所有者修改为 root：

```
# ls -l example.sh
-rw-rw-r-- 1 yantaol yantaol 0 Sep 10 18:40 example.sh

# chown root example.sh

# ls -l example.sh
-rw-rw-r-- 1 root yantaol 0 Sep 10 18:40 example.sh
```

注意：当前的命令行提示符是“#”号，表示当前用户的账号是 root。

将文件 example.sh 的用户组也修改为 root：

```
# chown :root example.sh

# ls -l example.sh
-rw-rw-r-- 1 root root 0 Sep 10 18:40 example.sh
```

同时修改文件 example.sh 的所有者和用户组：

```
# chown yantaol:yantaol example.sh

# ls -l example.sh
-rw-rw-r-- 1 yantaol yantaol 0 Sep 10 18:40 example.sh
```

修改软链接文件的所有者和用户组信息，看看会有什么样的结果：

```
# ls -l tmpfile_symlnk
lrwxrwxrwx 1 root root 7 Sep 11 11:33 tmpfile_symlnk -> tmpfile

# ls -l tmpfile
-rw-r--r-- 1 root    root        0 Sep 11 11:33 tmpfile

# chown yantaol:yantaol tmpfile_symlnk

# ls -l tmpfile_symlnk
lrwxrwxrwx 1 root root 7 Sep 11 11:33 tmpfile_symlnk -> tmpfile

# ls -l tmpfile
-rw-r--r-- 1 yantaol yantaol 0 Sep 11 11:33 tmpfile
```

注意：默认情况下，当使用 chown 命令修改软链接文件时，实际修改的是软链接所指向的文件。

使用-h 选项可以强制地修改软链接的所有者和用户组信息，而不是修改软链接所指向的文件的所有者和用户组信息：

```
# ls -l tmpfile_symlnk
lrwxrwxrwx 1 root root 7 Sep 11 11:33 tmpfile_symlnk -> tmpfile

# ls -l tmpfile
-rw-r--r-- 1 yantaol yantaol 0 Sep 11 11:33 tmpfile

# chown -h yantaol:yantaol tmpfile_symlnk

# ls -l tmpfile_symlnk
lrwxrwxrwx 1 yantaol yantaol 7 Sep 11 11:33 tmpfile_symlnk -> tmpfile

# ls -l tmpfile
-rw-r--r-- 1 yantaol yantaol 0 Sep 11 11:33 tmpfile
```

使用--from 选项可以设置修改的条件。只有文件或目录的所有者或用户组为指定的值时，才进行修改。

```
# ls -l tmpfile
-rw-r--r-- 1 yantaol yantaol 0 Sep 11 11:33 tmpfile

# chown --from=guest root:root tmpfile

# ls -l tmpfile
-rw-r--r-- 1 yantaol yantaol 0 Sep 11 11:33 tmpfile

# chown --from= yantaol root:root tmpfile

# ls -l tmpfile
-rw-r--r-- 1 root root 0 Sep 11 11:33 tmpfile

# chown --from=:root yantaol:yantaol tmpfile

# ls -l tmpfile
-rw-r--r-- 1 yantaol yantaol 0 Sep 11 11:33 tmpfile
```

使用-R 选项可以递归地修改目录下的文件及其子目录的所有者和用户组信息。例如，修改/root 目录下的所有文件和子目录的所有者和用户组信息：

```
# chown -R root:root /root
```

当使用 chown 命令递归地修改指向某个目录的软链接的所有者和用户组时，来看看会发生什么情况：

```
# ls -l linux_symlnk
lrwxrwxrwx 1 root root 5 Sep 11 14:40 linux_symlnk -> linux

# ls -dl linux
drwxr-xr-x 5 root root 4096 Sep 11 14:40 linux

# ls -l linux_symlnk/
total 12
drwxr-xr-x 2 root root 4096 Sep 11 14:40 lib
drwxr-xr-x 2 root root 4096 Sep 11 14:40 os
drwxr-xr-x 2 root root 4096 Sep 11 14:40 src

# chown -R yantaol:yantaol linux_symlnk

# ls -l linux_symlnk
lrwxrwxrwx 1 yantaol yantaol 5 Sep 11 14:40 linux_symlnk -> linux

# ls -dl linux
drwxr-xr-x 5 root root 4096 Sep 11 14:40 linux
```

```
# ls -l linux_symlnk/
total 12
drwxr-xr-x 2 root root 4096 Sep 11 14:40 lib
drwxr-xr-x 2 root root 4096 Sep 11 14:40 os
drwxr-xr-x 2 root root 4096 Sep 11 14:40 src
```

可以看到，软链接的所有者和用户组已被修改，但是软链接所指向的目录并没有被修改。这是因为默认情况下，chown 命令不能横越软链接。如果想递归地修改软链接所指向的目录的所有者或用户组，则需要使用-H 选项：

```
# chown -R -H yantaol:yantaol linux_symlnk
```

chgrp 命令与 chown 命令类似，但 chgrp 命令只用于修改文件或目录的用户组（不能修改所有者），其语法如下：

```
$ chgrp [OPTION]… GROUP FILE…
```

3.3.4　设置 setuid 和 setgid 权限位实例：设置用户和组权限位

setuid（设置用户标识）是允许用户以文件所有者的权限执行一个程序的权限位。setgid（设置组标识）是允许用户以用户组成员的权限执行一个程序的权限位。

任何用户都可以以所有者的权限，执行一个设置了 setuid 权限位的脚本。同样，任何用户可以以用户组成员的权限执行一个设置了 setgid 权限位的脚本。

注意：在类 UNIX 系统中，理解 setuid 和 setgid 权限位的原理是很重要的，要知道它们为什么被使用，更重要的是避免不当地使用它们。当设置 setuid 或 setgid 权限位时，一定要非常谨慎，这些权限位可能会导致安全风险。例如，用户通过执行一个设置了 setuid 权限位并且所有者是 root 的程序，可以获得超级用户的权限。

与其他权限位类似，可以使用 chmod 命令设置 setuid 和 setgid 权限位。

查看一个文件是否有 setuid 和 setgid 权限位，可以使用 ls -l 命令或 stat 命令。如果字母 s 在所有权限组，则表示设置了 setuid 权限位，如果字母 s 在用户组权限组，则表示设置了 setgid 权限位。例如，passwd 命令的权限：

```
$ ls -l /usr/bin/passwd
-rwsr-xr-x 1 root root 23324 Aug 11  2021 /usr/bin/passwd
$ stat /usr/bin/passwd
  File: /usr/bin/passwd
  Size: 32648         Blocks: 64         IO Block: 4096   regular file
Device: fd00h/64768d    Inode: 135294176    Links: 1
Access: (4755/-rwsr-xr-x)  Uid: (    0/    root)   Gid: (    0/    root)
Access: 2023-04-28 11:05:10.399562432 +0800
Modify: 2021-08-10 23:53:40.000000000 +0800
Change: 2023-01-06 10:34:29.566009961 +0800
 Birth: 2022-11-17 11:04:08.251769178 +0800
```

使用 chmod 命令的符号表达式模式设置 setuid 权限位：

```
# chmod u+s example.sh
# ls -l example.sh
-rwSr-xr-x 1 root root 0 Sep 10 18:40 example.sh
```

注意：当前的命令行提示符是“#”号，表示当前用户的账号是 root。

使用 chmod 命令的符号表达式模式设置 setgid 权限位：

```
# chmod g+s example.sh
# ls -l example.sh
-rwSr-Sr-x 1 root root 0 Sep 10 18:40 example.sh
```

使用 chmod 命令的数字模式设置 setuid 权限位的方法是，在 3 个权限位的前面加数字 4：

```
# chmod 4755 example.sh
# ls -l example.sh
-rwsr-xr-x 1 root root 0 Sep 10 18:40 example.sh
```

使用 chmod 命令的数字模式设置 setgid 权限位的方法是，在 3 个权限位的前面加数字 2：

```
# chmod 2755 example.sh
# ls -l example.sh
-rwxr-sr-x 1 root root 0 Sep 10 18:40 example.sh
```

使用 chmod 命令移除 setuid 和 setgid 权限位的方法是，在 3 个权限位的前面加数字 0：

```
# chmod 0755 example.sh
# ls -l example.sh
-rwxr-xr-x 1 root root 0 Sep 10 18:40 example.sh
```

3.4　文本处理

3.4.1　sort 命令实例：文本排序

sort 命令用于对文本文件进行排序。默认情况下，sort 命令按照字符串的字母顺序进行排序。

现在有一个包含如下内容的文件：

```
$ cat example.txt
abc
def
ghi
jkl
mno
def
```

不使用任何选项，使用 sort 命令简单地将文件内容按字母顺序进行排序：

```
$ sort example.txt
abc
def
def
ghi
jkl
mno
```

使用-u 选项可以移除所有重复的行：

```
$ sort -u example.txt
abc
def
```

```
ghi
jkl
mno
```

在上例中，重复的记录 def 被移除。

现在有一个文件，文件内容都是数字：

```
$ cat example.txt
20
10
35
100
69
83
```

直接使用 sort 命令，得到如下结果：

```
$ sort example.txt
10
100
20
35
69
83
```

在上例中，100 被直接排到了 10 的下面，而不是按照数字的大小排在末尾。这与 sort 命令的默认排序机制有关。

使用-n 选项可以将数字按大小进行排序：

```
$ sort -n example.txt
10
20
35
69
83
100
```

使用-r 选项可以用倒序方式排序：

```
$ sort -n -r example.txt
100
83
69
35
20
10
```

sort 命令可以同时将多个文件的内容进行排序：

```
$ sort file1 file2
```

例如，一个文件有多个列，每列以逗号“,”分隔：

```
$ cat example.txt
abc,20
def,10
ghi,35
jkl,100
mno,69
def,83
```

默认情况下，sort 命令按文件第一列的字符串字母顺序对文件内容进行排序：

```
$ sort example.txt
abc,20
def,10
def,83
ghi,35
jkl,100
mno,69
```

也可以指定 sort 命令按照第二列的字符串顺序对文件内容进行排序：

```
$ sort -t ',' -k2,2 example.txt
def,10
jkl,100
abc,20
ghi,35
mno,69
def,83
```

在上例中，-t 选项用于指定列的分隔符，上例中的列分隔符是逗号“，”；-k 选项用于指定进行排序的列，这里指定的是第 2 列。

指定 sort 命令按照第二列的数值顺序对文件内容进行排序：

```
$ sort -t ',' -k2n,2 example.txt
def,10
abc,20
ghi,35
mno,69
def,83
jkl,100
```

也可以指定 sort 命令按照第二列的数值顺序的倒序对文件内容进行排序：

```
$ sort -t ',' -k2nr,2 example.txt
jkl,100
def,83
mno,69
ghi,35
abc,20
def,10
```

3.4.2　uniq 命令实例：文本去重

uniq 命令用于移除或发现文件中重复的条目。

现在有一个文件，其内容如下：

```
$ cat example.txt
aaa
aaa
bbb
bbb
bbb
ccc
```

使用 uniq 命令不带有任何选项时，将移除文件中重复的行并显示单一行：

```
$ uniq example.txt
aaa
bbb
ccc
```

使用-c 选项可以统计重复行出现的次数：

```
$ uniq -c example.txt
2 aaa
3 bbb
1 ccc
```

使用-d 选项只显示文件中有重复的行并且只显示一次：

```
$ uniq -d example.txt
aaa
bbb
```

使用-D 选项的作用与-d 选项类似，但-D 选项可以显示文件中所有重复的行：

```
$ uniq -D example.txt
aaa
aaa
bbb
bbb
bbb
```

使用-u 选项只显示文件中不重复的行：

```
$ uniq -u example.txt
ccc
```

现在将示例文件修改成如下内容：

```
$ cat example.txt
aaa bbb
aaa ccc
bbb aaa
bbb ccc
ccc ccc
```

使用-w 选项可以限制 uniq 命令只比较每行的前 *N* 个字符。例如，在下面的例子中，限制 uniq 命令只比较每行的前 3 个字符是否重复：

```
$ uniq -w 3 example.txt
aaa bbb
bbb aaa
ccc ccc
```

使用-s 选项可以避免 uniq 命令比较每行的前 *N* 个字符，即跳过每行的前 *N* 个字符，只比较后面的字符。例如，在下面的例子中，避免 uniq 命令比较每行的前 3 个字符，只比较后面的字符是否重复：

```
$ uniq -s 3 example.txt
aaa bbb
aaa ccc
bbb aaa
bbb ccc
```

使用-f 选项可以避免 uniq 命令比较前 *N* 列，即跳过前 *N* 列（这里列以空格分隔），只比较后面的字符。例如，在下面的例子中，避免 uniq 命令比较第 1 列的内容，只比较后面的字符是否重复：

```
$ uniq -f 1 example.txt
aaa bbb
aaa ccc
bbb aaa
bbb ccc
```

3.4.3　tr 命令实例：替换或删除字符

tr 命令用于转换字符、删除字符和压缩重复的字符。它从标准输入读取数据并将结果输出到标准输出。tr 命令的语法如下：

```
$ tr [OPTION]… SET1 [SET2]
```

首先了解一下 tr 命令转换字符的功能。如果同时指定参数 SET1 和 SET2，并且没有指定-d 选项，那么 tr 命令将把 SET1 中指定的每个字符替换为 SET2 中相同位置的字符。

下面的例子是将字符串中所有的小写字母转换为大写字母：

```
$ echo linuxShell | tr abcdefghijklmnopqrstuvwxyz
ABCDEFGHIJKLMNOPQRSTUVWXYZ
LINUXSHELL
```

下面的例子同样可以将字符串中的所有小写字母转换为大写字母：

```
$ echo linuxShell | tr [:lower:] [:upper:]
LINUXSHELL
```

还有一种方法可以得到和上例同样的结果：

```
$ echo linuxShell | tr a-z A-Z
LINUXSHELL
```

使用 tr 命令可以转换一个文件的内容，并将转换的结果输出到另一个文件中：

```
$ cat inputfile
{linuxShell}
$ tr '{}' '()' < inputfile > outputfile
$ cat outputfile
(linuxShell)
```

在上例中，使用 tr 命令将文件 inputfile 中的花括号转换为圆括号，并将转换的结果输出到文件 outputfile 中。

将字符串中的空格转换为制表符：

```
$ echo "This is for testing" | tr [:space:] '\t'
This    is      for     testing
```

如果上例中有两个以上空格同时出现，那么 tr 命令可以把每个空格都转换为制表符：

```
$ echo "This  is   for testing" | tr [:space:] '\t'
This            is                          for     testing
```

这时，可以使用-s 选项压缩这些重复的空格：

```
$ echo "This  is   for testing" | tr -s [:space:] '\t'
This    is      for     testing
```

下面学习如何使用 tr 命令删除指定的字符。使用-d 选项可以删除指定的字符：

```
$ echo "The Linux Shell" | tr -d a-z
T L S
```

在上例中，使用 tr 命令删除了字符串中的所有小写字母。

使用-d 选项可以删除字符串中的所有数字：

```
$ echo "my username is yantaol123" | tr -d [:digit:]
my username is yantaol
```

将-c 和-d 选项结合使用，删除字符串中除数字以外的所有字符：

```
$ echo "my username is yantaol123" | tr -cd [:digit:]
123
```

3.4.4　grep 命令实例：查找字符串

grep 命令用于搜索文本或文件中与指定的字符串或模式相匹配的行。默认情况下，grep 命令只显示匹配的行。grep 命令的语法如下：

```
$ grep [OPTION]… PATTERN [FILE]…
$ grep [OPTION]… [ -e PATTERN | -f FILE] [FILE]…
```

在下面的例子中，使用 grep 命令查找文件/etc/passwd 中账号 yantaol 的信息：

```
$ grep yantaol /etc/passwd
```

会得到如下输出：

```
yantaol:x:12107:25:SDE-LiuYanTao:/home/yantaol:/bin/bash
```

使用-i 选项可以强制 grep 命令忽略搜索的关键字的大小写：

```
$ grep -i YantaoL /etc/passwd
yantaol:x:12107:25:SDE-LiuYanTao:/home/yantaol:/bin/bash
```

使用-r 选项可以递归搜索指定目录下的所有文件：

```
$ grep -r yantaol /etc/
```

或者：

```
$ grep -R yantaol /etc/
```

将-r 选项与-l 选项结合使用，可以只打印输出包含匹配指定模式的行的文件名称：

```
$ grep -rl yantaol /etc/
/etc/passwd
/etc/shadow
```

默认情况下，当搜索字符串 yantaol 时，grep 命令也会匹配 yantaol123、yantaolb 和 liuyantaol 等字符串。使用-w 选项，可以强制 grep 命令只匹配包含指定单词的行。例如，查找文件/etc/passwd 中只包含指定单词 yantaol 的行，命令如下：

```
$ grep -w yantaol /etc/passwd
```

使用-c 选项可以报告文件或文本中模式被匹配的次数：

```
$ grep -c yantaol /etc/passwd
1
```

使用-n 选项可以显示每一个匹配的行号：

```
$ grep -n yantaol /etc/passwd
36:yantaol:x:12107:25:SDE-LiuYanTao:/home/yantaol:/bin/bash
```

使用-v 选项可以输出除匹配指定模式的行以外的其他行：

```
$ grep -v yantaol /etc/passwd
```

在上例中，所有不包含字符串 yantaol 的行都将被打印输出。

使用--color 选项可以在输出中将匹配的字符串以彩色的形式标出：

```
# grep --color yantaol /etc/passwd
yantaol:x:12107:25:SDE-LiuYanTao:/home/yantaol:/bin/bash
```

grep 命令通常与 Shell 管道一起结合使用，例如：

```
$ cat /etc/passwd | grep -i YantaoL
```

关于管道的相关知识将在第 12 章详细讲解。

3.4.5　diff 命令实例：比较两个文件

diff 命令用于比较两个文件，并找出它们的不同之处。diff 命令的语法如下：

```
$ diff [OPTION]… from-file to-file
```

下面以两个文件为例，先查看第一个文件的内容：

```
$ cat -n nsswitch.conf
1  passwd:     files nis
2  shadow:     files nis
3  group:      files nis
4
5
6  # Example - obey only what nisplus tells us...
7  #services:  nisplus [NOTFOUND=return] files
8  #networks:  nisplus [NOTFOUND=return] files
9  #protocols: nisplus [NOTFOUND=return] files
10  #rpc:       nisplus [NOTFOUND=return] files
11  #ethers:     nisplus [NOTFOUND=return] files
```

然后查看第二个文件的内容：

```
$ cat -n nsswitch.conf.org
1  passwd:     files
2  shadow:     files
3  group:      files
4
5  #hosts:     db files nisplus nis dns
6  hosts:      files dns
7
8  # Example - obey only what nisplus tells us...
9  #services:   nisplus [NOTFOUND=return] files
10  #networks:   nisplus [NOTFOUND=return] files
11  #protocols:  nisplus [NOTFOUND=return] files
12  #rpc:        nisplus [NOTFOUND=return] files
13  #ethers:     nisplus [NOTFOUND=return] files
```

简单地使用 diff 命令比较上面两个文件，命令如下：

```
$ diff nsswitch.conf nsswitch.conf.org
1,3c1,3
< passwd:     files nis
< shadow:     files nis
< group:       files nis
---
> passwd:     files
> shadow:     files
> group:       files
4a5,6
> #hosts:     db files nisplus nis dns
> hosts:      files dns
7,11c9,13
< #services:  nisplus [NOTFOUND=return] files
< #networks:  nisplus [NOTFOUND=return] files
< #protocols: nisplus [NOTFOUND=return] files
< #rpc:       nisplus [NOTFOUND=return] files
< #ethers:    nisplus [NOTFOUND=return] files
```

```
---
> #services:   nisplus [NOTFOUND=return] files
> #networks:   nisplus [NOTFOUND=return] files
> #protocols:  nisplus [NOTFOUND=return] files
> #rpc:       nisplus [NOTFOUND=return] files
> #ethers:     nisplus [NOTFOUND=return] files
```

在上例中，“1,3c1,3”表示第一个文件的 1～3 行与第二个文件的 1～3 行在内容上有差别。“<”表示第一个文件的行，“>”表示第二个文件的行。“4a5,6”表示第二个文件与第一个文件相比，在第 4 行后多了 5 和 6 两行内容。“7,11c9,13”表示第一个文件的 7～11 行与第二个文件的 9～13 行在内容上有差别。

可能读者已经注意到，上例中的第一个文件的 7～11 行与第二个文件的 9～13 行相比，只是在“:”和 nisplus 之间多了一个空格。如果想在比较两个文件时忽略这些空格，该如何处理呢？

使用-w 选项就可以在比较两个文件时忽略空格：

```
$ diff -w nsswitch.conf nsswitch.conf.org
1,3c1,3
< passwd:     files nis
< shadow:     files nis
< group:      files nis
---
> passwd:     files
> shadow:     files
> group:      files
4a5,6
> #hosts:     db files nisplus nis dns
> hosts:      files dns
```

使用-y 选项可以并排地输出两个文件的比较结果：

```
$ diff -yw nsswitch.conf nsswitch.conf.org
passwd:     files nis                          | passwd:     files
shadow:     files nis                          | shadow:     files
group:      files nis                          | group:      files

                                             > #hosts:     db files nisplus nis dns
                                             > hosts:      files dns

# Example - obey only what nisplus tells us...              # Example - obey only
what nisplus tells us...
#services:  nisplus [NOTFOUND=return] files                 #services:   nisplus
[NOTFOUND=return] files
#networks:  nisplus [NOTFOUND=return] files                 #networks:   nisplus
[NOTFOUND=return] files
#protocols: nisplus [NOTFOUND=return] files                 #protocols:  nisplus
[NOTFOUND=return] files
#rpc:       nisplus [NOTFOUND=return] files                 #rpc:       nisplus
[NOTFOUND=return] files
#ethers:    nisplus [NOTFOUND=return] files                 #ethers:     nisplus
[NOTFOUND=return] files
```

在上例中，“|”表示内容有差异的行，“>”表示第二个文件中多出的行。如果是“<”，则表示第一个文件中多出的行。

如果在使用-y 选项时每行显示的内容不完整，那么可以将其与-W 选项结合使用，指定并列输出格式的列宽，使每行的内容可以完整地显示：

```
$ diff -yw -W 160 nsswitch.conf nsswitch.conf.org
```

使用-c 选项可以通过上下文对比的形式输出两个文件的比较结果：

```
$ diff -cw nsswitch.conf nsswitch.conf.org
*** nsswitch.conf      2023-04-28 10:09:19.000000000 +0800
--- nsswitch.conf.org   2023-04-28 10:09:58.000000000 +0800
***************
*** 1,7 ****
! passwd:    files nis
! shadow:    files nis
! group:     files nis


  # Example - obey only what nisplus tells us...
  #services:  nisplus [NOTFOUND=return] files
--- 1,9 ----
! passwd:    files
! shadow:    files
! group:      files

+ #hosts:    db files nisplus nis dns
+ hosts:     files dns

  # Example - obey only what nisplus tells us...
  #services:   nisplus [NOTFOUND=return] files
```

在上例中，“!”表示两个文件中内容有差别的行，“+”表示第 2 个文件比第 1 个文件多出的行。

3.5　其他常用的命令

3.5.1　hostname 命令实例：查看主机名

hostname 命令用于查看或者修改系统的主机名。

当直接使用 hostname 命令，不指定任何参数时，将显示系统的当前主机名。

```
# hostname
yantaol-laptop
```

注意：当前的命令行提示符是“#”号，表示当前的用户账号是 root。

使用 hostname 命令可以修改系统的主机名，例如：

```
# hostname yantaol-system
yantaol-system
# hostname
yantaol-system
```

注意：上述命令只是临时地修改系统的主机名。当系统重启时，这个新修改的主机名将不会被使用。

使用-F 选项可以从指定的文件中读取主机名。注释行（以符号“#”开头的行）将被忽略：

```
# cat /root/hostname.txt
yantaol-laptop
# hostname -F /root/hostname.txt
# hostname
yantaol-laptop
```

3.5.2　w 和 who 命令实例：列出系统登录的用户

w 命令用于显示登录的用户及用户当前运行的进程。

w 命令输入的内容格式如下：

```
# w
 11:35:16 up 1 day, 17:32,  1 user,  load average: 0.05, 0.01, 0.00
USER     TTY      FROM              LOGIN@  IDLE    JCPU    PCPU WHAT
root     pts/0    yantaol-laptop 11:35   0.00s   0.00s   0.00s  w
```

在上例中，w 命令输出的第一行内容与 uptime 命令默认输出的内容相同（uptime 命令将在 3.5.3 节介绍）。第三行分别显示的是：登录账号的用户名、TTY 名称、从哪台主机登录、登录时间、空闲时间、TTY 上的所有进程所使用的 CPU 时间、当前进程所使用的 CPU 时间和当前运行的进程。

who 命令与 w 命令的用途类似，但它的功能比 w 命令更强大一些。who 命令的语法如下：

```
$ who [OPTION]… [ FILE | ARG1 ARG2 ]
```

直接使用 who 命令，不带任何参数，将显示当前登录的所有用户的信息：

```
$ who
yantaol pts/0        2023-04-28 13:45 (yantaol-laptop)
root    pts/1        2023-04-28 13:52 (yantaol-laptop)
```

使用-b 选项可以显示系统的启动时间。

```
$ who -b
         system boot  2023-04-28 18:03
```

使用-l 选项将会打印出系统登录的进程：

```
$ who -l
LOGIN    tty1         2023-04-28 18:04              3685 id=1
LOGIN    tty2         2023-04-28 18:04              3686 id=2
LOGIN    tty3         2023-04-28 18:04              3687 id=3
LOGIN    tty4         2023-04-28 3 18:04             3689 id=4
LOGIN    tty6         2023-04-28 18:04              3700 id=6
```

使用-m 选项只显示与当前标准输入关联的用户信息：

```
$ who -m
yantaol pts/0        2023-04-28 13:45 (yantaol-laptop)
```

使用-r 选项将打印系统的运行级别：

```
$ who -r
         run-level 5  2023-04-28 18:03                    last=S
```

使用-q 选项将只显示所有登录用户的用户名和登录的用户数：

```
$ who -q
yantaol root
# users=2
```

3.5.3　uptime 命令实例：查看系统运行时间

uptime 命令用于打印系统的运行时间等信息。

uptime 命令的使用很简单，只需要在命令行提示符下输入 uptime 命令，将会显示如下信息：

```
$ uptime
 14:19:27 up 1 day, 20:16,  2 users,  load average: 0.86, 0.88, 0.97
```

在上例的输出信息中，“14:19:27”表示当前时间，“up 1 day, 20:16”表示系统已经连续运行 1 天 20 小时 16 分钟，“load average: 0.86, 0.88, 0.97”分别表示系统过去 1 分钟、5 分钟和 15 分钟的平均负载。

3.5.4　uname 命令实例：查看系统信息

uname 命令用于打印内核名称和版本、主机名等系统信息，语法如下：

```
$ uname [OPTION]…
```

直接输入 uname 命令，不指定任何选项时，只会打印内核的名称。

```
$ uname
Linux
```

使用-n 选项将会打印系统的主机名，其输出信息与使用 hostname 命令相同：

```
$ uname -n
yantaol-laptop
```

使用-r 选项将会打印内核的版本信息：

```
$ uname -r
5.14.0-162.6.1.el9_1.x86_64
```

使用-m 选项将会打印系统的硬件名称：

```
$ uname -m
x86_64
```

使用-p 选项将会打印系统的处理器类型的信息：

```
$ uname -p
x86_64
```

使用-i 选项将会打印系统的硬件平台信息：

```
$ uname -i
x86_64
```

使用-a 选项将会打印上述所有示例中的信息，其打印结果与使用 uname -snrvmpio 命令相同：

```
$ uname -a
Linux yantaol-laptop 5.14.0-162.6.1.el9_1.x86_64 #1 SMP PREEMPT_DYNAMIC Fri
Sep 30 07:36:03 EDT 2022 x86_64 x86_64 x86_64 GNU/Linux
```

3.5.5　date 命令实例：显示和设置系统日期和时间

date 命令用于以多种格式显示日期和时间或设置系统的日期和时间。

date 命令的语法如下：

```
$ date [OPTION]... [+FORMAT]
$ date [-u|--utc|--universal] [MMDDhhmm[[CC]YY][.ss]]
```

直接输入 date 命令，不指定任何选项时，将会以默认格式直接显示系统的当前日期时间：

```
$ date
Sat Apr 29 11:19:07 AM CST 2023
```

使用-d 或--date 选项，可以指定日期和时间的字符串值，date 命令会将输入的字符串转换为相应的日期时间格式：

```
$ date --date="10/1/2023"
Sun Oct 1 12:00:00 AM CST 2023

$ date --date="1 Oct 2023"
Sun Oct 1 12:00:00 AM CST 2023

$ date --date="Oct 1 2023"
Sun Oct 1 12:00:00 AM CST 2023

$ date --date="Oct 1 2023 12:13:14"
Sun Oct 1 12:13:14 PM CST 2023

$ date --date="next mon"
Mon May 1 12:00:00  AM  CST 2023

$ date --date="next week"
Sat May 6 11:23:59 AM CST 2023

$date --date="last week"
Sat Apr 22 11:24:34 AM CST 2023

$ date --date="1 week ago"
Sat Apr 22 11:25:18 AM CST 2023

$ date --date="yesterday"
Fri Apr 28 11:25:58 AM CST 2023

$ date --date="last day"
Fri Apr 28 11:26:33 AM CST 2023
```

使用-f 或--file 选项可以从文件中读取多个日期时间字符串，并将其转换为相应的日期时间格式打印输出：

```
$ cat  datefile
Oct 17 1986
Dec 13 1989

$ date --file=datefile
Fri Oct 17 12:00:00 CST 1986
Wed Dec 13 12:00:00 CST 1989
```

使用-s 或--set 选项，可以设定系统的日期和时间。例如，当前系统时间如下：

```
$ date
Sat APr 29 09:54:09 AM CST 2023
```

现在修改系统时间为 10:10:00：

```
$ date -s " Sat Apr 29 10:10:00 CST 2023"
Sat APr 29 10:10:00 AM CST 2023

$ date
Sat APr 29 10:10:11 AM CST 2023
```

使用-u、--utc 或--universal 选项，将会打印输出协调世界时（UTC）：

```
$ date
Sat APr 29 11:29:52 AM CST 2023

$ date -u
Sat APr 29 03:31:36 AM UTC 2023
```

使用-r 选项可以打印输出指定文件的最近修改时间：

```
$ stat datefile
  File: datefile
  Size: 24            Blocks: 8          IO Block: 4096   regular file
Device: fd02h/64770d    Inode: 3487        Links: 1
Access: (0644/-rw-r--r--)  Uid: ( 1002/     sam)   Gid: ( 1002/     sam)
Access: 2023-04-29 11:27:38.167022820 +0800
Modify: 2023-04-29 11:27:29.387146485 +0800
Change: 2023-04-29 11:27:29.387146485 +0800
 Birth: 2023-04-29 11:27:29.387146485 +0800

$ date -r datefile
Sat APr 29 11:27:29 AM CST 2023
```

还可以使用格式化选项自定义 date 命令打印输出的时间和日期的格式，语法如下：

```
$ date +%<format-option>
```

关于格式化选项的详细信息，请参见 date 命令的内置帮助信息。

3.5.6　id 命令实例：显示用户属性

id 命令用于打印输出用户的 uid、gid、用户名和组名等用户身份信息。id 命令的语法如下：

```
$ id [OPTION]... [USERNAME]
```

直接输入 id 命令，将会打印输出当前用户的 uid、用户名、gid、组名，以及用户所属的所有群组信息：

```
$ id
uid=12107(yantaol) gid=25(yantaol) groups=24(xxxx),25(yantaol)
```

使用-u 选项，id 命令只会打印输出用户的 uid：

```
$ id -u
12107

$ id -u root
0
```

将-u 选项和-n 选项结合使用，可以打印输出账号的用户名而不是 uid：

```
$ id -un
yantaol
```

使用-g 选项，id 命令只会打印输出账号当前起作用的 gid：

```
$ id -g
25
```

同样，-g 与-n 选项结合使用，可以打印输出账号当前起作用的用户组名而不是 gid：

```
$ id -gn
yantaol
```

使用-G 选项，id 命令将会打印输出账号所属的所有群组的 ID：

```
$ id -G root
0 1 2 3 4 6 10 8 7 5 9 12
```

同样，-G 与-n 选项结合使用，可以打印输出账号所属的所有群组的名称：

```
$ id -Gn root
root bin daemon sys adm disk wheel mem lp tty kmem mail
```

3.6　小　　结

下面总结本章所学的主要知识：

- ls 命令可以列出文件和目录的信息，包括文件类型、所有者、大小、修改日期和时间、权限等。
- cat 命令可以查看文件的内容、连接文件、创建一个或多个文件、重定向输出到终端或文件。
- more 命令在使用小的 XTerm 窗口，或者不使用文本编辑器而只是想简单地阅读一个文件时是很有用的。它是一个可以一次翻阅一整屏文件的过滤器。
- less 命令与 more 命令类似，但 less 命令向前和向后翻页都支持，而且 less 命令不需要在查看前加载整个文件，即使用 less 命令查看文件更快速。在 Vim 编辑器中使用 less 命令打开同一个日志文件，你会发现和使用 more 命令打开文件的速度是不同的。
- head 命令用于打印指定输入的开头部分的内容。默认情况下，打印每个指定输入的前 10 行内容。
- tail 命令与 head 命令相反，它打印指定输入的结尾部分的内容。默认情况下，它打印指定输入的最后 10 行内容。
- file 命令用于接收一个文件作为参数并执行某些测试以确定正确的文件类型。
- wc 命令用于查看文件的行数、单词数和字符数等信息。
- find 命令用于根据指定的参数搜索和定位文件和目录的列表。find 命令可以在多种情况下使用。例如，可以通过权限、用户、用户组、文件类型、日期、大小和其他条件来查找文件。
- touch 命令用于创建、变更和修改文件的时间戳。它是 Linux 操作系统的标准程序。
- mkdir 命令用于创建一个新目录。
- cp 命令用于将文件从一个地方复制到另一个地方。原来的文件保持不变，新文件可能保持原名或用一个不同的名称。

- ln 命令用于创建软链接或硬链接。
- mv 命令用于将文件和目录从一个位置移动到另外一个位置。除了移动文件，mv 命令还可用于修改文件或目录的名称。
- rm 命令用于删除指定的文件和目录。
- chmod 命令用于修改文件或目录的权限。
- chown 命令用于修改文件或目录的所有者和用户组信息。
- chgrp 命令与 chown 命令类似，但 chgrp 命令只用于修改文件或目录的用户组（不能修改所有者）。
- setuid（设置用户标识）是允许用户以文件所有者的权限执行一个程序的权限位。setgid（设置组标识）是允许用户以用户组成员的权限执行一个程序的权限位。
- sort 命令用于对文本文件进行排序。默认情况下，sort 命令按照字符串的字母顺序进行排序。
- uniq 命令用于移除或发现文件中重复的条目。
- tr 命令用于转换字符、删除字符和压缩重复的字符。它从标准输入读取数据并将结果输出到标准输出。
- grep 命令用于搜索文本或文件中与指定的字符串或模式相匹配的行。
- diff 命令用于比较两个文件，并找出它们的不同之处。
- hostname 命令用于查看系统的主机名或修改系统的主机名。
- w 命令用于显示登录的用户及用户当前运行的进程。who 命令有与 w 命令类似的用途，但它的功能比 w 命令更强大。
- uptime 命令用于打印系统的运行时间等信息。
- uname 命令用户打印内核名称、版本和主机名等系统信息。
- date 命令用于以多种格式显示日期和时间，或者设置系统的日期和时间。
- id 命令用于打印输出用户的 uid、gid、用户名和组名等用户身份信息。

3.7　习　　题

一、填空题

1．如果希望分屏查看文件内容，可以使用________和________命令实现。

2．wc 命令可以用来查看文件的________、________和________等信息。

3．使用 ln 命令可以创建两种链接文件，分别为________和________。

二、选择题

1．使用 head 命令查看文件内容时，默认显示前（　　）行。

A．5　　B．10　　C．15　　D．20

2．使用 chmod 命令为文件设置权限时，-rw-rw-r--权限用数字表示为（　　）。

A．755　　B．644　　C．664　　D．777

3．使用 sort 命令对文件进行排序时，（　　）选项表示按数字大小进行排序。

A．-n　　B．-r　　C．-t　　D．-k

三、判断题

1．使用 mv 命令移动文件时，如果在当前目录下操作，则表示对文件进行重命名。（　　）

2．使用 hostname 命令可以永久地修改系统主机名。（　　）

3．who 和 w 命令都可以用来显示系统登录的用户。但是，who 命令的功能比 w 命令更强大。（　　）

四、操作题

1．使用 ls 命令以长格式查看文件/etc/passwd 的属性。

2．创建一个名为 test 的目录，然后在该目录下创建一个文件 data。

3．使用 chmod 命令修改文件 data 的权限为 777，并使用 ls 命令确认文件权限修改成功。

第 4 章　Shell 命令进阶

在第 3 章中，我们学习了一些常用的 Shell 命令，熟练地掌握这些命令将会很大程度地提高工作效率。

本章继续学习 Shell 命令，首先介绍文件处理和归档命令（paste、dd、gzip、bzip2、gunzip、bunzip2 和 tar 命令），然后介绍磁盘的监测和管理命令（mount、df 和 du 命令），最后介绍后台运行命令（crontab、at、&和 nohup 命令）。

4.1　文件处理和归档

4.1.1　paste 命令实例：合并文件

paste 命令用于粘贴（paste）合并文件的行。它可以合并一个文件或多个文件中的行。paste 命令的语法如下：

```
$ paste [OPTION]… [FILE]…
```

先创建如下两个文件，作为 paste 命令的示例文件：

```
$ cat file1
Linux
Unix
Windows
Solaris
HPUX

$ cat file2
Dell
IBM
HP
Oracle
HP
```

默认情况下，当使用 paste 命令合并文件时，各文件中的各行将以制表符 Tab 作为分隔符合并后输出：

```
$ paste file1 file2
Linux   Dell
Unix    IBM
Windows HP
Solaris Oracle
HPUX    HP

$ paste file2 file1
```

```
Dell    Linux
IBM     Unix
HP      Windows
Oracle  Solaris
HP      HPUX
```

使用-d 选项，可以指定各文件中的各行在合并时所使用的分隔符（delimiter）：

```
$ paste -d'|' file1 file2
Linux|Dell
Unix|IBM
Windows|HP
Solaris|Oracle
HPUX|HP
```

说明：delimiter 是分隔符的英文单词。-d 选项来自该单词的首字母。为了方便学习，读者可以结合英文单词记忆该选项，在后面的内容中还会以这种方式介绍命令选项。

当合并两个以上文件时，也可以指定多个分隔符：

```
$ cat file3
Server
Host
OS

$ paste -d':,' file1 file2 file3
Linux:Dell,Server
Unix:IBM,Host
Windows:HP,OS
Solaris:Oracle,
HPUX:HP,
```

使用-s 选项可以顺序地（sequence）合并文件，即顺序地将每个文件中的所有行合并为一行，由此每个文件的内容被合并为单一的一行：

```
$ paste -s file1 file2
Linux   Unix    Windows Solaris HPUX
Dell    IBM     HP      Oracle  HP
```

在上例中，paste 命令顺序地将文件 file1 中的所有行的内容以 Tab 为分隔符合并成一行后输出，再将文件 file2 中的所有行合并为一行后在第二行输出。

将-s 选项与-d 选项结合使用，可以指定合并时的分隔符：

```
$ paste -d, -s file1
Linux,Unix,Windows,Solaris,HPUX

$ paste -d'|' -s file1 file2
Linux|Unix|Windows|Solaris|HPUX
Dell|IBM|HP|Oracle|HP
```

使用 paste 命令可以将文件的内容由一列转换为两列：

```
$ paste - - < file1
Linux   Unix
Windows Solaris
HPUX
```

使用 paste 命令可以将文件的内容由一列转换为两列，并使用冒号“:”分隔：

```
$ paste -d: - - < file1
Linux:Unix
```

```
Windows:Solaris
HPUX:
```

使用 paste 命令可以将文件的内容由一列转换为三列：

```
$ paste - - - < file1
Linux   Unix   Windows
Solaris HPUX
```

4.1.2　dd 命令实例：备份和复制文件

dd 命令的功能很强大。它可以做很多事情，如备份一个分区、DVD 或 U 盘的数据，转换数据文件，简单地进行磁盘或 CPU 速度的测试等。

dd 命令可以从指定的输入设备中读取文件然后转换为特定的格式，最后再输出到指定的输出设备上。同时，可以指定输入和输出的块的大小，以处理原始物理数据的读写。块的默认单位是字节（byte，B），也可以在数字后跟特定的单位来指定块的大小，例如，G（1024×1024×1024 B）、GB（1000×1000×1000 B）、M（1024×1024 B）、MB（1000×1000 B）、w（2 B）、c（1 B），这些都是 dd 命令内置的单位。

dd 命令有如下两个基本参数：

- if=<inputfile>：指定输入文件的路径。默认为标准输入。
- of=<outputfile>：指定输出文件的路径。默认为标准输出。

例如，直接将一个磁盘/dev/sda 上的数据复制到另一个磁盘/dev/sdb 上：

```
# dd if=/dev/sda of=/dev/sdb
```

将一个 DVD 光盘上的数据复制到一个 ISO 文件中：

```
# dd if=/dev/dvd of=dvd.iso
```

擦除一个分区的数据：

```
# dd if=/dev/zero of=/dev/sda2
```

/dev/zero 是 Linux 系统中的一个特殊文件。从文件/dev/zero 中读出的内容均为空字符，它的一个典型用途就是提供用于初始化数据存储器的字符流。

dd 命令还有另外两个比较重要的参数：

- bs=<n>：指定输入和输出的块大小。默认单位为字节。
- count=<n>：从输入读取的块数量。

例如，创建一个 1MB 大小的文件，并且块大小为 1024 B：

```
# dd if=/dev/zero of=/tmp/outfile bs=1024 count=1024
1024+0 records in
1024+0 records out
1048576 bytes (1.0 MB) copied, 0.00553792 seconds, 189 MB/s
```

备份磁盘的主引导分区：

```
# dd if=/dev/sda of=/home/yantaol/MBR.image bs=512 count=1
1+0 records in
1+0 records out
512 bytes (512 B) copied, 3.9182e-05 seconds, 13.1 MB/s
```

下面命令的组合可以用于设备的标准测试，并分析其块大小为 1024B 的顺序读写的性能：

```
# dd if=/dev/zero bs=1024 count=1000000 of=/home/yantaol/1Gb.file
# dd if=/home/yantaol/1Gb.file of=/dev/null bs=64k
```

上例中的/dev/null 也是 Linux 系统中的一个特殊文件。该文件就像一个黑洞，可以接受所有向它写入的数据，而从该文件中都读不出任何数据。所有想过滤掉的输出数据都可以重定向到这个文件中。

4.1.3　gzip 和 bzip2 命令实例：压缩和归档文件

gzip 命令用于压缩（compress）文件，以减少文件的大小，也可以用于解压缩文件。如果文件是在不同的系统中通过网络进行传输，则会节省网络的带宽。另外，文件所能压缩的大小依赖于文件的内容，如果是文本文件，使用 gzip 命令压缩后，文件将减小 60%～70%。

直接使用 gzip 命令不指定任何选项压缩指定的文件，将会生成一个默认以.gz 结尾的文件并删除原始文件：

```
$ ls
image1.jpg  image2.jpg

$ gzip image1.jpg

$ ls
image1.jpg.gz  image2.jpg
```

使用-c 选项，gzip 命令会将压缩内容输出到标准输出，因此可以使用重定向将输出内容写入指定的文件，从而保留原始文件：

```
$ gzip -c image2.jpg > image2.jpg.gz

$ ls
image1.jpg.gz  image2.jpg  image2.jpg.gz
```

使用-d 选项，gzip 命令将解压缩（decompress）指定的文件：

```
$ gzip -d image1.jpg.gz

$ ls
image1.jpg  image2.jpg  image2.jpg.gz
```

使用-r 选项，gzip 命令将递归（recursive）压缩指定目录下的文件：

```
$ gzip -r .
gzip: ./image2.jpg.gz already exists; do you wish to overwrite (y or n)? y

$ ls
image1.jpg.gz  image2.jpg.gz
```

使用-#选项（#代表数字 1～9），可以指定 gzip 命令压缩的级别。其中：-1 表示最快的压缩速度（但压缩率较低），而-9 表示最慢的压缩速度（压缩率最好）。默认的压缩级别是-6。例如，以最快的速度压缩文件：

```
$ gzip -1 image1.jpg
```

bzip2 命令也同样用于压缩和解压缩文件。与 gzip 相比，bzip2 命令具有更好的压缩率，但 bzip2 命令的压缩速度比 gzip 稍慢。bzip2 命令以可接受的速度提供较高的压缩率。

与 gzip 命令的用法相似，直接使用 bzip2 命令不指定任何选项将对指定的文件进行压缩，生成一个默认以.bz2 结尾的文件并删除原始文件：

```
$ ls
image1.jpg  image2.jpg

$ bzip2 image1.jpg

$ ls
image1.jpg.bz2  image2.jpg
```

bzip2 命令的-k 选项，可以压缩文件并保留（keep）原始文件：

```
$ bzip2 -k image1.jpg
```

bzip2 命令的-d 选项也同样用于解压缩（decompress）文件：

```
$ bzip2 -df image1.jpg.bz2
```

-f 选项表示强制（force）覆盖已经存在的文件。

bzip2 命令也可以使用-1～-9 指定压缩级别。-9 是 bzip2 命令采用的默认级别。

4.1.4　gunzip 和 bunzip2 命令实例：解压缩文件

gunzip 命令与 gzip 命令相对应，用于解压缩由 gzip 命令压缩的文件，其作用与 gzip 命令的-d 选项相同。

直接使用 gunzip 命令解压缩一个文件：

```
$ gunzip image1.jpg.gz
```

使用-c 选项可以将解压后的内容重定向到一个文件中，以保留原始压缩文件：

```
$ gunzip -c image1.jpg.gz > image1.jpg
```

bunzip2 命令与 bzip2 命令相对应，用于解压缩由 bzip2 命令压缩的文件，其作用与 bzip2 命令的-d 选项相同。

直接使用 bunzip2 命令解压缩一个文件：

```
$ bunzip2 image1.jpg.bz2
```

使用-k 选项，bunzip2 命令可以解压缩文件并保留（keep）原始文件：

```
$ bunzip2 -k image1.jpg.bz2
```

4.1.5　tar 命令实例：打包和解包文件

tar 命令是 Linux 系统中主要的归档工具，其名称来源于磁带归档器（tape archiver）。使用 tar 命令归档后生成的文件称作 tar 包。理解 tar 命令各选项的用法，可以熟练掌握归档文件的操作。

tar 命令的语法如下：

```
$ tar [OPTION]… [FILE]…
```

使用-cvf 选项创建一个未经压缩的 tar 包：

```
$ tar -cvf home_yantaol.tar /home/yantaol
```

上例中的各选项的含义如下：

- -c：创建（create）一个新的归档文件。

- -v：冗长地（verbose）列出被处理的文件。
- -f：指定归档文件（file）的名称，在上述命令中，home_yantaol.tar 是-f 选项的参数。

上例中的-cvf 选项对归档后的文件并不提供任何压缩操作。结合-z 选项使用，就可以将归档后的文件使用 gzip 命令进行压缩了：

```
$ tar -czvf home_yantaol.tar.gz /home/yantaol
```

结合-j 选项使用，可以将归档后的文件使用 bzip2 命令进行压缩：

```
$ tar -cjvf home_yantaol.tar.bz2 /home/yantaol
```

使用-xvf 选项可以对一个归档文件进行解包：

```
$ tar -xvf home_yantaol.tar
```

使用上述选项，可以从 tar 包中提取出指定的文件或目录，命令如下：

```
$ tar -xvf home_yantaol.tar /home/yantaol/.bashrc
```

在上例中，从 tar 包 home_yantaol.tar 中只提取文件/home/yantaol/.bashrc。若要从 tar 包中提取多个指定的文件或目录，只需要在 tar -xvf 命令的末尾列出要提取（extract）的 tar 包中的指定文件或目录的路径，并以空格分隔即可。

将--wildcards 选项与-xvf 选项结合使用，可以提取匹配指定模式的一组文件或目录：

```
$ tar -xvf home_yantaol.tar --wildcards '*.jpg'
```

结合-z 选项使用，可以对一个使用 gzip 压缩的 tar 包进行解包：

```
$ tar -xzvf home_yantaol.tar.gz
```

在上述命令中，如果在命令的末尾指定 tar 包中的文件或目录的路径，同样可以提取出指定的文件或目录：

```
$ tar -xzvf home_yantaol.tar.gz /home/yantaol/.bashrc
```

结合-j 选项使用，可以对一个使用 bzip2 压缩的 tar 包进行解包：

```
$ tar -xjvf home_yantaol.tar.bz2
```

在上述命令中，如果在命令的末尾指定 tar 包中的文件或目录的路径，同样可以提取出指定的文件或目录：

```
$ tar -xjvf home_yantaol.tar.gz /home/yantaol/.bashrc
```

注意：--wildcards 选项同样可以与-xzvf 和-xjvf 选项结合使用。

使用-tvf 选项可以在不解包的情况下列出 tar 包文件中的内容：

```
$ tar -tvf home_yantaol.tar
```

结合-z 选项使用，可以在不解包的情况下列出使用 gzip 压缩的 tar 包文件中的内容：

```
$ tar -tzvf home_yantaol.tar.gz
```

结合-j 选项使用，可以在不解包的情况下列出使用 bzip2 压缩的 tar 包文件中的内容：

```
$ tar -tjvf home_yantaol.tar.bz2
```

使用-rvf 选项可以将文件或目录添加到一个已存在的 tar 包中：

```
$ tar -rvf home_yantaol.tar /home/yantaol/newfile
```

注意：使用-r 选项，不能将文件或目录添加到一个压缩过的 tar 包中，即-r 选项不能与-z 选项和-j 选项结合使用。如果这样做，将会得到一个类似如下的错误：

```
$ tar -rzvf home_yantaol.tar.gz /home/yantaol/newfile
tar: Cannot update compressed archives
Try `tar --help' or `tar --usage' for more information
```

-W 选项用于核实 tar 包的内容。

例如，可以在写入归档文件后核实它的内容：

```
$ tar -cWvf home_yantaol.tar /home/yantaol
```

-W 选项也可以用于核实现存的 tar 包文件中的内容与文件系统中的内容是否存在差异：

```
$ tar -tWvf home_yantaol.tar
Verify /home/yantaol/file1
/home/yantaol/file1: Mod time differs
/home/yantaol/file1: Size differs
Verify /home/yantaol/file2
Verify /home/yantaol/file3
```

在上例中，从输出结果中可以看出，tar 包中的文件 file1 与文件系统中的文件 file1 存在差异。

注意：-W 选项不能核实压缩过的 tar 包（*.tar.gz，*.tar.bz2）的内容。

使用-d 选项也可以比较 tar 包（包括压缩过的 tar 包）中的内容与文件系统中的内容的差异（difference），但不具有核实的功能：

```
$ tar -dvf home_yantaol.tar
```

或者：

```
$ tar -dvf home_yantaol.tar.gz
```

4.2　监测和管理磁盘

4.2.1　mount 和 umount 命令实例：挂载和卸载存储介质

在 Linux 系统中，不同分区上的文件系统、可移动设备（CD、DVD、U 盘等）或 NFS（网络文件系统）共享目录可以被挂载到目录树的某个节点上，之后还可以卸载。挂载和卸载一个文件系统分别使用 mount 和 umount 命令。

mount 命令用于挂载（mount）一个文件系统，或显示已挂载的文件系统的信息。

直接运行 mount 命令不带任何参数，将显示所有当前挂载的文件系统：

```
$ mount
```

mount 命令显示的输出信息包括设备名、文件系统类型、挂载的目录及相关的挂载选项等信息，以行的方式给出，格式如下：

```
device on derectory type type (options)
```

默认情况下，mount 命令的输出包括各种虚拟文件系统，如 sysfs 和 tmpfs。使用-t 选项，mount 命令可以只显示某个指定的文件系统类型（type）。

例如，只显示当前挂载的文件系统类型是 ext3 的文件系统：

```
$ mount -t ext3
```

如要挂载某个文件系统，使用如下格式的 mount 命令：

```
$ mount [OPTION]… [DEVICE] [DIRECTORY]
```

[DEVICE]可以是块设备的全路径（如/dev/sda3），或一个通用唯一标示符（如 UUID="12135a89-ca6d-4fd8-a347-10071d0c19cb"），或一个卷标（如 LABEL="home"），或 NFS 共享目录的路径（如 hostname:/local）。

注意：挂载和卸载文件系统，通常需要 root 账户权限。

例如，挂载一个 CD-ROM 设备到/mnt 目录下：

```
# mount -t iso9660 -o ro /dev/cdrom /mnt
```

注意：这里的命令行提示符是“#”，表示使用的是 root 账号，以下的示例均同此。

上例中的-o ro 选项指示此 CD-ROM 设备以只读（only-read）访问模式被挂载。

挂载一个 ISO 文件到/mnt/dvd 目录下：

```
# mkdir /mnt/dvd

# mount -t iso9660 -o loop RHEL9.iso /mnt/dvd
```

挂载一个磁盘分区到/mydata 目录下：

```
$ mount /dev/sda5 /mydata
```

挂载一个远程 NFS 共享目录到/mnt/local 下：

```
# mkdir /mnt/local

# mount -t nfs hostname:/local /mnt/local
```

注意：使用 mount 命令挂载一个文件系统或设备时，目标目录必须已经存在。

当使用 mount 命令挂载，但没有指定所有需要的信息时（如没有指定设备名或目标目录），mount 命令将读取配置文件/etc/fstab 中的内容，检查指定的文件系统是否列在其中。/etc/fstab 文件包含系统中应该被挂载的设备名、目标目录以及文件系统类型和挂载选项的列表。由此，当挂载指定在这个配置文件中的文件系统时，可以仅指定设备名或目标目录。

例如，配置文件/etc/fstab 的内容如下：

```
# cat /etc/fstab
UUID=082fb0d5-a5db-41d1-ae04-6e9af3ba15f7 /          ext4   defaults   1 1
UUID=488edd62-6614-4127-812d-cbf58eca85e9 /grubfile  ext3   defaults   1 2
UUID=2d4f10a6-be57-4e1d-92ef-424355bd4b39 swap       swap   defaults   0 0
UUID=ba38c08d-a9e7-46b2-8890-0acda004c510 swap       swap   defaults   0 0
tmpfs                            /dev/shm    tmpfs   defaults         0 0
devpts                           /dev/pts    devpts  gid=5,mode=620   0 0
sysfs                            /sys        sysfs   defaults         0 0
proc                             /proc       proc    defaults         0 0
nasstore:/vol/volume_share/share /opt/share  nfs     defaults         0 0
```

如果想单独挂载/grubfile 目录，则可以使用如下命令：

```
# mount -t ext3 /grubfile
```

或者：

```
# mount -t ext3 UUID="488edd62-6614-4127-812d-cbf58eca85e9"
```

重新以只读方式挂载 NAS 存储设备上的目录/vol/volume_share/share：

```
# mount -t nfs -o remount,ro nasstore:/vol/volume_share/share
```

使用-a 选项将挂载配置文件/etc/fstab 中的所有条目：

```
# mount -a
```

所有已挂载的文件系统在系统重启或关闭时通常是自动卸载。当文件系统被卸载时，任何缓存在内存中的文件系统数据会被快速写入磁盘。

有时，可能需要手动地卸载文件系统，umount 命令即可实现此功能。

使用 umount 命令卸载（umount）文件系统时，只需要指定要卸载的设备名或挂载点（即挂载时的目标目录）作为参数即可。

例如，卸载挂载点/opt/share：

```
$ umount /opt/share
```

或者：

```
$ umount nasstore:/vol/volume_share/share
```

在卸载指定的挂载点前，要确保此挂载点没有被任何进程占用，否则将得到如下错误信息：

```
$ umount /opt/share
umount: /opt/share: device is busy.
```

注意：使用 lsof 命令或 fuser 命令可以查看某个挂载的文件系统被哪些进程占用了，如要了解这两个命令的使用方法，请参考这两个命令内置的帮助信息。

4.2.2　df 命令实例：报告文件系统磁盘空间的利用率

df 命令用于显示文件系统的可用（free）的磁盘（disk）空间使用情况。如果没指定具体的挂载点，df 命令将显示当前挂载的所有文件系统的可用空间信息。默认情况下，显示的空间从 1KB 为单位。命令语法如下：

```
$ df [OPTION]… [FILES]…
```

直接运行 df 命令不指定任何参数，将得到如下的结果：

```
$ df
Filesystem          1K-blocks   sed         Available   Use%   Mounted on
/dev/cciss/c0d0p1   78361192    23185840    51130588    32%    /
/dev/cciss/c0d0p2   29753588    25503792    2713984     91%    /local
tmpfs               257476      0           257476      0%     /dev/shm
```

在上例的输出信息中，每行显示的字段分别是设备名、总计块数量、已使用的磁盘空间、可用的磁盘空间、磁盘的使用率和挂载点。

使用-a 选项，df 命令可以显示所有（all）文件系统的信息，包括虚拟文件系统：

```
$ df -a
Filesystem          1K-blocks    Used        Available  Use%    Mounted on
/dev/cciss/c0d0p1   78361192     23185840    51130588   32%     /
```

```
proc               0            0          0          -       /proc
sysfs              0            0          0          -       /sys
devpts             0            0          0          -       /dev/pts
/dev/cciss/c0d0p2  29753588     25503792   2713984    91%     /local
tmpfs              257476       0          257476     0%      /dev/shm
```

读者可能已经注意到，上述以 1KB 为单位输出的数值不容易理解，因为我们习惯于以 MB 或 GB 等为单位，这样的单位更容易理解和记忆。

使用-h 选项，df 命令可以人类可读的（human-readable）格式显示相应的结果信息：

```
$ df -h
Filesystem         Size         Used       Avail      Use%    Mounted on
/dev/cciss/c0d0p1  75G          23G        49G        32%     /
/dev/cciss/c0d0p2  29G          25G        2.6G       91%     /local
tmpfs              253M         0          253M       0%      /dev/shm
```

df 命令也可以显示某个指定的文件系统的信息。例如，显示根目录“/”的文件系统信息：

```
$ df -h
Filesystem         Size         Used       Avail      Use%    Mounted on
/dev/cciss/c0d0p1  75G          23G        49G        32%     /
```

使用-T 选项，df 命令可以显示文件系统类型（type）的信息：

```
$ df -T
Filesystem        Type   1K-blocks  Used      Available Use%   Mounted on
/dev/cciss/c0d0p1 ext3   78361192   23185840  51130588  2%     /
/dev/cciss/c0d0p2 ext3   29753588   25503792  2713984   91%    /local
tmpfs             tmpfs  257476     0         257476    0%     /dev/shm
```

使用-t 选项，df 命令可以仅显示某个指定文件系统类型（type）的文件系统信息：

```
$ df -t ext3
Filesystem         1K-blocks    Used       Available  Use%    Mounted on
/dev/cciss/c0d0p1  78361192     23185840   51130588   32%     /
/dev/cciss/c0d0p2  29753588     25503792   2713984    91%     /local
```

使用-x 选项，df 命令可以显示除了（exclude）某个文件系统类型以外的文件系统信息：

```
$ df -x ext3
Filesystem     1K-blocks      Used       Available       Use%       Mounted on
tmpfs          257476         0          257476          0%         /dev/shm
```

使用-m 选项，df 命令将以 MB 为块的单位显示文件系统信息：

```
$ df -m
Filesystem         1M-blocks    Used       Available  Use%    Mounted on
/dev/cciss/c0d0p1  76525        22644      49931      32%     /
/dev/cciss/c0d0p2  29057        24907      2651       91%     /local
tmpfs              252          0          252        0%      /dev/shm
```

4.2.3 du 命令实例：评估文件空间的利用率

du 命令用于描述每个文件和目录所占用的磁盘空间（disk usage）。du 命令包含用于得到多种格式结果的多个参数选项，该命令还可以递归地显示文件和目录的大小。

du 命令的语法如下：

```
$ du [OPTION]… [FILE]…
```

直接使用 du 命令不指定任何选项和参数，以 1024B 为单位显示当前目录下的所有目录的大小：

```
$ du
5000    ./image
10034   . 689360
```

如果指定某个具体文件或目录作为参数，du 命令将显示指定文件的大小，或指定目录下的各目录的大小：

```
$ du /home/yantaol
5000    /home/yantaol/image
10034   /home/yantaol
```

或者：

```
$ du /home/yantaol/.bash_profile
4       /home/yantaol/.bash_profile
```

使用-a 选项，du 命令可以递归地显示目录中所有（all）文件和目录的大小：

```
$ du -a
8       ./.bashrc
12      ./.bash_history
4       ./.bash_profile
4       ./.inputrc
1       ./.lesshst
4       ./.profile
5000    ./image/image1.jpg
5000    ./image
5000    ./image1.jpg
1       ./image1.jpg.bz2
10034   .
```

使用-h 选项，du 命令将以人类可读的（human-readable）格式显示文件或目录的大小：

```
$ du -h
4.9M    ./image
9.8M    .
```

使用-s 选项，du 命令仅显示当前目录或某个指定目录的总大小（summarize）：

```
$ du -sh
9.8M    .
```

使用-0 选项，du 命令将以不换行的形式将输出结果显示为一行：

```
$ du -h -0
4.9M    ./image 9.8M    .
```

使用--exclude 选项，du 命令将符合指定模式的文件排除（exclude）在统计范围之外：

```
$ du -ah --exclude="*.jpg"
8.0K    ./.bashrc
12K     ./.bash_history
4.0K    ./.bash_profile
4.0K    ./.inputrc
1.0K    ./.lesshst
4.0K    ./.profile
0       ./image
1.0K    ./image1.jpg.bz2
34K     .
```

使用--time 选项，du 命令可以同时列出各条目的修改时间（time）：

```
$ du -h --time
4.9M    2023-10-04 12:56        ./image
9.8M    2023-10-07 09:56        .
```

4.3　后台执行命令

4.3.1　crond 和 crontab 命令实例：执行计划任务

crond 是执行定时计划任务的守护进程，该进程通过/usr/lib/systemd/syste/crond.service 脚本自动启动。crond 进程会在目录/var/spool/cron/下搜索定时计划任务文件（定时计划任务文件以创建此任务的账户名称命名），并将找到的这些定时计划任务载入内存。

注意：目录/var/spool/cron 中的定时计划任务文件不要直接用文本编辑器编辑，应当使用 crontab 命令访问和更新它们的内容。因为 crontab 命令可以检查这些文件中存在的语法错误。

crond 进程还会读取/etc/crontab 及目录/etc/cron.d 下的内容。crond 进程会每分钟唤醒一次，审查所有存储的定时计划任务，检查每个命令，看它是否应该在当前时间运行。

另外，crond 进程每分钟会检查一次它的池目录/var/spool/cron/的修改时间（modtime）是否已经改变。如果修改时间已经改变，cron 会检查所有定时任务文件的修改时间，并重新加载那些已经被修改的定时任务文件。因此，当定时任务文件被修改时，不需要重启 crond 守护进程。

注意：使用 crontab 命令修改定时计划任务文件时，会更新池目录/var/spool/cron/的修改时间（modtime）。

crontab 命令用于创建、修改、删除和查看定时任务。每个用户可以使用 crontab 命令创建自己的定时任务，生成的定时任务文件将以用户的账户名称命名。

定时任务文件由命令组成，每行命令有 6 个字段，由空格或制表符分隔。前 5 个字段表示运行任务的时间，最后一个字段是任务的命令。前 5 个字段的含义如下：

- 分钟：其值为 0～59。
- 小时：其值为 0～23。
- 日期：其值为 1～31。
- 月份：其值为 1～12 或 Jan-Dec（月份的英文名称的前 3 个字母）。
- 星期：其值为 0～6 或 Sun-Sat（星期的英文名称的前 3 个字母），0 表示星期日。

在这前 5 个字段中，还可以使用以下特殊字符：

- 星号（*）：匹配所有可能的值。例如，“0 6 * * *”表示每天的 6 点。
- 连字符（-）：定义一个范围。例如，“0 2 * * 1-5”表示每周一到周五的凌晨两点。
- 斜杠（/）：表示每间隔多少时间。例如，“*/5 * * * *”表示每 5 分钟。
- 逗号（,）：表示‘或’的含义。例如“0 0,6,12,18 * * *”表示每天的 0 点、6 点、12 点和 18 点。

使用-l 选项，crontab 命令可以列出当前用户的所有定时任务：

```
$ crontab -l
30 6 * * 0 /home/yantaol/backup
```

上面的“30 6 * * 0”表示每周日的六点三十分。其中的通配符“*”分别表示每天和每月。

使用-e 选项，crontab 命令将创建或修改当前用户的定时任务：

```
$ crontab -e
```

使用-u 选项，crontab 命令可以查看指定用户的定时任务：

```
# crontab -u yantaol -l
30 6 * * 0 /home/yantaol/backup
```

注意：只有 root 用户有权限查看其他用户的定时任务。

使用-r 选项，将不会出现确认信息，完全移除（removes）当前用户的定时任务：

```
$ crontab -r
```

将-i 选项和-r 选项结合使用，crontab 命令将在移除定时任务前提示用户进行确认：

```
$ crontab -i -r
crontab: really delete yantaol's crontab?
```

4.3.2　at 命令实例：在指定时间执行命令

at 命令用于安排一个任务在（at）指定的时间（specified time）运行。at 命令可以从标准输入读入命令，也可以从指定的文件中读入命令，然后在指定的时间运行这些命令。

at 命令的语法如下：

```
$ at [-f file] [-q queue] [OPTION] TIME [DATE]
```

at 命令允许相当复杂的时间格式。表 4.1 是一些 at 命令所使用的时间和日期的例子。

表 4.1　常用的系统变量表

示　　例	含　　义
at noon	如果当前时间在正午12点之前，表示在今天的正午12点运行；如果当前时间在正午12点之后，则表示在明天的正午12点运行
at midnight	凌晨12点。与当前时间的关系同at noon命令一样
at teatime	下午4点
at tomorrow	明天与当前时间相同的时间
at noon tomorrow	明天的中午12点
at next week	一周后与当前时间相同的时间
at next monday	下周一与当前时间相同的时间
at fri	周五与当前时间相同的时间
at OCT	10月份与当前日期和时间相同的时间
at 9:00 AM	上午9点，与当前时间的关系同at noon命令一样
at 2:30 PM	下午2点30分，与当前时间的关系同at noon命令一样
at 1430	下午2点30分，与当前时间的关系同at noon命令一样
at 2:30 PM tomorrow	明天的下午2点30分

续表

示　　例	含　　义
at 2:30 PM next month	下个月同一日期的下午2点30分
at 2:30 PM Fri	周五的下午2点30分
at 2:30 PM 9/21	9月21号的下午2点30分
at 2:30 PM Sept 21	9月21号的下午2点30分
at 2:30 PM 9/21/2010	9月21号的下午2点30分
at 2:30 PM 21.9.10	9月21号的下午2点30分
at now + 30 minutes	当前时间的30分钟后
at now + 1 hour	当前时间的1小时后
at now + 2 days	2天后与当前时间相同的时间
at 4 PM + 2 days	2天后的下午4点
at now + 3 weeks	3周后与当前时间相同的时间
at now + 4 months	4个月后与当前时间相同的时间
at now + 5 years	5年后与当前时间相同的时间

下面使用 at 命令创建一个定时任务，即早上 5 点重启系统：

```
# date
Sat Apr 29 03:43:00 PM CST 2023

# at 5am
at> /sbin/reboot -f
at> <EOT>
job 1 at Sun Apr 30 05:00:00 2023
```

使用-f 选项，at 命令可以从指定的文件中读取命令的内容，然后在指定的时间运行。例如，有一个名为 myjobs.txt 的文件，其内容如下：

```
# cat myjobs.txt
/path/to/a/shell-script
/path/to/any/command
```

接下来创建一个任务，在一小时后运行文件 myjobs.txt 中的内容：

```
# at -f myjobs.txt now + 1 hour
job 2 at Sat Apr 29 16:45:00 2023
```

使用-l 选项可以列出当前用户（非 root）使用 at 命令创建的所有还未运行或正在运行的任务，如果是 root 账号，则将列出所有用户的任务：

```
# at -l
1   Sun Apr 30 05:00:00 2023 a root
2   Sat Apr 29 16:45:00 2023 a root
```

atq 命令具有与命令 at -l 相同的功能：

```
# atq
1   Sun Apr 30 05:00:00 2023 a root
2   Sat Apr 29 16:45:00 2023 a root
```

在上述输出信息中，每行前面的序号 1 和 2 是任务的编号，即任务 1 和任务 2。

atrm 命令可以用于删除现有的任务，命令的参数是任务的编号，例如，删除上例中的两个任务：

```
# atrm 1 2
```

4.3.3 &控制操作符实例：将任务放在后台运行

字符“&”是 Bash 内置的用于并行处理进程的一个控制操作符。在命令行的末尾添加“&”将会在后台运行该命令，即在当前的 Shell 进程中启动一个子 Shell 进程（在 13.2 节中将会详细介绍进程的概念）。因此当命令在后台运行时，可以继续在终端输入并运行其他命令。

控制操作符&的使用方法如下：

```
$ command &
```

或者：

```
$ script-name &
```

当使用控制操作符&将一个命令或脚本放到后台执行时，会显示这个后台任务的编号及其对应的子进程号。例如，运行命令“sleep 10”并将其放入后台运行：

```
$ sleep 10 &
[1] 10907
```

上例输出信息中的“[1]”表示此后台任务的编号是 1，此后台进程的进程号是 10907。

使用 jobs 命令可以查看后台正在运行的任务（jobs）的信息：

```
$ jobs
[1]+  Running                 sleep 10 &
```

使用-l 选项，jobs 命令可以显示后台正在运行的任务的进程号等信息：

```
$ jobs -l
[1]+ 10907 Running                 sleep 10 &
```

如果想将后台的任务放到前台来运行，有以下两种方法，JOB-ID 即为任务编号：

```
$ %JOB-ID
```

或者：

```
$ fg JOB-ID
```

fg 命令用于把指定的任务放在前台运行，并把它作为当前运行的任务。例如，我们将后台运行的命令“sleep 30 &”移到前台来运行：

```
$ sleep 30 &
[1] 11287

$ %1
sleep 30
```

或者：

```
$ sleep 30 &
[1] 11296

$ fg 1
sleep 30
```

如果想将上述任务重新放回后台运行，首先按 Ctrl+Z 组合键，将上面放在前台的任务挂起，然后在命令行提示符下输入如下命令即可：

```
$ %1 &
```

或者：

```
$ bg
```

bg 命令用于将挂起的任务放在后台继续运行。

4.3.4　nohup 命令实例：运行一个对挂起“免疫”的命令

有时一个任务或命令会运行很长时间，如果不确定这个任务什么时候运行结束，那么最好把它放到后台（nohup）去运行。但是一旦退出系统，这个任务就会被终止，应该怎么办？

想必读者已经知道了答案，使用 nohup 命令就可以解决这个问题，它能让用户运行的命令或脚本在用户退出系统后继续在后台运行。命令的语法格式如下：

```
$ nohup COMMAND [ARG]… &
```

- COMMAND：Shell 脚本或命令的名称。
- [ARG]：脚本或命令的参数。
- &：nohup 命令不能自动地将任务放在后台运行，必须明确地在 nohup 命令的末尾添加操作控制符&。

使用 nohup 命令运行一个脚本 script.sh：

```
$ nohup sh script.sh &
[1] 12496
$ nohup: appending output to 'nohup.out'
```

在输出信息中，“[1] 12496”中的“[1]”是任务编号，“12496”是此后台任务的进程号。最后还有一行输出 nohup: appending output to 'nohup.out'，表示脚本 sh script.sh 运行输出的所有内容都将被写入当前目录下的 nohup.out 文件中。

当用户退出系统再重新登录后，仍会看到脚本 script.sh 在后台运行：

```
$ ps -ef | grep 12496
yantaol    12496    1  0 18:15 ?        00:00:00 sh script.sh
```

4.4　小　　结

下面总结本章所学的主要知识：

- paste 命令用于合并一个文件或多个文件中的行。
- dd 命令可用于备份一个分区、DVD 或 U 盘的数据，转换数据文件，或做一些简单的硬盘或 CPU 速度测试。它可以通过可能的转换格式复制指定的输入文件到指定的输出。
- gzip 命令用于压缩文件，以减少文件的大小，节省文件通过网络传输所占的带宽。它可以指定从 1～9 的 9 个压缩级别，级别 1 是最快的压缩速度，但压缩率较低，而级别 9 是最慢的压缩速度，但压缩率最好。默认的压缩级别是 6。
- bzip2 命令也同样用于压缩或解压缩文件。与 gzip 命令相比，bzip2 命令具有更好的压缩率，但 bzip2 命令的压缩速度比 gzip 命令稍慢。bzip2 命令以可接受的速度提供较高的压缩率。bzip2 命令同样有 9 个压缩级别，其含义与 gzip 命令的含义类似，但它的默认压缩级别是 9。

- gunzip 和 bunzip2 命令分别用于解压缩由 gzip 和 bzip2 命令生成的压缩包。
- tar 命令是 Linux 系统中主要的归档工具。使用 tar 命令归档后生成的文件被我们称作为 tar 包。
- mount 命令用于挂载一个文件系统。挂载和卸载一个文件系统，通常都需要 root 账户权限。当使用 mount 命令挂载一个文件系统时，需要目标目录（即挂载点）已存在。
- umount 命令用于卸载一个文件系统或设备。在卸载指定的文件系统或设备前，要确保其没有被任何进程占用，否则卸载会失败。
- df 命令用于显示文件系统可用的磁盘空间使用情况。
- du 命令用于描述每个文件和目录所占磁盘空间的大小。
- crond 是执行定时计划任务的守护进程。crond 进程会周期性地在目录 /var/spool/cront 下搜索由 crontab 命令生成的（也可能由用户使用文本编辑器生成，但建议使用 crontab 命令）定时计划任务文件（定时计划任务文件以创建此任务的账户名命名），并将找到的这些定时任务载入内存。
- crontab 命令用于创建、修改、删除和查看定时任务。
- at 命令用于安排一个任务在指定的时间运行。at 命令可以从标准输入读入命令，也可以从指定的文件中读入命令，然后在指定的时间运行这些命令。
- 字符“&”用于将命令放在后台运行。它是 Bash 内置的用于并行处理进程的一个控制操作符。
- nohup 命令可以防止当用户退出系统时，在后台运行的进程被终结。它能让用户运行的命令或脚本在用户退出系统后可以继续在后台运行。

4.5 习　　题

一、填空题

1．使用 paste 命令合并文件时，各文件中的各行将以________作为分隔符合并后输出。

2．使用 gzip 命令压缩的文件，需要使用________命令解压缩。

3．使用 crond 命令创建任务计划时，计划任务文件每行由 6 个字段组成。其中，前 5 个字段表示运行任务的________，最后一个字段是任务的________。

二、选择题

1．使用 gzip 命令打包的文件，生成的压缩文件后缀为（　　）。

A．.tar.gz　　B．.gz　　C．.bz2　　D．.tar

2．使用 df 命令查看文件系统磁盘空间使用情况，默认的单位是（　　）。

A．KB　　B．MB　　C．GB　　D．bit

3．当用户需要将某任务放在后台运行时，可以使用（　　）控制符实现。

A．#　　B．$　　C．&　　D．!

三、判断题

1．使用 mount 命令挂载文件系统时，指定的目标必须存在。使用 umount 命令卸载文件时，不可以在挂载点下执行。（　　）

2．使用 at 命令创建的计划任务是一次性的。（　　）

四、操作题

1．创建两个文件 file1 和 file2，然后使用 paste 命令合并这两个文件，并指定使用“|”为分隔符。

2．使用 du 命令以人类可读格式查看磁盘使用情况。

3．使用 at 命令创建定时计划，要求系统 2min 后关机，并向登录系统的所有用户发送提醒信息 The server will shut down in two minutes。

第 2 篇

Shell 脚本编程

第 5 章　Shell 编程基础

在前一章中学习了 Shell 命令行中的一些高级命令，熟练地掌握这些命令，将使 Linux 系统管理工作更轻松。

从本章开始将进入 Shell 脚本编程的学习。本章主要介绍 Shell 编程的基础知识，首先介绍 Shell 脚本的第一行#!（Shebang）、Shell 脚本中的注释、如何设置脚本的权限并运行脚本，然后介绍 Shell 变量的进阶知识和 Shell 的算术表达式，最后介绍 Shell 脚本的退出状态以及如何调试 Shell 脚本。

5.1　Shell 脚本的第一行“#!”

#!（Shebang）是一个由井号“#”和叹号“!”构成的字符序列。它是出现在 Shell 脚本文件第一行的前两个字符。脚本中的#!行（第一行）用于指示一个解释程序。

#!行的语法格式如下：

```
#! INTERPRETER [OPTION]…
```

注意：INTERPRETER 必须是一个程序的绝对路径。

在 Linux 系统中，当一个以#!开头的脚本作为一个程序运行时，程序加载器会将脚本第一行“#!”之后的内容解析为一个解释程序，然后用这个指定的解释程序替代该脚本去运行，并将脚本的路径作为第一个参数传递给解释程序。例如，一个脚本的路径名是 path/to/script，它的第一行内容如下：

```
#!/bin/bash
```

程序加载器被指示用解释程序“/bin/bash”替代其运行，并将路径 path/to/script 作为第一个参数传递给解释程序“/bin/bash”。

几乎所有的 Bash 脚本的内容都是以“#!/bin/bash”开头，这可以确保 Bash 作为脚本的解释程序，即使该脚本运行在其他 Shell 下。如果 Bash 脚本中没有指定“#!”行，则会默认使用“/bin/sh”作为解释程序，但还是推荐将 Bash 脚本的第一行设为“#!/bin/bash”。

5.2　Shell 脚本注释

在 Shell 脚本中，井号“#”是注释标识符。如果脚本的某行含有#或以#开头（除了$#），那么这一行或在#之后的所有内容都将被程序忽略，#之后的内容称为注释。

Shell 脚本的注释用于解释脚本及其相关语句的含义，使这些脚本的源代码更容易理解，也便于对脚本的维护和更新。

来看下面这个脚本：

```
$ cat seeDate_IP_Hostname.sh
#!/bin/bash
# A Simple Shell Script To Get Linux Date & Hostname & Network Information
# Liu Yantao - 2023-06-06
echo "Current date : $(date) @ $(hostname)"
echo "Network configuration"
/sbin/ifconfig -a
```

在上面的脚本中，第一行是#!（Shebang）行。接下来的两行即为注释行：

```
# A Simple Shell Script To Get Linux Date & Hostname & Network Information
# Liu Yantao - 2023-06-06
```

在 Shell 脚本中，还可以使用 Bash 的 HERE DOCUMENT 特性添加多行的注释内容，请看下面的脚本内容：

```
1  #!/bin/bash
2  echo "Say something"
3  <<COMMENT
4      comment line 1
5      comment line 2
6      comment line n
7  COMMENT
8  echo "Do something else"
```

在上面的输出中，第 3～7 行即为注释内容。

5.3　实例：如何设置脚本的权限并执行脚本

在运行一个 Shell 脚本之前，需要确保 Shell 脚本文件具有可执行的权限，否则当直接运行脚本时，会得到如下 Permission denied 的错误信息：

```
$ ./multicomments.sh
-bash: ./multicomments.sh: Permission denied
```

如果遇到上述错误，就需要给脚本文件添加可执行的权限。使用 3.3.2 节介绍的 chmod 命令可以给文件添加执行权限：

```
$ chmod u+x ./multicomments.sh
```

如果要给所有用户执行脚本的权限，则使用如下命令：

```
$ chmod +x ./multicomments.sh
```

运行一个 Shell 脚本，使用绝对路径或相对路径两种方式都可以。

使用绝对路径运行 Shell 脚本的方法如下：

```
$ /home/yantaol/scripts/helloworld.sh
Hello World!
```

使用相对路径运行 Shell 脚本的方法如下：

```
$ cd /home/yantaol
$ ./scripts/helloworld.sh
Hello World!
```

也可以像运行一个命令一样运行一个 Shell 脚本，即不需要指定绝对路径或相对路径，只需要输入脚本名称即可。要实现这个目的，需要将 Shell 脚本所在的目录路径添加到 PATH 环境变量（参见 2.3.1 节）中。例如，将目录路径“/home/yantaol/scripts”加入 PATH 环境变量，可以在任何路径下直接运行目录“/home/yantaol/scripts”下的 Shell 脚本：

```
$ export PATH=$PATH:/home/yantaol/scripts
$ cd /tmp
$ helloworld.sh
Hello World!
```

5.4　Shell 变量进阶

5.4.1　Bash 的参数扩展

参数是一个存储数值的实体，并由名称、数字或特定符号所引用。

- 被名称引用的参数称作变量；
- 被数字引用的参数称作位置参数；
- 被特定符号引用的参数具有特殊的含义和用途，作为 Bash 特殊的内部变量。

参数扩展是从引用的实体中取值的过程，就像扩展变量打印它的值。

字符“$”会引导参数扩展，要扩展的参数名或符号可以放在花括号中。花括号虽然是可选的，但是可以保护待扩展的变量，使得紧跟在花括号后面的内容不会被扩展。通过下面的例子来了解一下参数扩展的各种形式：

基本的参数扩展：

```
$PARAMETER
${PARAMETER}
```

如果参数名后面还紧跟着其他字符，这时使用花括号{}是必须的，否则紧接在参数名后面的字符串会被解释为参数名的一部分。例如，打印一个单词后跟字母 s：

```
$ WORD=car
$ echo $WORDs

$ echo ${WORD}s
cars
```

在上面的输出信息中，第一个打印的内容是空的，这是因为参数名 WORDs 是未定义的。对于不适用花括号的参数扩展，Bash 会将从字符“$”开始到最后一个有效字符结束的所有可用的字符序列解释为参数名。当使用花括号时，会强制 Bash 只解释花括号内的名称。

另外，对于访问$9 之后的位置参数也同样需要使用花括号（关于位置参数的详细内容将在 5.4.3 节中介绍），示例如下：

```
$ echo "Argument  1 is: $1"
$ echo "Argument 10 is: ${10}"
```

注意：参数名是大小写敏感的。

间接参数扩展：

```
${!PARAMETER}
```

在上述语句中，被引用的参数不是 PARAMETER 自身，而是 PARAMETER 的值。如果参数 PARAMETER 的值是 TEMP，则${!PARAMETER}将扩展为参数 TEMP 的值：

```
$ PARAMETER=TEMP

$ TEMP="It's indirect"

$ echo ${!PARAMETER}
It's indirect

$ echo $PARAMETER
TEMP
```

修改大小写（Bash 4.0 的新特性）：

```
${PARAMETER^}
${PARAMETER^^}
${PARAMETER,}
${PARAMETER,,}
${PARAMETER~}
${PARAMETER~~}
```

上面的扩展操作符用于修改参数值中的字母的大小写。操作符“^”将参数值的第一个字符改为大写，操作符“,”将参数值的第一个字符改为小写。当使用双重模式（^^和,,）时，参数值的所有字符都将被转换。在下面的示例中，将当前目录下所有后缀为 txt 的文件名转换为小写：

```
# for file in *.txt; do
> mv "$file" "${file,,}"
> done
```

注意：修改大小写的参数扩展是 Bash 4.0 的新特性，在之前的 Bash 版本中无此参数扩展功能。

变量名扩展：

```
${!PREFIX*}
${!PREFIX@}
```

变量名扩展将列出以字符串 PREFIX 开头的所有变量名。默认情况下，列出的这些变量名用空格分隔。例如，列出以 BASH 开头的所有已定义的变量名：

```
$ echo ${!BASH*}
BASH BASH_ARGC BASH_ARGV BASH_COMMAND BASH_LINENO BASH_SOURCE BASH_SUBSHELL
BASH_VERSINFO BASH_VERSION
```

字符串移除：

```
${PARAMETER#PATTERN}
${PARAMETER##PATTERN}
${PARAMETER%PATTERN}
${PARAMETER%%PATTERN}
```

字符串移除可以只扩展参数值的一部分，用指定的模式来描述从参数值字符串中移除的内容。在上述语法格式中，前两个语句用于移除从参数值的开头匹配指定模式的字符串，而后两个语句与之相反，用于从参数值的末尾匹配指定模式的字符串。操作符“#”和“%”表示将移除匹配指定模式的最短文本，而操作符“##”和“%%”表示移除匹配指定模式的最长文本。示例如下：

```
$ MYSTRING="This is used for removing string"

$ echo ${MYSTRING#* }
is used for removing string

$ echo ${MYSTRING##* }
string

$ echo ${MYSTRING% *}
This is used for removing

$ echo ${MYSTRING%% *}
This
```

最常用的参数扩展是提取文件名的一部分：

```
$ FILENAME=linux_bash.txt

$ echo ${FILENAME%.*}                    #移除文件名的后缀
linux_bash

$ echo ${FILENAME##*.}                   #移除文件名，保留后缀
txt

$ FILENAME=/home/yantaol/linux_bash.txt

$ echo ${FILENAME%/*}                    #移除文件名，保留目录名
/home/yantaol

$ echo ${FILENAME##*/}                   #移除目录名，保留文件名
linux_bash.txt
```

字符串搜索与替换：

```
${PARAMETER/PATTERN/STRING}
${PARAMETER//PATTERN/STRING}
${PARAMETER/PATTERN}
${PARAMETER//PATTERN}
```

字符串搜索与替换可以替换参数值中匹配指定模式的子字符串。操作符“/”表示只替换一个匹配的字符串，而操作符“//”表示替换所有匹配的字符串。如果没有指定替换字符串 STRING，那么匹配的内容将被替换为空字符串，即被删除。例如：

```
$ MYSTRING="This is used for replacing string or removing string"

$ echo ${MYSTRING/string/characters }
This is used for replacing characters or removing string

$ echo ${MYSTRING//string/characters }
This is used for replacing characters or removing characters

$ echo ${MYSTRING/string }
This is used for replacing or removing string

$ echo ${MYSTRING//string }
This is used for replacing or removing string

$ echo ${MYSTRING//string/ }
This is used for replacing or removing
```

求字符串长度：

```
${#PARAMETER}
```

求字符串长度参数扩展格式将得到参数值的长度：

```
$ MYSTRING="Hello World"

$ echo ${#MYSTRING}
11
```

子字符串扩展：

```
${PARAMETER:OFFSET}
${PARAMETER:OFFSET:LENGTH}
```

子字符串扩展将扩展参数值的一部分，即从指定的位置开始截取指定长度的字符串，如果省略 LENGTH，将截取到参数值的末尾。先来看不指定 LENGTH 的情况：

```
$ MYSTRING="This is used for substring expansion."

$ echo ${MYSTRING:8}
used for substring expansion.
```

下面是指定 LENGTH 的值：

```
$ echo ${MYSTRING:8:10}
used for s
```

使用默认值：

```
${PARAMETER:-WORD}
${PARAMETER-WORD}
```

如果参数 PARAMETER 未定义或为 null，这种模式会扩展 WORD，否则将扩展参数 PARAMETER。如果在 PARAMETER 和 WORD 之间省略了符号“:”，即上述语法中的第二种格式，那么只有当参数 PARAMETER 未定义时，才会使用 WORD。下面通过例子来具体了解这种模式的使用：

```
$ unset MYSTRING

$ echo $MYSTRING

$ echo ${MYSTRING:-Hello World}
Hello World

$ echo $MYSTRING

$ MYSTRING=Hi

$ echo ${MYSTRING:-Hello World}
Hi
```

指定默认值：

```
${PARAMETER:=WORD}
${PARAMETER=WORD}
```

指定默认值的模式与使用默认值的模式类似，但区别在于该种模式不仅扩展 WORD，而且将 WORD 赋值给参数 PARAMETER 作为 PARAMETER 的值。示例如下：

```
$ unset MYSTRING

$ echo $MYSTRING
```

```
$ echo ${MYSTRING:=Hello World}
Hello World

$ echo $MYSTRING
Hello World
```

使用替代值：

```
${PARAMETER:+WORD}
${PARAMETER+WORD}
```

如果参数 PARAMETER 未定义或其值为空，那么使用替代值的模式不会扩展任何内容。如果参数 PARAMETER 是定义的且其值不为空，那么使用替代值的模式将会扩展 WORD，而不是扩展为参数 PARAMETER 的值。示例如下：

```
$ MYSTRING=""

$ echo ${MYSTRING:+ NOTE: MYSTRING seems to be set.}

$ MYSTRING="Hi"

$ echo ${MYSTRING:+ NOTE: MYSTRING seems to be set.}
NOTE: MYSTRING seems to be set.
```

还有一种参数扩展模式用于参数未定义或其值为空时显示错误信息。这种扩展模式在 2.3.8 节已做了讲解，不再赘述。

5.4.2　Bash 的内部变量

Bash 的内部变量会影响 Bash 脚本的行为。本节将介绍几个比较常用的 Bash 内部变量。

$BASH 变量：用于引用 Bash 实例的全路径名。变量的值如下：

```
$ echo $BASH
/bin/bash
```

$HOME 变量：引用当前用户的 home 目录，通常是/home/<username>：

```
$ echo "Your home directory is $HOME"
Your home directory is /home/yantaol
```

$IFS 变量：IFS 是内部字段分隔符的缩写。此变量决定当 Bash 解析字符串时将怎样识别字段或单词分界线。变量$IFS 的默认值是空格（空格，制表符和换行）但可以被修改。请看如下示例：

```
$ set x y z                #使用 set 命令，将 x，y，z 赋予位置参数 1，2，3
$ IFS=":;-"                #指定 Bash 的内部字段分隔符
$ echo "$*"                #扩展特殊参数“*”
x:y:z
```

示例中使用的特殊参数“*”将在 5.4.3 节介绍。

$OSTYPE 变量：操作系统的类型，例如：

```
$ echo $OSTYPE
linux-gnu
```

$SECONDS 变量：引用脚本已经运行的秒数。来看下面这个使用$SECONDS 变量的脚本：

```
#!/bin/bash -
TIME_LIMIT=10
INTERVAL=1

echo
echo "Hit Control-C to exit before $TIME_LIMIT seconds."
echo

while [ "$SECONDS" -le "$TIME_LIMIT" ]
do   #   $SECONDS is an internal shell variable.
    if [ "$SECONDS" -eq 1 ]
    then
       units=second
    else
       units=seconds
    fi

    echo "This script has been running $SECONDS $units."
    #  On a slow or overburdened machine, the script may skip a count
    #+ every once in a while.
    sleep $INTERVAL
done

exit 0
```

$TMOUT 变量：如果$TMOUT 变量被指定了一个非 0 的值，此值就会被 Bash 的内部命令 read 作为默认的超时秒数。在一个交互式的 Shell 中，$TMOUT 的值被作为命令行提示符等待输入的秒数，如果在指定的秒数内没有输入命令，Bash 将自动被终结。例如，在下面这个脚本中，设置 read 命令的超时时间为 3s：

```
#!/bin/bash -
set -o nounset                              # 将未设置的变量视为错误
TMOUT=3

echo "Are you sure? (Y/N)"
read input

if [ "$input" == "Y" ]
then
       echo "Continue..."
else
       echo "Exit!"
fi
```

$UID 变量：当前用户的账号标识码（ID 号），与/etc/passwd 中的记录相同。$UID 变量记录的是当前用户的 ID 值，即使该账户通过 su 命令临时获得了另一个账号的权限，也不影响该变量的值。$UID 是一个只读变量，不接受通过命令行或脚本进行修改。下面的脚本使用$UID 变量来判断当前账号是否为 root：

```
#!/bin/bash -
root_uid=0
if [ "$UID" -eq "$ root_uid" ]
then
  echo "You are root."
else
  echo "You are just an ordinary user."
fi

exit 0
```

5.4.3　Bash 的位置参数和特殊参数

Bash 的位置参数是由除 0 以外的一个或多个数字表示的参数。

位置参数是当 Shell 或 Shell 的函数被引用时由 Shell 或 Shell 函数的参数赋值，并且可以使用 Bash 的内部命令 set 来重新赋值。位置参数 N 可以被引用为${N}，或当 N 只含有一个数字时被引用为$N：

```
$ set 1 2 3 four five six 7 8 9 ten
$ echo "$1 $2 $3 $4 $5 $6 $7 $8 $9 ${10}"
1 2 3 four five six 7 8 9 ten
```

注意：多于一个数字的位置参数在扩展时必须放在花括号中。例如，位置参数 10 在扩展时使用${10}。

位置参数不能通过赋值语句来赋值，只能通过 Bash 的内部命令 set 和 shift 来设置和取消它们。当 Shell 函数运行时，位置参数会被临时替换：

```
$ cat show_positional_param.sh
#!/bin/bash -
echo "Argument 1: $1"
echo "Argument 2: $2"
echo "Argument 3: $3"
echo "Argument 4: $4"
echo "Argument 5: $5"

$ ./show_positional_param.sh one two three four five
Argument 1: one
Argument 2: two
Argument 3: three
Argument 4: four
Argument 5: five
```

Bash 对一些参数的处理比较特殊。这些参数只能被引用，不能修改它们的值。这些特殊参数是*、@、#、？、-、$、!、0 和_。

特殊参数“*”，将扩展为从 1 开始的所有位置参数。如果扩展发生在双引号内，即“$*”，则扩展为包含每个参数值的单词，每个参数值用特殊变量 IFS 的第一个字符分隔。也就是说，“$*”等价于“$1c$2c……”，其中，c 是特殊变量 IFS 的第一个字符。如果变量 IFS 没有定义，则参数之间默认用空格分隔。如果 IFS 为空，则参数直接相连，中间没有分隔。

```
$ set one two three
$ echo "$*"
one two three
```

特殊参数“@”也可以扩展为从 1 开始的所有位置参数。当它的扩展发生在双引号内时，每个参数都扩展为分隔的单词。也就是说，“$@”等价于“$1”“$2”……。参数@与*的区别将在 for 循环的调用中明显地显现出来。

特殊参数“#”将扩展为位置参数的个数，用十进制表示：

```
$ set one two three
$ echo $#
3
```

特殊参数“?”将扩展为最近在前台执行的命令的退出状态。可以使用它来检查 Shell

脚本是否已成功地执行，通常，当退出状态为 0 时，表示命令没有任何错误地运行完毕。例如，创建一个文件并使用 ls 命令列出这个文件，如果这些命令成功执行，则退出状态是 0，否则将是其他数值：

```
$ touch newfile

$ echo $?
0

$ ls newfile
newfile

$ echo $?
0

$ rm -f newfile

$ echo $?
0

$ ls newfile
ls: newfile: No such file or directory

$ echo $?
2
```

特殊参数“-”将扩展为当前的选项标志。这些选项是在调用时或由内部命令 set 指定，或由 Shell 自身指定。

特殊参数“$”将扩展为当前 Shell 的进程号。在一个子 Shell 中，它扩展为调用 Shell 的进程号，而不是子 Shell 的进程号。例如，打印当前 Shell 的进程号：

```
$ echo $$
28072
```

特殊参数“!”将扩展为最近执行的后台命令的进程号；

```
$ sleep 10 &
[1] 28192
$ echo $!
28192
```

特殊参数 0 将扩展为 Shell 或 Shell 脚本的名称，在 Shell 初始化时设置。如果 Bash 调用时带有脚本文件作为参数，则$0 就设置为脚本的文件名：

```
$ echo $0
-bash
$ cat param_zero.sh
#!/bin/bash -
echo "The \$0 is $0"

$ ./param_zero.sh
The $0 is ./param_zero.sh

$ bash ./param_zero.sh
The $0 is ./param_zero.sh
```

特殊参数“_”在 Shell 启动时被设为开始运行的 Shell 或 Shell 脚本的路径。随后，扩展为前一个命令的最后一个参数。示例如下：

```
$ cat param_underscore.sh
#!/bin/bash -
echo "The \$_is $_"

uname -a

echo $_
$ ./param_underscore.sh
The $_is ./param_underscore.sh
Linux localhost 5.14.0-162.6.1.el9_1.x86_64 #1 SMP PREEMPT_DYNAMIC Tue Jun
06 07:36:03 EDT 2023 x86_64 x86_64 x86_64 GNU/Linux
-a

$ bash ./param_underscore.sh
The $_is /usr/bin/bash
Linux localhost 5.14.0-162.6.1.el9_1.x86_64 #1 SMP PREEMPT_DYNAMIC Tue Jun
06 07:36:03 EDT 2023 x86_64 x86_64 x86_64 GNU/Linux
-a
```

5.4.4　实例：使用 declare 指定变量的类型

declare 命令是 Bash 的内部命令，用于声明（declare）变量和修改变量的属性。它与 Bash 的另一个内部命令 typeset 的用法和用途完全相同。

如果直接使用 declare 命令而不指定变量名，则会显示所有变量的值：

```
$ declare
BASH=/bin/bash
BASH_ARGC=()
BASH_ARGV=()
BASH_LINENO=()
BASH_SOURCE=()
BASH_VERSINFO=([0]="5" [1]="1" [2]="8" [3]="1" [4]="release"
[5]="x86_64-redhat-linux-gnu")
BASH_VERSION='5.1.8(1)-release'
COLORS=/etc/DIR_COLORS
COLUMNS=167
CVS_RSH=ssh
DIRSTACK=()
EUID=12107
GROUPS=()
G_BROKEN_FILENAMES=1
HISTFILE=/home/yantaol/.bash_history
HISTFILESIZE=1000
HISTSIZE=1000
HOME=/home/yantaol
…
```

使用-r 选项，declare 命令将把指定的变量定义为只读（read only）变量，这些变量不能再被赋予新值或被清除：

```
$ declare -r var=1

$ var=2
-bash: var: readonly variable

$ unset var
-bash: unset: var: cannot unset: readonly variable
```

使用-i 选项，declare 命令将把指定的变量定义为整数型（integer）变量，赋予整数型变量的任何类型的值都将被转换成整数。下面通过例子来了解整数型变量的赋值：

```
$ declare -i NUMBER
$ NUMBER=1

$ echo "The number is $NUMBER"
The number is 1

$ NUMBER=one

$ echo "The number is $NUMBER"
The number is 0

$ NUMBER=9/2

$ echo "The number is $NUMBER"
The number is 4
```

使用-x 选项，declare 命令将把指定的变量通过环境输出（export）到后续命令。

使用-p 选项，declare 命令将显示（print）指定变量的属性和值：

```
$ declare -p NUMBER
declare -i NUMBER="4"
```

5.4.5　Bash 的数组变量

一个数组是包含多个值的变量。任何变量也可以作为一个数组来使用。数组的大小没有限制，也不需要成员变量是连续分配的。数组的索引从 0 开始，即第一个元素的索引是 0。

间接声明一个数组变量的语法如下：

```
$ ARRAYNAME[INDEX]=value
```

INDEX 是一个正数或一个值为正数的算术表达式。

显式声明一个数组变量可以使用 Bash 的内部命令 declare：

```
$ declare -a ARRAYNAME
```

带有一个索引编号的声明也是接受的，但索引编号将被忽略。数组的属性可以使用 Bash 的内部命令 declare 和 readonly 指定，这些属性将被应用到数组的所有变量中。

例如，使用 declare 命令定义一个数组变量：

```
$ declare -a linux=('Debian' 'Redhat' 'Suse' 'Fedora')
```

数组变量还可以使用复合赋值的格式：

```
$ ARRAYNAME=(value1 value2 … valueN)
```

如果要引用数组中某一项的内容，那么使用花括号“{}”。如果索引编号是@或者“*”，那么数组的所有成员都将被引用。请看如下示例：

```
$ echo ${linux[@]}
Debian Redhat Suse Fedora

$ arr1=(one two three)

$ echo ${arr1[0]} ${arr1[1]} ${arr1[2]}
one two three
```

```
$ echo ${arr1[*]}
one two three

$ echo ${arr1[@]}
one two three

$ arr1[3]=four

$ echo ${arr1[@]}
one two three four

$ echo $arr1
one
```

如果引用数组时不指定索引编号，则引用数组的第一个元素，其索引编号为 0。

使用 unset 命令可以消除一个数组或数组的成员变量。示例如下：

```
$ unset arr1[2]

$ echo ${arr1[@]}
one two four

$ unset arr1

$ echo ${arr1[@]}
```

当然，Bash 的各种参数扩展也可以应用于数组变量。

5.5 Shell 算术运算

Shell 可以对算术表达式求值，它可以是 Shell 算术扩展，也可以由内部命令 let 来实现。求值时使用固定宽度的整数并且不检查溢出，但是它可以捕获除以 0 的情况并报错。

5.5.1 Bash 的算术运算符

Bash 的算术运算符及运算符的优先级、结合性和值都与 C 语言相同。表 5.1 是运算符按优先级从高到低排列的分组。

表 5.1 常用的系统运算符

运 算 符	用 途
id++ id--	变量后递增和后递减
++id --id	变量前递增和前递减
- +	单目负号和正号
! ~	逻辑取反，按位取反
**	求幂
* / %	乘、除、求余
+ -	加、减
<< >>	按位左移、按位右移

续表

运　算　符	用　　途
<= >= < >	比较
== !=	相等、不等
&	按位与
^	按位异或
|	按位或
&&	逻辑与
||	逻辑或
expr?expr:expr	条件运算符
= *= /= %= += -= <<= >>= &= ^= |=	赋值
expr1 , expr2	逗号运算

下面通过几个例子来了解运算符的使用。

求幂运算符**：

```
$ let var=5**2

$ echo $var
25
```

求余运算符%：

```
$ let var=9%2

$ echo $var
1
```

相加赋值运算符+=：

```
$ echo $var
1

$ let var+=10

$ echo $var
11
```

相乘赋值运算符：

```
$ echo $var
11

$ let var*=5

$ echo $var
55
```

逻辑与&&和逻辑或||运算符：

```
$ echo $(( 2 && 3 ))
1

$ echo $(( 2 && 0 ))
0

$ echo $(( 2 || 0 ))
```

```
1

$ echo $(( 0 || 0 ))
0
```

逗号运算符将两个或更多的算术运算链接在一起，所有的运算都会被求值，但只有最后一个运算的值被返回。

```
$ let var=(2+3, 10-5, 20-6)

$ echo $var
14

$ let var=(var1=10, 10%3)

$ echo $var
1

$ echo $var1
10
```

逗号运算符主要在 for 循环中使用。

5.5.2　数字常量

默认情况下，Shell 算术表达式使用十进制数，除非这个数字有特定的前缀或标记。以 0 开头的常量将被当作八进制（octonary）数来解释，而以“0x”或“0X”开头的数值将被解释为十六进制（hexadecimal）数。此外，如果数值的格式是 BASE#NUMBER，BASE 是介于 2～64 的十进制数，则表示算术进制基数。例如，BASE 是数字 12，那么 12#NUMBER 就表示十二进制数，NUMBER 即为此进制中的数值。

下面根据具体的例子来了解和学习这几种数字常量：

```
$ let dec=20                    #默认为十进制数

$ echo "Decimal number: $dec"
Decimal number: 20

$ let oct=020                   #以 0 开头的八进制数

echo "Octal number: $oct"
#换算的十进制为：2*（8 的 1 次方）+0*（8 的 0 次方）=16，其他进制的数学算法相同
Octal number: 16

$ let hex=0x20                  #以 0x 开头的十六进制数

$ echo "Hexadecimal number: $hex"
Hexadecimal number: 32

$ let bin=2#111                 #符号“#”之前的数字 2 表示此数值为二进制

$ echo "Binary number: $bin"
Binary number: 7

$ let base32=32#20              #三十二进制数，数值为 20

$ echo "Base-32 number: $base32"
```

```
Base-32 number: 64

$ let base64=64#@_
#在六十四进制中，十进制的 0～9 即用 0～9 表示，10～35 这 26 个数字依次用小写字母 a～z 表
 示，36～-61 这 26 个数字依次用大写字母 A～Z 表示，最后剩余的 62 和 63 分别用@和_表示
$ echo "Base-64 number: $base64"
Base-64 number: 4031
```

5.5.3　使用算术扩展和 let 命令进行算术运算

算术扩展可以对算术表达式求值并替换成所求得的值。它的格式如下：

```
$ $((算术表达式))
```

注意：算术扩展中的运算数只能是整数，算术扩展不能对浮点数进行算术运算。

算术表达式中的所有符号都可以进行参数扩展、字符串扩展、命令替换和引用去除，算术表达式也可以是嵌套的。如果算术表达式无效，那么 Bash 将打印指示错误的信息，并且不会进行任何替换。

下面通过例子来了解算术扩展的使用：

```
$ var=5
# 变量允许作为运算数，var=$(( var + 8 ))的结果与当前代码的结果相同
$ var=$(( $var + 8 ))
$ echo $var
13

$ x=17
$ y=2
$ z=$(( x%y ))              #求余运算
$ echo $z
1

#符号“>”为比较运算符。如果条件为真，则运算结果返回 1；如果条件为假，则返回 0
$ echo $(( 10>3 ))
1

$ a=28
$ b=25
$ c=$(( $(( a>b ))?a:b ))
#在此表达式中，如果条件表达式问号“？”前的表达式运算结果为真或结果数值大于 1，则返回 a，
 否则返回 b
echo $c
28
```

let 命令是 Bash 的内部命令，它同样可以用于算术表达式的求值。let 命令按照从左到右的顺序将提供给它的每个参数进行算术表达式求值。求值运算只能使用固定宽度的整数并且不会检查溢出，但是它可以捕获除以 0 的情况并报错。当最后一个参数的求值结果为真时，let 命令返回退出码 0，否则返回退出码 1。

let 命令的功能和算数扩展基本相同，但 let 命令要求默认在任何操作符两边不能包含空格，即所有算术表达式要连接在一起。如果要在算术表达式的符号之间使用空格，则必须使用双引号将算术表达式括起来。

下面通过例子来了解 let 命令的使用：

```
$ let i=i+5

$ echo $i
5

$ let i=i + 5                  #默认情况下，let 命令不允许在运算符两边包含空格
bash: let: +: syntax error: operand expected (error token is "+")

$ echo $i
5

$ let "i=i + 5" #使用 let 命令时，如果要在运算符两边使用空格，那么必须使用双引号

$ echo $i
10

$ let i=1

$ let "i <<= 3"                #左移 3 位并赋值

$ echo $i
8

$ let i++                      #变量后递增加 1

echo $i
9

$ let "i = i<6 ? i : 6"        #当问号“？”前的表达式值为真时，取“i”的值，否则取 6

$ echo $i
6
```

5.5.4　实例：使用 expr 命令

expr 命令是一个用于对表达式（expression）进行求值并输出相应结果的命令行工具。它只支持整数运算，不支持浮点数的运算。

与 let 命令相反，使用 expr 命令时，表达式中的运算符两边必须包含空格，如果没有空格，而是将运算符与运算数直接相连，则 expr 命令不会对表达式求值，而是直接输出算术表达式。

在使用 expr 命令时，对于某些运算符还需要使用符号“\”进行转义，否则会提示语法错误。

当使用 expr 命令给变量赋值时，需要使用 Shell 的扩展命令进行替换（请参考 2.4.2 节）。

下面通过例子来了解 expr 命令的用法：

```
$ expr 6 + 8
14

$ expr 6+8                     #运算符两边没有包含空格
6+8

$ expr 6 * 8                   #乘法符号需要使用符号“\”进行转义
expr: syntax error
```

```
$ expr 6 \* 8
48

$ expr 1 \< 2                  #运算符"<"同样需要转义
1

$ expr 2 \> 5                  #运算符">"同样需要转义，还有运算符"<=、>=、|和&"
0

$ a=15

$ b=35

$ expr $a \* $b
525

$ c=`expr $a \* $b`            #使用命令替换对变量进行赋值

$ echo $c
525

$ c=$( expr $a \* $b )         #命令替换的另一种形式

$ echo $c
525
```

5.6 退出脚本

对于一个写好的 Shell 脚本来说，当它运行完毕时，应当返回一个退出状态，用于标识脚本是否成功运行。

exit 命令用于结束并退出（exit）一个 Shell 脚本的运行，它同样可以返回一个值，供调用它的父进程读取。

接下来学习 Shell 脚本的退出状态码和 exit 命令的使用。

5.6.1 退出状态码

每个命令都会返回一个退出状态（也称作返回状态或退出码）。运行成功的命令会返回 0，而不成功的命令会返回一个非 0 的值，它通常可以被解释为一个错误代码。当功能良好的 Linux 命令、程序或工具成功完成时，会返回退出状态码 0。

同样，Shell 脚本和它里面的函数也会返回一个退出状态码。在 Shell 脚本或函数中，最后执行的一条命令决定其退出状态。

可以通过检查 Bash 的特殊变量$?（请参见 5.4.3 节）来查看上一条命令运行后的退出状态码。

在脚本中检查调用的程序的退出状态是非常重要的。当脚本运行完成时，返回一个有意义的退出状态也是非常重要的。例如，在脚本中包含如下两条语句：

```
cd $SOME_DIR
rm -rf *
```

这两条语句乍看起来好像并没有什么问题，使用 cd 命令进入一个目录，再使用 rm 命令删除目录下所有的内容。如果变量$SOME_DIR 定义的目录不存在会发生什么呢？在这种情况下，cd 命令将执行失败，而 rm 命令将在当前目录下运行，并且会删除当前目录下的所有内容。这可能会导致用户的重要数据被删除，或者系统文件丢失而无法正常启动。上述脚本的问题在于，该脚本在运行 rm 命令之前没有检查 cd 命令的退出状态。

在 Shell 脚本中，exit N 命令可以用于提交一个退出状态码 N 给 Shell（N 必须是一个介于 0～255 的整数）。

5.6.2　实例：使用 exit 命令

exit 命令的语法如下：

```
$ exit N
```

exit 命令语句用于从 shell 脚本中退出并返回指定的退出状态码 N 来指示 Shell 脚本是否成功结束。当错误发生时，使用 exit 命令语句可以终结脚本的运行。当 N 为 0 时，表示脚本成功运行并正常退出；当 N 为非 0 时，表示脚本运行失败，由于错误而退出运行。

退出状态码 N 可以被其他命令或脚本读取，以决定后续要执行的操作。如果退出状态码 N 被省略，则将把最后一条运行的命令的退出状态作为脚本的退出状态码。

下面结合使用退出状态码检查来看看如何使 5.6.1 节中的脚本内容更完善：

```
cd $SOME_DIR
if [ $? -eq 0 ]; then        #检查 cd 命令是否运行成功，如果运行成功则执行 rm 命令
rm -rf *
else
#如果 cd 命令运行失败，则打印一个错误信息并退出，返回退出状态码 1
echo 'Cannot change directory!'
exit 1
fi
```

在这个版本中，我们检查了 cd 命令的退出状态，如果其不为 0，将打印一个错误信息，并使用 exit 命令终结脚本运行，返回退出状态码 1。

下面再来看一个完整的备份脚本的例子：

```
#!/bin/bash
BAK=/data
TAPE=/dev/st0
echo "Trying to backup ${BAK} directory to tape device ${TAPE} .."

[ ! -d $BAK ] && { echo "Source backup directory $BAK not found."; exit 1; }
#检查目录 BAK 是否存在，如果不存在，则打印错误信息并结束脚本，同时返回退出状态码 1

[ ! -b $TAPE ] && { echo "Backup tape drive $TAPE not found or configured.";
exit 2; }
#检查磁带设备是否存在，如果不存在，则打印错误信息并结束脚本，同时返回退出状态码 2

tar cvf $TAPE $BAK >& /tmp/error.log        #开始备份

if [ $? -ne 0 ]      #如果备份失败，则打印错误信息并结束脚本，返回退出状态码 3
then
   echo "An error occurred while making a tape backup, see /tmp/error.log
file".
```

```
    exit 3
fi

exit 0              #如果备份成功，则返回退出状态码 0
```

强烈建议，在 Shell 脚本中对调用的程序进行退出状态检查，并根据退出状态进行相应的处理。当脚本退出运行时，明确地返回一个退出状态码，这对一个完善的 Shell 脚本来说是不可或缺的。

5.7　实例：调试脚本

Shell 脚本调试的主要目的是找出引发脚本错误的原因及在脚本中发生定位错误的行。Bash 提供了多种脚本调试的功能，最常用的脚本调试方法是使用 Bash 的-x 选项启动一个子 Shell。该命令以调试模式运行（excute）整个脚本，使 Shell 在执行脚本的过程中把实际执行的每个命令行显示出来，并且在命令行的行首显示一个“+”号，“+”号后面显示的是经过参数扩展之后的命令行的内容，有助于分析实际执行的是什么命令。

下面来看看脚本 param_underscore.sh 以调试模式运行时的输出结果：

```
bash -x param_underscore.sh
+ echo 'The $_is /bin/bash'
The $_ is /bin/bash
+ uname -a
Linux localhost 5.14.0-162.6.1.el9_1.x86_64 #1 SMP PREEMPT_DYNAMIC Tue Jun
06 07:36:03 EDT 2023 x86_64 x86_64 x86_64 GNU/Linux
+ echo -a
-a
```

在上面的输出结果中，前面有“+”号的行是 Shell 脚本实际执行的命令，其他行则是 Shell 脚本的输出信息。

注意：这个调试功能在 3.0 以后的 Bash 大多数现代版本中可用。

Bash 的执行选项除了可以在启动 Shell 时指定外，也可以在脚本中用 set 命令来指定。“set -选项”表示启动某个选项，“set +选项”表示关闭某个选项。可以在 Shell 脚本中使用 set -x 和 set +x 命令来调试脚本中的某一段代码。例如，如果不确定脚本 param_underscore.sh 中的 uname -a 命令将会做什么操作，那么可以对脚本中的这段内容做如下调整，只调试这段代码：

```
set -x
uname -a
set +x
```

此时，脚本运行后的内容如下：

```
$ ./param_underscore.sh
The $_ is ./param_underscore.sh
+ uname -a
Linux localhost 5.14.0-162.6.1.el9_1.x86_64 #1 SMP PREEMPT_DYNAMIC Tue Jun
06 07:36:03 EDT 2023 x86_64 x86_64 x86_64 GNU/Linux
+ set +x
+x
```

Bash 中还有一个-v 选项，该选项将激活详细（verbose）输出模式，在这个模式中，由 Bash 读入的脚本的每个命令行都将在执行前被打印输出。例如，使用-v 选项运行脚本 param_underscore.sh：

```
$ bash -v param_underscore.sh
#!/bin/bash -
echo "The \$_ is $_"
The $_ is /bin/bash

uname -a
Linux localhost 5.14.0-162.6.1.el9_1.x86_64 #1 SMP PREEMPT_DYNAMIC Tue Jun
06 07:36:03 EDT 2023 x86_64 x86_64 x86_64 GNU/Linux

echo $_
-a
```

通常，将-v 选项和-x 选项同时使用，可以得到更为详细（extra）的脚本调试信息：

```
$ bash -xv param_underscore.sh
#!/bin/bash -
echo "The \$_ is $_"
+ echo 'The $_ is /bin/bash'
The $_ is /bin/bash

uname -a
+ uname -a
Linux localhost 5.14.0-162.6.1.el9_1.x86_64 #1 SMP PREEMPT_DYNAMIC Tue Jun
06 07:36:03 EDT 2023x86_64 x86_64 x86_64 GNU/Linux

echo $_
+ echo -a
-a
```

从上面的几个例子中可以发现，虽然-x 选项使用起来比较方便，但是它输出的调试信息仅限于参数扩展之后的每条实际执行的命令以及行首的一个“+”号，没有代码行号这样的重要信息，这对于调试复杂的 Shell 脚本来说是很不方便的。幸运的是，Bash 的一些内部环境变量可以用来增强-x 选项的输出信息，下面介绍几个有用的 Bash 内部环境变量。

- $LINENO：Shell 脚本的当前行号。
- $FUNCNAME：是一个包含当前在执行的调用堆栈中的所有 Shell 函数名称的数组变量。${FUNCNAME[0]}代表当前正在执行的 Shell 函数的名称，${FUNCNAME[1]}代表调用函数${FUNCNAME[0]}的函数名称，以此类推。
- $PS4：前面讲过，当使用 Bash 的-x 选项时，每条实际执行的命令的行首会显示一个“+”号，而这个“+”号其实就是变量$PS4 的默认值。

利用变量$PS4 的这个特性，结合上面的两个 Bash 内部变量$LINENO 和$FUNCNAME，通过重新定义变量$PS4，就可以增强-x 选项的输出信息。例如，先在命令行提示符中执行如下语句：

```
$ export PS4='+{$LINENO:${FUNCNAME[0]}}'
```

然后使用 Bash 的-xv 选项来调试脚本 param_underscore.sh：

```
$ bash -xv param_underscore.sh
#!/bin/bash -
echo "The \$_ is $_"
+{20:}echo 'The $_ is /bin/bash'
The $_ is /bin/bash
```

```
uname -a
+{22:}uname -a
Linux localhost 5.14.0-162.6.1.el9_1.x86_64 #1 SMP PREEMPT_DYNAMIC Tue Jun
06 07:36:03 EDT 2023 x86_64 x86_64 x86_64 GNU/Linux

echo $_
+{24:}echo -a
-a
```

由于上面的实例脚本中没有函数，所以${FUNCNAME[0]}的输出为空。Bash 中还有一些对调试脚本有帮助的内置变量，如$BASH_SOURCE 和$BASH_SUBSHELL 等，可以使用 Bash 的参考手册（man bash）来查看，然后根据调试目的，使用这些变量来重新定义变量$PS4，从而达到增强 Bash 的-x 选项的输出信息的目的。

Bash 还有一个执行选项-n，它可用于测试在 Shell 脚本中是否存在语法错误，它会读取脚本中的命令但不会执行（no run）它们。编写完 Shell 脚本后，在实际执行之前，最好首先使用-n 选项来测试脚本中是否存在语法错误，这是一个良好的习惯。某些 Shell 脚本在执行时会对系统环境产生影响，如果在实际执行时才发现语法错误，则必须人为地做一些恢复工作才能继续测试这个脚本。

5.8　Shell 脚本编程风格

通常，人们认为脚本编程不需要考虑任何质量要求，它只是快速生成且很难读懂的一次性解决方案。但是，他们忽略了很多长期存在的脚本，如系统管理、操作系统的启动和配置、软件安装、用户的自动化任务等，这些脚本当然是需要维护和扩展的。因此，脚本编程也应当符合一定的标准。

对于一个程序来说，只有当它的结构和作用能被除编写者之外的其他人很容易地理解时，它才能够被维护，对它的成功修改才能在合理的时间内完成。如果要满足这些需求，就要在脚本编程中保持良好的编程风格。下面介绍在 Shell 脚本编程中需要保持哪些基本的编程风格。

- 每个代码行不多于 80 个字符。
- 保持一致的缩进深度。程序结构的缩进应与逻辑嵌套深度保持一致。在每个代码块之间留一个空行，可以提高脚本的可读性。
- 每个脚本文件必须有一个文件头注释，任何不简短的且不显而易见的函数都需要注释，脚本中复杂、重要且不是显而易见的代码部分都需要注释。文件头提供文件名和文件内容等信息，类似如下：

```
#!/bin/bash -
#===========================================================================
#
#          FILE: seconds.sh
#
#         USAGE: ./seconds.sh
#
#   DESCRIPTION: Read the BASH vairable $SECONDS and print script's running
seconds.
#
```

```
#      OPTIONS: ---
#  REQUIREMENTS: ---
#         BUGS: ---
#        NOTES: ---
#       AUTHOR: Liu Yantao (), yantao.freedom@icloud.com
#  ORGANIZATION:
#      CREATED: 06/06/2023 16:15
#     REVISION:  ---
#===========================================================================
```

- 自定义的变量名或函数名使用小写字母，使用下画线“_”分隔单词。
- 程序和脚本的返回值需要使用变量$?进行验证。

5.9　小　　结

下面总结本章所学的主要知识：

- #!（Shebang）是一个由井号“#”和叹号“!”构成的字符序列，它是出现在 Shell 脚本文件第一行的前两个字符。脚本中的#!行（第一行）用于指示一个解释程序，“#!”后必须是解释程序的绝对路径。
- 在 Shell 脚本中，井号“#”是注释标识符。如果脚本的某行含有#或以#开头，那么这一行或在#之后的所有内容都将被程序忽略，#之后的内容称为注释。
- 在运行 Shell 脚本前，要确保此 Shell 脚本具有可执行的权限。
- 参数扩展是从引用的实体中取值的过程。字符“$”会引导参数扩展。要扩展的参数名或符号可以放在花括号中。虽然花括号是可选的，但是却可以保护待扩展的变量，使得紧跟在花括号后面的内容不会被扩展。
- 参数扩展的形式有多种，包括：基本的参数扩展、间接参数扩展、修改大小写、变量名扩展、字符串移除、字符串搜索与替换、求字符串长度、子字符串扩展、使用默认值、指定默认值和使用替代值等。
- Bash 的位置参数是由除 0 以外的一个或多个数字表示的参数。多于一个数字的位置参数在扩展时必须放在花括号中。例如，位置参数 10 在扩展时使用${10}。
- Bash 对一些参数的处理比较特殊。这些参数只能被引用，不能修改它们的值。这些特殊参数是*、@、#、？、-、$、!、0 和_。
- declare 命令是 Bash 的内部命令，用于声明变量和修改变量的属性。它与 Bash 的另一个内部命令 typeset 的用法和用途完全相同。
- 默认情况下，Shell 算术表达式都是使用十进制数，除非这个数字有特定的前缀或标记。以 0 开头的常量将被当作八进制数来解释，而以“0x”或“0X”开头的数值将被解释为十六进制数。
- 算术扩展可以对算术表达式求值并替换成所求得的值。算术扩展中的运算数只能是整数，算术扩展不能对浮点数进行运算。
- let 命令是 Bash 的内部命令，它同样可以用于算术表达式的求值。let 命令的求值运算只能使用固定宽度的整数并且不会检查溢出，但是它可以捕获除以 0 的情况并报错。

- ❑ Shell 脚本调试的主要目的是找出引发脚本错误的原因，以及在脚本中发生定位错误的行。最常用的脚本调试方法是使用 Bash 的-x 选项启动一个子 Shell，它将以调试模式运行整个脚本。
- ❑ 对于一个程序来说，只有当它的结构和作用能被除编写者之外的其他人很容易地理解时，它才能够被维护，对它的成功修改才能在合理的时间内完成。如果要满足这些需求，就要在脚本编程中保持良好的编程风格。

5.10　习　　题

一、填空题

1．Bash 脚本的第一行都是以________开头。

2．Bash 的位置参数是由________表示的参数。

3．数组的索引是从________开始的。

二、选择题

1．在 Shell 脚本中，注释内容的符号是（　　）。

A．#　　B．$　　C．*　　D．//

2．下面属于 Bash 中的特殊参数的是（　　）。

A．*　　B．#　　C．$　　D．!

3．在 Shell 算术表达式中，以“0X”开头的数值被解释为（　　）数。

A．二进制　　B．八进制　　C．十进制　　D．十六进制

三、判断题

1．创建一个 Shell 脚本后，root 用户可以直接执行。　　（　　）

2．特殊参数 0 将扩展为 Shell 或 Shell 脚本的名称。　　（　　）

四、操作题

1．编写一个 Shell 脚本 test.sh 并添加注释行为 This is a test script.，然后输出字符串 Hello World!。

2．使用 let 命令计算 5*5 并输出其结果。

3．使用 expr 命令计算 5 * 5 并输出其结果。

第 6 章　Shell 的条件执行

第 5 章学习了 Shell 编程的基础知识，深入地了解和掌握这些基础知识，有助于更熟练地编写 Shell 脚本。

到目前为止，本书列举的大部分实例和脚本都是顺序地执行命令，还没有用到任何条件逻辑或控制程序流程的循环结构。本章将学习 Shell 的条件逻辑。首先介绍 test 命令，包括文件属性的测试、字符串测试和算术测试，然后介绍 if 语句的各种结构，包括逻辑与、逻辑或、逻辑非，最后介绍 case 语句。

6.1　条 件 测 试

6.1.1　实例：使用 test 命令

在 Shell 脚本中可以使用条件逻辑，使脚本可以根据参数、Shell 变量或其他条件的值执行不同的操作。test 命令允许做各种测试（test），每当测试成功或失败时，通过设置退出状态码为 0（表示真）或 1（表示假），可以让 Bash 对测试的结果做出反应。

test 命令可以用于：

- 文件属性测试；
- 字符串测试；
- 算术测试。

test 命令的语法如下：

```
test EXPRESSION
```

或者：

```
[ EXPRESSION ]
```

注意：使用方括号实现条件测试时，方括号两边都要有空格。

下面来看使用 test 命令的例子：

```
$ test -d "$HOME"; echo $?
0

$ [ "abc" != "def" ]; echo $?
0

$ test 7 -gt 3 && echo True || echo False
True
```

在上面的例中，第一个是对文件属性进行测试，使用-d 操作符测试变量$HOME 的值（当前账号的 HOME 目录）是否为一个目录（directory），如果是，那么此目录是否存在，其退出状态码为 0，表示存在此目录。第二个是进行字符串比较，使用“!=”操作符比较两个字符串是否不相等，其退出状态码为 0，表示两个字符串不相等。最后是对两个数进行比较（使用的操作符“&&”“||”将在 6.2 节介绍），使用-gt 操作符比较第一个数是否大于（greater than）第二个数，如果大于，则打印 True，否则打印 False。

表 6.1 是用于文件属性测试的操作符。

表 6.1　用于文件属性测试的操作符

操　作　符	描　　述
-e <FILE>	如果<FILE>存在（exist）则为真
-f <FILE>	如果<FILE>存在且是一个常规文件（file）则为真
-d <FILE>	如果<FILE>存在且是一个目录（directory）则为真
-c <FILE>	如果<FILE>存在且是一个特殊的字符（char）文件则为真
-b <FILE>	如果<FILE>存在且是一个特殊的块（block）文件则为真
-p <FILE>	如果<FILE>存在且是一个命名管道（pipe）则为真
-S <FILE>	如果<FILE>存在且是一个套接字（socket）文件则为真
-L <FILE>	如果<FILE>存在且是一个符号链接（link）则为真（与-h相同）
-h <FILE>	如果<FILE>存在且是一个符号链接则为真（与-L相同）
-g <FILE>	如果<FILE>存在且是设置了sgid位则为真
-u <FILE>	如果<FILE>存在且是设置了suid位则为真
-r <FILE>	如果<FILE>存在且是可读的（readable）则为真
-w <FILE>	如果<FILE>存在且是可写的（writable）则为真
-x <FILE>	如果<FILE>存在且是可执行的（excutable）则为真
-s <FILE>	如果<FILE>存在且不为空则为真
-t <fd>	如果文件描述符<fd>已打开且引用了一个终端（terminal）则为真。（文件描述符将在11.3节中介绍）
<FILE1> -nt <FILE2>	如果<FILE1>比<FILE2>新（newer than）则为真（指mtime）
<FILE1> -ot <FILE2>	如果<FILE1>比<FILE2>旧（older than）则为真（指mtime）
<FILE1> -ef <FILE2>	如果<FILE1>有硬链接到<FILE2>则为真

【例 1】 检查命令文件/bin/cp 是否存在，如果存在则打印找到此文件，否则打印没有找到此文件：

```
$ test -e /bin/cp && echo "The command $_ found." || echo "The command $_
not found."
The command /bin/cp found.
```

注意： 上述命令语句中的“$_”表示前一个执行的命令中的最后一个参数。

【例 2】 检查文件/etc/resolv.conf 是否存在，如果存在则打印找到此文件，否则打印没有找到此文件：

```
$ test -f /etc/resolv.conf && echo "The file $_ found." || echo "The file
$_ not found."
The file /etc/resolv.conf found.
```

【例 3】检查目录/local 是否存在：

```
$ test -d /local && echo "The directory $_ is exist." || echo "The directory
$_ does not exist."
The directory /local does not exist.
```

【例 4】检查一个文件是否为特殊的字符文件：

```
$ test -c /dev/zero && echo "The file $_ is a character special." || echo
"The file $_ not a character special."
The file /dev/zero is character special.

$ test -c /bin/ls && echo "The file $_ is a character special." || echo "The
file $_ not a character special."
The file /bin/ls not a character special.
```

【例 5】检查一个文件是否为特殊的块文件：

```
$ test -b /dev/nvme0n1&& echo "The file $_ is a block special." || echo "The
file $_ not a block special."
The file /dev/nvme0n1 is block special.

$ test -b /bin/cp && echo "The file $_ is a block special." || echo "The
file $_ not a block special."
The file /bin/cp not a block special.
```

【例 6】检查一个文件是否为一个命名管道：

```
$ test -p /dev/initctl && echo "The file $_ is a named pipe." || echo "The
file $_ not a named pipe."
The file /dev/initctl is named pipe.

$ test -p /bin/grep && echo "The file $_ is a named pipe." || echo "The file
$_ not a named pipe."
The file /bin/grep not a named pipe.
```

【例 7】检查一个文件是否为一个套接字文件：

```
$ test -S /dev/log  && echo "The file $_ is a socket." || echo "The file $_
not a socket."
The file /dev/log is a socket.
```

【例 8】检查一个文件是否为符号链接文件：

```
$ test -L /bin/sh && echo "The file $_ is a symbolic link." || echo "The
file $_ not a symbolic link."
The file /bin/sh is a symbolic link.

$ test -h /bin/sh && echo "The file $_ is a symbolic link." || echo "The
file $_ not a symbolic link."
The file /bin/sh is a symbolic link.

$ ls -l /bin/sh
lrwxrwxrwx 1 root root 4 May 31  2023 /bin/sh -> bash
```

【例 9】检查一个文件是否设置了 sgid 位：

```
$ test -g /bin/mount && echo "The file $_ has sgid bit." || echo "The file
$_ has no sgid bit."
The file /bin/mount has no sgid bit.
```

【例 10】检查一个文件是否设置了 suid 位：

```
$ test -u /bin/mount && echo "The file $_ has suid bit." || echo "The file
$_ has no suid bit."
The file /bin/mount has suid bit.
```

【例 11】检查一个文件是否存在，如果存在，是否可读取：

```
$ test -r /proc/meminfo && echo "The file $_ is readable." || echo "The file
$_ is not readable."
The file /proc/meminfo is readable.
```

【例 12】检查一个文件是否存在，如果存在，是否可写入：

```
$ test -w /proc/meminfo && echo "The file $_ is writable." || echo "The file
$_ is not writable."
The file /proc/meminfo is writable.
```

【例 13】检查一个文件是否存在，如果存在，是否为可执行文件：

```
$ test -x /bin/cp && echo "The file $_ is executable." || echo "The file
$_ is not executable."
The file /bin/cp is executable.

$ test -x /proc/meminfo && echo "The file $_ is executable." || echo "The
file $_ is not executable."
The file /proc/meminfo is not executable.
```

【例 14】检查一个文件是否存在，如果存在，是否不为空：

```
$ test -s /etc/inittab && echo "The file $_ is not empty." || echo "The file
$_ is empty."
The file /etc/inittab is not empty.
```

【例 15】检查一个文件是否比另一个文件新：

```
$ touch /tmp/test1
$ touch /tmp/test2
$ test /tmp/test1 -nt /tmp/test2 && echo "The file /tmp/test1 is newer than
file /tmp/test2." || echo "The file /tmp/test2 is newer than /tmp/test1."
The file /tmp/test2 is newer than /tmp/test1.
```

【例 16】检查一个文件是否比另一个文件旧：

```
$ test /tmp/test1 -ot /tmp/test2 && echo "The file /tmp/test2 is newer than
file /tmp/test1." || echo "The file /tmp/test1 is newer than /tmp/test2."
The file /tmp/test2 is newer than file /tmp/test1.
```

表 6.2 是用于字符串测试的操作符。

表 6.2　用于字符串测试的操作符

操　作　符	描　　述
-z <STRING>	如果<STRING>为空则为真
-n <STRING>	如果<STRING>不为空则为真
<STRING1> = <STRING2>	如果<STRING1>与<STRING2>相同则为真
<STRING1> != <STRING2>	如果<STRING1>与<STRING2>不相同则为真
<STRING1> < <STRING2>	如果<STRING1>的字典顺序排在<STRING2>之前则为真（ASCII码顺序）
<STRING1> > <STRING2>	如果<STRING1>的字典顺序排在<STRING2>之后则为真（ASCII码顺序）

下面是使用字符串测试操作符的实例：

```
$ test "abc" = "cde"; echo $?
1

$ test "abc" != "cde"; echo $?
```

```
0

$ test "abc" \< "def"; echo $
0

$ test "abc"\>"def"; echo $?
0

$ [ "abc" \< "def" ]; echo $?
0

$ [ -z "" ]; echo $?
0

$ [ -n "abc" ]; echo $?
0
```

注意："<"和">"操作符同样被 Shell 用于重定向，因此必须使用"\"字符将其转义，即表示为"\<"和"\>"。

表 6.3 是用于算术测试的操作符。

表 6.3　用于测试的操作符

操　作　符	描　　述
<INTEGER1> -eq <INTEGER2>	如果<INTEGER1>与<INTEGER2>相等（equal）则为真
<INTEGER1> -ne <INTEGER2>	如果<INTEGER1>与<INTEGER2>不相等（not equal）则为真
<INTEGER1> -le <INTEGER2>	如果<INTEGER1>小于或等于（less than or equal to）<INTEGER2>则为真
<INTEGER1> -ge <INTEGER2>	如果<INTEGER1>大于或等于（greater than or equal to）<INTEGER2>则为真
<INTEGER1> -lt <INTEGER2>	如果<INTEGER1>小于（less than）<INTEGER2>则为真
<INTEGER1> -gt <INTEGER2>	如果<INTEGER1>大于（greater than）<INTEGER2>则为真

下面是使用算术测试操作符的实例：

```
$ test 5 -eq 5 && echo Yes || echo No
Yes

$ test 5 -ne 10 && echo Yes || echo No
Yes

$ [ 5 -le 10 ] && echo Yes || echo No
Yes

$ [ 10 -le 10 ] && echo Yes || echo No
Yes

$ [ 5 -ge 10 ] && echo Yes || echo No
No

$ [ 10 -ge 10 ] && echo Yes || echo No
Yes

$ [ 5 -lt 10 ] && echo Yes || echo No
Yes
```

```
$ [ 10 -lt 10 ] && echo Yes || echo No
No

$ [ 5 -gt 10 ] && echo Yes || echo No
No

$ [ 10 -gt 10 ] && echo Yes || echo No
No
```

在 Bash 中还有一个“[[ ]]”，它是“[ ]”的提高版本，它是一个关键字而不是一个程序。它的语法如下：

```
[[ EXPRESSION ]]
```

但“[[ ]]”仅在 Bash、Zsh 和 Korn Shell 中可用，而“[ ]”几乎可以在任何一种 Shell 中（只要其符合 POSIX 标准）使用。虽然“[[ ]]”和“[ ]”有很多共同点，它们共有很多表达式操作符，如-f、-s、-n 和-z 等，但是二者存在一些明显的不同。下面的表 6.4 是对“[[ ]]”和“[ ]”的不同之处的比较。

表 6.4　“[[ ]]”和“[ ]”的不同之处的比较

特　　性	[[ ]]	[ ]	示　　例
字符串比较	>	\>	[[a > b]] || "a does not come before b" [a \> b] || "a does not come before b"
	<	\<	[[az < za]] && echo "az comes before za" [az \< za] && echo "az comes before za"
表达式分组	(...)	\(... \)	[[$var = img* && ($var = *.png || $var = *.jpg)]] && echo "$var starts with img and ends with .jpg or .png"
匹配模式	=	(not available)	[[$name = a*]] || echo "name does not start with an 'a': $name"
匹配正则表达式	=~	(not available)	[[$(date) =~ ^Fri\ ...\ 13]] && echo "It's Friday the 13th!"

注意：表 6.4 中的\(... \)操作符是由 POSIX 定义的，但是仅在严格限制的情况下使用并且是已过时的用法，建议不要使用此操作符。

6.1.2　if 结构的语法格式

if 结构用于在 Shell 脚本中进行判定。如果指定的条件为真，则执行指定的命令。if 语句的条件判断命令可使用 6.1.1 节讲述的 test 命令，也可以使用在运行成功时返回状态码 0，失败时返回其他状态码的任何一个命令。if 语句的基本语法如下：

```
if TEST-COMMANDS; then CONSEQUENT-COMMANDS; fi
```

或者：

```
if TEST-COMMANDS; then
   CONSEQUENT-COMMANDS
fi
```

或者：

```
if TEST-COMMANDS
then
   CONSEQUENT-COMMANDS
fi
```

注意：如果将 if 和 then 写在同一行，则 TEST-COMMANDS 与 then 之间要使用分号“;”隔开。if 语句结构一定要以 fi 结尾。

在上述语法中，TEST-COMMANDS 被执行，如果它的返回状态码为 0，则 CONSEQUENT-COMMANDS 将被执行，否则脚本将直接跳转到 if 结构之后的语句继续执行。

下面来看一个使用 if 语句的例子，从标准输入读入输入的密码并判断密码是否正确：

```
#!/bin/bash -
# 显示提示用户输入密码的信息，然后从标准输入隐式地读取用户的输入，并将读取的内容赋值给
  变量 pass
read -sp "Enter a password: " pass

# 如果变量 pass 的值为 lytao，则显示密码验证通过的信息，然后退出脚本的执行，退出状态码
  为 0
if test "$pass" == "lytao"
then
echo -e "\nPassword verified."
exit 0
fi

# 退出脚本，退出状态码为 1
exit 1
```

在上述实例中，使用 read 命令读取输入的密码（使用-s 选项，标准输入的内容不会打印在终端），并将它存入变量$pass。如果$pass 的内容为 lytao，则验证通过，打印 Password verified.并退出，返回退出状态码 0；如果$pass 的内容不是 lytao，则跳过 if 结构，继续执行下一个语句 exit 1。

6.1.3　实例：if…else…fi 语句

if…else…fi 语句允许脚本在命令成功或失败的基础上进行选择，即根据条件的不同结果，可以执行不同的操作。if…else…fi 语句的语法如下：

```
if TEST-COMMANDS
then
#如果条件测试命令为真，则执行 else 语句之前的所有命令
TEST-COMMANDS is zero (true - 0)
execute all commands up to else statement
else
#如果条件测试命令为假，则执行 fi 之前的所有命令
if TEST-COMMANDS is not true then
execute all commands up to fi
fi
```

现在更新 checkpasswd.sh 脚本的内容，新的脚本 checkpasswd_1.sh 的内容如下：

```
#!/bin/bash -
# 显示提示用户输入密码的信息，然后从标准输入隐式地读取用户的输入，并将读取的内容赋值给
  变量 pass
read -sp "Enter a password: " pass

# 如果变量 pass 的值为 lytao，则显示密码验证通过的信息，然后退出脚本的执行，退出状态码
  为 0
#+否则显示拒绝访问的信息，然后退出脚本的执行，退出状态码为 1
```

```
if [ "$pass" == "lytao" ]
then

    # 显示密码验证通过的信息
    echo -e "\nPassword verified."
    # 退出脚本的执行，退出状态码为 0
    exit 0

else

    # 显示拒绝访问的信息
    echo -e "\nAccess denied."
    # 退出脚本的执行，退出状态码为 1
    exit 1

fi
```

我们在已存在的 if 命令中添加 else 语句从而创建了 if…else…fi 结构。在上例中，如果 $pass 等于 lytao，则打印 Password verified.并退出，返回退出状态码 0；否则，打印 Access denied.并退出，返回退出状态码 1。

6.1.4　实例：嵌套的 if…else 语句

可以在 if 语句或 else 语句中再嵌入一个完整的 if…else…fi 结构，这称为嵌套的 if…else 语句，其语法如下：

```
if TEST-COMMANDS
then
        if TEST-COMMANDS
        then
                CONSEQUENT-COMMANDS
        else
                CONSEQUENT-COMMANDS
        fi
else
        CONSEQUENT-COMMANDS
fi
```

或者：

```
if TEST-COMMANDS
then
    CONSEQUENT-COMMANDS
else
    if TEST-COMMANDS
    then
        CONSEQUENT-COMMANDS
    else
        CONSEQUENT-COMMANDS
    fi
fi
```

下面来看一个使用嵌套的 if…else 语句的实例：

```
#!/bin/bash -
# 声明一个整型变量
declare -i count
```

```
# 显示提示输入一个数值的信息，然后将用户的输入存入变量 count 中
read -p "Enter an count: " count

if [ $count -eq 100 ]
then

 echo "Count is 100."

else

 if [ $count -gt 100 ]
 then

   echo "Count is greater than 100."

 else

   echo "Count is less than 100."

 fi

fi
```

在上述实例中，从标准输入读入一个整数并存入变量$count 中。如果$count 等于 100，则打印“Count is 100.”; 如果$count 大于 100，则打印“Count is greater than 100.”; 如果$count 小于 100，则打印“Count is less than 100.”。

6.1.5　实例：多级的 if…elif…else…fi

多级的 if…elif…else…fi 让脚本有多种可能性和多个条件。if…elif…else…fi 语句的语法如下：

```
if TEST-COMMANDS
then
       TEST-COMMANDS is zero (true - 0)
       execute all commands up to elif statement
elif TEST-COMMANDS
then
       TEST-COMMANDS is zero (true - 0)
       execute all commands up to elif statement
elif TEST-COMMANDS
then
       TEST-COMMANDS is zero (true - 0)
       execute all commands up to else statement
else
       None of the above TEST-COMMANDS are true (i.e.
       all of the above nonzero or false)
       execute all commands up to fi
fi
```

下面使用 if…elif…else…fi 语句结构编写一个判断数值是正数还是负数的脚本：

```
#!/bin/bash -
# 如果指定的命令行参数个数等于 0，则显示必须指定一个参数的提示信息，然后退出脚本，退出
  状态码为 1
if [ $# -eq 0 ]
then
```

```
    # 显示必须指定一个参数的提示信息
    echo "$0 : You must give/supply one integers."
    #退出脚本，退出状态码为 1
    exit 1

fi

# 如果指定的参数大于 0
if [ $1 -gt 0 ];
then

  echo "The number is positive."

# 如果指定的参数小于 0
elif [ $1 -lt 0 ]
then

  echo "The number is negative."

# 如果指定的参数等于 0
elif [ $1 -eq 0 ]
then

  echo "The number is 0."

else

  echo "Opps! $1 is not number, give number."

fi
```

在上述实例中，先判断脚本运行时是否指定了一个参数，如果没有，则提示指定一个数字参数并终止运行。如果指定的参数大于 0，则打印 The number is positive.；如果小于 0，则打印 The number is negative.；如果等于 0，则打印 The number is 0.；如果都不满足，则说明指定的不是一个数字，打印 Opps! $1 is not number, give number.。

6.2　条件执行

在 Bash 中，你可以根据最后一个命令的退出状态使用条件执行来连接两个命令。这对于控制命令执行的顺序是很有用的。当然，也可以在 if 语句中使用条件执行。Bash 支持以下两种条件执行：

- 逻辑与：只有当前的命令执行成功时才执行后一个命令。
- 逻辑或：只有当前的命令执行失败时才执行后一个命令。

6.2.1　实例：逻辑与&&

逻辑与“&&”是一个布尔操作符，其语法如下：

```
command1 && command2
```

只有当 command1 返回一个退出状态码 0 时，command2 才会执行。换句话说就是，只有当 command1 执行成功时，才会执行 command2。

例如：

```
rm somefile && echo "File deleted."
```

在上面的命令中，只有当 rm 命令执行成功时，才会运行 echo 命令。

在文件/etc/passwd 中查找指定的账号：

```
grep "^yantaol" /etc/passwd && echo "The account found in /etc/passwd"
```

也可以使用逻辑与操作符“&&”在 if 语句中将多个 test 命令连接在一起。例如下面的 if 语句：

```
if [ -n $var ] && [ -e $var ]
then

  echo "\$var is not null and a file named $var exists."

fi
```

或者：

```
if [[ -n $var && -e $var ]]
then

  echo "\$var is not null and a file named $var exists."

fi
```

在上面的 if 语句中，使用逻辑操作符“&&”将两个 test 命令[-n $var]和[-e $var]连接在了一起。它的含义是：只有当 if 条件中的变量$var 的值的长度不为 0 并且变量$var 的值所代表的文件存在时，才会执行 if 语句中的内容。

下面通过一个脚本 compareNumbers.sh 来学习逻辑操作符“&&”在 if 条件语句中的用法，脚本的内容如下：

```
-bash-5.1$ cat compareNumbers.sh
#!/bin/bash -
# 如果指定的命令行参数个数不为 1，则打印脚本的使用方法信息并退出脚本的运行，退出状态码
  为 1
if [ $# -ne 1 ]
then

  # 打印脚本的使用信息
  echo "Usage: `basename $0` Number"
  # 退出脚本，退出状态码为 1
  exit 1

fi

# 将第一个命令行参数赋值给变量 num
num=$1

# 如果$num 的值大于或等于 90 并且小于 100，则执行 if 语句中的内容，否则执行下面的 elif
  语句
if [ "$num" -ge 90 ] && [ "$num" -le 100 ]
then

  # 打印“Excellent!”
  echo "Excellent!"
```

```
# 如果$num的值大于或等于80且小于90，则执行此elif语句中的内容，否则执行下面的elif
  语句
elif [ "$num" -ge 80 ] && [ "$num" -lt 90 ]
then

  # 打印“Good!”
  echo "Good!"

# 如果$num的值大于或等于60且小于80，则执行此elif语句中的内容，否则执行下面的elif
  语句
elif [ "$num" -ge 60 ] && [ "$num" -lt 80 ]
then

  # 打印“Pass mark!”
  echo "Pass mark!"

# 如果$num的值大于或等于0且小于60，则执行此elif语句中的内容，否则执行下面的else
  语句
elif [ "$num" -lt 60 ] && [ "$num" -ge 0 ]
then

  # 打印“Fail!”
  echo "Fail!"

# 如果上面的if条件和elif条件语句都没执行，则执行此else语句
else

  # 打印“Wrong number!”
  echo "Wrong number!"

fi
```

脚本的运行结果如下：

```
$ chmod +x compareNumbers.sh

$ ./compareNumbers.sh 90
Excellent!

$ ./compareNumbers.sh 83
Good!

$ ./compareNumbers.sh 75
Pass mark!

$ ./compareNumbers.sh 64
Pass mark!

$ ./compareNumbers.sh 36
Fail!

$ ./compareNumbers.sh -1
Wrong number!
```

如果在上述脚本中使用“[[ ]]”代替“[ ]”，那么脚本的内容会简洁一些，改进后的脚本为 compareNumbers_improve.sh，其内容如下：

```
-bash-5.1$ cat compareNumbers_improve.sh
#!/bin/bash -
```

```
if [ $# -ne 1 ]
then

  echo "Usage: `basename $0` Number"
  exit 1

fi

num=$1

if [[ $num -ge 90 && $num -le 100 ]]
then

  echo "Excellent!"

elif [[ $num -ge 80 && $num -lt 90 ]]
then

  echo "Good!"

elif [[ $num -ge 60 && "$num" -lt 80 ]]
then

  echo "Pass mark!"

elif [[ $num -lt 60 && $num -ge 0 ]]
then

  echo "Fail!"

else

  echo "Wrong number!"

fi
```

在 test 命令中还可以使用-a 选项表示逻辑与（and）。例如，可以把前面的例子改写如下：

```
if [ -n $var -a -e $var ]
then

echo "\$var is not null and a file named $var exists."

fi
```

前面讲述的实例脚本 compareNumbers.sh 的内容也可以改写如下：

```
#!/bin/bash -

# 如果指定的命令行参数个数不为 1，则打印脚本的使用方法信息并退出脚本的运行，退出状态码
  为 1
if [ $# -ne 1 ]
then

  # 打印脚本的使用信息
  echo "Usage: `basename $0` Number"
  # 退出脚本，退出状态码为 1
  exit 1

fi
```

```
# 将第一个命令行参数赋值给变量 num
num=$1

# 如果$num 的值大于或等于 90 并且小于 100，则执行 if 语句中的内容，否则执行下面的 elif
  语句
if [ "$num" -ge 90 -a "$num" -le 100 ]
then

  # 打印“Excellent!”
  echo "Excellent!"

# 如果$num 的值大于或等于 80 且小于 90，则执行此 elif 语句中的内容，否则执行下面的 elif
 语句
elif [ "$num" -ge 80 -a "$num" -lt 90 ]
then

  # 打印“Good!”
  echo "Good!"

# 如果$num 的值大于或等于 60 且小于 80，则执行此 elif 语句中的内容，否则执行下面的 elif
  语句
elif [ "$num" -ge 60 -a "$num" -lt 80 ]
then

  # 打印“Pass mark!”
  echo "Pass mark!"

# 如果$num 的值大于或等于 0 且小于 60，则执行此 elif 语句中的内容，否则执行下面的 else
  语句
elif [ "$num" -lt 60 -a "$num" -ge 0 ]
then

  # 打印“Fail!”
  echo "Fail!"

# 如果上面的 if 条件和 elif 条件语句都没有执行，则执行此 else 语句
else

  # 打印“Wrong number!”
  echo "Wrong number!"

fi
```

从代码的可移植性、可读性及运行效率方面考虑，通常应该避免使用-a 选项。例如，需要使用 if 语句检查两个字符串，使用-a 选项的 if 语句如下：

```
if [ -z "false" -a -z "$(echo I am executed >&2)" ] ; then echo $?; fi
```

命令的执行结果如下：

```
I am executed
```

使用逻辑与操作符“&&”的 if 语句如下：

```
if [ -z "false" ] && [ -z "$(echo I am executed >&2)" ] ; then echo $?; fi
```

或者：

```
if [[ -z "false" && -z "$(echo I am executed >&2)" ]] ; then echo $?; fi
```

命令执行后没有任何输出信息。这是因为使用-a 选项时，所有的参数都会在 test 命令执行之前被扩展，因此 if 条件语句中的 echo 命令被执行。由于逻辑操作符“&&”自身的特性，只有当前面一条 test 命令的返回值为真时才会执行后面一条 test 命令，所以其中的 echo 命令不会被执行。

6.2.2　实例：逻辑或||

逻辑或“||”也是一个布尔操作符，其语法如下：

```
command1 || command2
```

只有当 command1 返回非 0 状态时，才运行 command2。换句话说就是，只有当 command1 执行失败时，才会执行 command2。

来看下面这条命令：

```
grep "^yantaol" /etc/passwd || echo "User not found in /etc/passwd"
```

在上面的命令中，在文件/etc/passwd 中查找账号 yantaol，如果没找到则打印 User not found in /etc/passwd。

可以将逻辑与“&&”和逻辑或“||”联合使用：

```
test $(id -u) -eq 0 && echo "You are root" || echo "You are NOT root"
```

或者：

```
test `id -u` -eq 0 && echo "You are root" || echo "You are NOT root"
```

也可以使用逻辑或操作符“||”在 if 语句中将多个 test 命令连接在一起。例如下面的 if 语句：

```
if [ "$var" -eq 98 ] || [ "$var" -eq 47 ] || [ "$var" -eq 68 ]
then

  echo "Test succeeds."

else

  echo "Test fails."

fi
```

或者：

```
if [[ $var -eq 98 || $var -eq 47 || $var -eq 68 ]]
then

  echo "Test succeeds."

else

  echo "Test fails."

fi
```

在上面的 if 语句中，使用逻辑或运算符“||”将 3 个 test 命令["$var" -eq 98]、["$var" -eq 47]和["$var" -eq 68]连接在了一起。它的含义是：如果 if 条件语句中变量$var 的值等于 98、47 或 68，那么就执行 if 语句中的内容，否则执行 else 语句中的内容。

下面再通过一个脚本 checkDaysOfWeek.sh 来学习逻辑操作符“||”在 if 条件语句中的用法，脚本的内容如下：

```
$ cat checkDaysOfWeek.sh
#!/bin/bash -
# 定义变量 NOW 并将计算得到的今天是星期几的结果赋值给变量 NOW
NOW=`date +%a`

# 如果今天是周一或周二，则打印信息“Please run full backup!”，否则执行下面的 elif
  语句
if [ "$NOW" = "Mon" ] || [ "$Now" = "Sat" ]
then

  echo "Please run full backup!"

# 如果今天是星期二或星期三、星期四、星期五，则打印信息“Please run incremental
  backup!”
#+否则执行下一个 elif
elif [ "$NOW" = "Tue" ] || [ "$NOW" = "Wed" ] || [ "$NOW" = "Thu" ] || [ "$NOW"
= "Fri" ]
then

  echo "Please run incremental backup!"

# 如果今天是星期天，则打印“Don't need to backup!”，否则执行 else 语句
elif [ "$NOW" = "Sun" ]
then

  echo "Don't need to backup!"

else

  echo "Wrong day!"

fi
```

脚本的运行结果如下：

```
$ chmod +x checkDaysOfWeek.sh

$ ./checkDaysOfWeek.sh
Please run incremental backup!
```

同样，如果在上述脚本中使用“[[ ]]”代替“[ ]”，那么脚本的内容会简洁一些，改进后的脚本为 checkDaysOfWeek_improve.sh，其内容如下：

```
-bash-5.1$ cat checkDaysOfWeek_improve.sh
#!/bin/bash -
NOW=`date +%a`

if [[ $NOW = "Mon" || "$Now" = "Sat" ]]
then

  echo "Please run full backup!"

elif [[ $NOW = "Tue" || $NOW = "Wed" || $NOW = "Thu" || $NOW = "Fri" ]]
then

  echo "Please run incremental backup!"
```

```
elif [[ $NOW = "Sun" ]]
then

  echo "Don't need to backup!"

else

  echo "Wrong day!"

fi
```

与 test 命令的-a 选项类似，可以使用 test 命令的-o 选项表示逻辑或（or）。例如，可以把前面的在 if 语句中使用逻辑或操作符的例子改写如下：

```
if [ "$var" -eq 98 -o "$var" -eq 47 -o "$var" -eq 68 ]
then

  echo "Test succeeds."

else

  echo "Test fails."

fi
```

前面的实例脚本 checkDaysOfWeek.sh 的内容也可以改写如下：

```
#!/bin/bash -

# 定义变量 NOW 并将计算得到的今天是星期几的结果赋值给变量 NOW
NOW=`date +%a`

# 如果今天是周一或周二，则打印信息“Please run full backup!”，否则执行下面的 elif
  语句
if [ "$NOW" = "Mon" -o "$Now" = "Sat" ]
then

  echo "Please run full backup!"

# 如果今天是星期二或星期三、星期四、星期五，则打印信息“Please run incremental
  backup!”
#+否则执行下一个 elif
elif [ "$NOW" = "Tue" -o "$NOW" = "Wed" -o "$NOW" = "Thu" -o "$NOW" = "Fri" ]
then

  echo "Please run incremental backup!"

# 如果今天是星期天，则打印“Don't need to backup!”，否则执行 else 语句
elif [ "$NOW" = "Sun" ]
then

  echo "Don't need to backup!"

else

  echo "Wrong day!"

fi
```

结果与使用-a 选项相同，但从代码的可移植性、可读性及运行效率方面考虑，通常应该避免使用 test 命令的-o 选项。

6.2.3　实例：逻辑非!

逻辑非“!”同样是布尔操作符。它用于测试表达式是否为真或假，其语法如下：

```
! expression
```

逻辑非“!”操作符可以直接在 test 命令中使用。例如，检查一个文件是否存在：

```
test ! -f /etc/resolv.conf && echo "File /etc/resolv.conf not found."
```

在上面的命令中，如果文件/etc/resolv.conf 不存在，则打印“File /etc/resolv.conf not found.”。

如果一个目录不存在，则创建此目录：

```
[ ! -d /home/yantaol ] && mkdir /home/yantaol || echo "The directory is exist."
```

也可以在 if 条件语句中使用逻辑非操作符。例如，可以将上述语句改写如下：

```
If [ ! -d /home/yantaol ]
then

  mkdir /home/yantaol

else

  echo "The directory is exist."

fi
```

6.3　case 语句实例

case 语句是多级的 if…elif…else…fi 语句很好的替代方式。它可以让一个条件与多个模式相比较，而且 case 语句结构的读写比较方便。

case 语句的语法如下：

```
case EXPRESSION in
    PATTERN1 )
        CONSEQUENT-COMMANDS
       ;;
    PATTERN2 )
       CONSEQUENT-COMMANDS
        ;;
    PATTERN3 | PATTERN4 )
       CONSEQUENT-COMMANDS
        ;;
    …
    PATTERNn)
       CONSEQUENT-COMMANDS
       ;;
esac
```

注意：case 语句结构一定要以 esac 结尾。每个命令列表都以两个分号“;;”为终结，只有最后一个命令列表（即 esac 语句之前）的“;;”可以被省略。

case 语法中的表达式 EXPRESSION 会依次与每个模式 PATTERN 进行比较，如果有匹配的模式项，则与该模式项相关联的命令列表 CONSEQUENT-COMMANDS 将被执行。

下面通过一个在 Linux 中进行信号处理的脚本来学习 case 语句的使用：

```
#!/bin/bash -
#如果给脚本指定的命令行参数的数目小于 2，则显示脚本的使用方法信息并退出
if [ $# -lt 2 ]
then

  echo "Usage : $0 signalnumber pid"
  exit

fi

case "$1" in
  1)

    echo "Sending SIGHUP signal to PID $2."
    # 向指定的 PID 发送 SIGHUP 信号
    kill -SIGHUP $2
    ;;

  2)

    echo  "Sending SIGINT signal to PID $2."
    # 向指定的 PID 发送 SIGINT 信号
    kill -SIGINT $2
    ;;

  3)

    echo  "Sending SIGQUIT signal to PID $2."
    # 向指定的 PID 发送 SIGQUIT 信号
    kill -SIGQUIT $2
    ;;

  9)

    echo  "Sending SIGKILL signal to PID $2."
    # 向指定的 PID 发送 SIGKILL 信号
    kill -SIGKILL $2
    ;;

  *)

    echo "Signal number $1 is not processed."
    ;;

esac
```

运行脚本，得到的结果如下：

```
$ sleep 60 &
[1] 8616

$ ./killsignal.sh 10 8616
Signal number 10 is not processed.

$ ./killsignal.sh 9 8616
Sending SIGKILL signal to PID 8616.
```

```
[1]+  Killed                    sleep 60
```

在上面的脚本中，特殊变量$1 和$2 分别是指定的信号值和进程号。使用 kill 命令会发送相应的信号到指定的进程。最后一个模式匹配项“*)”表示默认匹配项，即如果脚本中的“1)、2)、3)、9)”都没有被匹配，则匹配此项。

下面再看一个使用多重模式匹配的 case 语句的脚本实例：

```
#!/bin/bash -
# 得出今天是星期几
NOW=`date +%a`

case $NOW in

    # 如果今天是星期一
    Mon)
        echo "Full backup"
        ;;

    # 如果今天是星期二、星期三、星期四或星期五
    Tue | Wed | Thu | Fri)
        echo "Partial backup"
        ;;
    #如果今天是周六或周日
    Sat | Sun)
        echo "No backup"
        ;;
    *) ;;

esac
```

6.4　小　　结

下面总结本章所学的主要知识：

- test 命令允许做各种测试并且每当测试成功或失败时，设置它的退出状态码为 0（表示真）或 1（表示假）。
- test 命令可以用于文件属性测试、字符串测试和算术测试。
- if 结构用于在 Shell 脚本中进行判定。如果指定的条件为真，则执行指定的命令。
- if 语句的条件判断命令可以使用 test 命令，也可以使用当命令运行成功时返回状态码 0，失败时返回其他状态码的任何一个命令。if 语句结构一定要以 fi 结尾。
- if…else…fi 语句允许脚本在命令成功或失败的基础上做出选择。
- 嵌套的 if…else 语句是可以在 if 语句中或 else 语句中再嵌入一个完整的 if…else…fi 结构。
- 多级的 if…elif…else…fi 让脚本有多种可能性和条件。
- 逻辑与“&&”是一个布尔操作符，只有当前命令执行成功时才执行后一个命令。
- 逻辑或“||”同样是一个布尔操作符，只有当前命令执行失败时才执行后一个命令。
- case 语句是多级的 if…elif…else…fi 语句的很好的替代方式。case 语句结构一定要以 esac 结尾。每个命令列表都以两个分号“;;”为终结，只有最后一个命令列表（即 esac 语句之前）的“;;”可以被省略。

6.5　习　　题

一、填空题

1．test 命令可以进行的测试有________、________和________。

2．if 语句结构有 4 种，分别为________、________、________和________。

3．case 语句是________语句很好的替代方式。

二、选择题

1．使用 test 命令判断一个目录是否存在，使用（　　）选项实现。

A．-e　　B．-f　　C．-d　　D．-c

2．test 命令的（　　）选项用来判断一个文件是否有可写权限。

A．-f　　B．-w　　C．-r　　D．-x

3．在 case 语句结构中，每个命令列表都需要使用（　　）符号结尾。

A．;　　B．:　　C．::　　D．;;

三、判断题

1．使用 if 语句结构时，一定要以 fi 结尾。（　　）

2．使用逻辑与操作符后，只有当前的命令执行成功时才执行后一个命令。（　　）

3．使用逻辑或操作符后，只有当前的命令执行失败时才执行后一个命令。（　　）

四、操作题

1．编写 Shell 脚本 number.sh，比较 num1 和 num2 两个数的大小。其中，num1 赋值为 100，num2 赋值为 200。如果 num1 等于 num2，则输出“The two numbers are equal!”；否则，输出“The two numbers are not equal!”。

2．编写 Shell 脚本 user.sh，判断当前登录的用户是否为 root。如果是，则输出 yes；否则输出 no。

第 7 章　Bash 循环

在第 6 章中学习了 Shell 的条件执行的相关内容，知道了在 Shell 脚本中可以使用条件逻辑，可以让 Shell 脚本根据不同的条件来执行不同的命令，这为编写更复杂的 Shell 脚本奠定了基础。

本章学习 Shell 的循环语句结构，仍然以 Bash 为例进行讲解。首先介绍 for 循环，接着介绍 while 循环，然后介绍 until 循环和 select 循环，最后介绍循环控制语句 break 和 continue。

7.1　for 循环

Shell 可以重复地执行特定的命令，直到特定的条件被满足为止。这种重复执行的一组命令就叫作循环。每个循环都具有如下特点：

- 在循环条件中使用的变量必须是已初始化的，然后在循环中开始执行。
- 在每次循环开始时进行一次测试。
- 可以重复地执行一个代码块。

7.1.1　for 循环的语法

for 循环的基本语法如下：

```
for VAR in item1 item2 ... itemN
do
  command1
  command2
  ...
  ...
  commandN
done
```

for 循环变量的内容格式如下：

```
for VAR in $fileNames
do
  command1
  command2
  ...
  ...
  commandN
done
```

for 循环命令替换的语法如下：

```
#或者使用： for VAR in `Linux-command-name`
for VAR in $(Linux-command-name)
do
  command1
  command2
  ...
  ...
  commandN
done
```

for 循环还有三项表达式语法，这种语法与 C 语言中常见的 for 循环使用方法相同，其语法如下：

```
for (( EXP1; EXP2; EXP3 ))
do
  command1
  command2
  …
  commandN
done
```

上述语法以三项参数循环控制表达式为特征，它由一个初始化式（EXP1）、循环测试或条件（EXP2）和一个计算表达式（EXP3）组成。

在 for 循环中，当每次指定列表中的（iterm1…itermN）新值被赋给变量 VAR 时，for 循环都会执行一次，它将重复运行 do 和 done 之间的所有语句，直到条件不满足为止。这些列表或数值通常如下：

- 字符串；
- 数字；
- 命令行参数；
- 文件名；
- Linux 命令的输出。

下面来看一个简单的使用 for 循环的脚本：

```
#!/bin/bash -
for i in 1 2 3                        #从 1～3 循环
do

  echo "The for loop is run $i times."

done
```

脚本的运行结果如下：

```
$ chmod +x countloop.sh
$ ./countloop.sh
The for loop is run 1 times.
The for loop is run 2 times.
The for loop is run 3 times.
```

在上面的脚本中，for 循环首先创建一个变量 i，并从 1～3 的数字列表中指定一个数值给变量 i。每次对 i 赋值时，Shell 都将执行一次 echo 语句。这种方式称为迭代。迭代将一直继续，直到列表中的最后一项。

接下来看一个使用字符串的 for 循环的实例：

```
#!/bin/bash -
for linux in Debian Redhat Suse Fedora
```

```
do

  echo "The OS is: $linux"

done
```

脚本的运行结果如下：

```
$ chmod +x forlooplinux.sh
$ ./forlooplinux.sh
The OS is: Debian
The OS is: Redhat
The OS is: Suse
The OS is: Fedora
```

使用变量内容的 for 循环实例：

```
#!/bin/bash -
filenames="/etc/yp.conf /etc/nsswitch.conf /etc/auto.master /etc
/resolv.conf"                                       #文件名以空格分隔
for file in $filenames
do

  [ -f $file ] && echo "The file $file was found." || echo "*** Error: The
file $file was missing. ***"
  #如果文件存在，则打印找到此文件，否则打印一个错误信息
done
```

脚本的运行结果如下：

```
$ chmod +x forvarscontents.sh
$ ./forvarscontents.sh
The file /etc/yp.conf was found.
The file /etc/nsswitch.conf was found.
The file /etc/auto.master was found.
*** Error: The file /etc/resolv.conf was missing. ***
```

使用命令替换的 for 循环实例：

```
#!/bin/bash -
echo "Printing file list in /tmp directory:"
for file in `ls /tmp/*`          #将命令“ls /tmp/*”的输出作为循环列表
do

  echo $file

done
```

脚本的运行结果如下：

```
$ chmod +x forcmdssub.sh
$ ./forcmdssub.sh
Printing file list in /tmp directory:
/tmp/alarmNotifications.1
/tmp/alarmNotifications.idx
/tmp/alarmNotifications.siz
/tmp/configspec.3358
/tmp/configspec.new.3358
/tmp/login.7222
```

7.1.2　实例：嵌套 for 循环语句

嵌套循环的意思是在循环中循环。下面看一个简单的嵌套 for 循环的实例：

```
#!/bin/bash -
for (( i = 0; i < 3; i++ ))                          #外循环
do

  for (( j = 0; j < 5; j++ ))                        #内循环
  do

    echo -n "* "                                     #打印一个星号*和空格，不换行

  done

  echo ""                                            #打印一个换行

done
```

脚本的运行结果如下：

```
$ chmod +x simplenestedfor.sh
$ ./simplenestedfor.sh
* * * * *
* * * * *
* * * * *
```

7.2　while 循环

while 循环语句用于重复地执行一个命令列表。下面先介绍 while 循环的语法结构，再通过一个实例来了解 while 循环的使用方法。

7.2.1　while 循环的语法

while 循环语句的语法如下：

```
while [ CONDITION ]
do
    command1
    command2
    ...
    commandN
done
```

当条件 CONDITION 为真时，command1 … commandN 将被执行。例如，逐行地读取一个文本文件的内容，其语法如下：

```
while IFS= read -r line
do
  command1 on $line
  command2 on $line
  ....
  commandN
done < "/path/to/file"
```

下面来看一个简单地使用 while 循环的实例：

```
#!/bin/bash -
var=1
while [ $var -le 3 ]
do
```

```
  echo "The for loop is run $var times."
  var=$(( var + 1 ))

done
```

脚本的运行结果如下：

```
$ chmod +x whileloop.sh
$ ./whileloop.sh
The for loop is run 1 times.
The for loop is run 2 times.
The for loop is run 3 times.
```

可以将 read 命令和 while 循环结合使用来读取一个文本文件，请看下面的实例：

```
#!/bin/bash -
file=$1                          #将位置参数 1 的值赋值给变量 file

if [ $# -lt 1 ]; then            #如果脚本未指定参数，则打印使用方法并退出运行

  echo "Usage: $0 FILEPATH"
  exit

fi

while read -r line     #使用 read 命令从标准输入读取文件的一行，并赋值给变量 line
do

  echo $line                     #打印读入的行

done < "$file"
```

脚本的运行结果如下：

```
$ chmod +x whilereadfile.sh      #给文件赋予执行权限

$ ./whilereadfile.sh
Usage: ./whilereadfile.sh FILEPATH

$ ./whilereadfile.sh /etc/fstab
#
# /etc/fstab
# Created by anaconda on Thu Nov 17 03:00:44 2022
#
# Accessible filesystems, by reference, are maintained under '/dev/disk/'.
# See man pages fstab(5), findfs(8), mount(8) and/or blkid(8) for more info.
#
# After editing this file, run 'systemctl daemon-reload' to update systemd
# units generated from this file.
#
/dev/mapper/rhel-root / xfs defaults 0 0
UUID=ca9f62c5-2393-4e8a-b30d-66fe54e5cf05 /boot xfs defaults 0 0
/dev/mapper/rhel-home /home xfs defaults 0 0
/dev/mapper/rhel-swap none swap defaults 0 0
```

还可以按列读取文件的内容，下面的脚本将在前面的脚本基础上将文件分为 3 列输出：

```
#!/bin/bash -
file=$1

if [ $# -lt 1 ]; then

  echo "Usage: $0 FILEPATH"
```

```
  exit

fi

while read -r f1 f2 f3
do

  echo "Field 1: $f1 ===> Field 2: $f2 ===> Field 3: $f3"

done < "$file"
```

脚本的运行结果如下：

```
$ chmod +x whilereadfields.sh
$ ./whilereadfields.sh /etc/fstab
Field 1:  ===> Field 2:  ===> Field 3:
Field 1: # ===> Field 2:  ===> Field 3:
Field 1: # ===> Field 2: /etc/fstab ===> Field 3:
Field 1: # ===> Field 2: Created ===> Field 3: by anaconda on Thu Nov 17
03:00:44 2022
Field 1: # ===> Field 2:  ===> Field 3:
Field 1: # ===> Field 2: Accessible ===> Field 3: filesystems, by reference,
are maintained under '/dev/disk/'.
Field 1: # ===> Field 2: See ===> Field 3: man pages fstab(5), findfs(8),
mount(8) and/or blkid(8) for more info.
Field 1: # ===> Field 2:  ===> Field 3:
Field 1: # ===> Field 2: After ===> Field 3: editing this file, run 'systemctl
daemon-reload' to update systemd
Field 1: # ===> Field 2: units ===> Field 3: generated from this file.
Field 1: # ===> Field 2:  ===> Field 3:
Field 1: /dev/mapper/rhel-root ===> Field 2: / ===> Field 3: xfs     defaults
0 0
Field 1: UUID=ca9f62c5-2393-4e8a-b30d-66fe54e5cf05 ===> Field 2: /boot ===>
Field 3: xfs     defaults        0 0
Field 1: /dev/mapper/rhel-home ===> Field 2: /home ===> Field 3: xfs
defaults        0 0
Field 1: /dev/mapper/rhel-swap ===> Field 2: none ===> Field 3: swap
defaults        0 0
```

7.2.2　实例：定义无限 while 循环

在有些情况下，可以将 while 循环和专用命令“:”结合使用来定义一个无限循环。例如，菜单驱动程序通常持续运行到用户选择退出主菜单（循环）。由于循环固有的一些特性，当条件永远不被满足时，也会发生一个无限循环。定义一个无限 while 循环可以使用如下 3 种命令：

- ❑ true 命令：不做任何事，表示成功，总是返回退出状态码 0。
- ❑ false 命令：不做任何事，表示成功，总是返回退出状态码 1。
- ❑ :命令：无作用，该命令也不做任何事，总是返回退出状态码 0。

使用“:”命令定义一个无限循环：

```
#!/bin/bash -
while :
do

  echo "Do something..."
  echo "Hit [ CTRL+C ] to stop!"
```

```
  sleep 3

done
```

注意：":" 命令是 Bash 的内部命令。

使用 true 命令定义一个无限循环：

```
#!/bin/bash -
while true
do

  echo "Do something..."
  echo "Hit [ CTRL+C ] to stop!"
  sleep 3

done
```

使用 false 命令定义一个无限循环的语法和使用 true 命令或 ":" 命令相似，只需要将上述脚本中的 true 替换为 false 即可，它们的运行结果相同。

下面是一个菜单驱动程序，该程序将持续地运行，直到用户按 4 选择退出为止。

```
#!/bin/bash -
while :
do

  clear                                        #清理终端屏幕

  echo "==================================="
  echo "         MAIN - MENU               "
  echo "==================================="
  echo "1. Display date and time."
  echo "2. Display system information."
  echo "3. Display what users are doing."
  echo "4. Exit"

  #从标准输入中读取用户的输入并赋值给变量 choice
  read -p "Enter your choice [ 1-4 ]: " choice

  case $choice in
    1)
      echo "Today is $(date +%Y-%m-%d)."      #打印当前日期，格式为 YYYY-MM-DD
      echo "Current time: $(date +%H:%M:%S)" #打印当前时间，格式为 hh:mm:ss
      read -p "Press [Enter] key to continue..." readEnterKey
      #只读入回车换行符
      ;;
    2)
      uname -a                                     #打印系统信息
      read -p "Press [Enter] key to continue..." readEnterKey
      ;;
    3)
      w                              #显示系统中当前登录的用户及用户当前运行的命令
      read -p "Press [Enter] key to continue..." readEnterKey
      ;;
    4)
      echo "Bye!"
      exit 0
      ;;
    *)
      echo "Error: Invalid option!"
```

```
        read -p "Press [Enter] key to continue..." readEnterKey
        ;;
    esac

done
```

脚本的运行结果如下：

```
=================================
        MAIN - MENU
=================================
1. Display date and time.
2. Display system information.
3. Display what users are doing.
4. Exit
Enter your choice [ 1-4 ]: 1
Today is 2023-05-18.
Current time: 16:43:42
Press [Enter] key to continue...
```

7.3　until 循环语句实例

until 循环与 while 循环类似，同样是基于一个条件。但 until 循环的判断条件正好与 while 循环的判断条件相反，until 循环在条件为假的情况下才会持续地运行，一旦条件被满足即为真，就会退出循环。until 循环的语法如下：

```
until [ CONDITION ]
do
  command1
  command2
  …
  command
done
```

until 循环与 while 循环相比：

- until 循环执行直到判断条件返回非 0 才退出。
- while 循环执行直到判断条件返回 0 时才退出。
- until 循环总是执行至少一次。

下面来看一个 until 循环的实例：

```
#!/bin/bash -
var=1

until [ $var -gt 3 ]
do
  echo "The for loop is run $var times."

  var=$(( var + 1 ))

done
```

脚本的运行结果如下：

```
$ chmod +x untilloop.sh
$ ./untilloop.sh
The for loop is run 1 times.
The for loop is run 2 times.
The for loop is run 3 times.
```

7.4　select 循环语句实例

Bash 还提供 select 循环，其语法如下：

```
select VAR in LIST
do
  command1
  command2
  ...
  commandN
done
```

select 循环语句具有如下特点：

- 使用 Bash 内部变量 PS3 的值作为 select 语句的提示符信息。
- 在屏幕上显示的 LIST 列表中的每一项，select 语句都会在其最前面加上一个数字编号。
- 当用户输入的数字与某个数字编号一致时，列表中相应的项即被赋予变量 VAR。
- 如果用户输入为空（即用户直接按 Enter 键），则将重新显示列表 LIST 中的项和提示符信息。
- 可以通过添加一个退出选项，或者按 Ctrl+C、Ctrl+D 组合键退出 select 循环。

下面看一个使用 select 循环的脚本实例：

```
#!/bin/bash -
PS3="Run command: "                                    #定义 PS3 提示符

select choice in date w hostname "uname -a" Exit       #指定 select 循环列表
do

  case $choice in

    date)
      echo "=========================================="
      echo "Current system date and time: "
      echo "=========================================="
      $choice                                          #直接将变量的值作为命令运行
      ;;
    w)
      echo "=========================================="
      echo "Who is logged on and what they are doing:"
      echo "=========================================="
      $choice
      ;;
    hostname)
      echo "=========================================="
      echo "Hostname:"
      echo "=========================================="
      $choice
      ;;
    "uname -a")
      echo "=========================================="
      echo "System information:"
      echo "=========================================="
      $choice
```

```
      ;;
    Exit)
      echo "Bye!"
      exit
      ;;

  esac
done
```

脚本的运行结果如下：

```
$ chmod -x selectloop.sh
$ ./selectloop.sh
1) date
2) w
3) hostname
4) uname -a
5) Exit
Run command: 1
==========================================
Current system date and time:
==========================================
Tue Jun  06 18:40:36 CST 2023
Run command:
1) date
2) w
3) hostname
4) uname -a
5) Exit
Run command: 4
==========================================
System information:
==========================================
Linux localhost 5.14.0-162.6.1.el9_1.x86_64 #1 SMP PREEMPT_DYNAMIC Tue Jun
06 07:36:03 EDT 2023x86_64 x86_64 x86_64 GNU/Linux
Run command: 5
Bye!
```

7.5　循 环 控 制

break 和 continue 是 Bash 中的循环控制命令，其用法与在其他编程语言中的 break 和 continue 语句完全一致。

7.5.1　实例：break 语句

break 语句用于从 for、while、until 或 select 循环中退出，停止循环的执行。

break 语句的语法如下：

```
break [n]
```

n 代表嵌套循环的层级，如果指定了 n，break 将退出 n 级嵌套循环。如果没有指定 n 或 n 小于 1，则退出状态码为 0，否则退出状态码为 n。

下面来看一个使用 break 语句的脚本实例：

```
#!/bin/bash -
# 如果没指定参数，则打印脚本的使用方法并返回退出状态码 1
[ $# -eq 0 ] && { echo "Usage: $0 filepath"; exit 1; }

# 将位置参数 1 的值赋给变量 match
match=$1
found=0

# 遍历目录/etc 下的所有文件
for file in /etc/*
do

  # 如果文件的路径与指定的参数文件路径相匹配，则打印文件已找到并退出 for 循环
  if [ $file == "$match" ]
  then

    echo "The file $match was found!"
    found=1
    #使用 break 命令退出 for 循环
    break

  fi
done

[ $found -ne 1 ] && echo "The file $match not found in /etc directory."
```

脚本的运行结果如下：

```
$ chmod +x forbraek.sh
$ ./forbraek.sh /etc/inittab
The file /etc/inittab was found!
$ ./forbraek.sh /etc/host
The file /etc/host not found in /etc directory.
```

再看一个 break 语句退出嵌套循环的脚本实例：

```
#!/bin/bash -
# 如果没有指定参数，则打印脚本的使用方法并返回退出状态码 1
[ $# -eq 0 ] && { echo "Usage: $0 command"; exit 1; }

# 将位置参数 1 的值赋给变量 match
match=$1
found=0

for dir in /bin /usr/bin
do

  #遍历目录下的所有文件
  for file in $dir/*
  do

    # 如果文件名与指定的参数文件名相匹配，则打印命令已找到，并退出嵌套的 for 循环
    if [ $(basename $file) == "$match" ]
    then

      echo "The command $match was found!"
      found=1
      # 退出 2 层的 for 循环
      break 2
```

```
    fi
  done

done

[ $found -ne 1 ] && echo "The command $match not found."
```

在上面的脚本中，break 2 语句将直接退出嵌套的两个 for 循环。

7.5.2　实例：continue 语句

continue 语句用于跳过循环体中剩余的命令，直接跳转到循环体的顶部，重新开始下一轮循环。continue 语句可以应用于 for、while 或 until 循环。

continue 语句的语法如下：

```
continue [n]
```

下面来看一个在循环中使用 continue 语句的脚本实例：

```
#!/bin/bash -
# 如果运行脚本时没有指定参数，则打印脚本的使用方法并返回退出状态码 1
[ $# -eq 0 ] && { echo "Usage: $0 directory"; exit 1; }

# 如果指定的目录不存在，则打印错误信息并返回退出状态码 1
[ ! -d $1 ] && { echo "Error: The directory $1 does not exist."; exit 1; }

# 如果没有成功切换到指定的目录，则打印相应的错误信息并返回退出状态码 1
cd $1 || { echo "Connot cd to the directory $1"; exit 1; }

# 遍历指定目录下的所有文件
for filename in $(ls)
do

  # 如果文件名不包含大写字母，则直接跳转到下一次循环
  if [ $filename != *[[:upper:]]* ]
  then

    # 忽略 for 循环体中剩余的语句，直接跳转到下一次循环
    continue

  fi

  # 将变量 filename 中的字母转换为小写
  new=`echo $filename | tr 'A-Z' 'a-z'`
  # 将文件重命名
  mv $filename $new
  echo "The file $filename renamed to $new."

done
```

上述脚本的用途是将指定目录下所有的文件名转换为小写。如果文件名不需要转换，那么 continue 语句会直接跳转执行下一个循环。当然，这个脚本也有一个弊端，即它可能会直接覆盖已存在的文件。例如，目录下存在 3 个文件，分别是 test、Test 和 TEST，经过此脚本处理后只剩下一个 test 文件。可以利用学过的内容对脚本进一步地完善。

7.6 小　　结

下面总结本章所学的主要知识：

- Shell 可以重复地执行特定的命令，直到特定的条件被满足为止。这重复执行的一组命令就叫作循环。
- 循环的特点是：在循环条件中使用的变量必须已经初始化，然后在循环中开始执行；在每次循环开始时进行一次测试；重复地执行一个代码块。
- 在 for 循环中，每次将指定列表中的（iterm1…itermN）新值赋给变量 VAR 后，for 循环都会执行一次，它将重复运行 do 和 done 之间的所有语句，直到条件不满足为止。
- for 循环也有 3 项表达式语法，其语法与 C 语言中常见的 for 循环使用方法相同。
- while 循环语句用于重复地执行一个命令列表。
- while 循环可以与 read 命令结合使用来读取一个文本文件。
- while 循环可以和专用命令“:”结合使用来定义一个无限循环。
- 定义一个无限 while 循环可以使用三种命令，分别是 true 命令、false 命令和:命令。
- until 循环与 while 循环类似，同样基于一个条件。但 until 循环的判断条件正好与 while 循环的判断条件相反，until 循环在条件为假的情况下才会持续地运行，一旦条件被满足，即为真，就会退出循环。

select 循环语句具有如下特点：

  - select 语句使用 Bash 内部变量 PS3 的值作为它的提示符信息。
  - 在屏幕上显示的 LIST 列表中的每一项，select 语句都会在其最前面加上一个数字编号。
  - 当用户输入的数字与某个数字编号一致时，列表中相应的项即被赋予变量 VAR。
  - 如果用户输入为空，将重新显示列表 LIST 中的项和提示符信息。
  - 可以通过添加一个退出选项，或者按 Ctrl+C、Ctrl+D 退出 select 循环。

- break 和 continue 是 Bash 中的循环控制命令，其用法与在其他编程语言中的 break 和 continue 语句完全一致。
- break 语句用于从 for、while、until 或 select 循环中退出，停止循环的执行。使用 break 将退出 n 级嵌套循环。
- continue 语句用于跳过循环体中剩余的命令直接跳转到循环体的顶部，重新开始下一轮循环。continue 语句可以应用于 for、while 或 until 循环。

7.7 习　　题

一、填空题

1．________叫作循环。

2．在 Bash 中，可以使用的循环语句包括________、________、________、________和________。

二、选择题

1．如果要实现无限 While 循环，那么需要结合（　　）命令来实现。

A．true　　　　B．false　　　　C．:　　　　D．''

2．在 Shell 中，使用（　　）命令实现循环控制。

A．for　　　　B．while　　　　D．break　　　　D．continue

三、判断题

1．until 循环与 while 循环一样，都是在条件为假的情况下才会持续地运行。（　　）

2．break 和 continue 语句都可用于循环控制，但是它们的作用不同。其中，break 语句是指在执行循环时跳出循环，后面的循环也不执行；而 continue 指的是跳出本次循环，但是下次循环还会继续执行，只影响一次循环。（　　）

四、操作题

1．编写 Shell 脚本，使用 for 循环语句输出数字 1～5。

2．编写 Shell 脚本，使用 while 循环语句输出 1～20 不能被 3 整除的数字。

第 8 章　Shell 函数

在第 7 章中，我们学习了 Bash 循环。这些循环语句和循环控制结构可以让我们在 Shell 脚本中实现更为复杂的功能。

本章将学习 Shell 函数。与“真正的”编程语言类似，Shell 也有函数，虽然 Shell 函数在某些实现方面稍有限制。

Shell 函数是 Shell 脚本中由命令集和语句组成的代码块。这个代码块可以被其他脚本或脚本中的其他部分调用，因此 Shell 函数可以使程序模块化，即把代码分隔成独立的任务块，这样就不必每次为了执行相同的任务而重写代码。

本章的主要内容如下：

- 怎样定义一个函数；
- 怎样向函数传递参数，函数又是如何处理这些参数的；
- 函数的变量的作用范围，以及如何限制函数变量的作用范围；
- 函数如何返回，如何得到函数的返回值及怎样测试函数的返回值；
- 如何调用函数；
- 如何在后台运行一个函数及其应用。

8.1　函数的定义

当脚本大到一定程度时，使用函数的优点是显而易见的，接下来学习如何定义一个函数。

定义函数的语法如下：

```
# 函数名
function_name()
{

  # 函数体，在函数中执行的命令行
  commands…
  # 参数返回，return 语句是可选的。如果没有 return 语句，则以函数最后一条命令的运行结
    果作为返回值；如果使用 return 语句，则 return 后跟数值 n（数值范围为 0~255）
  [ return int; ]

}
```

也可以在函数（function）名前加上关键字 function，这取决于读者的偏好和习惯。

```
function function_name()
{

  commands…
```

```
}
```

如果有 function 关键字，则可以省略小括号“()”。函数体也叫复合命令块，是包含在{}之间的命令列表。

也可以在一行内定义一个函数，此时，函数体内的各命令之间必须用分号“;”隔开，其语法规则如下：

```
function name { command1; command2; commandN; }
```

或者：

```
name() { command1; command2; commandN; }
```

可以使用内部命令 unset 的-f 选项来取消函数的定义。

注意：通常情况下，函数体外的花括号与函数体之间必须用空白符或换行符分开，因为花括号“{}”是保留字，但只有“{”或“}”及其中间的命令列表被空格或其他 Shell 元字符分隔时才能被识别为保留字。

8.2　函数的参数、变量与返回值

本节介绍函数的参数、本地变量和返回值的概念，通过实例介绍如何向函数传递参数，如何测试函数的返回值。

8.2.1　实例：向函数传递参数

Shell 函数有自己的命令行参数。函数使用特殊变量$1、$2……$n（5.4.3 节介绍的 Bash 的位置参数）来访问传递给它的参数。在函数中使用参数的语法规则如下：

```
name(){
arg1=$1
arg2=$2
command on $arg1
}
```

使用如下语法来调用函数：

```
name foo bar
```

其中：

- name = 函数名；
- foo = 参数 1：传递给函数的第一个参数（位置参数$1）；
- bar = 参数 2：传递给函数的第二个参数（位置参数$2）。

下面通过一个脚本实例来进一步了解函数中的参数：

```
#!/bin/bash -
# 定义函数passed()
passed(){

  # 定义变量 a 并将传递给函数 passed()的第一个参数赋值给此变量
```

```
  a=$1
  # 打印特殊参数 0 的值，即脚本名称
  echo "passed(): \$0 is $0"
  # 打印位置参数 1 的值，即指定给函数的第一个参数
  echo "passed(): \$1 is $1"
  echo "passed(): \$a is $a"
  # 打印传递给 passed()函数的参数个数
  echo "passed(): total args passed to me $#"
  # 打印传递给 passwd()函数的所有参数
  echo "passed(): all args (\$@) passed to me - \"$@\""
  # 打印传递给 passwd()函数的所有参数
  echo "passed(): all args (\$*) passed to me - \"$*\""

}

echo "**** calling passed() first time ****"
# 调用 passed()函数并指定一个参数“one”
passed one

echo "**** calling passed() second time ****"
# 调用 passed()函数并指定 3 个参数
passed one two three
```

脚本的运行结果如下：

```
$ chmod +x passed.sh
$ ./passed.sh
**** calling passed() first time ****
passed(): $0 is ./passed.sh
passed(): $1 is one
passed(): $a is one
passed(): total args passed to me 1
passed(): all args ($@) passed to me - "one"
passed(): all args ($*) passed to me - "one"
**** calling passed() second time ****
passed(): $0 is ./passed.sh
passed(): $1 is one
passed(): $a is one
passed(): total args passed to me 3
passed(): all args ($@) passed to me - "one two three"
passed(): all args ($*) passed to me - "one two three"
```

在上述脚本中读者可能注意到了一些特殊变量，如$0、$1 和$*等，这些特殊变量在 5.4.3 节中介绍过，下面来做一个简单的复习，在 Shell 函数中：

- 所有函数参数可以通过$1、$2……$n 即位置参数来访问。
- $0 指代 Shell 脚本的名称。
- $*或者$@用于保存传递给函数的所有参数。
- $#用于保存传递给函数的位置参数的个数。

8.2.2　本地变量

默认情况下，脚本中的所有变量都是全局性的，在函数中修改一个变量，将会改变脚本中此变量的值，这在某些情况下可能是个问题。例如，创建一个叫作 fvar.sh 的脚本：

```
#!/bin/bash -
# 定义函数 create_logFile
```

```
create_logFile(){

  #修改变量 d 的值
  d=$1
  echo "create_logFile(): d is set to $d"

}

# 定义变量 d
d=/tmp/diskUsage.log

echo "Before calling create_logFile d is set to $d"

# 调用函数 create_logFile()并指定一个参数
create_logFile "/home/yantaol/diskUsage.log"

echo "After calling create_logFile d is set to $d"
```

脚本的运行结果如下：

```
$ chmod +x fvar.sh
$ ./fvar.sh
Before calling create_logFile d is set to /tmp/diskUsage.log
create_logFile(): d is set to /home/yantaol/diskUsage.log
After calling create_logFile d is set to /home/yantaol/diskUsage.log
```

根据上述情况，可以使用 local 命令创建一个本地变量，语法如下：

```
local var=value
local varName
```

或者：

```
function name(){

  # 定义一个本地变量 var
  local var=$1
  command1 on $var

}
```

其中：

- ❑ local 命令只能在函数内部使用。
- ❑ local 命令将变量名的可见范围限制在函数内部。

下面是 fvar.sh 脚本使用本地变量的一个版本：

```
#!/bin/bash -
# 定义全局变量 d
d=/tmp/diskUsage.log

# 定义 create_logFile()函数
create_logFile(){

  # 定义本地变量 d，这个变量只对 create_logFile()函数可见
  local d=$1
  echo "create_logFile(): d is set to $d"

}

echo "Before calling create_logFile d is set to $d"
# 调用函数 create_logFile()并指定一个参数
```

```
create_logFile "/home/yantaol/diskUsage.log"

echo "After calling create_logFile d is set to $d"
```

脚本的运行结果如下：

```
$ chmod +x localfvar.sh
$ ./localfvar.sh
Before calling create_logFile d is set to /tmp/diskUsage.log
create_logFile(): d is set to /home/yantaol/diskUsage.log
After calling create_logFile d is set to /tmp/diskUsage.log
```

8.2.3　实例：使用 return 命令

如果在函数中有 Shell 内置的命令 return，则函数会执行到 return 命令结束，并且返回（return）在 Shell 脚本中调用函数位置的下一个命令。如果 return 命令带有一个数值型参数，则这个参数就是函数的返回值，返回值的最大值是 255；否则，函数的返回值是函数体内最后一个执行的命令的返回状态。

接下来看一个在函数中使用 return 命令的例子：

```
# 检查某个进程号是否运行
checkpid()
{

  # 定义本地变量 i
  local i

  # 使用 for 循环遍历传递给 checkpid()函数的所有参数
  for i in $*
  do

    # 如果目录/proc/$i 存在，则执行 checkpid()函数返回 0
    # 在一般的 Linux 系统中，如果进程正在运行，则在/proc 目录下会存在一个以进程号命名
      的子目录
    [ -d "/proc/$i" ] && return 0

  done

  # 返回 1
  return 1

}
```

checkpid()函数的功能是检查某个进程号是否存在，如果存在则返回 0；否则返回 1。

注意：如果在函数中不使用 return 语句，除非发生语法错误或者已经存在一个同名并且为只读的函数，否则函数默认的返回值是 0。

8.2.4　实例：函数返回值测试

可以直接在脚本调用函数语句的后面使用 Shell 的特殊参数“?”来测试函数调用的返回值，通过特殊参数“?”可以得到最近一次执行的前台命令的退出状态。例如：

```
# 调用 checkpid()函数
checkpid $pid1 $pid2 $pid3
# 如果上述命令执行成功，即$?的值等于 0，则执行 if 中的语句
if [ $? = 0 ]
then

  echo "The one of them is running."

else

  echo "These PIDs are not running!"

if
```

也可以使用 if 语句测试函数的返回值。建议在 if 语句里用括号将函数调用括起来以增加可读性。例如：

```
if ( checkpid $pid1 $pid2 $pid3 ); then

  echo "The one of them is running."

else

  echo "These PIDs are not running!"

if
```

8.3　函数的调用

函数的调用方式有多种，可以直接在 Shell 命令行调用函数，或者在脚本内部调用函数，也可以从其他函数文件中调用函数，还可以递归地调用函数。接下来学习这几种函数调用的方式。

8.3.1　实例：在 Shell 命令行中调用函数

在命令行中，可以通过直接输入函数的名称来调用或引用函数：

```
$ function_name
```

例如，定义一个叫作 yday()的函数来显示昨天的日期：

```
$ yday() { date --date='1 day ago'; }
```

引用函数 yday()：

```
$ yday
```

8.3.2　实例：在脚本中调用函数

在脚本中定义并且调用一个函数的方法如下：

```
#!/bin/bash -
# 定义函数 yday()
yday(){
```

```
    # 显示一天前的系统日期和时间
    date --date='1 day ago'

  }

  # 调用函数 yday()
  yday
```

要在脚本中调用函数，首先要创建函数，并确保它位于调用此函数的语句之前。例如，脚本 dfile.sh 将会执行失败：

```
#!/bin/bash -
# 定义变量 TEST
TEST="/tmp/filename"

# 调用 delete_file; 失败...
delete_file

# 定义函数 delete_file()
delete_file()
{

  echo "Deleting $TEST..."

}
```

脚本执行结果如下：

```
./dfile.sh: line 6: delete_file: command not found
```

为了避免发生这样的问题，需要在脚本的开头定义函数。同样，在脚本的开头定义所有变量：

```
#!/bin/bash -
# 在脚本的开头定义变量，使它可以被函数访问
TEST="/tmp/filename"

# 定义函数 delete_file()
delete_file(){

    echo "Deleting $TEST..."

}

# 调用函数 delete_file()
delete_file
```

8.3.3 实例：从函数文件中调用函数

如果一个函数被多个脚本文件使用，那么可以将该函数保存在一个单独的文件中，该文件称为函数文件。其他脚本文件可以直接从函数文件中调用函数。

加载函数文件中所有函数的语法如下：

```
. /path/to/your/functions.sh
```

下面创建一个名为 myfunctions.sh 的函数文件：

```
#!/bin/bash -
# 定义变量
```

```
declare -r TRUE=0
declare -r FALSE=1
declare -r PASSWD_FILE=/etc/passwd

##################################################################
# 用途：将字符串转换为小写
# 参数：
#   $1 -> 要转换为小写的字符串
##################################################################
function to_lower()
{

  # 定义本地变量 str
  local str="$@"
  # 定义本地变量 output
  local output
  # 将变量 str 的值转换为小写后赋值给变量 output
  output=$(tr '[A-Z]' '[a-z]'<<<"${str}")
  echo $output

}

##################################################################
# 用途：如果脚本由 root 用户执行则返回 true
# 参数：无
# 返回值：True 或 False
##################################################################
function is_root()
{

  # 如果运行此脚本的账号的 uid 等于 0，则返回 0，否则返回 1
  [ $(id -u) -eq 0 ] && return $TRUE || return $FALSE

}

##################################################################
# 用途：如果用户名存在于文件/etc/passwd 中则返回 true
# 参数：$1 (用户名) -> 要在文件/etc/passwd 中检查的用户名
# 返回值：True 或 False
##################################################################
function is_user_exits()
{

  # 定义本地变量 u
  local u="$1"
  # 如果在文件/etc/passwd 中存在以变量$u 的值为开头的行，则返回 0；否则返回 1
  grep -q "^${u}" $PASSWD_FILE && return $TRUE || return $FALSE

}
```

可以加载函数文件 myfunctions.sh 到当前的 Shell 环境：

```
$ . myfunctions.sh
```

或者：

```
$ . /path/to/myfunctions.sh
```

如何在脚本中加载一个函数文件呢？请看下面的例子。在下面的例子中创建一个叫作 functionsdemo.sh 的脚本：

```
#!/bin/bash -
# 加载函数文件 myfunctions.sh
# 这里的路径需要根据实际环境进行修改
. /home/yantaol/shlibs/myfunctions.sh

# 定义本地变量
# var1 没有被 myfunctions.sh 使用
var1="The Mahabharata is the longest and, arguably, one of the greatest epic
poems in any language."

# 调用函数 is_root()，无论执行成功还是失败，会分别打印不同的信息
is_root && echo "You are logged in as root." || echo "You are not logged
in as root."

# 调用函数 is_user_exits()
is_user_exits "yantaol" && echo "Account found." || echo "Account not found."

# 打印变量的值 var1
echo -e "*** Orignal quote: \n${var1}"

# 调用函数 to_lower()
# 将 $var1 作为参数传递给 to_lower()
# 在 echo 内使用命令替换
echo -e "*** Lowercase version: \n$(to_lower ${var1})"
```

脚本的运行结果如下：

```
$ chmod +x functionsdemo.sh
./functionsdemo.sh
You are not logged in as root.
Account found.
*** Orignal quote:
The Mahabharata is the longest and, arguably, one of the greatest epic poems
in any language.
*** Lowercase version:
the mahabharata is the longest and, arguably, one of the greatest epic poems
in any language.
```

source 命令也可以将其他任何函数文件当作源（source）添加到当前的 Shell 脚本或命令行中，它的命令格式如下：

```
source filename [arguments]
```

source 命令会从给定的选项 filename 中读命令然后执行并返回。$PATH 环境变量中的路径（path）名用于找到包含 filename 的目录。如果指定了任何参数 arguments，则其就会变为 filename 执行时的位置参数。source 命令的语法如下：

```
source functions.sh
source /path/to/functions.sh
source functions.sh WWWROOT=/usr/local/apache PHPROOT=/usr/local/php
```

在脚本实例 functionsdemo.sh 中可以使用 source 命令替换“.”，代码如下：

```
# 加载函数文件 myfunctions.sh
# 这里的路径需要根据实际环境进行修改
source /home/yantaol/shlibs/myfunctions.sh
```

8.3.4　实例：递归函数调用

递归函数是重复调用其自身的函数，并且没有递归调用次数的限制。

接下来通过下面的脚本 fact.sh 来了解递归函数及其调用：

```
#!/bin/bash -
# 定义 factorial()函数计算给定命令行参数的阶乘
factorial(){

  # 定义本地变量 i
  local i=$1
  # 定义本地变量 f
  local f
  # 声明变量 i 为整数
  declare -i i
  # 声明变量 f 为整数
  declare -i f

  # factorial()函数被调用直到$f 的值≤2
  # 开始递归
  [ $i -le 2 ] && echo $i || { f=$(( i - 1)); f=$(factorial $f); f=$((f *
i )); echo $f; }

}

# 显示函数用法
[ $# -eq 0 ] && { echo "Usage: $0 number"; exit 1; }

# 调用函数 factorial()
factorial $1
```

脚本的运行结果如下：

```
$ chmod +x fact.sh
$ ./fact.sh
Usage: ./fact.sh number
$ ./fact.sh 2
2
$ ./fact.sh 10
3628800
```

注意：在 Bash 中，递归函数执行速度慢，因此应尽可能地避免使用递归函数。

8.4　实例：将函数放在后台运行

“&”操作符可以将命令放在后台运行并释放终端，同样，也可以把函数放在后台运行。那么如何将一个函数放在后台运行呢？其语法规则如下：

```
# 定义函数 name()
name()
{

  echo "Do something"
```

```
  sleep 1

}

# 将函数放在后台运行
name &

# 继续执行其他命令
...
```

接下来通过一个实例来了解后台运行函数的用法。

当使用脚本进行磁带备份时，可以显示一连串的小圆点（进度条）。显示这样一个进度条对于用户或操作者来说是有用的。下面创建一个叫作 progressdots.sh 的脚本：

```
#!/bin/bash -

# progressdots.sh 用于备份时显示进度

# 定义函数 progress()用于显示进度条
progress()
{

  echo -n "$0: Please wait..."
  # 执行无限 while 循环
  while true
  do

    echo -n "."
    # 休眠 5s
    sleep 5

  done

}

# 定义函数 dobackup()
dobackup(){

  # 运行备份命令
  tar -zcvf /dev/st0 /home >/dev/null 2>&1

}

# 将函数在后台运行
progress &

# 保存函数 progress()运行的进程号
# 需要使用 PID 来结束函数的运行
MYSELF=$!

# 开始备份
# 调用函数 dobackup
dobackup

# 杀死进程
kill $MYSELF >/dev/null 2>&1
echo -n "...done."
echo
```

脚本的运行结果如下：

```
$ chmod +x progressdots.sh
$ ./progressdots.sh
./progressdots.sh: Please wait...............done.
```

8.5　小　　结

通过本章的学习，想必读者对本章开始部分提出的一些疑问已经有了比较清楚的答案。希望读者在今后的脚本编写中多使用函数，因为函数可以帮助我们：

- 节省大量的时间；
- 避免一次次地重写一样的代码；
- 更容易地编写程序；
- 非常方便地维护程序。

8.6　习　　题

一、填空题

1. Shell 函数是 Shell 脚本中由________组成的代码块，这个代码块可以被其他脚本或脚本中的其他部分所调用。

2. 函数的调用方式有多种，如________、________、________和________。

二、选择题

1. 使用 Shell 函数的好处有（　　）。

A. 节省时间　　B. 简化代码的编写

C. 维护方便　　D. 节省资源

2. 下面可以将函数放在后台运行的操作符是（　　）。

A. #　　B. $　　C. &　　D. !

三、判断题

1. 当用户定义 Shell 函数时，如果使用了 function 关键字，则可以省略圆括号。（　　）

2. 在 Bash 中，递归函数执行速度慢。因此，应尽可能地避免使用递归函数。（　　）

四、操作题

定义一个名称为 myfun 的函数，然后手动输入一个值并计算该值乘以 2 的结果，最后输出计算结果。

第 9 章　正则表达式

第 8 章我们学习了 Shell 函数，Shell 函数可以使 Shell 脚本模块化，也有助于编写的代码重用，可以说 Shell 函数是 Shell 脚本高级编程不可缺少的一部分。

本章将学习正则表达式的相关内容。首先介绍正则表达式的定义和正则表达式的类型，然后介绍 POSIX 字符类、Bash 中的正则表达式比较操作符，最后通过一些实例来了解和学习正则表达式的特殊元字符的用法。

9.1　正则表达式简介

什么是正则表达式呢？让我们带着这个问题开始正则表达式的学习。

9.1.1　正则表达式的定义

正则表达式是一个描述一组字符串的模式。与算术表达式类似，正则表达式也是由各种操作符结合小的表达式组成的，这些所谓的操作符即是正则表达式中的特殊元字符。

换句话说，正则表达式是由普通字符和元字符组成的字符集，而这个字符集匹配（或指定）一个模式，其基本结构单元是匹配单个字符的正则表达式。任何带有特殊含义的元字符都可以通过在字符前加反斜杠“\”来引用。

正则表达式的主要作用是文本搜索和字符串处理。一个正则表达式匹配单个字符、一个字符串或字符串的一部分。

9.1.2　正则表达式的类型

正则表达式有两种类型，分别是：

- 基本正则表达式；
- 扩展正则表达式。

基本正则表达式包含的元字符如下：

- 星号“*”：匹配它前面的字符串或正则表达式任意次（包括 0 次）。例如，“1122*”将匹配 11+一个或多个 2 ，其可能匹配的字符串将是 112、1122、1122222、11223343 等。
- 句点“.”：匹配除换行符之外的任意一个字符。例如，“112.”将匹配 112+至少一个字符，其可能匹配的字符串是 1121、1122、112abc 等，但不匹配 112。
- 插入符号“^”：匹配一行的开始，但有时依赖于上下文环境，可能表示否定正则表达式中一个字符串的意思。例如，“^abc”将只匹配行首的 abc 字符串。

- 美元符号“$”：当其在一个正则表达式的末尾时，表示匹配一行的结尾。例如，“123$”将只匹配行尾的 123，“^$”将匹配一个空行。
- 方括号“[]”：匹配方括号内指定的字符集中的一个字符。例如，“[abc]”将匹配字符 a、b、c 中的任意一个字符，“[a-h]”将匹配从 a 到 h 的任意一个字符，“[A-Z][a-z]”将匹配任意一个大写或小写字母，“[^a-d]”将匹配除 a 到 d 之外的所有字符。
- 反斜线符号“\”：转义一个特殊的字符，使这个字符得到字面意义的解释。例如，“\$”表示字符“$”的原意，而不是行尾的正则表达式的含义。同样，“\\”表示的字面意思是“\”。
- 转义尖括号“\<\>”：用于标记单词边界。尖括号必须是转义的，否则它们只有字符的字面含义。例如，“\<the\>”匹配单词 the，但不匹配 them、there、other 等。

扩展正则表达式在基本正则表达式的元字符的基础上又增加了几个元字符如下：

- 问号“?”：匹配 0 个或 1 个前面的字符，它通常用于匹配单个字符。例如，ab?c 将匹配 ac 或 abc。
- 加号“+”：匹配一个或多个前面的字符，它和星号（*）的作用相似，但它不匹配 0 个字符的情况。例如，ab+c 将匹配 abc、abbc、abbb…c 等。
- 转义波形括号“\{\}”：指示匹配前面正则表达式的次数。波形括号必须是转义的，否则它们只有字符的字面含义。例如，[0-9]\{5\}将匹配 5 位数字。
- 小括号“()”：包含一组正则表达式。它们与下面的“|”操作符一起使用，或者在使用 expr 提取子字符串时使用。
- 竖线“|”：正则表达式的“或”操作符，用于匹配一组可选的字符。例如，a(b|c)d 将匹配 abd 或 acd。

9.1.3　POSIX 字符类

下面是一个指定字符范围的替代方法，如表 9.1 所示。

表 9.1　POSIX字符及其含义

POSIX字符	含　义
[:alnum:]	匹配字母和数字字符，等同于A～Z a～z 0～9
[:alpha:]	匹配字母字符，等同于A～Z a～z
[:blank:]	匹配空格或制表符
[:cntrl:]	匹配控制字符
[:digit:]	匹配十进制数字，等同于0～9
[:graph:]	匹配ASCII码值范围在33～126的字符，与下面的[:print:]相似，但不包括空格字符
[:lower:]	匹配小写字母，等同于a～z
[:upper:]	匹配大写字母，等同于A～Z
[:print:]	匹配ASCII码值范围在32～26的字符，与上面的[:graph:]相似，但多了一个空格字符
[:space:]	匹配空白字符（空格和水平制表符）
[:xdigit:]	匹配十六进制数字，等同于0～9 A～F a～f

注意：POSIX 字符类通常需用引号或双方括号（[[]]）括起来。

9.1.4　Bash 正则表达式比较操作符

从 Bash 的 3.0 版本开始，Bash 有了内部的正则表达式比较操作符，使用“=~”表示。大部分使用 grep 或 sed 命令的正则表达式编写脚本的方法现在可以由带有“=~”操作符的 Bash 表达式处理，并且 Bash 表达式可以使脚本更容易阅读和维护。

与其他比较操作符（如-lt 或==等）相同，如果一个表达式（如$digit =~ "[[0-9]]"）左边的变量匹配右边的正则表达式，则返回状态码 0，否则返回 1。

下面的例子用于测试$digit 的值是否为一个十进制数字：

```
# 如果变量 digit 的值匹配数字 0～9 中的任何一个数字，则执行 if 中的语句
if [[ $digit =~ [0-9] ]]; then

  echo "$digit is a digit."

else

  echo 'Oops!'

fi
```

同样，可以检查输入的内容是否为一个数字：

```
#!/bin/bash -
# 读取用户从键盘的输入，将输入的内容存入变量 num
read -p "Input a number, Please: " num

# 如果变量 num 的值是一串数字，则执行 if 中的语句，否则执行 else 中的语句
if [[ $num =~ ^[0-9]+$ ]]; then

  echo "It's a number."

else

  echo "It's not a number."

fi
```

Bash 正则表达式可以是十分复杂的。在下面的示例中，检查变量$email 的值是否为一个 E-mail 地址：

```
# 如果变量 email 的值匹配一个标准的邮件地址格式，则执行 if 中的语句，否则执行 else 中的
  语句
if [[ "$email" =~ ^[A-Za-z0-9._%+-]+@[A-Za-z0-9.-]+\.[A-Za-z]{2,4}$ ]];
then

  echo "This email address looks fine: $email"

else

  echo "no"

fi
```

如上述示例所示，为了匹配一个 E-mail 地址，第一个正则表达式（账号名）可以包含字母、数字和一些特殊字符，第一个]右边的+号表示可以有任意数量的这些字符。接下来

是@符号，它在用户名和电子邮件的域名之间，还有字面含义的句点字符（\.）在域名的第一部分和第二部分之间。

同样，可以建立一个确定变量值是否为一个正确的 IP 地址格式的测试：

```
#!/bin/bash -
# 如果指定脚本的参数个数不为 1，则执行 if 中的语句，否则执行 else 中的语句
if [ $# != 1 ]; then

  #打印脚本的使用方法
  echo "Usage: $0 address"
  # 退出脚本且退出状态码为 1
  exit 1

else

  # 定义变量 ip
  ip=$1

fi

# 如果变量 ip 的值匹配 IPv4 的地址格式，则执行 if 中的语句，否则执行 elif
if [[ "$ip" =~ ^[0-9]{1,3}\.[0-9]{1,3}\.[0-9]{1,3}\.[0-9]{1,3}$ ]]; then

  echo "Looks like an IPv4 IP address."

# 如果变量 ip 的值匹配 IPv6 的地址格式，则执行 elif 中的语句，否则执行 else 语句
elif [[ $ip =~ ^[A-Fa-f0-9:]+$ ]]; then

  echo "Could be an IPv6 IP address."

else

  echo 'Oops!'

fi
```

9.2　正则表达式应用基础

本节通过一些实例来了解和学习正则表达式的使用方法。

9.2.1　实例：使用句点（.）匹配单字符

例如，有一个文件 list.txt，其内容如下：

```
$ cat list.txt
1122
112
11222
2211
22111
abdde
abede
bbcde
bbdde
```

现在搜索 list.txt 文件中包含字符串“112”且其后至少有一个字符的行：

```
$ grep "112." list.txt
1122
11222
```

查找在字符 d 和 e 之间包含一个任意字符的行：

```
$ grep "d.e" list.txt
abdde
bbdde
```

查找在字符 2 后有两个任意字符的行：

```
$ grep "2.." list.txt
11222
2211
22111
```

9.2.2　实例：使用插入符号（^）进行匹配

例如，要查找/etc/passwd 文件中 root 账号的信息，如果不使用正则表达式只使用 root 关键字，则会得到如下结果：

```
$ grep root /etc/passwd
root:x:0:0:root:/root:/bin/bash
operator:x:11:0:operator:/root:/sbin/nologin
```

显然，上面的结果并不是我们想要的结果。此时，使用插入符号元字符就可以只显示 root 账号的信息：

```
$ grep ^root /etc/passwd
root:x:0:0:root:/root:/bin/bash
```

现在只想查看 Linux 下的系统日志文件/va/log/message，并且只想看 11 月 1 号的日志，此时就可以在正则表达式中插入符号元字符。例如：

```
$ grep "^Nov  1" /var/log/messages
```

9.2.3　实例：使用美元符号（$）进行匹配

将插入符号“^”和美元符“$”结合使用，可以查找文件中的空白行：

```
$ grep -v '^$' filename
```

上面的示例是打印除空行以外的其他行。

使用美元符“$”可以查找/etc/passwd 中默认 Shell 是 Bash 的用户账号：

```
$ grep 'bash$' /etc/passwd
```

在上面的示例中，查找的是以 bash 字符串结尾的行。

9.2.4　实例：使用星号（*）进行匹配

在 Linux 系统日志文件/va/log/messages 中查找所有匹配“kernel: *”的行：

```
$ grep "kernel: *." /var/log/messages
```

上面的示例将匹配 kernel 和冒号“:”，以及紧跟其后的 0 个或多个空格，最后是一个句点“.”用于匹配任意一个字符。

下面的例子是查找文件中包含单词以字母 i 开头并以字母 l 结尾的所有行：

```
$ egrep "\<i.*l\>" filename --color
```

或：

```
$ grep "\<i.*l\>" filename --color
```

9.2.5　实例：使用方括号（[ ]）进行匹配

例如，找出文件中至少包含 11 个连续小写字母的行，命令如下：

```
$ grep "[a-z]\{11\}" /var/log/setup.log --color
```

或者：

```
$ egrep "[a-z]{11}" /var/log/setup.log --color
```

查看文件中包含字母 b 或 s 的行：

```
$ grep [bs] filename
```

查看系统日志文件中包含“数字+空格+times”的行，命令如下：

```
$ grep "[0-9]\+ times" /var/log/messages --color
```

或者：

```
$ egrep "[0-9]+ times" /var/log/messages --color
```

9.2.6　实例：使用问号（?）进行匹配

例如，有一个内容如下的文件 regexExamp.txt：

```
cat regexExamp.txt
hi hello
hi    hello how are you
hihello
```

现在查看“hi ?hello”的匹配结果，命令如下：

```
$ egrep "hi ?hello" regexExamp.txt
hi hello
hihello
```

或者：

```
$ grep "hi \?hello" regexExamp.txt
hi hello
hihello
```

9.2.7　实例：使用加号（+）进行匹配

这里仍然使用 9.2.6 节中的示例文件 regexExamp.txt，查看“hi +hello”的匹配结果：

```
$ egrep "hi +hello" regexExamp.txt
hi hello
hi    hello how are you
```

或者使用如下命令：

```
$ grep "hi \+hello" regexExamp.txt
hi hello
hi    hello how are you
```

9.2.8　实例：使用(?|regex)进行匹配

(?|regex)允许用户在一个正则表达式中使用多个相同的分组名称，便于后续的引用和处理。假设有如下文件列表：

```
# cat list.txt
file1-2023-05-01.txt
file2-2023-05-02.txt
file3-2023-05-03.txt
file1.txt
file2.txt
file3.txt
```

要求从以上文件中匹配所有的文件名和文件日期。执行命令如下：

```
# ls | grep -oP '(?|file(\d+)-(\d{4}-\d{2}-\d{2})\.txt)' list.txt
file1-2023-05-01.txt
file2-2023-05-02.txt
file3-2023-05-03.txt
```

在上面的命令中，“-o”选项表示只输出匹配的内容，“(?|file(\d+)-(\d{4}-\d{2}-\d{2})\.txt)”表示匹配以 file 开头，后面跟着数字和日期的文件名。

9.2.9　实例：使用(?<=regex) 和(?<!regex)进行匹配

(?<=regex)和(?<!regex)用于限定匹配的位置，但不包括匹配的内容。其中：(?<=regex)表示匹配正则表达式前面的位置；(?<!regex)表示匹配不在正则表达式前面的位置。例如，这里有一个文件 example.txt，其内容如下：

```
# cat example.txt
file1.txt
file2.txt
file3.txt
test.sh
test.php
```

这里将匹配不包含“.txt”后缀的文件名，执行命令如下：

```
# grep -P '(?<!\.txt)$' example.txt
test.sh
test.php
```

在上面的命令中，“-P”选项表示启用 Perl 兼容正则表达式。“(?<!\.txt)$”表示不匹配以“.txt”结尾的位置。

例如，匹配以数字结尾的单词的前缀，执行命令如下：

```
# echo "123 foo456 bar789 012" | grep -oP '(?<=\b\w{3})\d+'
456
789
```

9.3　小　　结

下面总结本章所学的主要知识：

- 正则表达式是一个描述一组字符串的模式。
- 正则表达式是由普通字符和元字符组成的字符集，而这个字符集用于匹配（或指定）一个模式。
- 正则表达式的主要作用是文本搜索和字符串处理。一个正则表达式可以匹配单个字符、一个字符串或字符串的一部分。
- 正则表达式有两种类型，分别是基本正则表达式和扩展正则表达式。
- 基本正则表达式的元字符有*、.、^、$、[]、\、\<\>。
- 扩展正则表达式在基本正则表达式的元字符的基础上，增加了元字符?、+、\{\}、()、|。
- POSIX 字符类通常需要用引号或双方括号（[[]]）括起来。
- 从 Bash 的 3.0 版本开始，Bash 就有了内部的正则表达式比较操作符，使用“=~”表示。
- 在 Shell 脚本中大部分使用 grep 或 sed 命令的正则表达式编写的代码，可以由带有“=~”操作符的 Bash 表达式来处理，并且 Bash 表达式可以使脚本更容易阅读和维护。

9.4　习　　题

一、填空题

1．正则表达式是一个描述________的模式。
2．正则表达式的主要作用是________和________。
3．正则表达式有两种类型，分别为________和________。

二、选择题

1．在正则表达式中，使用（　　）符号匹配单字符。

A．?　　B．.　　C．*　　D．$

2．在正则表达式中，使用（　　）符号匹配行的末尾。

A．?　　B．.　　C．*　　D．$

3．下面可以匹配任意一个小写字符的正则表达式是（　　）。

A．[a-z]　　B．[A-Z]　　C．[a-g]　　D．[^a-g]

三、操作题

1．创建一个文件 list.txt 并输入以下内容：

```
$ cat list.txt
aaaa
bbbb
AAAA
cccc
dddd
123
456
12345
123456
1234567
```

2．使用正则表达式，从文件 list.txt 中搜索匹配大写字母的字符串。

3．使用正则表达式，从文件 list.txt 中搜索匹配至少 5 个连续数字的字符串。

第 10 章　脚本输入处理

在开始本章的学习之前，我们先回顾一下前面所学的内容。例如，我们在 5.4.3 节中学习了 Bash 的位置参数，在 8.2.1 节中学习了如何向函数传递命令行参数。其实与向函数传递命令行参数的方法类似，我们也可以使用此方法向 Shell 脚本传递参数。这些传递的命令行参数同样存储在位置参数（$1,$2,…$9,${10},${11},…）中。同样，特殊变量“$*”和“$@”会存储所有传递的命令行参数，特殊变量“$#”会存储传递的命令行参数的个数。

现在我们已经知道了如何传递命令行参数给 Shell 脚本，那么如何在 Shell 脚本中获取和使用这些变量呢？接下来我们通过一些实例的学习来寻找答案。

10.1　参 数 处 理

通常情况下，为了使编写的 Shell 脚本更灵活、应用更广泛，可以执行多种不同的操作，在编写脚本时会让脚本接收一些命令行参数，这样我们就可以通过命令行来指定脚本中变量的值，或者根据不同的命令行参数使脚本执行不同的操作。

本节就来学习如何让 Shell 脚本处理命令行参数。

10.1.1　实例：使用 case 语句处理命令行参数

如果想让脚本只接收一个命令行参数，并且根据这个命令行参数采取不同的操作，通常是使用 case 语句来处理这个命令行参数。这种方法常见于 Linux 的应用程序或服务的启动脚本中。

【例 1】以 Linux 系统中 gmond（gmond 是 Ganglia 运行在你想监控的集群节点上的多线程守护进程，Ganglia 是用于高性能计算系统的如集群或网格上的监控系统）的启动脚本为例，这个启动脚本的内容如下：

```
-bash-5.1# cat /etc/init.d/gmond
#!/bin/sh
# $Id: gmond.init 180 2003-03-07 20:38:36Z sacerdoti $
#
# chkconfig: 2345 70 40
# description: gmond startup script
#

# 定义变量 GMOND，指定 gmond 守护进程的路径
GMOND=/usr/sbin/gmond

# 在当前 Shell 环境下读取并执行文件/etc/rc.d/init.d/functions
. /etc/rc.d/init.d/functions
```

```
# 定义变量 RETVAL
RETVAL=0

# 使用 case 语句根据指定的不同参数执行不同的操作
case "$1" in
   start)
      # 显示启动 ganglia gmond 的信息
      echo -n "Starting GANGLIA gmond: "
      # 如果 gmond 守护进程不存在，则退出脚本的执行，退出状态码为 1
      [ -f $GMOND ] || exit 1

      # 将 gmond 守护进程放在后台运行，其中，daemon 是在/etc/rc.d/init.d/functions
        中定义的函数
      daemon $GMOND
      # 将上一个命令的退出状态码赋值给变量 RETVAL
      RETVAL=$?
      echo
      # 如果 gmond 守护进程运行成功，则创建一个 lock 文件/var/lock/subsys/gmond
      [ $RETVAL -eq 0 ] && touch /var/lock/subsys/gmond
        ;;

  stop)
      # 显示停止 ganglia gmond 的信息
      echo -n "Shutting down GANGLIA gmond: "
      # 停止 gmond 守护进程，其中，killproc 是在/etc/rc.d/init.d/functions 中定义
        的函数
      killproc gmond
      # 将上一个命令的退出状态码赋值给变量 RETVAL
      RETVAL=$?
      echo
      #如果 gmond 守护进程成功停止，则删除 lock 文件/var/lock/subsys/gmond
      [ $RETVAL -eq 0 ] && rm -f /var/lock/subsys/gmond
        ;;

  restart|reload)
        # 重新调用此脚本，命令行参数为 stop
        $0 stop
        # 重新调用此脚本，命令行参数为 start
        $0 start
        RETVAL=$?
        ;;
  status)
        # 显示 gmond 守护进程的运行状态，其中，status 是在/etc/rc.d/init.d/
          functions 定义的函数
        status gmond
        RETVAL=$?
        ;;
  *)
        # 在标准输出中显示脚本的使用方法信息
        echo "Usage: $0 {start|stop|restart|status}"
        # 退出脚本的运行，退出状态码为 1
        exit 1
esac

# 退出脚本的运行，退出状态码为变量 RETVAL 的值
exit $RETVAL
```

启动脚本只接收一个命令行参数，它会根据指定的不同参数执行不同的命令。我们从 case 语句中可以看出启动脚本支持的命令行参数有 start、stop、restart、status 这 4 个。如果指定其他参数，脚本会显示它的使用方法信息并退出运行状态。

启动脚本在指定不同参数时的运行结果如下：

```
# /etc/init.d/gmond
Usage: /etc/init.d/gmond {start|stop|restart|status}

# /etc/init.d/gmond status
gmond (pid 4224) is running...

# /etc/init.d/gmond stop
Shutting down GANGLIA gmond:                                [  OK  ]

# /etc/init.d/gmond start
Starting GANGLIA gmond:                                     [  OK  ]

# /etc/init.d/gmond restart
Shutting down GANGLIA gmond:                                [  OK  ]
Starting GANGLIA gmond:                                     [  OK  ]
```

【例 2】假设我们自己编写了一个脚本，这个脚本用于将 MySQL 数据库、Web 服务器配置文件和一些其他文件备份到 NAS 存储设备上。我们希望根据指定的不同的命令行参数，让脚本备份不同的内容。例如：指定 sql，脚本将使用 mysqldump 工具备份 MySQL 数据库；指定 sync，脚本将备份 Web 服务器配置文件；指定 snap，脚本将对存放在存储设备上的 MySQL 数据库和一些文件做一个快照备份。脚本 allInOneBackup.sh 的内容如下：

```
-bash-5.1$ cat allInOneBackup.sh
#!/bin/bash -
case $1 in
  sql)

    echo "Running mysql backup using mysqldump tool..."
    # Running the backup command or script.
    ;;

  sync)
    echo "Running backup using rsync tool..."
    # Running the backup command or script.
    ;;

  snap)

    echo "Running snapshot backup on storage..."
    # Running snapshot backup command.
    ;;

  *)

    echo "Backup utility"
    echo "Usage: `basename $0` {sql|sync|snap}"
    echo "      sql  : Run MySQL backup utility."
    echo "      sync : Run web server backup utility."
    echo "      snap : Run snapshot backup utility."
    ;;

esac
```

脚本的运行结果如下：

```
-bash-5.1$ chmod +x allInOneBackup.sh

-bash-5.1$ ./allInOneBackup.sh
Backup utility
Usage: allInOneBackup.sh {sql|sync|snap}
      sql      : Run MySQL backup utility.
      sync     : Run web server backup utility.
      snap     : Run snapshot backup utility.

-bash-5.1$ ./allInOneBackup.sh sql
Running mysql backup using mysqldump tool...

-bash-5.1$ ./allInOneBackup.sh sync
Running backup using rsync tool...

-bash-5.1$ ./allInOneBackup.sh snap
Running snapshot backup on storage...
```

通过前面的学习我们知道，在 Linux 系统中文件名是区分大小写的。例如，sample.txt、SAMPLE.txt、Sample.TXT 是 3 个不同的文件。同样，case 语句中的每个模式的匹配也存在大小写敏感的问题。例如，上面的脚本按照如下方法执行：

```
-bash-5.1$ ./allInOneBackup.sh snap
Running snapshot backup on storage...
```

然而，下面的命令就不能执行，因为模式是大小写敏感的。必须使用命令行参数 snap，而不能使用 SNAP、Snap 和 SnaP 等：

```
-bash-5.1$ ./allInOneBackup.sh SNAP
Backup utility
Usage: allInOneBackup.sh {sql|sync|snap}
      sql      : Run MySQL backup utility.
      sync     : Run web server backup utility.
      snap     : Run snapshot backup utility.
```

如果想让脚本中的 case 语句对命令行参数的大小写不敏感，还是有办法解决这个问题的。一个比较简单的方法是使用如下命令开启 nocasematch 选项（开启此选项后，当执行 case 或“[[”条件命令时，Shell 以大小写不敏感的方式进行模式匹配）：

```
shopt -s nocasematch
```

如果想使脚本 allInOneBackup.sh 对命令行参数的大小写不敏感，则可以将其内容更新如下：

```
-bash-5.1$ cat allInOneBackup.sh
#!/bin/bash -
# 开启 nocasematch 选项
shopt -s nocasematch

case $1 in
  sql)

    echo "Running mysql backup using mysqldump tool..."
    # Running the backup command or script.
    ;;

  sync)
    echo "Running backup using rsync tool..."
    # Running the backup command or script.
```

```
    ;;

  snap)

    echo "Running snapshot backup on storage..."
    # Running snapshot backup command.
    ;;

  *)

    echo "Backup utility"
    echo "Usage: `basename $0` {sql|sync|snap}"
    echo "       sql  : Run MySQL backup utility."
    echo "       sync : Run web server backup utility."
    echo "       snap : Run snapshot backup utility."
    ;;

esac

# 关闭 nocasematch 选项
shopt -u nocasematch
```

如果给 allInOneBackup.sh 脚本指定一个大写的命令行参数，那么脚本也可以正常运行：

```
-bash-3.2$ ./allInOneBackup.sh Snap
Running snapshot backup on storage...
```

当然，也可以通过在 case 语句的模式中使用正则表达式的方法同时匹配大小写字母。例如，将脚本 allInOneBackup.sh 中的“sql)”改为“[sS][qQ][lL])”使其可以匹配 sql、SQL 和 SqL 等命令行参数，但相比而言，这种方法并不方便。

10.1.2　实例：使用 shift 命令处理命令行参数

如果脚本只有一个命令行参数，那么使用 case 语句是很方便的。如果脚本需要多个命令行参数，那么使用 case 语句看上去就不太合理了。对于这种情况，可以使用 shift 命令在一个变量中一个接一个地获取多个命令行参数。我们先来了解一下关于 shift 命令的一些信息。

shift 是 bash 的一个内部命令，该命令用于将传递的参数变量向左移。shift 命令的语法如下：

```
shift [n]
```

n 必须是一个小于或等于$#的非负整数。如果 n 为 0，则位置参数不会改变。如果没有指定 n，那么 n 将被默认设为 1。如果 n 大于$#，位置参数同样不会改变。如果 n 大于$#或小于 0，则命令的返回状态码将大于 0，否则为 0。

例如，使用命令“shift 1”，位置参数将做如下移动：

```
$1 <- $2
$2 <- $3
$3 <- $4
$4 <- $5
...
$n-1 <- $n
```

而原来的变量$1 的值将被废弃。

如果运行命令“shift 5”，位置参数则会做如下变动：

```
$1 <- $6
$2 <- $7
$3 <- $8
$4 <- $9
$5 <- ${10}
$6 <- ${11}
…
$n-5 <- $n
```

原来的变量$1、$2、$3、$4 和$5 的值将被废弃。

同样，在每次移位之后，特殊变量$#的值也会调整，而特殊变量$0 并不参与移位操作。

如果我们读取特殊变量$1 的值，然后运行命令 shift，当再次读取特殊变量$1 的值时，则会得到特殊变量$2 的值。再次运行命令 shift，当读取特殊变量$1 时，将会得到特殊变量$3 的值，以此类推。由此，只要$#的值不为 0，我们就可以在 while 循环中进行迭代，获取特殊变量$1 的值，然后运行 shift 命令，再次读取$1 的值，以此依次获得所有传递的命令行参数。下面用一个实例脚本使用上面的方法得到所有命令行参数的值。脚本 getCMLParam.sh 的内容如下：

```
#!/bin/bash -
# 如果命令行参数的个数不为 0，则继续执行 while 循环，否则退出循环
while [ $# -ne 0 ]
do

  # 打印特殊变量$1 和$#的值
  echo "Current Parameter: $1, Remaining $#."

  # 将$1 传递给其他函数或做其他操作
  #Pass $1 to some bash function or do whatever

  # 将位置参数左移一位
  shift

done
```

运行上述脚本后，得到如下结果：

```
-bash-5.1$ chmod +x getCMLParam.sh
-bash-5.1$ ./getCMLParam.sh one two three four five six
Current Parameter: one, Remaining 6.
Current Parameter: two, Remaining 5.
Current Parameter: three, Remaining 4.
Current Parameter: four, Remaining 3.
Current Parameter: five, Remaining 2.
Current Parameter: six, Remaining 1.
```

在上面的脚本实例中，判断循环是否结束的条件是特殊变量$#的值（位置参数的个数）是否为 0。也可以将判断循环是否结束的条件改为特殊变量$1 的值是否为空，则上述脚本的内容如下：

```
# 如果特殊变量$1 的值不为空，则继续执行 while 循环，否则退出循环
while [ -n "$1" ]
do

  # 打印特殊变量$1 和$#的值
  echo "Current Parameter: $1, Remaining $#."
```

```
    # 将$1 传递给其他函数或做其他操作
    #Pass $1 to some bash function or do whatever

    # 将位置参数左移一位
    shift

  done
```

修改上面的脚本，将 shift 命令改为“shift 5”并传递一些参数到 Shell 脚本中，传递的参数个数不能被 5 整除。例如，传递 7 个参数 one、two、three、four、five、six、seven 给脚本。可以注意到，在第一次左移$1 之后，$1 的值变为了 six，而$#的值变为了 2。在第一次移位之后，不会有位移再被执行，并且特殊变量$1 的值不会变为空，而特殊变量$#的值也不会变为 0，while 循环将无限地迭代下去。

为了解决这个问题，可以使用 shift 命令的退出状态。通过在 shift 命令后添加对变量$?的值是否为 0 的检查，可以知道 shift 命令是否被执行。如果$?的值为非 0，那么就终止循环。脚本的内容如下：

```
-bash-5.1$ cat shift5Param.sh
#!/bin/bash -
# 如果特殊变量$1 的值不为空，则继续执行 while 循环，否则退出循环
while [ -n "$1" ]
do

  # 打印特殊变量$1 和$#的值
  echo "Current Parameter: $1, Remaining $#."

  # 将$1 传递给其他函数或做其他操作
  #Pass $1 to some bash function or do whatever

  # 将位置参数左移一位
  shift 5
  # 如果上一条命令的返回值不为 0，则执行 if 语句
  if [ $? -ne 0 ]
  then

    # 终止循环的执行
    break

  fi

done
```

脚本的运行结果如下：

```
-bash-5.1$ chmod +x shift5Param.sh
-bash-5.1$ ./shift5Param.sh one two three four five six seven
Current Parameter: one, Remaining 7.
Current Parameter: six, Remaining 2.
```

10.1.3　实例：使用 for 循环读取多个参数

如果传递给脚本的参数只有一个或两个，那么可以使用特殊变量$1、$2 来获取传递给脚本的命令行参数。如果命令行参数较多，在脚本中逐条编写语句对每个位置参数进行处理显然是费时且烦琐的，这时可以使用 while 循环结合 shift 命令来处理每个命令行参数。

在这里还有一个较常用的方法，即使用 for 循环一个接一个地处理所有的命令行参数。

接下来以脚本 listarg.sh 为例，了解如何使用 for 循环通过特殊变量$*和$@列出传递给脚本的所有命令行参数。脚本内容如下：

```
-bash-5.1$ cat listarg.sh
#!/bin/bash -
# 定义变量 E_BADARGS
E_BADARGS=65

# 如果特殊变量$1 的值为空，则打印脚本的使用方法并以退出状态码 65 退出脚本
if [ ! -n "$1" ]
then

  # 打印脚本的使用方法到标准输出
  echo "Usage: `basename $0` argument1 argument2 ..."

  # 退出脚本，退出状态码为 65
  exit $E_BADARGS

fi

# 定义变量 index
index=1

# 打印双引号中的内容到标准输出
echo "Listing args with \$*:"

# 使用 for 循环遍历特殊变量$*的值
for arg in $*
do

  # 打印变量 index 和 arg 的值及相应内容到标准输出
  echo "Arg #$index = $arg"

  # 将变量 index 的值加 1
  let index+=1

done

echo

# 重新将变量 index 的值设为 1
index=1

# 打印双引号中的内容到标准输出
echo "Listing args with \"\$@\":"

# 使用 for 循环遍历特殊变量$@的值
for arg in "$@"
do

  # 打印变量 index 和 arg 的值及相应内容到标准输出
  echo "Arg #$index = $arg"

  # 将变量 index 的值加 1
  let index+=1

done
```

注意：在上面的脚本实例中，在两个 for 循环语句中调用的变量分别为$*和"$@"。在这里，$*没有加双引号进行引用，如果加了双引号，即"$*"，其值将被扩展为包含所有位置参数的值的单个字符串（参见 5.4.3 节），将使 for 循环仅迭代一次。

上面的脚本的运行结果如下：

```
-bash-5.1$ chmod +x listarg.sh
-bash-5.1$ ./listarg.sh one two three four five six seven
Listing args with $*:
Arg #1 = one
Arg #2 = two
Arg #3 = three
Arg #4 = four
Arg #5 = five
Arg #6 = six
Arg #7 = seven

Listing args with "$@":
Arg #1 = one
Arg #2 = two
Arg #3 = three
Arg #4 = four
Arg #5 = five
Arg #6 = six
Arg #7 = seven
```

还有一点可能读者已经想到了。在某些情况下，无论是使用 while 循环与 shift 命令的组合，还是使用 for 循环来处理多个命令行参数，都可以将其与 case 语句结合使用。

10.1.4　实例：读取脚本名

通过 5.4.3 节的学习我们知道，在 Shell 脚本中，特殊变量$0 的值便是此 Shell 脚本的名称，通过$0 便可读取脚本名，那么$0 体有什么用途呢？

在编写 Shell 脚本时，为了使脚本更加严谨，减少脚本运行时可能产生的异常错误，在脚本的开头部分，一般都会编写一段对与脚本相关的环境或变量进行检查的代码。例如，检查指定给脚本的命令行参数的个数，如果参数的个数不符合脚本的定义，则会打印一条关于脚本的命令行参数使用方法的信息到标准输出并退出脚本的执行，此时需要读取脚本的名称显示使用方法的信息。例如下面这段脚本代码：

```
-bash-5.1$ cat checkNumOfArg.sh
#!/bin/bash

# 定义脚本参数的个数
ARGS=3

# 如果给脚本指定的命令行参数的个数不等于 3，则打印脚本的使用方法信息
if [ $# -ne "$ARGS" ]
then

  # 在标准输出中打印脚本的使用方法信息
  echo "Usage: `basename $0` param1 param2 param3"

  # 退出脚本，退出状态码为 2
  exit 2
```

```
fi
```

在上面的代码中，定义了脚本接收的参数个数为 3（ARGS=3），如果运行此脚本时指定的命令行参数个数不为 3，那么就会打印此脚本的使用方法信息，然后退出脚本的执行。

例如，运行脚本时没有指定参数，则脚本的运行结果如下：

```
-bash-5.1$ chmod +x usage.sh
-bash-5.1$ ./checkNumOfArg.sh
Usage: checkNumOfArg.sh param1 param2 param3
```

这里在 echo 语句中使用$0 的原因有两个，一是它使脚本更简洁，二是如果更改了脚本的名称，也无须修改脚本的内容，减少了维护操作。使用$0 使我们将类似于上述脚本的功能封装为一个 Usage 函数成为可能，这样可以在多个 Shell 脚本中使用这个 Usage 函数，提高了代码的重用率。

10.1.5　实例：测试命令行参数

为了使脚本更严谨，防止在运行过程中由于参数错误而发生异常，通常除了检查命令行参数的个数外，有时还会检查参数的值，如果指定的参数是文件或目录，那么还会检查它是否存在，或是否可执行等。

【例 1】有一个脚本 checkParam_1.sh，它只有一个命令行参数，那么在脚本的开头可能就会先检查是否为此脚本指定了命令行参数，以避免因没有指定参数而直接运行脚本所产生的异常。脚本的内容如下：

```
-bash-5.1$ cat testArguments_1.sh
#!/bin/bash -
# 如果第一个命令行参数（位置参数 1）不存在，则打印脚本的使用方法信息，然后退出脚本执行
if [ -z "$1" ]
then

  # 打印脚本的使用方法信息到标准输出
  echo "Usage: `basename $0` one-Arg"
  # 退出脚本，退出状态码为 1
  exit 1

fi

# Continue to run commands...
```

在上述脚本中，在脚本的开始部分先检查第一个命令行参数是否存在，如果存在，则继续执行脚本的后续内容；如果不存在，则打印脚本的使用方法信息，提示需要指定一个命令行参数，然后退出脚本的执行，结果如下：

```
-bash-5.1$ ./testArguments_1.sh
Usage: testArguments_1.sh one-Arg
```

注意：如果在脚本的测试参数语句之前，加入了设置 Bash 选项 nounset（set -o nounset）的语句，那么当运行此脚本并且没有指定命令行参数时，将会报一个未绑定变量的错误“./testArguments_1.sh: line 22: $1: unbound variable”，而不会显示我们期望的使用方法信息。

【例 2】假设有一个脚本 testArguments_2.sh，它可以接收两个命令行参数，并且第二个参数需要指定一个文件，一般就需要在脚本的开始部分先检查指定的这个文件是否存在，脚本的内容如下：

```
-bash-5.1$ cat testArguments_2.sh
#!/bin/bash -
# 定义脚本的参数个数
ARGS=2

# 如果给脚本指定的命令行参数个数不等于 2，则打印脚本的使用方法信息
if [ $# -ne "$ARGS" ]
then

  # 在标准输出中显示脚本的使用方法信息
  echo "Usage: `basename $0` param1 filename"
  # 退出脚本，退出状态码为 2
  exit 2

fi

# 将第一个命令行参数赋值给变量 varStr
varStr=$1

# 如果位置参数 2 所指定的文件存在，则执行 if 语句，否则执行 else 语句
if [ -f "$2" ]
then

  # 将位置参数 2 的值赋值给变量 file_name
  file_name=$2

else

  # 在标准输出中显示指定的文件不存在的信息
  echo "File \"$2\" does not exist."
  # 退出脚本的执行，退出状态码为 3
  exit 3

fi

# 继续执行脚本
# Continue to run other commands...
```

在上面的脚本中，首先检查给脚本指定的参数个数，然后检查传递给脚本的第二个命令行参数所指定的文件是否存在，如果文件存在，则将指定的命令行参数赋值给变量 file_name；如果不存在，则显示文件不存在的信息并退出脚本的执行。

例如，运行此脚本时仅指定一个命令行参数，其结果如下：

```
-bash-5.1$ ./testArguments_2.sh one
Usage: testArguments_2.sh param1 filename
```

如果运行此脚本时指定了两个命令行参数，但第二命令行参数所指定的文件不存在，则运行结果如下：

```
-bash-5.1$ ./testArguments_2.sh one /local/yantaol
File "/local/yantaol" does not exist.
```

10.2 选项处理

在前面的内容中我们学习了在 Shell 脚本中如何对命令行参数进行处理，不知读者是否注意到了其中的一个缺陷，那就是如果 Shell 脚本需要多个命令行参数，那么我们调用这个脚本时所指定的命令行参数的顺序必须是固定的。如果指定的命令行参数的顺序不对，即使参数的个数符合要求，那么脚本也不能正常运行。例如，有一个脚本 process.sh，它可以接收 3 个命令行参数，分别是：脚本的默认配置文件、包含输入数据的文件和脚本的输出文件。process.sh 脚本可以使用如下命令行参数：

```
$ process.sh defaults.conf input.txt output.txt
```

process.sh 脚本将读取配置文件 defaults.conf 的内容，处理 input.txt 文件，然后将输出写入 output.txt 文件。

现在来看一下，在不知道这 3 个命令行参数分别代指哪个文件的情况下调用 process.sh 脚本会怎样。使用如下命令行参数调用脚本 process.sh：

```
$ process.sh output.txt defaults.conf input.txt
```

现在，脚本 process.sh 将读取 output.txt 文件的内容作为配置文件的内容，并且会将本该作为输入文件的 input.txt 文件的内容重写覆盖。

因此，为了避免发生上述情况，也为了使脚本更严谨，当我们编写一个功能较为复杂的脚本时，通常应该让脚本具有可以指定选项的功能。就像 Linux 系统中的许多命令行工具一样，当调用它们时，可以在命令后面指定不同的选项及命令行参数。例如，对于脚本 process.sh，如果有一个更好的实现，可以使用-c 选项指定一个配置文件，使用-o 选项指定一个输出文件。它的更好的实现类似如下：

```
$ process.sh -c defaults.conf -o output.txt input.txt
```

接下来学习如何在 Shell 脚本中实现命令行选项的处理。

10.2.1 实例：使用 case 语句处理命令行选项

当我们编写的 Shell 脚本只接收一个命令行选项时，使用 case 语句对其进行处理还是比较方便的。

例如，有一个脚本 processFile.sh，可以指定不同的选项来调用其不同的功能，但调用此脚本时只能同时指定一个命令行选项和参数。脚本的内容如下：

```
-bash-5.1$ cat processFile.sh
#!/bin/bash -# 将第一个命令行参数赋值给变量 opt
opt=$1
# 将第二个命令行参数赋值给变量 filename
filename=$2

# 定义函数 checkfile
checkfile()
{
  # 如果没有指定文件名，则显示缺少文件名并退出脚本的运行
```

```
    if [ -z $filename ]
    then

      # 显示缺少文件名的信息到标准输出
      echo "File name missing"
      # 退出脚本，退出状态码为 1
      exit 1

    # 如果指定的文件不存在，则显示文件不存在并退出脚本的运行
    elif [ ! -f $filename ]
    then

      # 在标准输出中显示文件不存在的信息
      echo "The file $filename doesn't exist!"
      # 退出脚本，退出状态码为 2
      exit 2

    fi
  }

  case $opt in

    # 匹配-e 或-E 选项
    -e|-E)

      #调用 checkfile()函数
      checkfile
      echo "Editing $filename file..."
      # 运行编辑文件的命令、函数或脚本
      # Running command or function to edit the file.
      ;;
    # 匹配-p 或-P 选项
    -p|-P)

      # 调用 checkfile()函数
      checkfile
      echo "Displaying $filename file..."
      # 运行显示文件的命令、函数或脚本
      # Running command or function to display the file.
      ;;

    # 匹配其他选项
    *)

      echo "Bad argument!"
      echo "Usage: `basename $0` -e|-p filename"
      echo "       -e filename : Edit file."
      echo "       -p filename ; Display file."
      ;;

  esac
```

调用上面的脚本时，可以指定一个-e（或-E）选项，其后跟一个文件名，通过这种方式来编辑指定的文件，也是指定一个“-p”（或-P）选项后跟一个文件名来打印指定的文件。脚本的运行结果如下：

```
-bash-5.1$ ./processFile.sh
Bad argument!
Usage: processFile.sh -e|-p filename
```

```
      -e filename : Edit file.
      -p filename ; Display file.

-bash-5.1$ ./processFile.sh /tmp/test
Bad argument!
Usage: processFile.sh -e|-p filename
      -e filename : Edit file.
      -p filename ; Display file.

-bash-5.1$ ./processFile.sh -p
File name missing

-bash-5.1$ ./processFile.sh -p /tmp/test
The file /tmp/test doesn't exist!

-bash-5.1$ ./processFile.sh -p ./listarg.sh
Displaying ./listarg.sh file...

-bash-5.1$ ./processFile.sh -e ./listarg.sh
Editing ./listarg.sh file...
```

通过上面的实例，将 case 语句与 shift 命令放在循环中结合使用也可以处理有多个命令行选项的情况。但是不推荐这样使用，因为使用这种方法编写脚本不方便，而且使脚本对选项的处理不够灵活。例如，在调用脚本时指定“-v -l”选项可以正常工作，如果指定为“-vl”选项（将-v 和-l 选项合并，Linux 中的很多命令行工具是支持选项合并书写的，如命令“ls -l -a -i”可以写为“ls -lai”），则脚本就不识别了。幸运的是，还有功能更强大的命令 getopts（或 getopt）可以使用，接下来具体介绍。

10.2.2 实例：使用 getopts 处理多命令行选项

如果希望以专业的方式解析命令行选项和参数，那么 getopts 将是一个很好的命令工具。getopts 是 Bash 的内部命令，它的优势如下：

- ❑ 不需要通过一个外部程序来处理位置参数。
- ❑ getopts 可以很容易地设置用来解析的 Shell 变量（对于一个外部进程是不可能的）。
- ❑ getopts 定义在 POSIX 中。

注意： getopts 不能解析 GNU 风格的长选项（--myoption）或 XF86 风格的长选项（-myoptions）。

例如，有一个脚本 mybackup.sh，当调用此脚本时指定如下选项参数：

```
$ mybackup.sh -x -f /etc/mybackup.conf -r ./source.txt ./destination.txt
```

我们可以将上述选项和参数划分为如下逻辑组：

其中：

- ❑ -x、-r 都是一个单独的选项，后面不跟参数。
- ❑ -f 也是一个选项，但这个选项有一个附带的参数/etc/mybackup.conf，这个参数与选项之间通常用空格分隔。
- ❑ ./ source.txt 和./destination.txt 是不与任何选项关联的两个参数。

如果在脚本 mybackup.sh 中使用 getopts 来处理命令行选项和参数，那么上述命令可以写为：

```
$ mybackup.sh -xrf /etc/mybackup.conf ./source.txt ./destination.txt
```

getopts 会识别所有的选项格式，指定的选项可以是大写或小写字母，也可以是数字。虽然 getopts 也能识别其他字符，但是不推荐使用。

通常情况下，在处理命令行选项和参数时，需要多次调用 getopts。getopts 不会更改位置参数的设置，如果想将位置参数移位，那么必须使用 shift 命令来处理。

当没有内容可解析时，getopts 会设置一个退出状态 FALSE，因此 getopts 命令可以很容易在 while 循环中使用：

```
while getopts …; do
  …
done
```

getopts 将会解析选项及其可能存在的参数。getopts 将在第一个非选项参数（不以连字符“-”开头，并且不是前面选项参数的字符串）的位置上停止解析。当遇到双连字符“--”（表示选项结束）时，也将停止解析。

getopts 会用到以下 3 个变量：

- OPTIND：存放下一个要处理的参数（option）的索引（index）。这是 getopts 记住自己状态的方式。该变量也可以用于移位使用 getopts 处理的位置参数。OPTIND 初始被设为 1，如果想再次使用 getopts 解析任何内容，则需要将其重置为 1。
- OPTARG：该变量被设置为由 getopts 找到的选项（option）所对应的参数（argument）。
- OPTERR：该变量的值为 0 或 1，指示 Bash 是否应该显示由 getopts 产生的错误（error）信息。在每个 Shell 启动时，该变量的值被初始化为 1。如果不想看这些错误信息，请确保将它设置为 0。

getopts 命令的基本语法如下：

```
getopts OPTSTRING VARNAME [ARGS...]
```

- OPTSTRING：通知 getopts 有哪些选项以及在哪里有参数（用选项后加冒号“:”表示，参见下面的示例）。
- VARNAME：通知 getopts 哪个变量用于选项报告。
- ARGS：通知 getopts 解析这些可选的参数而不是位置参数。

例如，下面的 getopts 命令表示查找-f、-A 和-x 选项：

```
$ getopts fAx VARNAME
```

下面的 getopts 命令表示-A 选项后面有一个参数：

```
$ getopts fA:x VARNAME
```

默认情况下，getopts 命令用于解析当前 Shell 或函数的位置参数。可以指定自己的参数让 getopts 来解析。一旦额外的参数指定在 VARNAME 之后，getopts 将不再尝试解析位置参数，而是解析这些指定的参数。

getopts 命令还支持两种错误报告模式，分别为详细错误报告模式和抑制错误报告模式。对于产品中的脚本，推荐使用抑制错误报告模式，因为这样看起来更专业，也更容易处理。

在详细错误报告模式下，如果 getopts 遇到了一个无效的选项，VARNAME 的值会被设置为问号“?”，并且变量 OPTARG 不会被设置；如果需要的参数没找到，VARNAME 的值同样会被设置为问号“?”，变量 OPTARG 也不会被设置，并且会打印一个错误信息。

在抑制错误报告模式下，如果 getopts 遇到了一个无效的选项，则 VARNAME 的值会被设置为问号“?”，并且变量 OPTARG 会被设置为选项字符；如果需要的参数没有找到，则 VARNAME 的值会被设置为冒号“:”，并且在变量 OPTARG 中会包含选项字符。

到目前为止，读者应该对 getopts 命令有了基本的了解了，接下来通过几个实例来进一步学习 getopts 的使用。

【例 1】有一个很简单的脚本 getopts_1.sh，它只有一个-a 选项，没有任何参数。脚本的内容如下：

```
-bash-5.1$ cat getopts_1.sh
#!/bin/bash -
# 使用 getopts 解析命令行选项，这里仅解析-a 选项，选项字符串中的第一个字符为冒号“:”，
  表示抑制错误报告
while getopts ":a" opt
do

  case $opt in
    # 匹配-a 选项
    a)

      echo "The option -a was triggered!"
      ;;

    # 匹配其他选项
    \?)

      echo "Invalid option: -${OPTARG}"
      ;;

  esac

done
```

在此脚本的 getopts 语句中，我们将选项字符串的第一个字符设为冒号“:”是为了抑制错误的报告，即调用此脚本时，如果指定了无效的选项或缺少选项参数，则不会报告诊断信息。

如果直接运行脚本且不指定任何选项，则没有任何输出，结果如下：

```
-bash-5.1$ ./getopts_1.sh
-bash-5.1$
```

这是因为 getopts 没有看到任何有效或无效的选项，因此它没有被触发。

如果运行脚本时指定一个命令行参数而不是一个选项，则依旧没有任何输出，结果如下：

```
-bash-5.1$ ./getopts_1.sh /etc/inittab
-bash-5.1$
```

这和之前的尝试同理，getopts 还是没有找到任何有效或无效的选项。

现在为脚本指定一个选项，看看有什么结果。例如，指定选项-b，其结果如下：

```
-bash-5.1$ ./getopts_1.sh -b
Invalid option: -b
-bash-5.1$
```

我们看到，这一次 getopts 被触发了。果然，getopts 没有接收为脚本指定的这个选项并且如前面讲的错误报告模式中所说，它将问号“?”放入变量 opt 中，并将无效的选项字符（b）放入变量 OPTARG 中。

如果将选项-a 指定给脚本，其结果如下：

```
-bash-5.1$ ./getopts_1.sh -a
The option -a was triggered!
-bash-5.1$
```

当脚本运行时，getopts 将 a 放入变量 OPT 中，然后在 case 语句中被匹配。

当然，调用脚本时，还可以指定多个选项，其结果如下：

```
-bash-5.1$ ./getopts_1.sh -a -b -x -d
The option -a was triggered!
Invalid option: -b
Invalid option: -x
Invalid option: -d
```

或者多次指定同一个选项：

```
-bash-5.1$ ./getopts_1.sh -a -a -a -a
The option -a was triggered!
The option -a was triggered!
The option -a was triggered!
The option -a was triggered!
```

通过上面的两次调用可以看出：

- 无效的选项不会停止处理：如果希望脚本遇到无效的参数就停止运行，那么必须做一些完善操作（在正确的位置执行 exit 命令）。
- 允许多个相同的选项：如果想禁止重复的选项，那么必须在脚本中做一些检查操作。

【例 2】本例的脚本稍微复杂一些，它可以接收多个命令行选项和参数，脚本内容如下：

```
-bash-5.1$ cat ./getopts_2.sh
#!/bin/bash -
# 定义变量 vflag
vflag=off
# 定义变量 filename
filename=""
# 定义变量 output
output=""

# 定义函数 usage()
function usage() {

  echo "USAGE:"
  echo "   myscript [-h] [-v] [-f <filename>] [-o <filename>]"
  exit -1

}

# 在 while 循环中使用 getopts 解析命令行选项
#要解析的选项有-h、-v、-f、-o，其中，-f 和-o 选项带有参数
#在字符串选项中，第一个冒号表示 getopts 使用抑制错误报告模式
while getopts :hvf:o: opt
do
```

```
  case "$opt" in

    v)
      vflag=on
      ;;
    f)
      # 将-f 选项的参数赋值给变量 filename
      filename=$OPTARG
      # 如果文件不存在，则显示提示信息并退出脚本的执行
      if [ ! -f $filename ]
      then

        echo "The source file $filename doesn't exist!"
        exit

      fi
      ;;
    o)
      # 将-o 选项的参数赋值给变量 output
      output=$OPTARG
      # 如果指定的输出文件的目录不存在，则显示提示信息并退出脚本的执行
      if [ ! -d `dirname $output` ]
      then

        echo "The output path `dirname $output` doesn't exist!"
        exit

      fi
      ;;
    h)
      # 显示脚本的使用信息
      usage
      exit
      ;;
    :)
      # 如果没有为需要参数的选项指定参数，则显示提示信息并退出脚本的运行
      echo "The option -$OPTARG requires an argument."
      exit 1
      ;;
    ?)
      # 如果指定的选项为无效选项，则显示提示信息和脚本的使用方法信息并退出脚本的运行
      echo "Invalid option: -$OPTARG"
      usage
      exit 2
      ;;

  esac

done
```

上述脚本的运行结果如下：

```
-bash-5.1$ ./getopts_2.sh -h
USAGE:
   myscript [-h] [-v] [-f <filename>] [-o <filename>]

-bash-5.1$ ./getopts_2.sh -vf
The option -f requires an argument.

-bash-5.1$ ./getopts_2.sh -vf /tmp/test
The source file /tmp/test doesn't exist!
```

```
-bash-5.1$ ./getopts_2.sh -vf /etc/passwd -o /tmp/output.log
-bash-5.1$
```

10.2.3　实例：使用 getopt 处理多命令行选项

getopt 命令与 getopts 命令的功能很相似，也是用于解析命令行的选项和参数，使其可以被 Shell 程序简单地解析。不同的是，getopt 命令是 Linux 系统中的命令行工具，并且 getopt 支持命令行的长选项（如--some-option）。另外，在脚本中二者的调用方式也不同。

getopt 命令的语法如下：

```
getopt [options] [--] optstring parameters
getopt [options] -o|--options optstring [options] [--] parameters
```

下面来看一个使用 getopt 命令的例子，看看 getopt 怎样解析命令行选项和参数：

```
$ getopt f:vl -vl -f/local/filename.conf param_1
-v -l -f /local/filename.conf -- param_1
```

在上例中，f:vl 对应 getopt 命令语法中的 optstring（选项字符串），-vl -f/local/filename.conf param_1 对应 getopt 命令语法中的 parameters（getopt 命令的参数）。因此，getopt 会按照 optstring 的设置，将 parameters 解析为相应的选项和参数，-vl 被解析为-v 和-l。

与 getopts 类似，因为在选项字符串中 f 后有一个冒号（:），所以-f/local/filename.conf 被解析为-f /local/filename.conf，然后解析后的命令行选项和参数之间使用双连字符（--）分隔。

那么在 Shell 脚本中怎样使用 getopt 命令来重写命令行参数呢？

【例 1】假设有一个脚本 getopt_1.sh，内容如下：

```
-bash-5.1$ cat getopt_1.sh
#!/bin/bash -
# 将 getopt 命令解析后的内容保存为位置参数
set -- `getopt f:vl "$@"`

# 如果位置参数的个数大于 0 就执行 while 循环
while [ $# -gt 0 ]
do

  # 打印位置参数 1 的值
  echo $1
  # 将位置参数左移
  shift

done
```

脚本的运行结果如下：

```
-bash-5.1$ chmod +x getopt_1.sh
-bash-5.1$ ./getopt_1.sh -vl -f/local/filename.conf param_1
-v
-l
-f
/local/filename.conf
--
param_1
```

在脚本的 set 命令语句中，getopt f:vl "$@"表示将传递给脚本 getopt_1.sh 的命令行选项和参数作为 getopt 命令的参数，由 getopt 命令解析处理。整个 set 命令语句 set -- `getopt f:vl "$@"`表示将 getopt 命令的输出作为值依次（按从左到右的顺序）赋值给位置参数（set – [args] 命令会把指定的参数[args]依次赋值给位置参数），因此就得到了上面的输出信息。

【例 2】如果将使用 getops 的脚本 getopts_2.sh 改成使用 getopt 命令来处理，则其内容如下：

```
-bash-5.1$ cat getopt_2.sh
#!/bin/bash -
# 定义变量 vflag
vflag=off
# 定义变量 filename
filename=""
# 定义变量 output
output=""

# 使用 getopt 命令处理后的命令行选项和参数重新设置位置参数
set -- `getopt hvf:o: "$@"`

# 定义函数 usage()
function usage() {

  echo "USAGE:"
  echo "    myscript [-h] [-v] [-f <filename>] [-o <filename>]"
  exit -1

}

# 如果位置参数的个数大于 0，就执行 while 循环
while [ $# -gt 0 ]
do

  case "$1" in

    -v)
      vflag=on
      ;;
    -f)
      # 如果是-f 选项，那么将指定给-f 选项的参数赋值给变量 filename
      filename=$2

      # 如果指定的作为参数的文件不存在，则在标准输出中显示文件不存在的信息并退出脚本的
        运行
      #+否则将位置参数左移，移到-f 选项的参数位置上
      if [ ! -f $filename ]
      then

        echo "The source file $filename doesn't exist!"
        exit

      else

        shift

      fi
      ;;
    -o)
      # 如果是-o 选项，那么将指定给-o 选项的参数赋值给变量 filename
      output=$2
```

```
      # 如果指定的作为参数的文件不存在，则在标准输出中显示文件不存在的信息并退出脚本的
        运行
      #+否则将位置参数左移，移到-o 选项参数的位置上
      if [ ! -d `dirname $output` ]
      then

        echo "The output path `dirname $output` doesn't exist!"
        exit

      else

        shift

      fi
      ;;
    -h)
      usage
      exit
      ;;
    --)
      # 如果是双连字符，则跳过并退出 while 循环
      shift
      break
      ;;
    -*)
      echo "Invalid option: $1"
      usage
      exit 2
      ;;
    *)
      break
      ;;

  esac
  shift
done
```

脚本的运行结果如下：

```
-bash-5.1$ ./getopt_2.sh

-bash-5.1$ ./getopt_2.sh -h
USAGE:
   myscript [-h] [-v] [-f <filename>] [-o <filename>]

-bash-5.1$ ./getopt_2.sh -vf
getopt: option requires an argument -- f
-bash-5.1$ ./getopt_2.sh -vf /etc/passwd

-bash-5.1$ ./getopt_2.sh -vf /etc/passwd -o
getopt: option requires an argument - o

-bash-5.1$ ./getopt_2.sh -vf /etc/passwd -o /tmp/output.log
-bash-5.1$
```

【例 3】前面提到 getopt 还有一个功能是支持长选项（--long-options），下面通过一个脚本 getopt_longopt.sh 来学习如何使用 getopt 处理命令行的长选项。脚本的内容如下：

```
#!/bin/bash -
# 定义变量 ARG_B
ARG_B=0
```

```
# 使用 getopt 命令处理脚本的命令行选项和参数，再将处理后的结果重新赋值给位置参数
#+ eval 命令用于将其后的内容作为单个命令读取和执行，这里用于处理 getopt 命令生成的参数
  的转义字符
eval set -- `getopt -o a::bc: --long arga::,argb,argc: -n 'getopt_longopt.sh'
-- "$@"`

# 执行 while 循环
while true
do
  case "$1" in
    -a|--arga)
      case "$2" in
        "")
          # 当没有给具有可选参数的选项-a（或--arga）指定参数时，使用默认值赋值给变量
            ARG_A
          ARG_A='default value'
          shift
          ;;
        *)
          # 当给具有可选参数的选项-a（或--arga）指定参数时，使用指定的参数赋值给变量
            ARG_A
          ARG_A=$2
          shift
          ;;
        esac
        ;;
    -b|--argb)
      # 如果指定选项-b（或--argb），则将变量 ARG_B 赋值为 1
      ARG_B=1
      ;;
    -c|--argc)
      case "$2" in
        "")
          # 如果没有为-c（或--argc）选项指定参数，则跳过
          shift
          ;;
        *)
          # 如果为-c（或--argc）选项指定了参数，则将指定的参数赋值给变量 ARG_2
          ARG_C=$2
          shift
          ;;
      esac
      ;;
    --)
      # 如果为双连字符（--）则退出 while 循环，表示选项结束
      shift
      break
      ;;
    *)
      # 如果为其他选项，则显示错误信息并退出脚本的执行
      echo "Internal error!"
      exit 1
      ;;
  esac

  shift

done

# 打印变量 ARG_A、ARG_B 和 ARG_C 的值
```

```
echo "ARG_A = $ARG_A"
echo "ARG_B = $ARG_B"
echo "ARG_C = $ARG_C"
```

在上面的脚本中，使用了 getopt 命令 getopt -o a::bc: --long arga::,argb,argc: -n 'getopt_longopt.sh' -- "$@"来处理指定该脚本的命令行参数。其中，getopt 命令的-o 选项表示识别哪些短（1 个字符）选项。getopt 命令的--long（或-l）选项表示识别哪些长（多个字符）选项。getopt 命令的-n 选项表示 getopt(3)程序在报告错误时使用什么文件名（或程序名）。

getopt 命令的-o 选项所指定的选项字符串遵循如下规则：

- 每个字符代表一个选项。
- 字符后跟一个冒号（:）表示选项需要一个参数。
- 字符后跟两个冒号（::）表示选项有可选参数，即 0 个或者 1 个参数。

例如，上面脚本中 getopt 命令中的-o a::bc:，其中，a::表示识别选项-a，并且-a 选项具有一个可选的参数（如-aparam1），如果在命令行中指定了参数和-a 选项，那么选项-a 与参数 param1 之间不能有任何空格，b 表示识别-b 选项，没有参数，c:表示识别-c 选项，并且-c 选项需要一个参数（如-c param2）。

下面指定几个短选项来看一下脚本 getopt_longopt.sh 的运行结果：

```
-bash-5.1$ ./getopt_longopt.sh -a -b -c 456
ARG_A = default value
ARG_B = 1
ARG_C = 456

-bash-5.1$ ./getopt_longopt.sh -a123 -b -c 456
ARG_A = 123
ARG_B = 1
ARG_C = 456

-bash-5.1$ ./getopt_longopt.sh -c 456
ARG_A =
ARG_B = 0
ARG_C = 456
```

getopt 命令的--long 选项所指定的选项字符串遵循如下规则：

- 每个选项之间由逗号（,）分隔。
- 字符串后跟一个冒号（:），表示选项需要一个参数。
- 字符串后跟两个冒号（::），表示选项有可选参数，即 0 个或者 1 个参数。

例如，上述脚本中 getopt 命令中的--long arga::,argb,argc:，其中，arga::表示识别长选项--arga，并且此选项--arga 具有一个可选的参数（如--arga='param1'），如果在命令行给参数指定了--arga 选项，那么选项--arga 与参数 param1 之间只能用等号（=）连接，argb 表示识别长选项--argb，没有参数，argc:表示识别长选项-- argc，并且--argc 选项需要一个参数（如--argc param2 或--argc='param2'）。

下面指定几个长选项看看脚本 getopt_longopt.sh 的运行结果：

```
-bash-5.1$ ./getopt_longopt.sh --arga --argb --argc 456
ARG_A = default value
ARG_B = 1
ARG_C = 456

-bash-5.1$ ./getopt_longopt.sh --arga='123' --argb --argc 456
ARG_A = 123
```

```
ARG_B = 1
ARG_C = 456

-bash-5.1$  ./getopt_longopt.sh --argc=456
ARG_A =
ARG_B = 0
ARG_C = 456

-bash-5.1$  ./getopt_longopt.sh --argc 456
ARG_A =
ARG_B = 0
ARG_C = 456

-bash-5.1$  ./getopt_longopt.sh --argc=456
ARG_A =
ARG_B = 0
ARG_C = 456

-bash-5.1$  ./getopt_longopt.sh --arga 456
ARG_A = default value
ARG_B = 0
ARG_C =

-bash-5.1$  ./getopt_longopt.sh --arga=456
ARG_A = 456
ARG_B = 0
ARG_C =
```

学习了如何使用 getopts 和 getopt 命令处理命令行参数，可能有读者会问，应该使用哪一个命令呢？这取决于实际需求。如果希望 Shell 脚本支持长选项，那么就使用 getopt 命令；如果 Shell 脚本要考虑跨平台的兼容性，或者脚本不需要支持长选项，那么推荐使用 Bash 的内部命令 getopts，因为它跨平台的兼容性较好而且使用起来简单、方便。

10.3　获得用户的输入信息

在 Bash 中可以通过其内部命令 read 读取（read）用户来自键盘的输入信息，并且可以将输入的内容赋值给一个变量。因此，在一个交互式的 Shell 脚本中，一般使用 read 命令来获取用户的输入信息。

在前面几章的某些实例脚本中，我们已经使用过 raed 命令，并对其进行了简单的描述，想必读者对 read 命令有了基本的了解。接下来再通过一些脚本来学习如何使用 read 命令获取用户的输入信息。

10.3.1　实例：基本信息的读取

read 命令比较常用的语法格式如下：

```
read [-p prompt] [variable1 variable2…]
```

-p 选项用于在尝试读取任何输入信息之前，将 prompt（提示信息）的内容在标准输出上显示出来。一般使用这个选项来指定提示用户输入哪些内容。read 命令每次会从标准输入（或使用-u 选项指定的文件描述符）中读取一行内容，并且将第一个单词赋值给第一个变量 variable1，将第二个单词赋值给第二个变量 variable2，以此类推。如果输入的单词数少于指定的变量数，那么剩下的 name 变量的值会被设为空，环境变量 IFS 中的字符被作为分隔，将输入的内容分隔为单词。

下面通过一个脚本 readUserInput_1.sh 来学习 read 命令的使用，脚本的内容如下：

```
-bash-5.1$ cat readUserInput_1.sh
#!/bin/bash -
# 提示用户输入用户名，然后将用户输入的内容赋值给变量 username
read -p "Enter your name, please: " username

# 提示用户输入电子邮件地址，然后将用户输入的内容赋值给变量 email
read -p "Enter your email address, please: " email

# 询问用户是否继续，提示输入 y 或 n，然后将用户输入的内容赋值给 input
read -p "Are you sure to continue? [y/n] " input


case $input in
  # 如果用户输入的内容以字母 y 或 Y 开头，则显示一些信息到标准输出
  [yY]*)
    echo "Your name is $username"
    echo "Your email address is $email"
    ;;
  # 如果用户输入的内容以字母 n 或 N 开头，则退出脚本的执行
  [nN]*)
    exit
    ;;
  *)
    echo "Just enter y or n, please."
    exit
    ;;
esac
```

脚本的运行结果如下：

```
-bash-5.1$ chmod +x readUserInput_1.sh
-bash-5.1$ ./readUserInput_1.sh
Enter your name, please: yantaol
Enter your email address, please: yantao.freedom@icloud.com
Are you sure to continue? [y/n] y
Your name is yantaol
Your email address is yantao.freedom@icloud.com
```

10.3.2　实例：输入超时

可以使用 read 命令的-t 选项来设置 read 命令读取用户输入信息的超时时间（timeout）。如果在指定的秒数内没有读入一整行的输入信息（即没有按 Enter 键），read 命令就会超时并返回一个失败的信息。我们可以在 10.3.1 节的实例脚本 readUserInput_1.sh 中加入读取输入信息的超时时间，修改后的脚本内容如下：

```
-bash-5.1$ cat ./readUserInput_2.sh
#!/bin/bash -
read -t 5 -p "Enter your name, please: " username
read -t 5 -p "Enter your email address, please: " email
read -t 5 -p "Are you sure to continue? [y/n] " input

case $input in
```

```
    [yY]*)
      echo "Your name is $username"
      echo "Your email address is $email"
      ;;
    [nN]*)
      exit
      ;;
    *)
      echo "Just enter y or n, please."
      exit
      ;;
esac
```

10.3.3　实例：隐式地读取用户输入的密码

可以使用 read 命令的-s 选项以静默（silent）模式隐藏用户的输入。如果指定了-s 选项，来自终端的输入不会被显示出来。这对我们的脚本在需要对用户输入的密码进行验证时是很有用的（为了安全起见，我们当然不希望输入的密码明文回显在屏幕上）。

下面通过脚本 readPassword.sh 来学习如何使用 read 命令隐式地读取用户输入的密码。脚本的内容如下：

```
-bash-5.1$ cat ./readPassword.sh
#!/bin/bash -
# 定义变量 password
password=''

# 在标准输出显示输入密码的信息
echo -n "Enter password: "

# 使用 while 循环隐式地从标准输入中每次读取一个字符，并且反斜杠不进行转义字符处理
# 然后将读取的字符赋值给变量 char
while IFS= read -r -s -n1 char
do
  # 如果读入的字符为空（直接按 Enter 键），则退出 while 循环
  if [ -z $char ]
  then
    echo
    break
  fi

  # 如果按的是退格键（Backspace）或删除键（Delete），则从变量 password 中移除最后一
    个字符
# 并向左删除一个*
# 否则，将变量 char 的值累加赋值给变量 password
  if [[ $char == $'\x08' || $char == $'\x7f' ]]
  then
    # 从变量 password 中移除最后一个字符
[[ -n $password ]] && password=${password:0:${#password}-1}
# 并向左删除一个*
printf '\b \b'
  else
    # 将变量 char 的值累加赋值给变量 password
    password+=$char
    # 打印一个星号*.
    printf '*'
  fi
```

```
done

echo "Password is: $password"
```

脚本中的 0x08 和 0x7f 分别表示十六进制 ASCII 码中的退格键和删除键。“\b \b”则是用于删除左侧的字符，只使用“\b”是向左移动光标，但字符保持不变。

脚本的运行结果如下：

```
-bash-5.1$ chmod +x readPassword.sh
-bash-5.1$ ./readPassword.sh
Enter password: *******
Password is: yantaol
```

10.3.4　实例：从文件中读取数据

使用 read 命令从文件中读取数据的方法主要有两种，一种是在 while 循环或 until 循环中使用 read 命令通过文件描述符一行一行地读取文件的内容，这种方法将在 11.3 节中详细介绍；另一种方法是在 for 循环中使用命令“cat <filename>”来读取文件内容。本节将介绍如何使用第二种方法从文件中读取数据。

在 for 循环中使用命令“cat <filename>”命令读取文件的语法如下：

```
for data in $(cat filename)
do
  command1
  command2
  …
  commandN
done
```

其中，filename 代表一个文本文件，读取的内容会被存入变量 data，此变量会在 for 循环体中使用，用来对读入的数据进行处理。

在 for 循环中使用 cat <filename>命令读取文件内容的常见错误是，程序员以为它会逐行地读取文件的内容，其实在默认情况下，cat <filename>命令是逐个单词地读取文件内容。因为 cat <filename>命令使用环境变量 IFS 的值作为分隔符，由于$IFS 的默认值是“<space><tab><newline>”，所以 cat <filename>命令首先会以空格作为分隔符来读取文件的内容。因此，如果想要在 for 循环中使用 cat <filename>命令逐行地读取文件内容，需要在调用 for 循环之前先修改$IFS 的值。当然，如果确定文件内容的每行只有一个单词，则无须修改$IFS 的默认值。

下面以脚本 readFromFilebyfor.sh 为例，学习如何使用 for 循环逐行地读取文件的内容。

```
-bash-5.1$ cat readFromFilebyfor.sh
#!/bin/bash -
# 使用变量 O_IFS 保存环境变量 IFS 的值
old_IFS=$IFS

# 如果指定的命令行参数个数不为 1，则显示脚本的使用方法信息，然后退出脚本的执行
if [ $# -ne 1 ]
then

  # 显示脚本的使用方法信息
  echo "Usage: `basename $0` filename"
```

```
  # 退出脚本的执行
  exit

fi

# 如果指定的文件不存在，则显示提示信息并退出脚本的执行，退出状态码为 1
if [ ! -f $1 ]
then

  echo "The file $1 doesn't exist!"
  exit 1

fi

# 修改环境变量 IFS 的值，使用下面的 for 循环以换行符为分隔符逐行地读取文件的内容
IFS=$'\n'

# 使用 for 循环读取文件的内容，将读取的内容存入变量 line 中
for line in $(cat $1)
do

  echo $line

done

# 恢复环境变量 IFS 原来的值
IFS=$old_IFS
```

脚本的运行结果如下：

```
-bash-5.1$ ./readFromFilebyfor.sh /etc/passwd
root:x:0:0:root:/root:/bin/bash
bin:x:1:1:bin:/bin:/sbin/nologin
daemon:x:2:2:daemon:/sbin:/sbin/nologin
adm:x:3:4:adm:/var/adm:/sbin/nologin
lp:x:4:7:lp:/var/spool/lpd:/sbin/nologin
sync:x:5:0:sync:/sbin:/bin/sync
shutdown:x:6:0:shutdown:/sbin:/sbin/shutdown
halt:x:7:0:halt:/sbin:/sbin/halt
mail:x:8:12:mail:/var/spool/mail:/sbin/nologin
news:x:9:13:news:/etc/news:
uucp:x:10:14:uucp:/var/spool/uucp:/sbin/nologin
operator:x:11:0:operator:/root:/sbin/nologin
games:x:12:100:games:/usr/games:/sbin/nologin
gopher:x:13:30:gopher:/var/gopher:/sbin/nologin
ftp:x:14:50:FTP User:/var/ftp:/sbin/nologin
nobody:x:99:99:Nobody:/:/sbin/nologin
nscd:x:28:28:NSCD Daemon:/:/sbin/nologin
vcsa:x:69:69:virtual console memory owner:/dev:/sbin/nologin
pcap:x:77:77::/var/arpwatch:/sbin/nologin
ntp:x:38:38::/etc/ntp:/sbin/nologin
dbus:x:81:81:System message bus:/:/sbin/nologin
avahi:x:70:70:Avahi daemon:/:/sbin/nologin
rpc:x:32:32:Portmapper RPC user:/:/sbin/nologin
apache:x:48:48:Apache:/var/www:/sbin/nologin
mailnull:x:47:47::/var/spool/mqueue:/sbin/nologin
smmsp:x:51:51::/var/spool/mqueue:/sbin/nologin
sshd:x:74:74:Privilege-separated SSH:/var/empty/sshd:/sbin/nologin
xfs:x:43:43:X Font Server:/etc/X11/fs:/sbin/nologin
rpcuser:x:29:29:RPC Service User:/var/lib/nfs:/sbin/nologin
nfsnobody:x:65534:65534:Anonymous NFS User:/var/lib/nfs:/sbin/nologin
```

```
haldaemon:x:68:68:HAL daemon:/:/sbin/nologin
avahi-autoipd:x:100:101:avahi-autoipd:/var/lib/avahi-autoipd:/sbin/
nologin
gdm:x:42:42::/var/gdm:/sbin/nologin
nx:x:101:104::/usr/NX/home/nx:/usr/NX/bin/nxserver
tomcat:x:91:91:Tomcat:/usr/share/tomcat5:/bin/sh
jenkins:x:102:301:Jenkins Continuous Build server:/var/lib/jenkins:/
bin/false
yantaol:x:12345:28: Liu YanTao:/home/yantaol:/bin/bash
```

虽然使用 while 循环读取文件的内容比较方便，但是也有副作用，while 循环读取的每行内容会去掉重复的空格和制表符，即会消除每行的原有格式。而将 for 循环结合环境变量$IFS 使用可以保留每行原有的格式。因此，可以根据不同的需求来选择使用 while 循环还是 for 循环来读取文件的内容。

10.4　小　　结

下面总结本章所学的主要知识：

- 与向函数传递命令行参数的方法类似，我们也可以使用此方法向 Shell 脚本传递参数。这些传递的命令行参数同样存储在位置参数（$1,$2,…$9,${10},${11},…）中。
- 特殊变量$*和$@会存储所有传递的命令行参数，特殊变量$#会存储传递的命令行参数的个数。
- 当脚本只接收一个命令行参数，并且会根据这个命令行参数的不同而执行不同的操作时，通常会使用 case 语句来处理这个命令行参数。这种方法常见于 Linux 的应用程序或服务的启动脚本中。
- case 语句中的每个模式匹配是大小写敏感的。可以使用命令“shopt -s nocasematch”开启 nocasematch 选项。
- 当脚本需要多个命令行参数时，可以使用 shift 命令在一个变量中一个接一个地获取多个命令行参数。
- shift 是 Bash 的一个内部命令。此命令用于将传递的参数变量向左移，在每次移位之后，特殊变量$#的值也会调整，而特殊变量$0 并不参与移位操作。
- 如果我们读取特殊变量$1 的值，然后运行命令 shift，再次读取特殊变量$1 的值，那么将会得到特殊变量$2 的值。再次运行命令 shift，当再读取特殊变量$1 时，将会得到特殊变量$3 的值，以此类推。因此，只要$#的值不为 0，就可以在 while 循环中进行迭代，获取特殊变量$1 的值，然后运行 shift 命令，再次读取$1 的值，依次获得所有传递的命令行参数。
- 在编写 Shell 脚本时，为了使脚本更加严谨，减少脚本运行时可能会产生的异常错误，在脚本的开头部分，一般都会编写一段对与脚本相关的环境或变量进行检查的代码。
- 当编写的 Shell 脚本只接收一个命令行选项时，可以使用 case 语句对其进行处理。
- 如果希望以专业的方式解析命令行选项和参数，那么 getopts 将是很好的选择。getopts 是 Bash 的内部命令。它的优势在于：不需要通过一个外部程序来处理位置参数；可以很容易地设置用来解析的 Shell 变量（对于一个外部进程是不可能的）；

getopts 定义在 POSIX 中。

- getopts 可以解析选项及其可能存在的参数。它将在第一个非选项参数（不以连字符“-”开头，并且不是前面选项参数的字符串）的位置停止解析。当遇到双连字符“--”（表示选项结束）时，它也会停止解析。

getopts 会用到以下 3 个变量：

- OPTIND：存放下一个要处理的参数的索引。这是 getopts 记住自己状态的方式。该变量也可以用于移位使用 getopts 处理的位置参数。OPTIND 初始被设为 1，如果想再次使用 getopts 解析任何内容，则需要将其重置为 1。
- OPTARG：该变量被设置为由 getopts 找到的选项所对应的参数。
- OPTERR：该变量的值为 0 或 1，指示 Bash 是否应该显示由 getopts 产生的错误信息。在每个 Shell 启动时，它的值被初始化为 1。如果你不想看这些错误信息，则将它设置为 0。

- getopts 命令的基本语法是 getopts OPTSTRING VARNAME [ARGS...]。其中，OPTSTRING 通知 getopts 有哪些选项以及在哪里有参数（用选项后加冒号“:”表示）；VARNAME 通知 getopts 哪个变量用于选项报告；ARGS 通知 getopts 解析这些可选的参数，而不是位置参数。
- getopts 命令支持两种错误报告的模式，分别为详细错误报告模式和抑制错误报告模式。在详细错误报告模式下，如果 getopts 遇到了一个无效的选项，则 VARNAME 的值会被设置为问号（?），并且变量 OPTARG 不会被设置；如果需要的参数没找到，则 VARNAME 的值同样会被设置为问号（?），变量 OPTARG 也不会被设置，并且会打印一个错误信息。
- 在抑制错误报告模式下，如果 getopts 遇到了一个无效的选项，则 VARNAME 的值会被设置为问号（?），并且变量 OPTARG 会被设置为选项字符；如果需要的参数没找到，则 VARNAME 的值同样会被设置为冒号“:”，并且在变量 OPTARG 中会包含选项字符。
- getopt 命令与 getopts 命令的功能很相似，也是用于解析命令行的选项和参数，使其可以被 Shell 程序简单地解析。不同的是，getopt 命令是 Linux 的命令行工具，并且 getopt 命令支持命令行的长选项（如--some-option）。另外，在脚本中它们的调用方式也不同。
- getopt 命令的-o 选项表示识别哪些短（一个字符）选项，所指定的选项字符串遵循的规则是：每一个字符代表一个选项；字符后跟一个冒号（:）表示选项需要一个参数；字符后跟两个冒号（::）表示选项有可选参数。
- getopt 命令的--long 选项表示告诉 getopt 识别哪些长（多个字符）选项，所指定的选项字符串遵循的规则是：每个选项之间由逗号（,）分隔；字符串后跟一个冒号（:）表示选项需要一个参数；字符串后跟两个冒号（::）表示选项有可选参数。
- 如果希望 Shell 脚本支持长选项，就使用 getopt 命令；如果 Shell 脚本要考虑跨平台的兼容性或者不需要支持长选项，那么推荐使用 Bash 的内部命令 getopts，因为它跨平台的兼容性较好而且使用起来简单、方便。
- 在 Bash 中可以通过其内部命令 read 接收用户来自键盘的输入，并且可以将输入的内容赋值给一个变量。因此，在一个交互式的 Shell 脚本中一般使用 read 命令来获取用户的输入。

- read 命令的-p 选项用于在尝试读取任何输入信息之前，将 prompt（提示信息）的内容在标准输出中显示出来。一般使用这个选项来指定提示用户输入哪些内容。read 命令会每次从标准输入（或使用-u 选项指定的文件描述符）中读取一行内容，并且将第一个单词赋值给第一个变量 variable1，将第二个单词赋值给第二个变量 variable2，以此类推。如果输入的单词数少于指定的变量数，那么剩下的 name 变量的值会被设为空，环境变量 IFS 中的字符被作为分隔符，将输入的内容分隔为单词。
- read 命令的-t 选项可以用来设置 read 命令读取用户输入的超时时间。如果在指定的秒数内没有读入一整行的输入信息（即没有按 Enter 键），则 read 命令就会超时并返回一个失败信息。
- read 命令的-s 选项可以用来隐藏用户输入的密码。如果指定了-s 选项，那么来自终端的输入不会被显示出来。这对脚本需要对用户输入的密码进行验证时是很有用的。
- 使用 read 命令从文件中读取数据的方法主要有两种，一种是在 while 循环或 until 循环中使用 read 命令通过文件描述符一行一行地读取文件的内容；另一种是在 for 循环中使用命令“cat <filename>”来读取文件中的内容。如果使用第二种方法读取文件内容，需要在调用 for 循环之前修改$IFS 的值。可以根据不同的需求，选择使用 while 循环还是 for 循环来读取文件的内容。

10.5　习　　题

一、填空题

1．getopts 命令支持两种错误报告模式，分别为________和________。

2．使用 read 命令从文件中读取数据的方法主要有两种，一种是在 while 循环或 until 循环中使用 read 命令通过________；另一种是在 for 循环中使用命令________来读取文件中的内容。

二、选择题

1．在 case 语句中，开启（　　）选项后，可以使 Shell 不区分大小写。

A．match　　B．nocasematch　　C．case　　D．casematch

2．下面用于将传递的参数变量向左移的命令是（　　）。

A．shift　　B．getops　　C．getop　　D．right

3．下面用来读取用户输入的命令是（　　）。

A．getop　　B．read　　C．getops　　D．shift

三、判断题

1．特殊变量$*和$@会存储传递的命令行参数个数。　（　　）

2．特殊变量$#会存储所有传递的命令行参数。　（　　）

第 11 章　Shell 重定向

本章学习 Shell 重定向的相关内容。首先介绍 Shell 的输入和输出，然后介绍 Shell 的各种重定向，最后介绍 Shell 文件描述符以及如何使用 exec 命令指定文件描述符进行重定向。

11.1　输入和输出

几乎所有的命令都会涉及从屏幕输出和从键盘获取输入的问题，而在 Linux 系统中可以将输出发送到指定的文件，或从文件中读取输入。每个 Shell 命令都有它自己的输入文件和输出文件。在一个命令执行之前，该命令的输入和输出可以使用由 Shell 解释的特殊标记进行重定向。例如，将 date 命令的输出发送到文件而不是屏幕上。改变输入或输出的默认路径的操作就叫作重定向。

在 Linux 中一切皆文件，因此硬件在 Linux 系统中同样表示为文件：

- 0（标准输入）：从文件（默认是键盘）中读取输入。
- 1（标准输出）：发送数据给文件（默认是屏幕）。
- 2（标准错误）：发送所有错误信息到一个文件（默认是屏幕）中。

上面的 3 个数字是标准的 POSIX 字符，也称为文件描述符。每个 Linux 命令都会使用上述文件与用户或其他系统程序进行交互。

11.1.1　标准输入

Shell 在运行任何命令之前，会先尝试打开文件进行读取。如果 Shell 打开文件失败，则以一个错误退出并且不会运行命令。如果 Shell 打开文件成功，则使用打开文件的文件描述符作为命令的标准输入文件描述符。

标准输入具有如下特点：

- 标准输入是默认的输入方法，用于读取输入，可以被所有命令使用；
- 标准输入用数字 0 表示；
- 标准输入也称作 stdin；
- 默认的标准输入设备是键盘。

操作符“<”是输入重定向操作符，其语法如下：

```
$ command < input_filename
```

例如，可以按照如下方式运行 cat 命令，在屏幕上显示/etc/inittab 的内容：

```
$ cat < /etc/inittab
# inittab is no longer used.
#
# ADDING CONFIGURATION HERE WILL HAVE NO EFFECT ON YOUR SYSTEM.
#
# Ctrl-Alt-Delete is handled by /usr/lib/systemd/system/ctrl-alt-del.target
#
# systemd uses 'targets' instead of runlevels. By default, there are two
main targets:
#
# multi-user.target: analogous to runlevel 3
# graphical.target: analogous to runlevel 5
#
# To view current default target, run:
# systemctl get-default
#
# To set a default target, run:
# systemctl set-default TARGET.target
```

上例中的标准输入的数据流示意如图 11.1 所示。

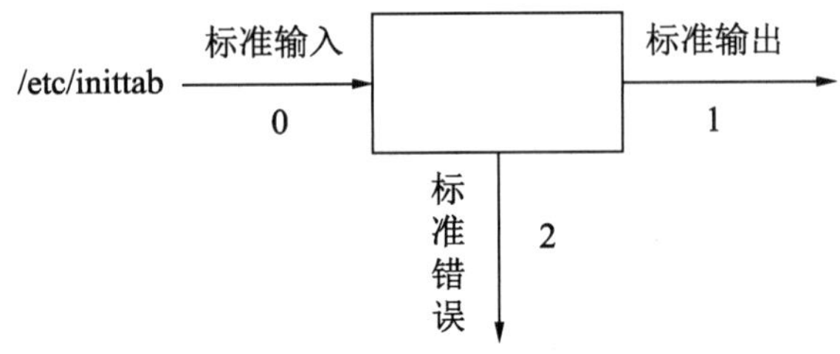

图 11.1　标准输入的数据流示意

利用标准输入，使用 sort 命令对一个文件的内容进行排序（sort）的方法如下：

```
$ sort < file_list.txt
```

11.1.2　标准输出

标准输出具有如下特点：

- 标准输出用于写入或显示命令自身的输出；
- 标准输出用数字 1 表示；
- 标准输出也称作 stdout;
- 默认的标准输出设备是屏幕。

操作符“>”是输出重定向操作符，它的语法如下：

```
$ command > output_filename
```

在上述语法中，Shell 首先尝试打开用于写入的文件 output_filename，如果成功打开文件，就将命令的标准输出发送到新打开的文件中。如果文件打开失败，则整个命令就会失败。

command > output_filenam 与 command 1> output_filename 命令具有相同的含义。数字 1 表示标准输出。

例如，将 ls 的输出保存到名称为 output.txt 的文件中：

```
$ ls > /tmp/output.txt
```

注意：如果/tmp/output.txt 文件不存在，则会被自动创建。如果文件/tmp/output.txt 存在，则会被重写。

上例中的标准输出的数据流示意如图 11.2 所示。

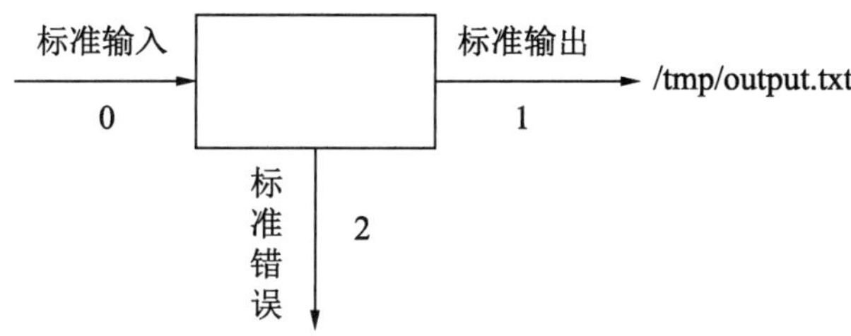

图 11.2　标准输出的数据流示意

同样，也可以保留脚本的输出到文件：

```
$ ./script_name.sh > output_filename
```

11.1.3　标准错误

标准错误具有如下特点：

- 标准错误是默认的错误输出方法，用于写入所有系统的错误信息。
- 标准错误用数字 2 表示。
- 标准错误也称为 stderr。
- 默认的标准错误设备是屏幕或显示器。

操作符“2>”是标准错误重定向操作符，其语法如下：

```
$ command 2> errors_filename
```

Shell 首先打开文件 errors_filename 用于写入，在获得这个文件的文件描述符后用它替换文件描述符 2。任何写到标准错误的内容都会被写入文件 errors_filename。

例如，将脚本 script_name.sh 运行时产生的错误信息发送给名称为 errors.txt 的文件，以便稍后复查这些错误信息，其命令如下：

```
$ ./script_name.sh 2> errors.txt
$ cat errors.txt
```

上例中的标准错误的数据流示意如图 11.3 所示。

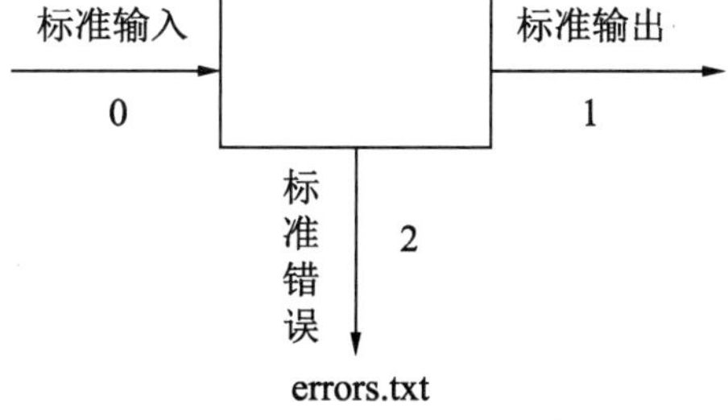

图 11.3　标准错误的数据流示意

11.2 重 定 向

在 Linux 中，总有 3 个默认的设备文件是打开的，即标准输入 stdin（键盘）、标准输出 stdout（屏幕）和标准错误 stderr（输出到屏幕的错误信息）。这 3 个文件和其他任何打开的文件都可以被重定向。重定向简单地说就是从文件、命令、程序、脚本甚至脚本的代码块中获取输出并把其作为输入发送给另一个文件、命令、程序或脚本。

每个打开的文件即被指定一个描述符。例如，标准输入、标准输出和标准错误的文件描述符分别是 0、1 和 2。对于打开的另外的文件，余留了文件描述符 3～9。

11.2.1 文件重定向

文件重定向是更改一个文件描述符，使其指向一个文件。我们先来看一个输出重定向：

```
$ echo "Today's date is $(date)." > date.txt
$ cat date.txt
Today's date is Tue May 9 10:30:19 AM CST 2023.
```

操作符“>”表示开始一个输出重定向。重定向默认只适用于一条命令（在上例中是 echo 命令）。当 Bash 运行命令时，操作符“>”告诉 Bash，标准输出（stdout）应当指向一个文件（在上例中是文件 date.txt），而不是它之前指向的地方。

因此，echo 命令不会把它的输出发送到终端，“> date.txt”重定向更改了标准输出描述符的目标，所以输出文件现在指向了叫作 date.txt 的文件。要注意的是，这个重定向发生在 echo 命令执行之前。默认情况下，Bash 不会先检查文件 date.txt 是否存在，它只是打开这个文件，如果这个文件已经存在，文件中之前存储的内容将会丢失。如果文件不存在，则会被创建一个名称为 date.txt 的空文件，以便文件描述符可以指向它。

应该注意的是，这个重定向只对操作符“>”应用的单个命令（上例中是 echo）有效。在此之后执行的其他命令会继续把输出发送到脚本的标准输出位置。

在上例中，我们在 echo 命令之后就使用 cat 命令打印文件 date.txt 的内容并将文件的内容发送到标准输出（终端或屏幕）。

注意： 在网络上有太多的代码实例和 Shell 教程告诉你读取文件的内容时要使用 cat。这并不是必须的。cat 命令只是可以较好地把多个文件连接在一起，或者作为在 Shell 命令行提示符中查看文件内容的快速工具。在你的脚本中，不应该使用 cat 命令通过管道传递文件，应该使用重定向。无效地使用 cat 命令将会导致额外的进程被创建。

当不指定任何参数而直接使用 cat 命令时，cat 命令显然不知道该读哪个文件。在这种情况下，cat 命令只会从标准输入而不是从文件中读取数据。由于标准输入通常不是一个正规的文件，直接不带任何参数地运行 cat 命令的结果是什么都不做：

```
$ cat
```

可以看到，结果甚至不会显示 Shell 命令行提示符。其实此时 cat 仍然从标准输入即终端进行读取。现在，在键盘上输入任何内容并按 Enter 键都会发送给 cat 命令。你输入的每一行信息，cat 命令都会和平时的处理方法一样：显示读取的内容到标准输出，与在前面的示例中显示 date.txt 的内容到标准输出的方法一样。

```
$ cat
hello world
hello world
```

为什么 hello world 显示了两次？首先，终端实际上很复杂，其有不同的工作模式。在上例中使用的模式是标准模式，在这个模式中，终端将回显输入的每一个字符，并允许对输入进行极其简易的编辑（如使用退格键）。输入的内容并不会真正发送给应用程序，除非按 Enter 键。

例如，输入 hello world，将会看到它被终端打印到屏幕上。一旦按 Enter 键，整行内容将变为对从终端读取数据的应用程序（如 cat 命令）可用。cat 命令从标准输入读入行，然后将其显示到同样是终端的标准输出。因此，第二行仍是 hello world。

可以按 Ctrl+D 向终端发送文件结束符。这会使 cat 命令认为标准输入已关闭，它将停止读取，并终结。Bash 会看到 cat 命令已被终结，便会返回 Shell 命令行提示符。

现在我们使用输入重定向将一个文件连接到标准输入，以便标准输入不再从键盘读取文件，而是从文件读取：

```
$ cat < date.txt
Today's date is Tue May 9 10:30:19 AM CST 2023.
```

上面的结果与前面使用 cat date.txt 得到的结果完全一致，只是使用方法稍有不同。在第一个例子中，cat 命令为文件 date.txt 打开了一个文件描述符，并通过这个文件描述符读取文件的内容。在第二个例子中，cat 命令仅从标准输入读取，与从键盘进行读取相似。然而，这次“< data.txt”操作已经修改了 cat 的标准输入，以使它的数据源变为了文件 date.txt，而不是键盘。

重定向可以使用数字作为先导，数字表示将要变更的文件描述符。

前面已经讲过表示标准错误的数字是 2。现在来看一个发送标准错误到一个文件的实例：

```
#!/bin/bash
# 如果参数个数小于 1（没有指定参数），则执行
if [ $# -lt 1 ]; then

# 打印脚本的使用方法信息
  echo "Usage: $0 DIRECTORY..."
  #退出脚本
  exit

fi

# 使用 for 循环遍历在命令行中给脚本指定的所有参数
for dir in $@
do

  # 找到指定目录中以 tmp 为后缀的文件并将其删除
  find $dir -name "*.tmp" -exec rm -f {} \;

# 将 for 循环产生的错误信息写入文件 errors.log 中
done 2> errors.log
```

在上面的实例中，从指定的多个目录中查找并删除以后缀.tmp 结尾的文件。有些.tmp 文件可能没有删除权限，此时 rm 操作就会失败并发送一个错误信息。

可能读者已经注意到，这里的重定向操作符并没有应用于 rm 命令，而是应用在了 done。为什么？因为重定会影响循环内所有标准错误的输出。严格说就是，Bash 在循环开始之前打开了名为 errors.log 的文件并将标准错误指向它，然后在循环结束时关闭了该文件。运行在循环内的任何命令（如 rm）都从 Bash 继承打开的文件描述符。

还有一种重定向，它可以保留文件（如上例中的 errors.log）之前存储的内容（如之前的错误信息）。但是根据之前提到的，当 Bash 重定向到一个文件时，它会销毁文件中已经存在的内容，因此，每次运行上例中的脚本时，日志文件（errors.log）在写入新的错误信息之前都将被清空一次。如果想保留所有由循环生成的错误信息记录，或者不想文件在每次运行循环之前被清空，应该怎么做呢？解决办法就是使用双重重定向操作符“>>”。“>>”不会清空文件，它只是添加新的内容到文件末尾。上例中的 for 循环可以更改如下：

```
# 使用 for 循环遍历在命令行中给脚本指定的所有参数
for dir in $@
do

  # 找到指定目录中以 tmp 为后缀的文件并将其删除
  find $dir -name "*.tmp" -exec rm -f {} \;

# 将 for 循环产生的错误信息追加写入文件 errors.log 中
done 2>> errors.log
```

注意： 当一个应用程序需要文件数据并且它的创建是为了从标准输入读取数据时，使用重定向是一个好主意。网络上有很多示例都是将 cat 的输出文件重定向到进程，但这是一个很糟糕的主意。

如果要设计一个可以从不同的源头提供数据的应用程序，则应该让应用程序从标准输入读取数据，这样，用户就可以使用重定向来获取想要的数据了。

11.2.2　实例：从文件中读取信息

下面通过一些实例，进一步学习如何使用输入重定向从文件中读取信息。

在 Shell 脚本中针对某个代码块使用输入重定向来读取文件的内容：

```
#!/bin/bash -
# 如果参数的数量不为 1，则执行 if 结构中的语句
if [ $# -ne 1 ]; then

  # 打印脚本的使用方法
  echo "Usage: $0 FILEPATH"
  # 退出
  exit

fi

# 定义变量 file，并将指定给脚本的第一个参数赋值给此变量
file=$1

# 定义一段代码块
```

```
{

  # 读取一行内容，并将读取的内容存入变量 line1 中
  read line1
  # 读取一行内容，并将读取的内容存入变量 line2 中
  read line2

# 将这个代码块的标准输入指向变量 file 的值所代表的文件
} < $file

# 打印变量 file 的值及一些信息
echo "First line in $file is:"
# 打印变量 line1 的值
echo "$line1"
# 打印变量 file 的值及一些信息
echo "Second line in $file is:"
# 打印变量 line2 的值
echo "$line2"

# 退出脚本，退出状态码为 0
exit 0
```

上面的实例是使用重定向从指定的文件中读取文件头两行的内容。在该脚本中，花括号“{}”之间的代码行即为一个代码块，使用“< $file”将这个代码块的标准输入指向文件“$file”。

实例的运行结果如下：

```
$ chmod +x readtwolines.sh
$ ./readtwolines.sh /etc/inittab
First line in /etc/inittab is:
# inittab is no longer used.
Second line in /etc/inittab is:
#
```

有时可能需要逐行地读取一个文件中的内容，并对每行进行特定的处理，这时该如何操作呢？当然，最好的解决办法就是将循环语句与重定向结合使用。下面的实例就是将 while 循环与重定向结合使用，逐行地读取文件的内容：

```
#!/bin/bash -
# 如果指定给脚本的参数个数不为 1，则执行 if 中的语句
if [ $# -ne 1 ]; then

  # 打印脚本的使用方法
  echo "Usage: $0 FILEPATH"
  # 退出脚本
  exit

fi

# 定义变量 filename，并将脚本的第一个参数赋值给此变量
filename=$1
# 定义变量 count，其值为 0
count=0

# 使用 while 循环逐行读取内容，并将读取的内容存入变量 LINE
while read LINE
do
```

```
  # 将变量 count 的值加 1
  let count++
  # 打印变量 count 和 LINE 的值
  echo "$count $LINE"

# 将 while 循环的标准输入指向变量 filename 所代表的文件
done < $filename

echo -e "\nTotal $count linces read."

# 退出脚本，退出状态码为 0
exit 0
```

上述实例中的“done < $filename”即是将整个 while 循环的标准输入指向文件“$filename”。

实例的运行结果如下：

```
$ chmod +x readtwolines.sh
$ ./readtwolines.sh /etc/inittab
First line in /etc/inittab is:
# inittab is no longer used.
Second line in /etc/inittab is:
#
-bash-5.1$ ./redirectedWhileloop.sh /etc/inittab
1 # inittab is no longer used.
2 #
3 # ADDING CONFIGURATION HERE WILL HAVE NO EFFECT ON YOUR SYSTEM.
4 #
5 # Ctrl-Alt-Delete is handled by /usr/lib/systemd/system/ctrl-alt-del.
target
6 #
7 # systemd uses 'targets' instead of runlevels. By default, there are two
main targets:
8 #
9 # multi-user.target: analogous to runlevel 3
10 # graphical.target: analogous to runlevel 5
11 #
12 # To view current default target, run:
13 # systemctl get-default
14 #
15 # To set a default target, run:
16 # systemctl set-default TARGET.target

Total 16 linces read.
```

当然，也可以使用 until 循环实现与上例同样的功能，请看如下实例：

```
#!/bin/bash -
# 如果指定给脚本的参数个数不为 1，则执行 if 中的语句
if [ $# -ne 1 ]; then

# 打印脚本的使用方法
echo "Usage: $0 FILEPATH"
# 退出脚本
exit

fi

# 定义变量 filename，并将脚本的第一个参数赋值给此变量
filename=$1
```

```
# 定义变量 count，其值为 0
count=0

# 使用 until 循环逐行读取文件内容，并将读取的内容存入变量 LINE
until ! read LINE
do

  # 将变量 count 的值加 1
let count++
# 打印变量 count 和 LINE 的值
echo "$count $LINE"

# 将 until 循环的标准输入指向变量 filename 所代表的文件
done < $filename

echo -e "\nTotal $count linces read."

exit 0
```

上面的实例与前一个实例的唯一区别就是语句“until ! read LINE”。

下面再通过一个实例看一下使用 if 语句结合重定向读取文件的内容会得到什么结果，请看如下实例：

```
#!/bin/bash -
# 如果给脚本指定的参数个数不为 1，则执行 if 中的语句
if [ $# -ne 1 ]; then
  # 打印脚本的使用方法
  echo "Usage: $0 FILEPATH"
  # 退出脚本
  exit

fi

# 定义变量 filename，并将脚本的第一个参数赋值给此变量
filename=$1
# 定义变量 count，其值为 0
count=0

# 直接将条件的值设为真，因此 if 语句一定会执行
if true; then

  # 读取一行内容，并将读取的内容存入变量 LINE
  read LINE
  # 将变量 count 的值加 1
  let count++
  # 打印变量 count 和 LINE 的值
  echo "$count $LINE"

# 将 if 语句的标准输入指向变量 filename 所代表的文件
fi < $filename

echo -e "\nTotal $count linces read."

# 退出脚本，退出状态码为 0
exit 0
```

实例的运行结果如下：

```
$ chmod +x redirectedif.sh
$ ./redirectedif.sh /etc/inittab
1 # inittab is no longer used.

Total 1 linces read.
```

从上面的运行结果中可以看出，使用 if 语句结合重定向的方法只会读取文件第一行的内容。

11.2.3　实例：从标准输入中读取文本或字符串

Bash 还有一种重定向的类型是 here-documents，here-documents 重定向的操作符是“<<MARKER”。这个操作符指示 Bash 从标准输入读取输入的内容直到读取到只包含 MARKER 的行为止。here-documents 的语法格式如下：

```
$ command <<[-]MARKER
Here Document
  MARKER
```

在 here-documents 中，我们选择一个单词作为一个标志（marker）。它可以是任何一个单词，如 MARKER、END、EOF 等，但应该是一个不会在数据集合中出现的单词。在第一个标志（如<< MARKER）和第二个标志（MARKER）之间的所有行都会作为命令的标准输入，而且第二个标志（MARKER）必须独占一行。例如，使用 here-documents 将文本传入 tr 命令，然后将文本的内容转换（transform）为大写：

```
$ tr a-z A-Z <<END
> one two three
> four five six
> END
```

上述命令的输出结果如下：

```
ONE TWO THREE
FOUR FIVE SIX
```

重定向操作符（<<）和定界标示符（END）之间不需要使用空格分隔，<<END 和<< END 两种写法都可以。

在“<<”后追加减号“-”（即<<-END）将会忽略行首的制表符，这使 Shell 脚本中缩进的 here-documents 的值不会被改变。请看如下示例：

```
#!/bin/bash -
# 将 here-documents 中的小写字母转换为大写
tr a-z A-Z <<END
     one two three
     four five six
END

#将 here-documents 中的小写字母转换为大写，忽略其中的行首制表符
tr a-z A-Z <<-END
     one two three
     four five six
END
```

注意：终结字符串 END 必须写在行首。

上例的运行结果如下：

```
$ chmod +x heredocTr.sh
$ ./heredocTr.sh
                    ONE TWO THREE
                    FOUR FIVE SIX
ONE TWO THREE
FOUR FIVE SIX
```

默认情况下，Bash 替换会在 here-documents 中执行，即 here-documents 内部的变量和命令会被求值或运行。例如，下面的命令：

```
$ cat <<EOF
> Working dir is $PWD
> EOF
```

命令的运行结果如下：

```
Working dir is /home/yantaol
```

可以使用单引号或双引号把定界符括起来使 Bash 替换失效。例如下面的命令：

```
$ cat <<"EOF"
> Working dir is $PWD
> EOF
```

命令的运行结果如下：

```
Working dir is $PWD
```

其实，here-documents 最常用的功能是向用户显示命令或脚本的用法信息，类似下面的函数 usage()：

```
usage() {
cat <<-EOF
  usage: command [-x] [-v] [-z] [file ...]
  A short explanation of the operation goes here.
  It might be a few lines long, but shouldn't be excessive.
EOF
}
```

注意：如果需要在脚本中嵌入一小块多行数据，那么使用 here-documents 是很有用的。使用 here-documents 嵌入很大的数据块是一个不好的习惯。应该使逻辑（代码）与输入（数据）分离，最好是在不同的文件中，除非你输入一个很小的数据集。

here-strings 是 here-documents 的一个变种。它由操作符“<<<”和作为标准输入的字符串构成（是被 Shell 作为一个整体来处理的序列），here-strings 是一个用于输入重定向的普通字符串，并不是一个特别的字符串，其语法如下：

```
$ command <<<WORD
```

单个单词不需要使用引号引用，例如：

```
$ tr a-z A-Z <<< one
```

命令的运行结果如下：

```
ONE
```

如果操作符“<<<”后面带有空格字符串，则字符串必须用双引号括起来，例如：

```
$ tr a-z A-Z <<<"one two thress"
```

命令的运行结果如下：

```
ONE TWO THRESS
```

上面的命令还可以改写如下：

```
$ str="one two three"
$ tr a-z A-Z <<< $str
ONE TWO THREE
```

上面的命令对于给进程发送变量包含的数据是非常方便的。here-strings 更简短，总体来说比 here-documents 更方便。

here-strings 还可以接收多行字符串作为标准输入，命令如下：

```
$ tr a-z A-Z <<< "one two three
four five six"
```

命令的运行结果如下：

```
ONE TWO THREE
FOUR FIVE SIX
```

注意：与 here-documents 相比，here-strings 更方便，特别是当发送变量内容（不是文件）到 grep 或 sed 这样的过滤程序时尤为便利。

11.2.4　实例：创建空文件

创建一个空文件的语法如下：

```
$ >filename
```

操作符“>”重定向输出到一个文件。如果没有命令指定并且文件 filename 不存在，则 Bash 会创建一个空文件。脚本实例如下：

```
#!/bin/bash -
# 定义变量 tarcmd
tarcmd=/bin/tar

# NAS 存储设备上的目录路径
nasstore=/net/nashostname/vol/volname/tarbackup

# 需要备份的目录名
backdirs="/var/www/html /usr/local/nagios /etc"

# 日志文件的名称
errlog=/tmp/tarbackup.error

# 取得今天的日期，格式为 YYYYMMDD
today=`date +%Y%m%d`

# 删除旧的日志文件并创建一个空文件
>$errlog

# 使用 tar 命令将需要备份的目录备份到 NAS 存储设备上，然后将错误输出重定向到变量 errlog
  所指向的文件
$tarcmd -cvf $nasstore/$today.tar $backdirs 2>$errlog
```

上例中的“>$errlog”表示在每次运行 tar 备份之前，先清空错误日志文件的内容。

11.2.5　实例：丢弃不需要的输出

写入/dev/null 的所有数据都会被系统丢弃。因此，可以将任何不想要的程序或命令的输出发送给/dev/null。

重定向命令的标准输出信息到/dev/null 的语法如下：

```
$ command > /dev/null
```

重定向命令的标准错误信息到/dev/null 的语法如下：

```
$ command 2>/dev/null
```

同时重定向命令的标准输出和标准错误的信息到/dev/null 的语法如下：

```
$ command &> /dev/null
```

或：

```
$ command >& /dev/null
```

或：

```
$ command > /dev/null 2>&1
```

例如，在/etc/passwd 文件中搜索用户 yantaol，命令如下：

```
$ grep "^yantaol" /etc/passwd && echo "That account found." || echo "That
account not found."
```

命令的输出结果如下：

```
yantaol:x:1000:1000:example:/home/yantaol:/bin/bash
That account found.
```

如果想忽略 grep 命令的输出，则可以将上述命令修改如下：

```
$ grep "^yantaol" /etc/passwd > /dev/null && echo "That account found." ||
echo "That account not found."
```

命令的输出结果如下：

```
That account found.
```

如果想编写一个脚本，当脚本执行某些命令时可能会失败，但不希望脚本的用户被这些命令产生的错误信息所困扰，此时就可以在脚本中将这些错误信息重定向到/dev/null。

11.2.6　实例：标准错误重定向

在 11.1.3 节中我们学习了标准错误并简单了解了标准错误重定向，符号“2>”即为标准错误重定向操作符。本节将通过一些例子进一步学习标准错误重定向。

例如，使用 find 命名命令查找当前目录下以 core 为前缀的文件，然后将其删除，并将删除时产生的错误信息重定向到 error.log 文件。

```
$ find . -name "core.*" -exec rm -f {} \; 2> /tmp/error.log
```

如果想忽略这些错误信息，则可以直接将这些错误信息重定向到/dev/null：

```
$ find . -name "core.*" -exec rm -f {} \; 2> /dev/null
```

再举个例子，在当前目录下的所有文件中，查找包含指定关键字 KEYWORD 的文件，并将所有错误信息保存到 grep.err 文件中，命令如下：

```
grep KEYWORD * 2> grep.err
```

如果把另一个 grep 命令的错误信息也追加到 grep.err 文件中，则可以使用“>>”操作符进行追加：

```
grep KEYWORD1 * 2>> grep.err
```

也可以将脚本的错误信息进行重定向：

```
./script.sh 2> error.log
/path/to/perl_example.pl 2> error.log
/path/to/python_example.py 2> error.log
```

11.2.7　实例：标准输出重定向

在 11.1.2 节中我们学习了标准输出并简单了解了标准输出重定向，符号“>”即为标准输出重定向操作符。本节我们将通过一些例子进一步学习标准输出重定向。

例如，要获得/etc/passwd 文件中所有账号的列表，并将这些账号按照字母顺序排序，然后将结果保存到 userlist.txt 文件中，命令如下：

```
$ awk -F: '{print $1}' /etc/passwd | sort > userlist.txt
```

其中，awk 命令和符号“|”（管道操作符）将在第 14 章和第 12 章中详细介绍，这里只需要知道上述命令是将/etc/passwd 文件的内容以冒号“:”作为列分隔符将其分为若干列，并且只打印第一列的内容，然后使用 sort 命令对输出结果进行排序，并将最终的结果输出重定向到文件 userlist.txt 中。

例如，将命令 uname -a 的信息写入文件 hostinfo 文件中：

```
$ uname -a > hostinfo
```

例如，生成一个所有账户的 home 目录列表并按目录大小排序：

```
# du -s /home/* | sort -rn > usage.txt
```

将脚本的输出进行重定向的语法如下：

```
./script.sh > output.log
/path/to/perl_example.pl 1> /dev/null
/path/to/python_example.py > /dev/null
```

11.2.8　实例：标准错误和输出同时重定向

同时将标准错误和标准输出进行重定向的语法如下：

```
command &> filename
command >& filename
command > filename 2>&1
command 2>&1 > filename
```

例如，对一个脚本进行调试时，可以将脚本的所有输出信息保存到一个文件中，以便稍后检查分析时使用：

```
$ sh -x example.sh &> /tmp/debug.log
```

在编译安装某个软件包时，可以使用如下命令：

```
$ ( ./configure && make && make install ) > /tmp/make.log 2>&1
```

或：

```
$ ( ./configure && make && make install ) 2>&1 > /tmp/make.log
```

11.2.9　实例：追加重定向输出

符号“>>”用于追加重定向输出，其语法如下：

```
command >> filename
```

例如，追加脚本的输出到一个文件中：

```
$ ./example.sh >> data.txt
```

将两个文件的内容追加到另一个文件中：

```
$ cat file1 file2 >> file3
```

将命令的标准输出和标准错误输出都追加到一个日志文件中：

```
$ ( ./configure && make && make install ) >> /tmp/make.log 2>&1
```

或：

```
$ ( ./configure && make && make install ) 2>&1 >> /tmp/make.log
```

11.2.10　实例：在单命令行中进行标准输入、输出重定向

我们可以在一条命令行中完成标准输入和标准输出的重定向，语法如下：

```
command < input-file > output-file
```

或：

```
< input-file command > output-file
```

例如，我们要将一个文件的内容都转换为小写，并将转换后的内容写入新的文件：

```
$ tr A-Z a-z < filename > new_filename
```

下面通过一个实例脚本进一步学习如何在一个命令中进行标准输入和标准输出的重定向，这个脚本用于解包一个 RPM 归档文件：

```
#!/bin/bash
# 如果指定给脚本的参数个数不为 1，则执行 if 语句中的内容
if [ $# -ne 1 ]; then

  # 打印脚本的使用方法
  echo "Usage: $0 target-file"
  # 退出脚本
  exit

fi

# 定义变量 TEMPFILE，并指定一个唯一的临时文件名作为变量的值
TEMPFILE=/tmp/$$.cpio

# 使用 rpm2cpio 命令，将脚本的第一个参数代表的 RPM 归档文件转换为变量 TEMPFILE 代表的
  cpio 归档文件
rpm2cpio < $1 > $TEMPFILE
```

```
# 使用 cpio 命令，将变量 TEMPFILE 所代表的 cpio 归档文件进行解包
cpio --make-directories -F $TEMPFILE -i
# 删除 cpio 归档文件
rm -f $TEMPFILE

# 退出脚本，且退出状态码为 0
exit 0
```

上述实例脚本是使用 rpm2cpio 命令先将指定的 RPM 归档文件转换为 cpio 归档文件，再使用 cpio 命令进行解包。

11.3　文件描述符

Shell 有时会引用使用文件描述符（fd）的文件。文件描述符（fd）的使用范围是 0～9。重定向时大于 9 的文件描述符要谨慎使用，因为它们可能与 Shell 内部使用的文件描述符冲突。

文件描述符可以包含多个数字位。例如，文件描述符 001 和 01 与文件描述符 1 是相同的。多种操作（如 exec 命令）都可以将文件描述符与特定的文件联系起来。

有些文件描述符是在 Shell 启动时被建立的，它们就是前面介绍的标准输入、标准输出和标准错误（0、1、2）文件描述符。

11.3.1　实例：使用 exec 命令

Bash 的内部命令 exec 的功能之一就是允许我们操作文件描述符。如果在 exec 之后没有指定命令，则 exec 命令之后的重定向将更改当前 Shell 的文件描述符。

例如，在命令“exec 2> file”之后运行的所有命令，都会将其产生的错误信息发送到文件 file 中，即命令在脚本 myscript.sh 中，而运行的是“./myscript.sh >2 file”。

如果想记录脚本中的命令产生的错误信息，那么可以在脚本的开头使用如下命令：

```
exec 2> errors.log
```

下面来看一个脚本文件，在这个脚本文件中需要顺序地读取文件的每一行内容，并在打印每行内容之后，等待用户按任意键后继续：

```
#!/bin/bash
# 如果没有指定参数，则执行 if 语句
if [ $# -lt 1 ]; then

  # 打印脚本的使用方法
  echo "Usage: $0 FILEPATH"
  # 退出脚本
  exit

fi

# 将指定给脚本的第一个参数赋值给变量 file
file=$1

# 逐行地读取文件的内容，并将读取的内容存入变量 line 中
```

```
while read -r line
do

  # 打印读取的行
  echo $line
  # 等待用户按任意键
  read -p "Press any key" -n 1

# 将 while 循环的标准输入指向变量 file 所代表的文件
done < $file
```

接下来执行脚本：

```
$ chmod +x readFileAndInput.sh
$ ./readFileAndInput.sh /tmp/iplist
#
192.168.0.1
192.168.0.2
192.168.0.3
```

从上面的输出结果中应该已经注意到，read 语句并没有被执行，为什么呢？因为我们将指定的文件重定向到了 while 循环的标准输入（文件描述符 0），即指定的文件将被打开用于标准输入的读取，而循环中的所有命令包括 read 命令都会继承这个文件描述符（这里是标准输入），因此 read 将从重定向后的标准输入进行读取，而不是从默认的标准输入设备（键盘）读取。

此时，可以使用 exec 命令对脚本稍加改动来实现想要的功能，改动后的脚本如下：

```
#!/bin/bash
# 如果没有指定参数，则执行 if 语句
if [ $# -lt 1 ]; then

  # 显示脚本的使用方法
  echo "Usage: $0 FILEPATH"
  # 退出脚本
  exit

fi

# 将脚本的第一个参数作为输入文件，并指定一个文件描述符 3
exec 3< $1

# 逐行地读取文件的内容，并将读取的内容存入变量 line
# read 的-u 选项表示从指定的文件描述符中读取内容，替代从标准输入读取
while read -u 3 line
do

  # 打印读取的行
  echo $line
  # 等待用户按任意键
  read -p "Press any key: " -n 1

done
# 关闭文件描述符 3
exec 3<&-
```

在上述脚本中可以注意到，在 while 循环语句中使用了命令“read -u 3 line”。之前使用的 read 命令都是从标准输入或文件中读取数据，而 read 命令的-u 选项可以从指定的文

件描述符中读取数据，在该脚本中就是从文件描述符 3 中读取数据。这对于逐行地读取文件内容或依次读取一个单词是很有用的。

脚本的运行结果如下：

```
$ ./readFileAndInput.sh /tmp/data.txt
#
Press any key:  192.168.0.1
Press any key:  192.168.0.2
Press any key:  192.168.0.3
Press any key:
```

11.3.2　实例：指定用于输入的文件描述符

在前面的章节中讲过，文件描述符 0、1 和 2 是分别为标准输入、标准输出和标准错误保留的。Shell 允许给一个输入文件或输出文件指定一个文件描述符，这样可以提高文件读取和写入的性能。这类文件描述符称为用户自定义文件描述符。

给一个输入文件指定一个文件描述符的语法如下：

```
$ exec [n]< file
```

其中，[n]即是文件描述符，如果不指定 n，则表示标准输入（文件描述符为 0）。

上述的输入重定向会在文件描述符 n 上打开一个用于读取的文件 file。

例如，执行如下命令，将文件描述符 3 指定给文件/etc/passwd，用于从文件中读取数据：

```
$ exec 3< /etc/passwd
```

现在可以在文件描述符 3 上读取/etc/passwd 文件的内容。例如，使用 grep 命令查找指定账号的信息：

```
$ grep yantaol <& 3
yantaol:x:12107:25:example:/home/yantaol:/bin/bash
```

在上述命令中使用了操作符“<&”，它也是用一种重定向操作符，用于复制输入文件描述符，其语法如下：

```
[n]<&word
```

如果 word 是一个数字，则用 n 表示的文件描述符被作为文件描述符 word 的副本。如果数字 word 指定的文件描述符没有打开以供读取，则会发生重定向错误。如果没有指定 n，则默认为标准输入。

因此，在上面的 grep 命令中，将文件描述符 3 复制到标准输入，而文件/etc/passwd 是在文件描述符 3 上打开的，用于被命令读取的，因此，grep 命令读取的实际是文件描述符 3 中的内容。

在下面的脚本中，从指定的描述符中读取文件的内容：

```
#!/bin/bash -
# 如果没有指定参数或指定的参数不是一个常规文件，则执行 if 语句
if [ $# -ne 1 ] || [ ! -f $1 ]; then

  # 打印脚本的使用方法
  echo "Usage: $0 <filepath>"
  # 退出脚本，退出状态码为 1
```

```
  exit 1;

fi

# 将脚本的第一个参数作为输入文件并指定一个文件描述符 3
exec 3< $1

# 将标准输入作为文件描述符 3 的副本
cat <& 3
# 关闭文件描述符 3
exec 3<&-
```

脚本的运行结果如下：

```
$ chmod -x readfd.sh
$ ./readfd.sh /tmp/data.txt
192.168.0.1
192.168.0.2
192.168.0.3
```

下面再通过一个实例进一步学习如何使用 exec 命令指定用于输入的文件描述符：

```
#!/bin/bash
# 将标准输入复制到文件描述符 6 中，保存标准输入
exec 6<&0

# 将文件/etc/hosts 重定向到标准输入
exec < /etc/hosts

# 读取文件/etc/hosts 的第一行并将读取的内容存入变量 a1
read a1
# 读取文件/etc/hosts 的第二行并将读取的内容存入变量 a2
read a2

echo
echo "Following lines read from file."
echo "-------------------------------"
# 打印变量 a1 的值
echo $a1
# 打印变量 a2 的值
echo $a2

echo; echo; echo

# 从文件描述符 6 中恢复标准输入，然后关闭文件描述符 6 以供其他进程使用
exec <&6 6<&-

echo -n "Enter data: "
# read 命令如期望的那样从标准输入读取数据并将读取的内容赋值给变量 b1
read b1
echo "Input read from stdin."
echo "----------------------"
# 打印变量 b1 的值
echo "b1 = $b1"

echo
```

脚本的运行结果如下：

```
$ chmod +x execstdin.sh
$ ./execstdin.sh
```

```
Following lines read from file.
-------------------------------
#
192.168.0.1



Enter data: Cool!
Input read from stdin.
----------------------
b1 = Cool!
```

11.3.3　实例：指定用于输出的文件描述符

给一个输出文件指定一个文件描述符的语法如下：

```
$ exec [n]> file
```

其中，[n]即是文件描述符，如果不指定 n，则表示标准输出（文件描述符为 1）。

上面的输出重定向会在文件描述符 n 中打开一个用于写入的文件 file。如果文件 file 不存在，则创建该文件，如果文件已存在，则清空该文件。

例如，执行如下命令：

```
$ exec 4> /tmp/output.txt
```

执行命令后，Shell 会在文件描述符 4 中打开用于写入的文件/tmp/output.txt。

现在，可以在文件描述符 4 中向文件/tmp/output.txt 写入内容，执行如下命令：

```
$ date >&4
$ uname -a >&4
```

在上面的命令中使用了操作符“>&”，此时，此操作符并不是前面学习过的表示标准输出和标准错误同时重定向的操作符。在这里，它用于复制输出文件描述符，其语法如下：

```
[n]>&word
```

如果 n 没有指定，则默认使用的是标准输出。如果数字 word 指定的文件描述符没有打开以供输出，则会发生重定向错误。

因此，上述实例中的两个命令是将标准输出复制到了文件描述符 4 中，命令的输出实际被发送给了文件描述符 4，而文件/tmp/output.txt 是在文件描述符 4 中打开的，用于写入数据。

因此，这时再查看文件/tmp/output.txt，内容如下：

```
$ cat /tmp/output.txt
Tue Jun 06 11:36:49 AM CST 2023
Linux localhost 5.14.0-162.6.1.el9_1.x86_64 #1 SMP PREEMPT_DYNAMIC Tue Jun
06 07:36:03 EDT 2023 x86_64 x86_64 x86_64 GNU/Linux
```

下面通过一个脚本实例进一步学习如何使用 exec 命令指定用于输出的文件描述符：

```
#!/bin/bash
# 定义变量 LOGFILE 并赋值
LOGFILE=/tmp/logfile.txt

# 复制文件描述符 6 到标准输出
exec 6>&1
```

```
# 重定向标准输出到变量 LOGFILE 所代表的文件"/tmp/logfile.txt"
exec > $LOGFILE

# ----------------------------------------------------------- #
# 在这个代码块中的所有命令输出都将被发送给文件$LOGFILE.

echo -n "Logfile: "
# 显示当前时间
date
echo "-------------------------------------"
echo

echo "Output of \"uname -a\" command"
echo
# 显示系统信息
uname -a
echo; echo
echo "Output of \"df\" command"
echo
# 显示文件系统磁盘空间的使用情况
df

# ----------------------------------------------------------- #

# 恢复标准输出并关闭文件描述符 6
exec 1>&6 6>&-

echo
echo "== stdout now restored to default == "
echo
# 显示系统信息
uname -a
echo

# 退出脚本，退出状态码为 0
exit 0
```

脚本的运行结果如下：

```
$ chmod +x ./execstdout.sh

$ ./execstdout.sh

== stdout now restored to default ==

Linux localhost 5.14.0-162.6.1.el9_1.x86_64 #1 SMP PREEMPT_DYNAMIC Tue Jun
06 07:36:03 EDT 2023 x86_64 x86_64 x86_64 GNU/Linux

$ cat /tmp/logfile.txt
Logfile: Fri, Tue May 9 11:48:50 AM CST 2023
-------------------------------------

Output of "uname -a" command

Linux localhost 5.14.0-162.6.1.el9_1.x86_64 #1 SMP PREEMPT_DYNAMIC Tue Jun
06 07:36:03 EDT 2023x86_64 x86_64 x86_64 GNU/Linux


Output of "df" command

Filesystem     1K-blocks      Used Available Use% Mounted on
```

```
C:/cygwin/bin   61440560  35836736  25603824  59% /usr/bin
C:/cygwin/lib   61440560  35836736  25603824  59% /usr/lib
C:/cygwin      61440560  35836736  25603824  59% /
C:            61440560  35836736  25603824  59% /cygdrive/c
E:           153597432 106066040  47531392  70% /cygdrive/e
F:            97530580  31289340  66241240  33% /cygdrive/f
```

接下来再以一个实例脚本为例，看一下如何执行命令并将命令的运行结果发送给指定的文件描述符：

```
#!/bin/bash
# 定义变量 NOW，其值为当前的日期，日期格式是 yyyymmdd
NOW=$(date +%Y%m%d)
# 定义变量 OUTPUT
OUTPUT="/tmp/sysinfo.$NOW.log"

# 在文件描述符 3 中打开变量 OUTPUT 所代表的文件，以供写入
exec 3> $OUTPUT

echo "---------------------------------------------------------" >&3
echo "System Info run @ $(date) for $(hostname)" >&3
echo "---------------------------------------------------------" >&3

echo "*****************************" >&3
echo "*** Installed Hard Disks ***" >&3
echo "*****************************" >&3
# 显示系统中已安装的磁盘
fdisk -l | egrep "^Disk /dev" >&3

echo "*************************************" >&3
echo "*** File System Disk Space Usage ***" >&3
echo "*************************************" >&3
# 显示文件系统的磁盘空间使用情况
df -H >&3

echo "**********************" >&3
echo "*** CPU Information ***" >&3
echo "**********************" >&3
# 显示 CPU 的类型
grep 'model name' /proc/cpuinfo | uniq | awk -F: '{ print $2}' >&3

echo "*****************************" >&3
echo "*** Operating System Info ***" >&3
echo "*****************************" >&3
# 显示系统信息
uname -a >&3

# 如果文件/usr/bin/lsb_release 存在且为可执行的，则打印系统发行版的所有信息，否则显
  示此文件不存在
[ -x /usr/bin/lsb_release ] && /usr/bin/lsb_release -a >&3 || echo
"/usr/bin/lsb_release not found." >&3

echo "****************************************" >&3
echo "*** Amount Of Free And Used Memory ***" >&3
echo "****************************************" >&3
# 显示系统空闲的和已使用的内存大小
free -m >&3

echo "*************************************" >&3
echo "*** Top 10 Memory Eating Process ***" >&3
```

```
echo "*************************************" >&3
# 显示最消耗内存的 10 个进程
ps -auxf | sort -nr -k 4 | head -10 >&3

echo "***********************************" >&3
echo "*** Top 10 CPU Eating Process ***" >&3
echo "***********************************" >&3
# 显示最消耗 CPU 的 10 个进程
ps -auxf | sort -nr -k 3 | head -10 >&3

echo "*******************************************" >&3
echo "*** Network Device Information [ens160] ***" >&3
echo "*******************************************" >&3
# 显示第一块网卡的信息
netstat -i | grep -q ens160 && /sbin/ifconfig ens160 >&3 || echo " ens160
is not installed" >&3

echo "*********************************" >&3
echo "*** Wireless Device [wlan0] ***" >&3
echo "*********************************" >&3
# 显示无线网卡的信息
netstat -i | grep -q wlan0 && /sbin/ifconfig wlan0 >&3 || echo "wlan0 is
not installed" >&3

echo "*************************************" >&3
echo "*** All Network Interfaces Stats ***" >&3
echo "*************************************" >&3
# 显示所有网卡的状态
netstat -i >&3

echo "System info wrote to $OUTPUT file."

# 关闭文件描述符 3
exec 3>&-
```

脚本的运行结果如下：

```
$ chmod +x getsysinfo.sh
$ ./getsysinfo.sh
$ cat /tmp/sysinfo.20230509.log
---------------------------------------------------
System Info run @ Tue Jun 06 11:57:14 AM CST 2023 for localhost
---------------------------------------------------
****************************
*** Installed Hard Disks ***
****************************
Disk /dev/nvme0n1: 100 GiB, 107374182400 字节, 209715200 个扇区
Disk /dev/nvme0n2: 20 GiB, 21474836480 字节, 41943040 个扇区
Disk /dev/mapper/rhel-root: 65.16 GiB, 69969379328 字节, 136658944 个扇区
Disk /dev/mapper/rhel-swap: 2.02 GiB, 2164260864 字节, 4227072 个扇区
Disk /dev/mapper/rhel-home: 31.82 GiB, 34162606080 字节, 66723840 个扇区
************************************
*** File System Disk Space Usage ***
************************************
文件系统                 容量  已用  可用  已用% 挂载点
devtmpfs                 4.2M  4.2M  0     100%  /dev
tmpfs                    2.1G  0     2.1G  0%    /dev/shm
tmpfs                    815M  11M   805M  2%    /run
/dev/mapper/rhel-root    70G   56G   15G   80%   /
/dev/mapper/rhel-home    35G   426M  34G   2%    /home
```

```
/dev/nvme0n1p1          1.1G  265M   799M  25%   /boot
tmpfs                   408M  111k   408M  1%    /run/user/0
/dev/sr0                9.1G  9.1G   0     100%  /run/media/root/RHEL-9-
                                                 1-0-BaseOS-x86_64
tmpfs                   408M  37k    408M  1%    /run/user/1002
**********************
*** CPU Information ***
**********************
Intel(R) Core(TM) i7-2600 CPU @ 3.40GHz
*****************************
*** Operating System Info ***
*****************************
Linux localhost 5.14.0-162.6.1.el9_1.x86_64 #1 SMP PREEMPT_DYNAMIC Tue Jun
06 07:36:03 EDT 2023 x86_64 x86_64 x86_64 GNU/Linux
/usr/bin/lsb_release not found.
**************************************
*** Amount Of Free And Used Memory ***
**************************************
         total     used     free    shared   buff/cache   available
Mem:     3883      1611     166     14       2380         2272
Swap:    2063      701      1362
************************************
*** Top 10 Memory Eating Process ***
************************************
root       1338  3.8  8.0 1960300 320376 ?     Sl   5月08  28:22  \_ nessusd -q
root       4143  1.3  5.4 6077116 218684 ?     Ssl  5月08   9:40  \_ /usr/
bin/gnome-shell
root       1363  0.1  2.2 6070132 89332 ?      Sl   5月08   1:12 /usr/java/
jdk-17.0.5/bin/java -Djava.util.logging.config.file=/usr/local/apache-
tomcat-10.1.4/conf/logging.properties -Djava.util.logging.manager=
org.apache.juli.ClassLoaderLogManager -Djava.awt.headless=true -Djava.
security.egd=file:/dev/./urandom -Djdk.tls.ephemeralDHKeySize=2048
-Djava.protocol.handler.pkgs=org.apache.catalina.webresources -Dorg.
apache.catalina.security.SecurityListener.UMASK=0027 --add-opens=java.
base/java.lang=ALL-UNNAMED --add-opens=java.base/java.io=ALL-UNNAMED
--add-opens=java.base/java.util=ALL-UNNAMED --add-opens=java.base/java.
util.concurrent=ALL-UNNAMED --add-opens=java.rmi/sun.rmi.transport=ALL-
UNNAMED -Xms512M -Xmx1024M -server -XX:+UseParallelGC -classpath /usr/
local/apache-tomcat-10.1.4/bin/bootstrap.jar:/usr/local/apache-tomcat-
10.1.4/bin/tomcat-juli.jar -Dcatalina.base=/usr/local/apache-tomcat-
10.1.4 -Dcatalina.home=/usr/local/apache-tomcat-10.1.4 -Djava.io.tmpdir=
/usr/local/apache-tomcat-10.1.4/temp org.apache.catalina.startup.
Bootstrap start
root       4446  0.0  1.8 1472252 73968 ?      Sl   5月08   0:06  |   \_
/usr/bin/gnome-software --gapplication-service
root       4751  0.0  0.9 1010892 36852 ?      Ssl  5月08   0:30  \_ /usr/
libexec/gnome-terminal-server
root       3591  0.0  0.9 555760 37796 ?       Ssl  5月08   0:05 /usr/
libexec/packagekitd
root       4570  0.0  0.6 380056 25172 ?       Ssl  5月08   0:07 /usr/bin/
python3 /usr/libexec/rhsm-service
root       2707  0.0  0.5 407436 22648 ?       S    5月08   0:11       \_
python3 /var/lib/pcp/pmdas/openmetrics/pmdaopenmetrics.python
root       1229  0.0  0.5 351632 20812 ?       Ssl  5月08   0:01 /usr/bin/
python3 -s /usr/sbin/firewalld --nofork --nopid
root       4500  0.1  0.4 538508 16796 ?       Sl   5月08   0:59  \_ /usr/
bin/vmtoolsd -n vmusr --blockFd 3 --uinputFd 4
*********************************
*** Top 10 CPU Eating Process ***
*********************************
```

```
root       1338  3.8  8.0 1960300 320376 ?     Sl   5月08  28:22 \_ nessusd -q
root        4143  1.3  5.4 6077116 218684 ?     Ssl  5月08   9:40  \_ /usr/
bin/gnome-shell
root       24827  0.2  0.1 240708  7896 ?      Ss   09:12   0:27 /usr/
libexec/sssd/sssd_kcm --uid 0 --gid 0 --logger=files
root        4500  0.1  0.4 538508 16796 ?      Sl   5月08   0:59  \_ /usr/
bin/vmtoolsd -n vmusr --blockFd 3 --uinputFd 4
root        1363  0.1  2.2 6070132 89332 ?     Sl   5月08   1:12 /usr/java/
jdk-17.0.5/bin/java -Djava.util.logging.config.file=/usr/local/apache-
tomcat-10.1.4/conf/logging.properties -Djava.util.logging.manager=
org.apache.juli.ClassLoaderLogManager -Djava.awt.headless=true -Djava.
security.egd=file:/dev/./urandom -Djdk.tls.ephemeralDHKeySize=2048
-Djava.protocol.handler.pkgs=org.apache.catalina.webresources -Dorg.
apache.catalina.security.SecurityListener.UMASK=0027 --add-opens=java.
base/java.lang=ALL-UNNAMED --add-opens=java.base/java.io=ALL-UNNAMED
--add-opens=java.base/java.util=ALL-UNNAMED --add-opens=java.base/java.
util.concurrent=ALL-UNNAMED --add-opens=java.rmi/sun.rmi.transport=ALL-
UNNAMED -Xms512M -Xmx1024M -server -XX:+UseParallelGC -classpath /usr/
local/apache-tomcat-10.1.4/bin/bootstrap.jar:/usr/local/apache-tomcat-
10.1.4/bin/tomcat-juli.jar -Dcatalina.base=/usr/local/apache-tomcat-
10.1.4 -Dcatalina.home=/usr/local/apache-tomcat-10.1.4 -Djava.io.tmpdir=
/usr/local/apache-tomcat-10.1.4/temp org.apache.catalina.startup.
Bootstrap start
root 1181 0.1  0.1  456724 5676 ?    Ssl  5月08 1:15  /usr/
bin/vmtoolsd
USER PID  %CPU %MEM VSZ    RSS  TTY  STAT START TIME COMMAND
sam  4899 0.0  0.1  224628 5508 tty3 Ss+  5月08 0:00 \_ -bash
sam  4891 0.0  0.0  171316 2712 ?    S    5月08 0:00 \_ (sd-pam)
sam  4890 0.0  0.1  19944  5828 ?    Ss   5月08 0:00 /usr/lib/systemd/
                                                     systemd -user
******************************************
*** Network Device Information [ens160] ***
******************************************
ens160: flags=4163<UP,BROADCAST,RUNNING,MULTICAST>  mtu 1500
      inet 192.168.164.132  netmask 255.255.255.0  broadcast 192.168.164.255
      inet6 fe80::a51d:a53d:20df:b606  prefixlen 64  scopeid 0x20<link>
      ether 00:0c:29:2c:b4:3b  txqueuelen 1000  (Ethernet)
      RX packets 110278  bytes 158235989 (150.9 MiB)
      RX errors 0  dropped 0  overruns 0  frame 0
      TX packets 16006  bytes 888039 (867.2 KiB)
      TX errors 0  dropped 0 overruns 0  carrier 0  collisions 0
********************************
*** Wireless Device [wlan0] ***
********************************
wlan0 is not installed
*************************************
*** All Network Interfaces Stats ***
*************************************
Kernel Interface table
Iface  MTU   RX-OK  RX-ERR RX-DRP RX-OVR TX-OK  TX-ERR TX-DRP TX-OVR Flg
ens160 1500  110275 0      0      0      16004  0      0      0      BMRU
lo     65536 9357   0      0      0      9357   0      0      0      LRU
```

11.3.4　实例：关闭文件描述符

细心的读者可能已经注意到了在前两节的实例脚本中所使用的关闭文件描述符的命

令。没错，关闭文件描述符的操作很简单，语法如下：

```
[n]<&-
```

或：

```
[n]>&-
```

例如，关闭标准输入就是“<&-”，而关闭标准错误就是 2>&-。

虽然操作系统会把无用垃圾清理掉，但是适时地关闭自己打开的文件描述符仍然是一个好习惯。例如，使用命令“exec 5>file”打开了一个文件描述符，此命令之后的所有命令都将继承这个文件描述符。在这里，做如下操作可能会更好：

```
$ exec 5>file
…
# 使用文件描述符 5 的命令
…
$ exec 3>&-
# 接下来的命令不需要再使用文件描述符 5
```

有的用户会使用上面的方法来丢弃不需要的输出，例如，丢弃标准错误输出，使用类似如下的命令：

```
$ command 2>&-
```

虽然使用这种方法可以将标准错误输出并丢弃，但是不确定所有的应用程序在关闭标准错误的情况下都能正常运行，因此，建议使用 2>/dev/null 来丢弃标准错误输出。

11.3.5　实例：打开用于读和写的文件描述符

Bash 支持使用如下语法在文件描述符中打开一个既可读取又可写入的文件，这个语法对更新文件很有用。

```
$ exec [n]<>file
```

其中，[n]是文件描述符，如果不指定 n，则默认表示标准输入。如果文件 file 不存在，则会创建。符号“<>”是 Bash 中的菱形操作符，这个操作符用于打开一个可读写的文件描述符。

例如，执行如下命令：

```
# 将字符串“one two”写入文件/tmp/file
$ echo "one two" > /tmp/file

# 在文件描述符 4 中打开用于读写的文件/tmp/file
$ exec 4<> /tmp/file

# 从文件描述符 4 中读取前 3 个字符
$ read -n 3 var <& 4

$ echo $var
one
```

可以看到，上述命令最后输出了开始写入的内容的前 3 个字符。下面继续向文件中写入内容：

```
$ echo -n + >& 4
$ exec 4>&-
```

```
$ cat /tmp/file
one+two
```

可以看到，文件的内容变为了“one+two”，并不是预想的“one two+”。产生这个结果的原因是，之前用 read 命令读取了前 3 个字符，而操作符“<>”会使后续的读写操作跟随之前读写操作的位置，因此“+”会被写入第 4 个字符的位置。

11.3.6　实例：在同一个脚本中使用 exec 进行输入和输出重定向

在前面几节的实例脚本中，我们只使用 exec 命令进行了输入重定向或输出重定向。本节通过几个实例脚本来学习如何在同一个脚本中，使用 exec 命令既进行输入重定向又进行输出重定向。先来看第一个实例：

```
#!/bin/bash
# 在文件描述符 3 上打开用于读取的文件/etc/resolv.conf
exec 3< /etc/resolv.conf

# 在文件描述符 4 中打开用于写入的文件/tmp/output.txt
exec 4> /tmp/output.txt

# 在文件描述符 3 中读取文件/etc/resolv.conf 第一行的内容，并将读取的内容分别赋值给变
  量 a 和 b
read -u 3 a b

# 在屏幕上输出读取的数据(标准输出)
echo "Data read from fd # 3:"
# 打印变量 a 和 b 的值
echo $a $b

echo "Wrting data read from fd 3 to fd 4 ... "
# 在文件描述符 4 上向文件/tmp/output.txt 写入数据
echo "Field #1 - $a " >&4
echo "Field #2 - $b " >&4

# 关闭文件描述符 3
exec 3<&-
# 关闭文件描述符 4
exec 4<&-
```

脚本的运行结果如下：

```
$ chmod +x readwritefd.sh
$ ./readwritefd.sh
Data read from fd # 3:
nameserver 192.168.0.1
Wrting data read from fd 3 to fd 4 ...

$ cat /tmp/output.txt
Field #1 - nameserver
Field #2 - 192.168.0.1
```

下面再来看一个实例脚本，此脚本将显示它所使用的文件描述符及相关联的文件：

```
#!/bin/bash
# 在文件描述符 3 中打开用于读取的文件/etc/resolv.conf
exec 3< /etc/resolv.conf

# 在文件描述符 4 中打开用于写入的文件/tmp/output.txt
```

```
exec 4> /tmp/output.txt

# 在文件描述符 3 中读取文件/etc/resolv.conf 第一行的内容，并将读取的内容分别赋值给变
  量 a 和 b
read -u 3 a b

# 显示此脚本运行时的 PID
echo "*** My pid is $$"
# 定义变量 mypid，其值为此脚本运行时的 PID
mypid=$$

echo "*** Currently open files by $0 scripts.."
# 列出当前由此脚本所打开的文件描述符和相关联的文件
ls -l /proc/$mypid/fd

# 关闭文件描述符 3
exec 3<&-
# 关闭文件描述符 4
exec 4<&-
```

脚本的运行结果如下：

```
$ ./listfds.sh
*** My pid is 6676
*** Currently open files by ./listfds.sh scripts..
total 0
lrwx------ 1 yantaol None 0 May 30 14:05 0 -> /dev/pts/2
lrwx------ 1 yantaol None 0 May 30 14:05 1 -> /dev/pts/2
lrwx------ 1 yantaol None 0 May 30 14:05 2 -> /dev/pts/2
lr-x------ 1 yantaol None 0 May 30 14:05 255 -> /home/yantaol/shell_example/
section11/listfds.sh
lr-x------  1 yantaol None 0 May 30 14:05 3 -> /etc/resolv.conf
l-wx------  1 yantaol None 0 May 30 14:05 4 -> /tmp/output.txt
```

从上面的输出结果中可以看到：

- 文件描述符 3 被指定给了文件/etc/resolv.conf，文件描述符 4 被指定给了文件/tmp/output.txt。
- 文件描述符 0、1 和 2 都被指定给了/dev/pts/2，即屏幕。
- 命令“ls -l /proc/$mypid/fd”列出了所有由此脚本运行时的进程打开的文件描述符。
- proc 文件系统（/proc）是一个被作为内核数据结构接口的伪文件系统。在 Linux 系统中，每个运行的进程在/proc 下都有一个对应的以数字命名的子目录，这个数字就是进程的 ID 号（PID）。每个子目录都包含伪文件和目录，而/proc/[PID]/fd 就是这些伪目录之一，其中的每一个条目对应一个该进程打开的文件，这些条目用文件描述符命名并软连接到实际的文件上。于是，在上面的输出结果中，3 就指向了/etc/resolv.conf，4 就指向了/tmp/output.txt。

11.4　小　　结

下面总结本章所学的主要知识：

- 改变输入或输出的默认路径的操作叫作重定向。

- 在 Linux 中一切皆文件，因此，硬件在 Linux 系统中同样被表示为文件：
  - 0（标准输入）：从文件（默认是键盘）读取输入。
  - 1（标准输出）：发送数据到文件（默认是屏幕）。
  - 2（标准错误）：将所有错误信息发送给一个文件（默认是屏幕）。
- 标准输入的特点是：它也被称作 stdin，是默认的输入方法，可以被所有命令使用，以供读取输入；它用数字 0 表示；默认的标准输入设备是键盘。
- 标准输出的特点是：它也被称作 stdout，用于写入或显示命令自身的输出；它用数字 1 表示；默认的标准输出设备是屏幕。
- 标准错误的特点是：它也被称为 stderr，是默认的错误输出方法，被用于写入所有系统错误信息；它用数字 2 表示；默认的标准输出设备是屏幕或显示器。
- 在 Linux 中，总有 3 个默认的设备文件是打开的，即标准输入 stdin（键盘）、标准输出 stdout（屏幕）和标准错误 stderr（输出到屏幕的错误信息）。
- 重定向简单地说就是从文件、命令、程序、脚本甚至脚本的代码块中获取输出并把它作为输入发送给另一个文件、命令、程序或脚本。
- 文件重定向是更改一个文件描述符，使其指向一个文件。
- 当一个应用程序需要文件数据并且它的创建是从标准输入读取数据时，使用重定向是一个好主意。
- 当设计一个可以从各种不同的源头提供数据的应用程序时，最好让应用程序从标准输入读取数据。这样，用户就可以使用重定向来获取想要的数据。
- Bash 还有一种重定向的类型是 here-documents，here-documents 重定向的操作符是“<<MARKER”。这个操作符指示 Bash 从标准输入读取输入的内容，直到读取到只包含 MARKER 的行为止。
- 重定向操作符（<<）和定界标示符（END）之间不需要使用空格分隔，<<END 和 << END 两种写法都可以。
- 终结字符串 END 必须写在行首。
- 如果想要在脚本中嵌入一小块多行数据，那么使用 here-documents 是很有用的。使用 here-documents 嵌入很大的数据块是一个不好的习惯。应该使逻辑（代码）与输入（数据）分离，最好是在不同的文件中，除非输入是一个很小的数据集。
- here-strings 是 here-documents 的一个变种。它由操作符“<<<”和作为标准输入的字符串构成（是被 Shell 作为一个整体来处理的序列），here-strings 是一个用于输入重定向的普通字符串，并不是一个特别的字符串。
- 与 here-documents 相比，here-strings 的使用更方便。
- 写入/dev/null 的所有数据都会被系统丢弃，因此可以将任何不想要的程序或命令的输出发送给/dev/null。
- 符号“2>”即为标准错误重定向操作符。
- 符号“>”即为标准输出重定向操作符。
- 同时将标准错误和标准输出进行重定向的语法有：command &> filename、command >& filename、command > filename 2>&1 或 command 2>&1 > filename。
- 符号“>>”用于追加重定向输出。
- 文件描述符（fd）的使用范围是 0～9。重定向时大于 9 的文件描述符要谨慎使用，因为其可能与 Shell 内部使用的文件描述符冲突。

- Bash 的内部命令 exec 的功能之一就是允许我们操作文件描述符。如果在 exec 之后没有指定命令，则 exec 命令之后的重定向将更改当前 Shell 的文件描述符。
- 给一个输入文件指定一个文件描述符的语法是：exec [n]< file。
- 给一个输出文件指定一个文件描述符的语法是：$ exec [n]> file。
- 关闭文件描述符的语法是：[n]<&- 或 [n]>&-。
- 符号“<>”是 Bash 中的菱形操作符，这个操作符用于打开一个可读写的文件描述符。
- proc 文件系统（/proc）是一个被作为内核数据结构接口的伪文件系统。

在 Linux 系统中，每个运行的进程在/proc 下都有一个对应的以数字命名的子目录，这个数字就是进程的 ID 号（PID）。每个子目录都包含伪文件和目录。而/proc/[PID]/fd 就是这些伪目录之一，其中的每个条目对应一个该进程打开的文件，这些条目用文件描述符命名并软连接到实际的文件上。

11.5　习　　题

一、填空题

1．________叫作重定向。

2．文件重定向是________以指向另一个文件。

3．在 Bash 中，写入________的所有数据都会被系统丢弃。

二、选择题

1．标准输入的文件描述符是（　　）。

A．0　　B．1　　C．2　　D．3

2．下面表示添加新的内容到文件末尾并且不会清空文件的重定向操作符是（　　）。

A．>　　B．<　　C．>>　　D．<<

3．在 Shell 中，文件描述符的使用范围是（　　）。

A．0~2　　B．3~9　　C．0~9　　D．0~3

4．下面用来打开一个可读写的文件的描述符是（　　）。

A．0　　B．1　　C．2　　D．<>

三、判断题

1．在 Bash 中，标准输出默认的标准输出设备是屏幕。　　（　　）

2．在 Bash 中，符号“2>”表示同时将标准错误和标准输出进行重定向。　　（　　）

第 12 章　管道和过滤器

前面我们学习了 Shell 重定向的相关知识，知道了标准输入、标准输出和标准错误，输入和输出的重定向，以及文件描述符的使用。本章将在前面学习的基础上学习 Shell 管道和过滤器的概念以及如何使用它们。

12.1　管　道

通过前面的学习，我们已经知道了怎样通过文件重定向输入，以及怎么重定向输出到文件。Shell 还有一种功能，就是可以将两个或多个程序连接到一起，使一个程序的输出变为下一个程序的输入，以这种方式连接的两个或多个程序就形成了管道。管道通常用于执行一些复杂的数据处理操作，命令之间使用控制操作符（管道符）“|”（竖线）连接。管道的语法格式如下：

```
$ command1 | command2
$ command1 | command2 [ | commandN… ]
```

当在两个命令之间设置管道时，管道符“|”左边命令的标准输出就变为管道符“|”右边命令的标准输入。只要第一个命令向标准输出写入，而第二个命令是从标准输入读取，那么这两个命令就可以形成一个管道。大部分的 Linux 命令都可以用来形成管道。

12.1.1　操作符“|”和“>”的区别

乍看起来，可能很难理解，由管道符“|”执行的重定向与由重定向操作符“>”执行的重定向之间有什么不同。简单地说，重定向操作符“>”将命令与文件连接，而管道符‘|’将第一个命令的输出与第二个命令的输入连接。二者的区别如下：

```
$ command1 > file1
$ command1 | command2
```

大部分的人学习管道时会尝试如下命令，我们来看一下命令的运行结果：

```
$ command1 > command2
```

答案是，结果将会很糟糕。例如，一个 Linux 系统管理员以超级用户的身份执行了如下命令：

```
# cd /usr/bin
# ls > less
```

第一个命令是将当前目录切换到大多数程序所存放的目录，而第二个命令是告诉 Shell 用 ls 命令的输出重写文件 less。因为/usr/bin 目录已经包含名称为 less（less 程序）的文件，而第二个命令用 ls 输出的文本重写了 less 程序，破坏了文件系统中的 less 程序。这是使用重定向操作符误操作重写文件的一个教训，在使用时一定要谨慎。

12.1.2　为什么使用管道

我们先看下面一组命令，使用 mysqldump 这个数据库备份程序来备份一个名称为 wiki 的数据库：

```
$ mysqldump -u root -p 'password' wiki > /tmp/wikidb.backup
$ gzip -9 /tmp/wikidb.backup
$ scp /tmp/wikidb.backup user@backupserver:/backup/mysql/
```

对上面的这组命令的解释如下：

- mysqldump 命令用于将名称为 wiki 的数据库备份到文件/tmp/wikidb.backup 中。
- gzip 命令用于压缩大的数据库文件以节省磁盘空间。
- scp 命令用于将数据库备份文件复制到远程的名称为 backupserver 的备份服务器上。

上述 3 个命令依次地运行。然而，如果使用管道，则可以将 mysqldump 命令、gzip 命令和 ssh 命令相连接，这样无须再创建临时文件/tmp/wikidb.backup，可以同时执行这 3 个命令，与依次运行这 3 个命令的效果相同。使用管道后的命令如下：

```
$ mysqldump -u root -p'password' wiki | gzip -9 | ssh user@backupserver
"cat > /home/user/mysql/wikidb.gz"
```

上面的命令具有如下特点：

- 命令的语法紧凑并且使用简单。
- 通过使用管道，将 3 个命令串联到了一起，完成了远程 MySQL 备份的复杂任务。
- 从管道输出的标准错误会混合到一起。

上述命令的数据流如图 12.1 所示。

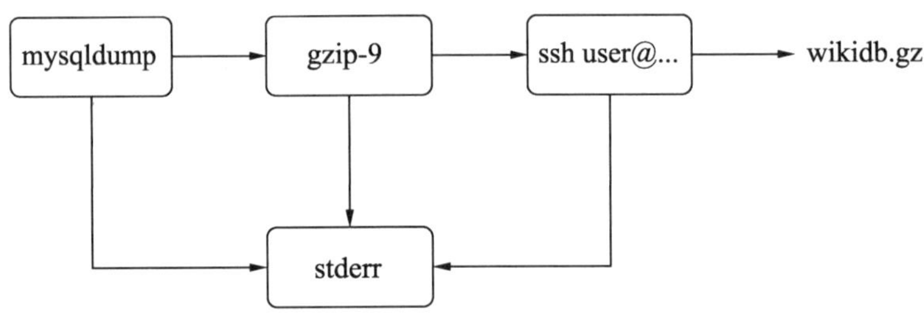

图 12.1　3 个命令的数据流

12.1.3　实例：使用管道连接程序

通过前面内容的学习，我们已经知道了，管道符是“|”，使用这个操作符可以将命令连接起来。例如，在下面的例子中，将 ls 命令的输出发送给 grep 命令：

```
$ ls | grep data.txt
```

上述命令是查看文件 data.txt 是否存在于当前目录下。

可以在命令的后面使用命令的选项或参数。例如，查看当前目录下是否有.bashrc 文件：

```
$ ls -al | grep ".bashrc"
-rwxr-xr-x   1 yantaol group          12 Oct 10 12:52 .bashrc
```

管道符“|”与两侧的命令之间可以不存在空格。例如，上述命令还可以写为如下形式：

```
$ ls -al|grep ".bashrc"
-rwxr-xr-x   1 yantaol group          12 Oct 10 12:52 .bashrc
```

但是推荐在管道符“|”和两侧的命令之间使用空格，以增加代码的可读性。

此外，也可以重定向管道的输出到一个文件。例如，将上述管道命令的输出结果发送到文件/tmp/output.log 中：

```
$ ls -al | grep ".bashrc" > /tmp/output.log
```

下面通过一些实例来学习如何使用管道连接程序。

【例 1】使用管道将 cat 命令的输出作为 less 命令的输入，这样可以将 cat 命令的每次输出按照一个屏幕的长度进行显示，这对于查看长度大于一个屏幕的文件很有帮助：

```
$ cat /var/log/messages | less
```

【例 2】查看指定程序的进程运行状态，并将输出重定向到文件中：

```
$ ps aux | grep httpd > /tmp/ps.output

$ cat /tmp/ps.output
yantaol   4101   13776   0 10:11 pts/3      00:00:00 grep httpd
root       4578       1      0 Dec09 ?      00:00:00 /usr/sbin/httpd
apache   19984    4578      0 Dec29 ?      00:00:00 /usr/sbin/httpd
apache   19985    4578      0 Dec29 ?      00:00:00 /usr/sbin/httpd
apache   19986    4578      0 Dec29 ?      00:00:00 /usr/sbin/httpd
apache   19987    4578      0 Dec29 ?      00:00:00 /usr/sbin/httpd
apache   19988    4578      0 Dec29 ?      00:00:00 /usr/sbin/httpd
apache   19989    4578      0 Dec29 ?      00:00:00 /usr/sbin/httpd
apache   19990    4578      0 Dec29 ?      00:00:00 /usr/sbin/httpd
apache   19991    4578      0 Dec29 ?      00:00:00 /usr/sbin/httpd
```

【例 3】显示按用户名排序后的当前登录系统的用户信息：

```
$ who | sort
huh          pts/1       2023-05-06 14:08 (host1.domain.com)
huh          pts/2       2023-05-06 15:53 (host1)
root         pts/4       2023-05-06 20:16 (host2.domain.com)
root         pts/5       2023-05-06 21:01 (host2)
yantaol      pts/3       2023-05-06 19:00 (host3.domain.com)
```

在上述命令中，who 命令的输出将作为 sort 命令的输入，因此，这两个命令通过管道连接后会显示按用户名排序的已登录用户的信息。

【例 4】统计系统中当前登录的用户数：

```
$ who | wc -l
5
```

在上述命令中，who 命令的输出成为 wc 命令的输入，因此这两个命令通过管道连接后会统计出当前登录系统的用户数。

【例 5】查看指定的用户当前是否登录：

```
$ who | grep yantaol
yantaol pts/3       2023-05-06 19:00 (host3.domain.com)
```

【例 6】查看系统中安装的 glibc 包的版本：

```
$ rpm -qa | grep glibc
glibc-common-2.34-40.el9.x86_64
glibc-2.34-40.el9.x86_64
```

【例 7】以易读的格式显示系统中挂载的文件系统信息：

```
$ mount | column -t
/dev/hde1    on  /                            type  ext3          (rw)
proc         on  /proc                        type  proc          (rw)
sysfs        on  /sys                         type  sysfs         (rw)
devpts       on  /dev/pts                     type  devpts        (rw,gid=5,
                                                                  mode=620)
/dev/hde3    on  /local                       type  ext3          (rw)
tmpfs        on  /dev/shm                     type  tmpfs         (rw)
none         on  /proc/sys/fs/binfmt_misc     type  binfmt_misc   (rw)
sunrpc       on  /var/lib/nfs/rpc_pipefs      type  rpc_pipefs    (rw)
```

【例 8】将账号的主目录备份到远程的备份服务器上：

```
$ tar czvf - /home/yantaol | ssh user@remotebackupsvr "cat > /tmp/
home_yantaol.`date +%Y%m%d`.tgz"
```

上述命令是使用 tar 命令先将要备份的目录进行打包压缩，再通过管道将压缩后的内容作为输入传给 ssh 命令，再通过 cat 命令将接收到的内容重定向输出到指定的文件。

【例 9】将一个列表文件中的内容转换为一行：

```
$ cat /tmp/ipaddress.list
192.168.1.1
192.168.1.2
192.168.1.3
$ cat /tmp/ipaddress.list | tr '\n' ' ' | xargs
192.168.1.1 192.168.1.2 192.168.1.3
```

【例 10】将一个目录的内容创建为一个光盘镜像文件，然后刻录此镜像文件：

```
mkisofs -V Photos -r /home/yantaol/photos | cdrecord -V dev=/dev/dvdrw -
```

【例 11】生成一个 7 位数的随机密码：

```
tr -dc A-Za-z0-9_ < /dev/urandom | head -c7 | xargs
```

12.1.4　实例：管道中的输入重定向

输入重定向操作符“<”可以在管道中使用，以供从文件中获取输入。语法如下：

```
command1 < input.txt | command2
command1 < input.txt | command2 arg1 | command3
```

例如，使用 tr 命令从 os.txt 文件中获取输入，然后通过管道将输出发送给 sort 或 uniq 等命令：

```
$ cat os.txt
redhat
suse
centos
ubuntu
solaris
hp-ux
fedora
centos
suse
redhat
```

```
$ tr a-z A-Z < os.txt | sort
CENTOS
CENTOS
FEDORA
HP-UX
REDHAT
REDHAT
SOLARIS
SUSE
SUSE
UBUNTU

$ tr a-z A-Z < os.txt | sort | uniq
CENTOS
FEDORA
HP-UX
REDHAT
SOLARIS
SUSE
UBUNTU
```

12.1.5　实例：管道中的输出重定向

可以使用重定向操作符“>”或“>>”将管道中最后一个命令的标准输出进行重定向。语法如下：

```
$ command1 | command2 | … | commandN > output.txt
$ command1 < output.txt | command2 | … | commandN > output.txt
```

【例 1】使用 mount 命令显示当前挂载的文件系统的信息，然后使用 column 命令格式化列的输出，最后将输出结果保存到一个文件中：

```
$ mount | column -t > mounted.list

$ cat mounted.list
/dev/hde1   on  /                          type  ext3          (rw)
proc        on  /proc                      type  proc          (rw)
sysfs       on  /sys                       type  sysfs         (rw)
devpts      on  /dev/pts                   type  devpts        (rw,gid=5,
                                                               mode=620)
/dev/hde3   on  /local                     type  ext3          (rw)
tmpfs       on  /dev/shm                   type  tmpfs         (rw)
none        on  /proc/sys/fs/binfmt_misc   type  binfmt_misc   (rw)
sunrpc      on  /var/lib/nfs/rpc_pipefs    type  rpc_pipefs    (rw)
```

【例 2】使用 who 命令查看系统中当前登录的用户，并使用 sort 命令将输出按账户名排序，最后将输出重定向到指定文件中：

```
$ who | sort > user.list

$ cat user.list
huh       pts/1       2023-05-06 14:08 (host1.domain.com)
huh       pts/2       2023-05-06 15:53 (host1)
root      pts/4       2023-05-06 20:16 (host2.domain.com)
root      pts/5       2023-05-06 21:01 (host2)
yantaol   pts/3       2023-05-06 19:00 (host3.domain.com)
```

【例 3】使用 tr 命令将 os.txt 文件的内容转换为大写，并使用 sort 命令将内容排序，使用 uniq 命令去除重复的行，最后将输出重定向到文件 os.txt.new：

```
$cat os.txt
redhat
suse
centos
ubuntu
solaris
hp-ux
fedora
centos
suse
redhat

# 将字母转换为大写并排序，然后去重
$ tr a-z A-Z < os.txt | sort | uniq > os.txt.new

$ cat os.txt.new
CENTOS
FEDORA
HP-UX
REDHAT
SOLARIS
SUSE
UBUNTU
```

12.2　过　滤　器

我们已经知道，将几个命令通过管道符组合在一起就形成一个管道，此时，管道中的命令就称为过滤器。过滤器会获取输入，然后，通过某种方式修改其内容再将其输出。

简单地说，过滤器可以概括为以下两点：

- 如果一个 Linux 命令是从标准输入接收输入数据，并在标准输出上产生输出数据（结果），那么这个命令就称为过滤器。
- 过滤器通常与 Linux 管道一起使用。

过滤器的常用命令如下：

- awk：用于文本处理的解释性程序设计语言，通常作为数据提取和报告的工具。
- cut：将每个输入文件（如果没有指定文件则为标准输入）的每行的指定部分输出到标准输出。
- grep：搜索一个或多个文件中匹配指定模式的行。
- tar：用于归档文件的应用程序。
- head：读取文件的开头部分（默认是 10 行）。如果没有指定文件，则从标准输入读取。
- paste：合并文件的行。
- sed：过滤和转换文本的流编辑器。
- sort：对文本文件的行进行排序。
- split：将文件分割成块。
- strings：打印文件中可打印的字符串。

- tail：显示文件的结尾部分。
- tee：从标准输入读取内容并将其写入标准输出和文件中。
- tr：转换或删除字符。
- uniq：报告或忽略重复的行。
- wc：打印文件中的总行数、单词数或字节数。

接下来通过实例来学习如何在管道中使用这些命令。

12.2.1　实例：在管道中使用 awk 命令

第 14 章将会详细介绍 awk 命令的用法，本节通过几个简单的例子来了解 awk 命令在管道中的用法。

【例 1】 查看系统中所有的账号名称，并按名称的字母顺序排序：

```
$ awk -F: '{print $1}' /etc/passwd | sort
adm
apache
avahi
avahi-autoipd
bin
daemon
dbus
ftp
games
…
```

在上例中，使用冒号“:”作为列分隔符，将文件/etc/passwd 的内容分为多列并打印第一列的信息（即用户名），然后将输出信息通过管道发送给 sort 命令。

【例 2】 列出当前账号常使用的 10 个命令：

```
$ history | awk '{print $2}' | sort | uniq -c | sort -rn | head
    140 echo
     75 man
     71 cat
     63 su
     53 ls
     50 vi
     47 cd
     40 date
     26 let
     25 paste
```

在上例中，history 命令将输出通过管道发送给 awk 命令，awk 命令默认使用空格作为列分隔符，将 history 的输出分为两列，并把第二列内容作为输出通过管道发送给 sort 命令，使用 sort 命令进行排序后，再将输出通过管道发送给 uniq 命令，使用 uniq 命令统计历史命令重复出现的次数，再用 sort 命令将 uniq 命令的输出按照重复次数从高到低排序，最后使用 head 命令默认列出前 10 个命令的信息。

【例 3】 显示当前系统的总内存，单位为 KB（千字节）：

```
$ free | grep Mem | awk '{print $2}'
2029860
```

12.2.2　实例：在管道中使用 cut 命令

cut 命令用于文本处理，可以提取文件中指定列的内容。

【例 1】查看系统中登录 Shell 是“/bin/bash”的用户名和对应的用户主目录的信息：

```
$ grep "/bin/bash" /etc/passwd | cut -d: -f1,6
root:/root
yantaol:/home/yantaol
```

对 Linux 系统有所了解的读者都知道，/etc/passwd 文件用来存放用户账号的信息，此文件中的每一行会记录一个账号信息，每个字段之间用冒号“:”分隔，第一个字段即是账号的账户名，而第六个字段就是账号的主目录的路径。

【例 2】查看当前机器的 CPU 类型：

```
$ cat /proc/cpuinfo | grep name | cut -d: -f2 | uniq
Intel(R) Core(TM) i7-2600 CPU @ 3.40GHz
```

执行命令“cat /proc/cpuinfo | grep name”，得到的内容如下：

```
-bash-5.1# cat /proc/cpuinfo | grep name
model name  : Intel(R) Core(TM) i7-2600 CPU @ 3.40GHz
model name  : Intel(R) Core(TM) i7-2600 CPU @ 3.40GHz
model name  : Intel(R) Core(TM) i7-2600 CPU @ 3.40GHz
model name  : Intel(R) Core(TM) i7-2600 CPU @ 3.40GHz
model name  : Intel(R) Core(TM) i7-2600 CPU @ 3.40GHz
model name  : Intel(R) Core(TM) i7-2600 CPU @ 3.40GHz
model name  : Intel(R) Core(TM) i7-2600 CPU @ 3.40GHz
model name  : Intel(R) Core(TM) i7-2600 CPU @ 3.40GHz
```

然后使用 cut 命令将上述输出内容以冒号“:”作为分隔符将内容分为两列，并显示第二列的内容，最后使用 uniq 命令去掉重复的行。

【例 3】查看当前目录下的子目录数：

```
$ ls -l | cut -c 1 | grep d | wc -l
5
```

上述命令主要完成如下操作：

- 在命令“ls -l”输出的内容中，每行的第一个字符表示文件的类型（参见 3.3.1 节），如果第一个字符是“d”，则表示文件的类型是目录。
- 命令“cut -c 1”用于截取每行的第一个字符。
- 命令 grep d 用于获取以 d 开头的行。
- 命令“wc -l”用来获得 grep 命令输出结果的行数，即目录个数。

12.2.3　实例：在管道中使用 grep 命令

grep 命令是在管道中比较常用的一个命令。下面看几个例子。

【例 1】查看系统日志文件中的错误信息：

```
$ grep -i "error:" /var/log/messages | less
```

【例 2】查看系统中 HTTP 服务的进程信息：

```
$ ps auxwww | grep httpd
```

```
apache  18968   0.0 0.0 26472 10404 ?   S    Dec15   0:01 /usr/sbin/httpd
apache  18969   0.0 0.0 25528  8308 ?   S    Dec15   0:01 /usr/sbin/httpd
apache  18970   0.0 0.0 26596 10524 ?   S    Dec15   0:01 /usr/sbin/httpd
apache  18971   0.0 0.0 26464  9756 ?   S    Dec15   0:01 /usr/sbin/httpd
apache  18972   0.0 0.0 25360  8052 ?   S    Dec15   0:01 /usr/sbin/httpd
apache  18974   0.0 0.0 26620 10568 ?   S    Dec15   0:01 /usr/sbin/httpd
apache  18975   0.0 0.0 26604 10536 ?   S    Dec15   0:01 /usr/sbin/httpd
apache  18976   0.0 0.0 26620 10552 ?   S    Dec15   0:01 /usr/sbin/httpd
```

【例 3】列出当前目录下第一层子目录的详细信息：

```
$ ls -al /proc | grep "^d"
dr-xr-xr-x  11 yantaol      mkgroup 0 Dec 24 23:13 .
drwxr-xr-x+  1 yantaol      mkgroup 0 Jul 21 16:47 ..
dr-xr-xr-x   3 yantaol      mkgroup 0 Dec 24 23:13 464
dr-xr-xr-x   3 yantaol      mkgroup 0 Dec 24 23:06 5656
dr-xr-xr-x   3 yantaol      mkgroup 0 Dec 24 23:13 6160
dr-xr-xr-x   3 yantaol      mkgroup 0 Dec 24 23:07 6724
dr-xr-xr-x   3 yantaol      mkgroup 0 Dec 24 23:05 7124
dr-xr-xr-x   2 yantaol      mkgroup 0 Dec 24 23:13 net
dr-xr-xr-x   8 yantaol      mkgroup 0 Dec 24 23:13 registry
dr-xr-xr-x   8 yantaol      mkgroup 0 Dec 24 23:13 registry32
dr-xr-xr-x   8 yantaol      mkgroup 0 Dec 24 23:13 registry64
drwxrwx---   1 Administrators SYSTEM  0 Dec 24 23:13 sys
dr-xr-xr-x   2 yantaol      mkgroup 0 Dec 24 23:13 sysvipc
```

【例 4】查找程序列表中所有命令名中包含关键字 zip 的命令：

```
$ ls /bin /usr/bin | sort | uniq | grep zip
bunzip2
bzip2
bzip2recover
gunzip
gzip
```

【例 5】查看系统安装的 Kernel 版本及相关的 Kernel 软件包：

```
$ rpm -qa | grep kernel
kernel-headers-5.14.0-162.6.1.el9_1.x86_64
kernel-tools-libs-5.14.0-162.6.1.el9_1.x86_64
kernel-tools-5.14.0-162.6.1.el9_1.x86_64
kernel-core-5.14.0-162.6.1.el9_1.x86_64
kernel-modules-5.14.0-162.6.1.el9_1.x86_64
kernel-srpm-macros-1.0-11.el9.noarch
kernel-devel-5.14.0-162.6.1.el9_1.x86_64
kernel-5.14.0-162.6.1.el9_1.x86_64
```

【例 6】查找/etc 目录下所有包含 IP 地址的文件：

```
$ find /etc -type f -exec grep '[0-9][0-9]*[.][0-9][0-9]*[.][0-9][0-9]*
[.][0-9][0-9]*' {} \;
```

12.2.4　实例：在管道中使用 tar 命令

tar 命令是在 Linux 系统中最常用的打包文件的程序。下面来看几个例子。

【例 1】可以使用 tar 命令复制一个目录的整体结构：

```
$ tar cf - /home/yantaol | ( cd /backup/; tar xf - )
```

【例 2】可以使用 tar 命令跨网络地复制一个目录的整体结构：

```
$ tar cf - /home/yantaol | ssh remote_host "( cd /backup/; tar xf - )"
```

【例 3】跨网络地压缩、复制一个目录的整体结构：

```
$ tar czf - /home/yantaol | ssh remote_host "( cd /backup/; tar xzf - )"
```

【例 4】检查 tar 归档文件的大小，单位为字节：

```
$ cd /; tar cf - etc | wc -c
215040
```

【例 5】检查 tar 归档文件压缩为 tar.gz 归档文件后的大小，单位为字节：

```
$ tar czf - etc.tar | wc -c
58006
```

【例 6】检查 tar 归档文件压缩为 tar.bz2 归档文件后的大小，单位为字节：

```
$ tar cjf - etc.tar | wc -c
50708
```

12.2.5　实例：在管道中使用 head 命令

有时不需要将一个命令全部输出，可能只需要输出命令的前几行。此时就可以使用 head 命令，它可以只打印命令的前几行。默认的行数为 10 行。

【例 1】显示 ls 命令的前 10 行内容：

```
$ ls /usr/bin | head
addftinfo
afmtodit
apropos
arch
ash
awk
base64
basename
bash
bashbug
```

【例 2】显示 ls 命令的前 5 行内容：

```
$ ls / | head -n 5
bin
cygdrive
Cygwin.bat
Cygwin.ico
Cygwin-Terminal.ico
```

12.2.6　实例：在管道中使用 paste 命令

paste 命令用于合并文件的行，当然，它也可以通过管道接收其他命令的输出，并对输出内容进行相应的合并处理。

【例 1】通过管道将文件 file1（或 file2）和 cat 命令输出的行进行合并：

```
# 文件 file1 的内容如下
$ cat file1
Linux
Unix
Solaris
HPUX
```

```
AIX

# 文件 file2 的内容如下
$ cat file2
Suse
Fedora
CentOS
OEL
Ubuntu

# 合并 file1 和 file2 的内容
$ cat file2 | paste -d, file1 -
Linux,Suse
Unix,Fedora
Solaris,CentOS
HPUX,OEL
AIX,Ubuntu

# 合并 file1 和 file2 的内容
$ cat file1 | paste -d, - file2
Linux,Suse
Unix,Fedora
Solaris,CentOS
HPUX,OEL
AIX,Ubuntu
```

【例 2】通过管道使用 paste 命令将 ls 命令的输出分成 4 列显示：

```
$ ls | paste -d@ - - - -
alternatives@bash.bash_logout@bash.bashrc@defaults
DIR_COLORS@fstab@fstab.d@group
hosts@man.conf@mtab@networks
passwd@postinstall@preremove@profile
profile.d@protocols@rebase.db.i386@services
setup@skel@@
```

12.2.7　实例：在管道中使用 sed 命令

我们将在第 14 章详细介绍 sed 命令的用法，这里通过几个简单的例子来了解 sed 命令在管道中的用法。sed 命令是流编辑器（Stream Editor）的简称。

【例 1】替换打印输出的文本中的内容：

```
$ echo front | sed 's/front/back/'
back
```

在上面的例子中，使用 echo 命令产生了一个单词的文本流，并将其通过管道发送给 sed 命令，最后使用 sed 命令将内容中的 front 关键字替换为 back。

【例 2】显示/etc/bash.bashrc 文件中除了第 3～10 行以外的内容：

```
$ cat -n /etc/bash.bashrc | sed '3,10d'
     1  # To the extent possible under law, the author(s) have dedicated all
     2  # copyright and related and neighboring rights to this software to
the
    11
    12  # The latest version as installed by the Cygwin Setup program can
    13  # always be found at /etc/defaults/etc/bash.bashrc
    14
    15  # Modifying /etc/bash.bashrc directly will prevent
```

```
    16  # setup from updating it.
    17
    18  # System-wide bashrc file
    19
    20  # Check that we haven't already been sourced.
    21  ([[ -z ${CYG_SYS_BASHRC} ]] && CYG_SYS_BASHRC="1") || return
    22
    23  # If not running interactively, don't do anything
    24  [[ "$-" != *i* ]] && return
    25
    26  # Set a default prompt of: user@host and current_directory
    27  PS1='\[\e]0;\w\a\]\n\[\e[32m\]\u@\h \[\e[33m\]\w\[\e[0m\]\n\$ '
    28
    29  # Uncomment to use the terminal colours set in DIR_COLORS
    30  # eval "$(dircolors -b /etc/DIR_COLORS)"
```

【例 3】只显示/etc/bash.bashrc 文件中第 3～10 行的内容：

```
$ cat -n /etc/bash.bashrc | sed -n '3,10p'
     3  # public domain worldwide. This software is distributed without any
warranty.
     4  # You should have received a copy of the CC0 Public Domain Dedication
along
     5  # with this software.
     6  # If not, see <http://creativecommons.org/publicdomain/zero/1.0/>.
     7
     8  # base-files version 4.1-1
     9
    10  # /etc/bash.bashrc: executed by bash(1) for interactive shells.
```

12.2.8　实例：在管道中使用 sort 命令

sort 命令用于对文本文件的行进行排序（sort），当然，它也可以通过管道对其他命令输出的行进行排序。

【例 1】将 ls 命令列出的文件列表按照文件大小进行排序：

```
$ ls -al | sort -r -n -k5
-rw-r--r--  1 yantaol mkgroup 6994 Jul 21 16:38 profile
-rw-r--r--  1 yantaol mkgroup 5023 Jul 21 16:38 DIR_COLORS
-rw-r--r--  1 yantaol mkgroup 4769 Jul 21 16:38 man.conf
-rw-rw----  1 yantaol mkgroup 2298 Jul 21 16:38 rebase.db.i386
-rw-r--r--  1 yantaol mkgroup 1116 Jul 21 16:38 bash.bashrc
-rw-r--r--  1 yantaol mkgroup  856 Jul 21 16:38 bash.bash_logout
-rw-r--r--  1 yantaol root     836 Jul 21 16:38 group
-rw-r--r--  1 yantaol root     689 Jul 21 16:38 passwd
-rw-r--r--  1 yantaol mkgroup  192 Jul 21 16:38 fstab
lrwxrwxrwx  1 yantaol mkgroup   49 Jul 21 16:38 services -> /cygdrive/c/
Windows/System32/drivers/etc/services
lrwxrwxrwx  1 yantaol mkgroup   49 Jul 21 16:38 protocols -> /cygdrive/c/
Windows/System32/drivers/etc/protocol
lrwxrwxrwx  1 yantaol mkgroup   49 Jul 21 16:38 networks -> /cygdrive/c/
Windows/System32/drivers/etc/networks
lrwxrwxrwx  1 yantaol mkgroup   46 Jul 21 16:38 hosts -> /cygdrive/c/
Windows/System32/drivers/etc/hosts
lrwxrwxrwx  1 yantaol mkgroup   12 Jul 21 16:38 mtab -> /proc/mounts
total 55
drwxr-xr-x+ 1 yantaol mkgroup    0 Jul 21 16:47 setup
drwxr-xr-x+ 1 yantaol mkgroup    0 Jul 21 16:47 ..
drwxr-xr-x+ 1 yantaol mkgroup    0 Jul 21 16:38 skel
```

```
drwxr-xr-x+ 1 yantaol mkgroup    0 Jul 21 16:38 profile.d
drwxr-xr-x+ 1 yantaol mkgroup    0 Jul 21 16:38 postinstall
drwxr-xr-x+ 1 yantaol mkgroup    0 Jul 21 16:38 .
drwxr-xr-x+ 1 yantaol mkgroup    0 Jul 21 16:37 preremove
drwxr-xr-x+ 1 yantaol mkgroup    0 Jul 21 16:37 defaults
drwxr-xr-x+ 1 yantaol mkgroup    0 Jul 21 16:37 alternatives
drwxrwxrwt+ 1 yantaol mkgroup    0 Jul 21 16:38 fstab.d
```

【例 2】将 ps 命令的输出按照 PID 的大小进行排序：

```
$ ps auxw | sort
     PID   PPID   PGID    WINPID   TTY     UID       STIME COMMAND
    3728   9980   3728    5028     pty2    140581    21:36:32 /usr/bin/ps
    5792   9980   3728    5792     pty2    140581    21:36:32 /usr/bin/bash
    6724   5656   6724    4904     pty1    140581    Dec 24 /usr/bin/bash
    6968   1      6968    6968     ?       140581    Dec 28 /usr/bin/mintty
    7124   1      6372    1316     pty0    140581    Dec 24 /usr/bin/id
    9980   6968   9980    7452     pty2    140581    Dec 28 /usr/bin/bash
```

12.2.9　实例：在管道中使用 split 命令

split 命令用于将文件分割（split）成块，同样，该命令也可以通过管道将其他命令输出的内容分割成指定大小的块并存入指定前缀的文件中。

【例 1】将 ls 命令的输出按每 5 行（line）为一块，存入文件名前缀为 lsroot 的文件中。

```
$ ls -al | split -l 5 - lsroot

$ ls -l lsroot*
-rw-r--r-- 1 yantaol mkgroup 236 Dec 29 21:55 lsrootaa
-rw-r--r-- 1 yantaol mkgroup 310 Dec 29 21:55 lsrootab
-rw-r--r-- 1 yantaol mkgroup 296 Dec 29 21:55 lsrootac
-rw-r--r-- 1 yantaol mkgroup 286 Dec 29 21:55 lsrootad

$ cat lsrootaa
total 305
drwxr-xr-x+  1 yantaol mkgroup     0 Dec 29 21:49 .
drwxr-xr-x+  1 yantaol mkgroup     0 Dec 29 21:49 ..
drwxr-xr-x+  1 yantaol mkgroup     0 Jul 21 16:37 bin
dr-xr-xr-x   1 yantaol mkgroup     0 Dec 29 21:55 cygdrive
```

【例 2】将 backup 目录按每 5MB（兆字节）大小进行打包压缩，生成的压缩包文件名前缀为 backup.tar.gz。

```
$ tar czf - bakcup | split -b 5m - backup.tar.gz.
$ ls backup.tar.gz.*
backup.tar.gz.aa backup.tar.gz.ab backup.tar.gz.ac backup.tar.gz.ad
backup.tar.gz.ae
```

12.2.10　实例：在管道中使用 strings 命令

strings 命令用于打印文件中的字符串，该命令常与 grep 命令配合使用，可以在二进制文件中查找字符串。

【例 1】查找 uptime 命令中的 GLIBC 字符串：

```
$ strings /usr/bin/uptime | grep GLIBC
GLIBC_2.3.4
```

```
GLIBC_2.4
GLIBC_2.34
GLIBC_2.2.5
```

【例 2】打印系统的 BIOS 信息（至少 32 个字符长度的字符序列），需要 root 权限：

```
$ dd if=/dev/mem bs=1k skip=768 count=256 2>/dev/null | strings -n 32 | less
```

12.2.11　实例：在管道中使用 tail 命令

tail 命令用于打印文件的最后几行内容，同样，该命令也可以通过管道显示其他命令输出的最后几行内容。

【例 1】显示 ls 命令输出的最后 5 行内容：

```
$ ls -al | tail -n 5
lrwxrwxrwx  1 yantaol mkgroup   49 Jul 21 16:38 protocols -> /cygdrive/c/
Windows/System32/drivers/etc/protocol
-rw-rw----  1 yantaol mkgroup 2298 Jul 21 16:38 rebase.db.i386
lrwxrwxrwx  1 yantaol mkgroup   49 Jul 21 16:38 services -> /cygdrive/c/
Windows/System32/drivers/etc/services
drwxr-xr-x+ 1 yantaol mkgroup    0 Jul 21 16:47 setup
drwxr-xr-x+ 1 yantaol mkgroup    0 Jul 21 16:38 skel
```

【例 2】显示/etc/passwd 文件中 UID 最高的用户信息：

```
$ sort /etc/passwd -t: -k3 -n | tail -n1
```

12.2.12　实例：在管道中使用 tee 命令

tee 命令用于（在同一时间内）存储和查看任意命令的输出。使用 tee 命令，可以从一个输入流读取输入并分隔输出流到两个重定向，因此输出既显示在屏幕（标准输出）上又重定向到一个文件中。

【例 1】使用 ls 命令显示目录列表并重定向到文件/tmp/ls.output 中：

```
$ ls /etc/cron.daily | tee /tmp/ls.output
0anacron
0logwatch
cups
logrotate
ls.output
makewhatis.cron
mlocate.cron
mlocate.cron_Sun_Oct_07_Hr17_2012_.cfsaved
prelink
rpm
tetex.cron
tmpwatch
yum.cron

$ cat /tmp/ls.output
0anacron
0logwatch
cups
logrotate
```

```
ls.output
makewhatis.cron
mlocate.cron
mlocate.cron_Sun_Oct_07_Hr17_2012_.cfsaved
prelink
rpm
tetex.cron
tmpwatch
yum.cron
```

从上面的实例中可以看到，ls 命令的输出也同样发送到了文件/tmp/ls.output 中。

【例 2】在管道中的不同阶段存储命令的中间结果：

```
$ ls /etc/cron.daily | tee /tmp/stage1.txt | grep ^0 | tee /tmp/stage2.txt
| sort -r
0logwatch
0anacron

$ cat /tmp/stage1.txt
0anacron
0logwatch
cups
logrotate
makewhatis.cron
mlocate.cron
mlocate.cron_Sun_Oct_07_Hr17_2012_.cfsaved
prelink
rpm
tetex.cron
tmpwatch
yum.cron

$ cat /tmp/stage2.txt
0anacron
0logwatch
```

在上面的实例中，首先列出目录/etc/cron.daily 的内容，然后将输出存储到文件/tmp/stage1.txt 中，再通过 grep 命令过滤出以数字 0 开头的行，然后将过滤的输出存储到文件/tmp/stage2.txt 中，最后，过滤的输出被 sort -r 命令反向排序。

【例 3】将命令的输出存储到多个文件中：

```
$ ls /etc/cron.daily | grep ^0 | tee file1.txt file2.txt | sort -r
0logwatch
0anacron

$ cat file1.txt
0anacron
0logwatch

$ cat file2.txt
0anacron
0logwatch
```

从上面的实例中可以看到，使用 tee 命令将过滤后的输出分别存储到了文件 file1.txt 和 file2.txt 中，并且 file1.txt 和 file2.txt 文件的内容相同。

【例 4】将命令的输出追加到一个文件中：

```
$ ls /etc/cron.daily | grep ^0 | tee file1.txt | sort -r | tee -a file1.txt
0logwatch
0anacron

$ cat file1.txt
0anacron
0logwatch
0logwatch
0anacron
```

tee 命令在默认情况下会重写文件中的内容。但从上面的实例中可以看到，使用-a 选项可以将输出的内容追加（append）到文件的尾部。

【例 5】重复复制标准输出：

```
$ echo abc | tee -
abc
abc

$ echo abc | tee - -
abc
abc
abc

$ echo abc | tee - - -
abc
abc
abc
abc

$ echo abc | tee - - - -
abc
abc
abc
abc
abc
```

从上面的实例中可以看到，每使用一个符号“-”，tee 命令就会将管道中前一个命令的输出复制到标准输出一次。

12.2.13　实例：在管道中使用 tr 命令

tr 命令用于转换（transform）和删除字符。

【例 1】将所有的空白字符转换为制表符：

```
$ echo "This is for  testing" | tr [:space:] '\t'
This    is      for             testing
```

【例 2】删除前一个命令输出中的所有数字：

```
$ echo "My uid is 12107" | tr -d [:digit:]
My uid is

$ echo "My uid is 12107" | tr -d '0-9'
My uid is
```

【例 3】将前一个命令输出中的所有字符转换为大写：

```
$ echo linux | tr 'a-z' 'A-Z'
LINUX

$ echo linux | tr [:lower:] [:upper:]
LINUX
```

12.2.14　实例：在管道中使用 uniq 命令

uniq 命令用于报告或删除重复的行，保持行的唯一性（unique）。

下面使用一个测试文件对在管道中使用 uniq 命令进行讲解，文件内容如下：

```
$ cat testfile
This line occurs only once.
This line occurs twice.
This line occurs twice.
This line occurs three times.
This line occurs three times.
This line occurs three times.
```

【例 1】删除输出中重复的行：

```
$ sort testfile | uniq
This line occurs only once.
This line occurs three times.
This line occurs twice.
```

【例 2】统计（count）并显示输出中各重复的行出现的次数，然后按次数多少倒序（reverse）显示：

```
$ sort testfile | uniq -c | sort -nr
      3 This line occurs three times.
      2 This line occurs twice.
      1 This line occurs only once.
```

【例 3】统计测试文件中每个单词出现的次数并进行反向排序：

```
$ sed -e 's/\.//g' -e 's/\,//g' -e 's/ /\
/g' testfile | tr 'A-Z' 'a-z' | sort | uniq -c | sort -nr
      6 this
      6 occurs
      6 line
      3 times
      3 three
      2 twice
      1 only
      1 once
```

12.2.15　实例：在管道中使用 wc 命令

wc 命令用于统计（count）包含在文本流中的字符数、单词（word）数和行数。

【例 1】统计当前登录到系统的用户数：

```
$ who | wc -l
```

【例 2】统计当前的 Linux 系统中的进程数：

```
$ ps -ef | wc -l
```

12.3 小　　结

下面总结本章所学的主要知识：

- 管道：将两个或多个程序连接到一起，使一个程序的输出成为下一个程序的输入，以这种方式连接的两个或多个程序就形成了管道。
- 重定向操作符“>”将命令与文件连接，而管道符将第一个命令的输出与第二个命令的输入连接。
- 管道的特点是：命令语法紧凑并且使用简单；将多个命令串联，可以完成复杂的任务；从管道输出的标准错误会混合到一起。
- 几个命令可以组合在一起形成一个管道。管道中的命令就称为过滤器。
- 如果一个 Linux 命令是从标准输入接收输入数据，并在标准输出上产生输出数据（结果），那么这个命令被称为过滤器。
- 过滤器通常与 Linux 管道一起使用。

12.4 习　　题

一、填空题

1．将几个命令通过管道符组合在一起就形成一个________。

2．如果一个 Linux 命令是从标准输入接收输入数据，并在标准输出上产生输出数据，那么这个命令称为________。

二、选择题

1．下面表示管道符的符号是（　　）。

A．<　　B．>　　C．|　　D．>>

2．在管道中使用（　　）命令可以对文本文件进行排序。

A．awk　　B．grep　　C．tar　　D．sort

3．在管道中使用（　　）命令可以删除重复的行。

A．split　　B．grep　　C．uniq　　D．wc

三、判断题

1．过滤器必须与管道一起使用。（　　）

2．操作符“>”用于将命令与文件连接；管道符“|”是将第一个命令的输出与第二个命令的输入连接。（　　）

第 13 章　捕　获

在前一章中，我们学习了 Shell 管道和过滤器的概念及其使用方法，能够在命令行或脚本中熟练地使用管道和各种过滤器，将会很大程度地简化我们日常的文本处理工作及脚本的复杂程度。

本章将学习 Linux 中的信号处理——捕获的相关内容。

对于一个相当健壮的脚本来说，其应当具备的功能之一是在被强制终结时能够清除任何临时生成的日志或文件。因此，我们需要考虑的一个问题是，当脚本收到一个来自用户的中断时，应该采取什么措施。接下来，通过本章的学习来了解应该怎样在脚本中实现这个功能。

13.1　信　号

在 Linux 中，理解信号的概念是非常重要的，因为信号在 Linux 命令行中经常使用。例如，每当按 Ctrl+C 键从命令行终结一个命令的执行时，就使用了信号。当使用如下命令来结束一个进程时，就使用了信号：

```
$ kill -9 [PID]
```

因此，知道信号的基本原理是很有帮助的，这也是本节要介绍的内容。

13.1.1　Linux 中的信号

在 Linux 系统（以及其他类 UNIX 操作系统）中，信号被用于进程间的通信。信号是一个发送到某个进程或同一进程中的特定线程的异步通知，用于通知发生了一个事件。从 1970 年贝尔实验室的 UNIX 面世便有了信号的概念，现在它已经被定义在 POSIX 标准中。

对于在 Linux 环境中进行编程的用户或系统管理员来说，理解信号的概念和机制是很重要的，在某些情况下可以帮助我们更高效地编写程序。对于一个程序来说，如果每条命令运行正常，则会连续地执行。如果在程序执行时出现了一个错误或任何异常，内核就可以使用信号来通知相应的进程。信号同样被用于通信、同步进程和简化进程间通信，在 Linux 中，信号在处理异常和中断方面，扮演了极其重要的角色。信号已经在没有任何较大修改的情况下被使用了将近 30 年。

当一个事件发生时，程序会产生一个信号，然后内核会将事件传递给接收的进程。有时进程可以发送一个信号给其他进程。除了进程到进程的信号外，还有很多种情况内核会产生一个信号，如文件大小达到限额、一个 I/O 设备就绪或用户发送了一个类似于 Ctrl+C

或 Ctrl+Z 的终端中断等。

运行在用户模式下的进程会接收信号。如果接收的进程以内核模式运行，那么信号只有在该进程返回到用户模式时才开始执行。

发送到非运行进程的信号一定是由内核保存，直到进程重新执行为止。休眠的进程可以是可中断的，也可以是不可中断的。如果一个在可中断休眠状态的进程（如等待终端输入的进程）收到了一个信号，那么内核会唤醒这个进程来处理信号。如果一个在不可中断休眠状态的进程收到了一个信号，那么内核会拖延此信号，直到该事件完成为止。

当进程收到一个信号时，可能会发生以下 3 种情况：

- 进程可能会忽略此信号。有些信号不能被忽略，而有些没有默认行为的信号，默认会被忽略。
- 进程可能会捕获此信号并执行一个被称为信号处理器的特殊函数。
- 进程可能会执行信号的默认行为。例如，信号 15（SIGTERM）的默认行为是结束进程。

当一个进程执行信号处理时，如果还有其他信号到达，那么新的信号会被阻断直到处理器返回为止。

13.1.2　信号的名称和值

每个信号（sign）都以 SIG 开头，信号名称定义为唯一的正整数。在 Shell 命令行提示符下输入 kill -l 命令，将列出（list）所有信号的信号值和相应的信号名：

```
$ kill -l
1) SIGHUP        2) SIGINT         3) SIGQUIT        4) SIGILL
 5) SIGTRAP      6) SIGABRT        7) SIGBUS         8) SIGFPE
 9) SIGKILL      10) SIGUSR1       11) SIGSEGV       12) SIGUSR2
13) SIGPIPE      14) SIGALRM       15) SIGTERM       16) SIGSTKFLT
17) SIGCHLD      18) SIGCONT       19) SIGSTOP       20) SIGTSTP
21) SIGTTIN      22) SIGTTOU       23) SIGURG        24) SIGXCPU
25) SIGXFSZ      26) SIGVTALRM     27) SIGPROF       28) SIGWINCH
29) SIGIO        30) SIGPWR        31) SIGSYS        34) SIGRTMIN
35) SIGRTMIN+1   36) SIGRTMIN+2    37) SIGRTMIN+3    38) SIGRTMIN+4
39) SIGRTMIN+5   40) SIGRTMIN+6    41) SIGRTMIN+7    42) SIGRTMIN+8
43) SIGRTMIN+9   44) SIGRTMIN+10   45) SIGRTMIN+11   46) SIGRTMIN+12
47) SIGRTMIN+13  48) SIGRTMIN+14   49) SIGRTMIN+15   50) SIGRTMAX-14
51) SIGRTMAX-13  52) SIGRTMAX-12   53) SIGRTMAX-11   54) SIGRTMAX-10
55) SIGRTMAX-9   56) SIGRTMAX-8    57) SIGRTMAX-7    58) SIGRTMAX-6
59) SIGRTMAX-5   60) SIGRTMAX-4    61) SIGRTMAX-3    62) SIGRTMAX-2
63) SIGRTMAX-1   64) SIGRTMAX
```

信号值被定义在文件/usr/include/linux/signal.h 中，其源文件是/usr/src/linux/kernel/signal.c。

在 Linux 系统中，可以通过 signal 命令内置的帮助信息来查阅信号名列表、信号值、信号对应的默认行为和信号是否可以被捕获，其命令如下：

```
$ man 7 signal
```

表 13.1 列出的信号是 POSIX 标准的一部分，它们的简称通常省略了 SIG 前缀，如 SIGHUP 通常简称为 HUP。

表 13.1　POSIX标准信号表

信　　号	默 认 行 为	描　　述	信 号 值
SIGABRT	生成core文件然后终止进程	这个信号告诉进程终止操作。ABRT通常由进程本身发送，即当进程调用abort()函数时	6
SIGALRM	终止	警告（alarm）时钟	14
SIGBUS	生成core文件然后终止进程	当进程引起一个总线（BUS）错误时（如访问了一部分未定义的内存对象），BUS信号将被发送给进程	10
SIGCHLD	忽略	当子进程（child process）结束、被中断或在被中断之后重新恢复时，CHLD信号会被发送给进程	20
SIGCONT	继续进程	CONT信号指示操作系统继续（continue）执行之前被STOP或TSTP暂停的进程	19
SIGFPE	生成core文件然后终止进程	当一个进程执行一个浮点（float point）算术运算发生错误（error）时，FPE信号会被发送给进程	8
SIGHUP	终止	当进程的控制终端关闭（类似于挂断hang up）时，HUP信号会被发送给进程	1
SIGILL	生成core文件然后终止进程	当一个进程尝试执行一个非法（illegal）的命令时，ILL信号会被发送给进程	4
SIGINT	终止	当用户想要中断（interrupt）进程时，INT信号被进程的控制终端发送给进程	2
SIGKILL	终止	发送给进程的KILL信号会使进程立即终止。KILL信号不能被捕获或忽略	9
SIGPIPE	终止	当一个进程尝试向一个没有连接到其他目标的管道（pipe）写入时，PIPE信号会被发送给进程	13
SIGQUIT	终止	当用户要求进程执行core dump时，QUIT信号由进程的控制终端发送给进程	3
SIGSEGV	生成core文件然后终止进程	当进程生成一个无效的内存引用时，SEGV信号会被发送给进程	11
SIGSTOP	停止进程	STOP信号指示操作系统停止进程的执行	17
SIGTERM	终止	发送给进程的TERM信号用于要求进程终止（termination）	15
SIGTSTP	停止进程	TSTP信号由进程的控制终端（terminal）发送给进程，要求它立即终止（stop）	18
SIGTTIN	停止进程	后台进程尝试读取时，TTIN信号会被发送给进程	21
SIGTTOU	停止进程	后台进程尝试输出时，TTOU信号会被发送给进程	22
SIGUSR1	终止	发送给进程的USR1信号用于指示用户（user）定义的条件	30
SIGUSR2	终止	同上	31
SIGPOLL	终止	当一个异步输入/输出时间事件发生时，POLL信号会被发送给进程	23

续表

信　　号	默 认 行 为	描　　述	信 号 值
SIGPROF	终止	当仿形计时器过期时，PROF信号会被发送给进程	27
SIGSYS	生成core文件然后终止进程	当发生有错的系统调用时，SYS信号会被发送给进程	12
SIGTRAP	生成core文件然后终止进程	当追踪捕获/断点捕获时，会产生TRAP信号	5
SIGURG	忽略	当有一个紧急的socket或带外数据可被读取时，URG信号会被发送给进程	16
SIGVTALRM	终止	当进程使用的虚拟计时器过期时，VTALRM信号会被发送给进程	26
SIGXCPU	终止	当进程使用的CPU时间超出限制时，XCPU信号会被发送给进程	24
SIGXFSZ	生成core文件然后终止进程	当文件大小超过限制时会产生XFSZ信号	25

13.1.3　Bash 中的信号

当没有任何捕获时，一个交互式 Bash Shell 会忽略 SIGTERM 和 SIGQUIT 信号。由 Bash 运行的非内部命令会使用 Shell 从其父进程继承的信号处理程序。如果没有启用作业控制，异步执行的命令会忽略除了由这些信号处理程序处理之外的 SIGINT 和 SIGQUIT 信号。由于命令替换而运行的命令会忽略键盘产生的作业控制信号 SIGTTIN、SIGTTOU 和 SIGTSTP。

默认情况下，Shell 接收到 SIGHUP 信号后会终止（hang up）退出。在退出之前，一个交互式的 Shell 会向所有的作业（不管正在运行的还是已停止的）重新发送 SIGHUP 信号。对已停止的作业，Shell 还会发送 SIGCONT 信号确保它能够继续（continue）接收到 SIGHUP 信号。如果要阻止 Shell 向某个特定的作业发送 SIGHUP 信号，可以使用内部命令 disown 将它从作业表中移除，或用 disown -h 命令仍阻止 Shell 向特定的作业发送 SIGHUP 信号，但并不会将特定的作业从作业表中移除。通过下面的实例来了解 disown 命令的作用：

```
#将 sleep 命令放在后台执行，休眠 30s
$ sleep 30 &
[1] 8052

#列出当前 Shell 中的所有作业的信息
$ jobs -l
[1]+  8052 Running                 sleep 30 &
#将作业 1 从作业表中移除
$ disown %1

#再次列出当前 Shell 中的所有作业的信息
$ jobs -l

#查找 sleep 进程
$ ps -ef | grep sleep
yantaol    8052    8092 cons1    11:28:21 /usr/bin/sleep

#打印当前 Shell 的进程号
```

```
$ echo $$
8092
```

在上例中，首先将命令“sleep 30”放在后台运行，此时，使用命令“jobs -l”可以列出（list）作业表（job）中有一个正在运行的作业，然后使用命令“disown %1”将作业 1 从作业表中移除，再使用命令“jobs -l”会看到作业表中已经没有了作业，但是我们发现其实“sleep 30”这个命令的进程仍然存在。此时，如果 Shell 接收到 SIGHUP 信号，则不会向作业 1 重新发送 SIGHUP 信号，如果退出 Shell，则这个作业仍将继续运行，不会被终止。

我们再来看命令“disown -h”的用途：

```
#将 sleep 命令放在后台执行，休眠 30s
$ sleep 30 &
[1] 3184

#列出当前 Shell 环境下的所有作业信息
$ jobs -l
[1]+  3184 Running                 sleep 30 &

#阻止 Shell 向作业 1 发送 SIGHUP 信号
$ disown -h %1

$ jobs -l
[1]+  3184 Running                 sleep 30 &
```

我们看到，在执行了命令“disown -h %1”后，作业 1 并没有从作业表中移除，但它已经被标记，因此即使 Shell 收到 SIGHUP 信号也不会向此作业发送 SIGHUP 信号。如果此时退出 Shell，则这个作业仍将继续运行，不会被终止。

注意： 如果使用内部命令 shopt 打开了 Shell 的 huponexit 选项，当一个交互式的登录 Shell 退出时，则会向所有的作业发送 SIGHUP 信号。

13.2　进　　程

进程是 Linux 操作系统中最重要的基本概念，本节介绍 Linux 进程的一些基础知识。

13.2.1　什么是进程

进程是运行在 Linux 程序中的一个实例。当在 Linux 系统中执行一个程序时，系统会为这个程序创建特定的环境，这个环境包含系统运行该程序所需的任何资源。

每当在 Linux 中执行一个命令时，都会创建或启动一个新的进程。例如，当尝试运行命令“ls -l”列出目录的内容时，就启动了一个进程。如果有两个终端窗口显示在屏幕上，那么可能是运行了同样的终端程序两次，这时会有两个终端进程。每个终端窗口可能都运行了一个 Shell，每个运行的 Shell 分别是一个进程。当从 Shell 调用一个命令时，对应的程序就会在一个新进程中执行，当这个程序的进程执行完成后，Shell 的进程将恢复运行。

操作系统通过被称为 PID 或进程 ID 的数字编码来追踪进程。系统中的每个进程都有

一个唯一的 PID。

现在通过一个实例来了解 Linux 中的进程。在 Shell 命令行中执行如下命令：

```
$ sleep 10 &
[1] 3324
```

因为程序会等待 10s，所以我们快速地在当前 Shell 上查找任何进程名为 sleep 的进程：

```
$ ps -ef | grep sleep
yantaol     3324    5712 cons1       17:11:46 /usr/bin/sleep
```

可以看到，进程名为/usr/bin/sleep 的进程正运行在系统中（其 PID 与在前面的命令中得到的 PID 相同）。

现在尝试并行地从 3 个不同的终端窗口运行上述 sleep 命令，上述命令的输出如下：

```
$ ps -ef | grep sleep
yantaol     896     5712 cons1       17:16:51 /usr/bin/sleep
yantaol     5924    5712 cons1       17:16:52 /usr/bin/sleep
yantaol     2424    5712 cons1       17:16:50 /usr/bin/sleep
```

我们看到 sleep 程序的每一个实例都创建了一个单独的进程。

每个 Linux 进程还有另一个 ID 号码，即父进程的 ID（ppid）。系统中的每个用户进程都有一个父进程。

命令“ps -f”会列出进程的 PID 和 PPID。此命令的输出如下：

```
$ ps -f
   UID        PID       PPID        TTY      STIME COMMAND
yantaol     4124       228       cons0      21:37:09 /usr/bin/ps
yantaol      228         1       cons0      21:32:23 /usr/bin/bash
```

在 Shell 命令行提示符下运行的命令都把当前 Shell 的进程作为父进程。例如，在 Shell 命令行提示符下输入 ls 命令，Shell 将执行 ls 命令，此时 Linux 内核会复制 Shell 的内存页，然后执行 ls 命令。

在 UNIX 中，每个进程是使用 fork 和 exec 方法创建的。然而，这种方法会导致系统资源的损耗。

在 Linux 中，fork 方法是使用写时复制内存页实现的，因此它会导致时间和复制父进程的内存页表所需的内存损失，并且会为子进程创建一个唯一的任务结构。写时复制模式在创建新进程时避免创建不必要的结构。例如，用户在 Shell 命令行提示符下输出 ls 命令，Linux 内核将会创建一个 Shell 的子进程，即 Shell 的进程是父进程，而 ls 命令的进程是子进程，ls 命令的进程会指向与此 Shell 相同的内存页，然后子进程使用写时复制技术执行 ls 命令。

13.2.2　前台进程和后台进程

当启动一个进程时（运行一个命令），有如下两种方式运行该进程：

- ❑ 前台进程；
- ❑ 后台进程。

默认情况下，启动的每个进程都运行在前台。进程从键盘获取输入并将输出发送到屏幕上。

当一个进程运行在前台时，不能在同一命令行提示符下运行其他命令（启动其他进程），因为在程序结束进程之前，命令行提示符不可用。

启动一个后台进程最简单的方法是添加一个控制操作符&到命令的结尾（关于进程在前台和后台之间切换的介绍，请参见 4.3.3 节）。例如，如下命令将启动一个后台进程：

```
$ sleep 10 &
[1] 5720
$
```

现在 sleep 命令被放在后台运行。当 Bash 在后台启动一个作业时，它会打印一行内容显示作业编号（[1]）和进程号（PID - 5720）。当作业完成时，作业会发送如下信息到终端程序，显示此作业已完成，其内容如下：

```
[1]+  Done                    sleep 10
```

将进程放在后台运行的好处是：可以继续运行其他命令，不需要等待此进程运行完成再运行其他命令。

13.2.3　进程的状态

每个 Linux 进程都有生命周期，如创建、执行、结束和清除。每个进程也有各自的状态，显示进程当前正发生什么事。进程可以有如下几种状态：

- D（不可中断休眠状态）：进程正在休眠并且不能恢复，直到一个事件发生为止。
- R（运行（run）状态）：进程正在运行。
- S（休眠（sleep）状态）：进程没有在运行，而在等待一个事件或信号。
- T（停止（terminate）状态）：进程被信号停止，如信号 SIGINT 或 SIGSTOP。
- Z（僵死（zombie）状态）：标记为<defunct>进程是僵死的进程，它们之所以残留，是因为需要等待父进程在适当的时机销毁它们。如果父进程退出，则这些进程将被 init 进程销毁。

如果要查看指定进程的状态，则可以使用如下命令：

```
$ ps -C processName -o pid=,cmd,stat
```

例如：

```
$ ps -C sleep -o pid=,cmd,stat
    CMD                          STAT
 9434 sleep 20                       S
```

13.2.4　实例：怎样查看进程

通过前面的一些实例的学习，想必读者已经知道了使用 ps 命令可以查看进程的信息，但除了 ps 命令，还可以使用 pstree 命令和 pgrep 命令查看当前进程的信息。

使用 ps 命令，可以查看当前的进程。默认情况下，ps 命令只会输出当前用户并且是当前终端（如当前 Shell）调用的进程（process）的状态（state）。其输出如下：

```
$ ps
  PID TTY          TIME CMD
18639 pts/1    00:00:00 bash
19492 pts/1    00:00:00 ps
```

从上面的输出信息中可以看到，默认情况下，ps 命令会显示进程 ID（PID）、与进程关联的终端（TTY）、格式为“[dd-]hh:mm:ss”的进程累计 CPU 时间（TIME）及可执行文件的名称（CMD），而且输出内容默认是不排序的。

使用标准语法显示系统中的每个进程：

```
$ ps -ef | head -2
UID      PID      PPID     C      STIME     TTY     TIME         CMD
root     1        0        0      Jan14     ?       00:00:02     init [5]
```

使用 BSD 语法显示系统中的每个进程：

```
$ ps aux | head -2
USER   PID    %CPU   %MEM   VSZ     RSS TTY    STAT  START     TIME    COMMAND
root   1      0.0    0.0    2160    648 ?      Ss    Jan14     0:02    init [5]
```

使用 BSD 样式选项会增加进程状态（STAT）等信息作为默认显示，也可以使用 PS_FORMAT 环境变量重写默认的输出格式（format）。

查看系统中 httpd 进程的信息：

```
$ ps aux | grep httpd
```

使用 pstree 命令，可以显示进程树（process tree）的信息：

```
-bash-5.1$ pstree
systemd─┬─ModemManager───2*[{ModemManager}]
        ├─NetworkManager───2*[{NetworkManager}]
        ├─VGAuthService
        ├─accounts-daemon───2*[{accounts-daemon}]
        ├─alsactl
        ├─atd
        ├─auditd─┬─sedispatch
        │        └─2*[{auditd}]
        ├─avahi-daemon───avahi-daemon
        ├─chronyd
        ├─colord───2*[{colord}]
        ├─crond
        ├─cupsd
        ├─dbus-broker-lau───dbus-broker
        ├─firewalld───{firewalld}
        ├─gdm─┬─gdm-session-wor─┬─gdm-wayland-ses─┬─gnome-session
-b───3*[{gnome-session-b}]
        │     │                 │                 └─2*[{gdm-wayland-ses}]
        │     │                 └─2*[{gdm-session-wor}]
        │     └─2*[{gdm}]
        ├─geoclue───2*[{geoclue}]
        ├─gnome-keyring-d───3*[{gnome-keyring-d}]
        ├─gssproxy───5*[{gssproxy}]
        ├─irqbalance───{irqbalance}
        ├─java───49*[{java}]
        ├─login───bash
        ├─lsmd
        ├─mcelog
        ├─named───15*[{named}]
        ├─nessus-service───nessusd───12*[{nessusd}]
        ├─packagekitd───2*[{packagekitd}]
        ├─pmcd───pmdaroot─┬─pmdadm
        │                 ├─pmdakvm
```

```
    |                  ├─pmdalinux
    |                  ├─pmdaproc
    |                  ├─pmdaxfs
    |                  └─2*[python3]
```

pstree 命令以树形结构的形式显示系统中所有当前运行的进程信息。此树形结构以指定的 PID 为根，如果没有指定 PID，则以 systemd 进程为根。下面看一个显示指定 PID 的进程树的例子：

```
$ pstree 4578
httpd───11*[httpd]
```

上述输出信息表示，PID 是 4578 的 httpd 进程中有 11 个 httpd 子进程。在显示时，pstree 命令会将一样的分支合并到一个方括号中并在方括号前显示重复的次数。

如果 pstree 命令指定的参数是用户名，那么就会显示以此用户的进程为根的所有进程树的信息，其显示内容如下：

```
$ pstree yantaol
Xvnc

dbus-daemon

dbus-launch

dcopserver

gconfd-2

kded

kdeinit-+-bt-applet
        |-esc-+-esc---9*[{esc}]
        |     `-esc---6*[{esc}]
        |-2*[kio_file]
        |-kio_media
        |-klauncher
        `-kwin

kdesktop

kicker

klipper

ksmserver

bash---pstree

start_kdeinit

xstartup---startkde---kwrapper
```

使用 pgrep 命令，可以基于名称或其他属性查找进程。

pgrep 命令会检查当前运行的进程，并列出与选择标准相匹配的进程 ID。例如，查看 root 用户的 sshd 进程的 PID：

```
$ pgrep -u root sshd
2877
6572
```

```
18563
```

列出所有者是 root 和 daemon 的进程的 PID：

```
$ pgrep -u root,daemon
```

13.2.5　实例：向进程发送信号

可以使用键盘或 pkill 命令、kill 命令及 killall 命令向进程发送各种信号。

在 Bash 中，可以使用组合键发送如下信号，如表 13.2 所示。

表 13.2　使用组合键发送的信号

组　合　键	含　义
Ctrl+C	中断信号，发送SIGINT信号到运行在前台的进程
Ctrl+Y	延时挂起信号，使运行的进程在尝试从终端读取输入时停止。控制权返回给Shell，使用户可以将进程放在前台或后台，或杀掉该进程
Ctrl+Z	挂起信号，发送SIGTSTP信号到运行的进程，将该进程停止，并将控制权返回给Shell

大多数主流的 Shell，包括 Bash，都有内置的 kill 命令。在 Linux 系统中也有 kill 命令，即/usr/bin/kill。如果使用/usr/bin/kill，则系统可能会激活一些额外的选项。例如，杀掉除自己以外的进程，或指定进程名作为参数，类似于 pgrep 和 pkill 命令。不过两种 kill 命令默认都是发送 SIGTERM 信号。

当准备杀掉一个进程或一连串的进程时，一般是尝试发送最安全的信号，即 SIGTERM 信号，以这种方式“关心”正常停止运行的程序，当程序收到 SIGTERM 信号时，该程序有机会按照已经设计好的流程来执行，如清理和关闭打开的文件。如果发送一个 SIGKILL 信号给进程，则会失去对于进程先清理后关闭的机会，而这可能会导致糟糕的结果。如果 SIGKILL 信号不管用，那么发送 SIGINT 或 SIGKILL 信号可能就是唯一的方法了。例如，当一个前台进程使用 Ctrl+C 组合键杀不掉时，那最好就使用命令“kill -9 PID”了。

在 13.1.2 节的学习中我们已经了解，kill 命令可以发送多种信号给进程。特别有用的信号包括：

- SIGHUP（1）；
- SIGINT（2）；
- SIGKILL（9）；
- SIGCONT（18）；
- SIGSTOP（19）。

在 Bash 中，信号名或信号值都可作为 kill 命令的选项，而作业号或进程号则作为 kill 命令的参数。

【例 1】 发送 SIGKILL 信号给 PID 是 123 的进程：

```
$ kill -9 123
```

或者：

```
$ kill -KILL 123
```

也可以是如下命令：

```
$ kill -SIGKILL 123
```

【例 2】使用 kill 命令终结一个作业：

```
#将 sleep 命令放在后台执行，休眠 30s
$ sleep 30 &
[1] 20551

#列出当前 Shell 中所有作业的信息
$ jobs -l
[1]+ 20551 Running                  sleep 30 &

#终结作业 1
$ kill %1

#查看当前 Shell 下的作业的信息
$ jobs -l
[1]+ 20551 Terminated               sleep 30
```

killall 命令会发送信号给运行任何指定命令的所有进程。因此，当一个进程启动了多个实例时，使用 killall 命令来杀掉这些进程更方便。

注意：在生产环境中，如果没有经验，使用 killall 命令之前请先测试该命令，因为在一些商业 UNIX 系统中，它可能不像期望的那样工作。

如果没有指定信号名，则 killall 命令会默认发送 SIGTERM 信号。例如，使用 killall 命令杀掉所有（all）firefox 进程：

```
$ killall firefox
```

发送 KILL 信号给 firefox 的进程：

```
$ killall -s SIGKILL firefox
```

使用 pkill 命令，可以通过指定进程名、用户名、组名、终端、UID、EUID 和 GID 等属性来杀掉相应的进程。pkill 命令默认也是发送 SIGTERM 信号给进程。

【例 1】使用 pkill 命令杀掉所有用户的 firefox 进程：

```
$ pkill firefox
```

【例 2】强制杀掉用户 yantaol 的 firefox 进程：

```
$ pkill -KILL -u yantaol firefox
```

【例 3】让 sshd 守护进程重新加载它的配置文件：

```
$ pkill -HUP sshd
```

13.2.6　关于子 Shell

子 Shell 是由 Shell 或 Shell 脚本运行的子进程。当在 Shell 命令行提示符下运行一个 Shell 脚本时，会创建一个叫作子 Shell 的新进程，脚本将会使用这个子 Shell 来运行。

子 Shell 是命令处理程序（提供给命令行提示符的 Shell 或一个 XTerm 窗口）的一个单独实例。就像你的命令在命令行提示符下被解释，类似地，脚本批处理一连串命令。实际上，每个运行的 Shell 脚本都是父 Shell 的子进程。

Shell 脚本可以自己启动子进程。这些子 Shell 让脚本可以并行处理，实际上是同时执行多个子任务。

下面来看一个会产生子 Shell 的脚本 subshell_test.sh，此脚本的内容如下：

```
#!/bin/bash -

(
# 内部圆括号，即是一个 subshell . . .
while [ 1 ]   # Endless loop.
do
  echo "Subshell running . . ."
done
)

#  脚本会一直运行，直到按 Ctrl+C 键为止

exit $?                          # 脚本结束，但永远不会运行到这里.
```

接下来运行该脚本：

```
$ chmod +x subshell_test.sh
$ sh subshell_test.sh
```

当这个脚本运行时，在另一个终端窗口运行如下命令：

```
$ ps -ef | grep subshell_test.sh
   UID     PID    PPID    TTY     STIME       COMMAND
yantaol  2404   3356    pts/4   16:44:57    /usr/bin/sh subshell_test.sh
yantaol  4572   2404    pts/4   16:44:57    /usr/bin/sh subshell_test.sh
```

从上面命令的输出信息中可以看到，有两个同名的进程，其中，PID 是 2404 的进程是脚本 subshell_test.sh 自身，而 PID 是 4572 的进程就是其子 Shell。

通常，脚本中的外部命令会分出一个子进程，而 Bash 的内部命令不会。由此，与外部命令相比，Bash 的内部命令执行得更快，并且使用更少的系统资源。

通过上面的脚本实例读者可能已经想到，内嵌在圆括号内的命令列表被作为一个子 Shell 运行，其语法如下：

```
( command1; command2; command3; .. )
```

子 Shell 中的变量在子 Shell 的代码块之外是不可见的。它们不能被传到启动这个子 Shell 的 Shell（父进程）中。实际上，这些变量是子 Shell 的本地变量。

下面通过一个实例脚本 subshell_var.sh，进一步了解子 Shell 中的变量的作用范围，此脚本的内容如下：

```
#!/bin/bash -
echo "We are outside the subshell."
echo "Subshell level OUTSIDE subshell = $BASH_SUBSHELL"
echo; echo

outer_variable=Outer
global_variable=
# 先定义一个变量，然后验证该变量是否有效

(
echo "We are inside the subshell."
echo "Subshell level INSIDE subshell = $BASH_SUBSHELL"
inner_variable=Inner

echo "From inside subshell, \"inner_variable\" = $inner_variable"
echo "From inside subshell, \"outer_variable\" = $outer_variable"
```

```
global_variable="$inner_variable"
export global_variable
)

echo; echo
echo "We are outside the subshell."
echo "Subshell level OUTSIDE subshell = $BASH_SUBSHELL"
echo

if [ -z "$inner_variable" ]          #如果变量$inner_variable 的值的长度为 0
then
  echo "inner_variable undefined in main body of shell"
else
  echo "inner_variable defined in main body of shell"
fi

echo "From main body of shell, \"inner_variable\" = $inner_variable"
echo "global_variable = $global_variable"

echo

# ==========================================================================

# 附加部分

echo "-----------------"; echo

var=41                                              # Global variable.

( let "var+=1"; echo "\$var INSIDE subshell = $var" )

echo "\$var OUTSIDE subshell = $var"

exit 0
```

脚本的运行结果如下：

```
$ chmod +x subshell_var.sh
$ ./subshell_var.sh
We are outside the subshell.
Subshell level OUTSIDE subshell = 0


We are inside the subshell.
Subshell level INSIDE subshell = 1
From inside subshell, "inner_variable" = Inner
From inside subshell, "outer_variable" = Outer


We are outside the subshell.
Subshell level OUTSIDE subshell = 0

inner_variable undefined in main body of shell
From main body of shell, "inner_variable" =
global_variable =

-----------------

$var INSIDE subshell = 42
$var OUTSIDE subshell = 41
```

从输出的结果中可以看到，在脚本的主代码块中，变量 inner_variable 被认为是未定义的，因为此变量仅定义在子 Shell 的代码块中，是子 Shell 的本地变量。还有，在子 Shell 中对变量 global_variable 的赋值也没有被传递到脚本的主代码块中。在脚本后面的附加部分，变量 var 的值在子 Shell 中被加 1，但变量 var 的值在脚本的主代码块中并没有被改变，因此，即使对于全局变量，在子 Shell 中操作此变量，也不会改变变量在子 Shell 之外的值。

利用子 Shell 的这个特性，可以使用子 Shell 为一些命令集合设置一个专用环境。例如，下面的示例：

```
COMMAND1
COMMAND2
COMMAND3
(
  IFS=:
  PATH=/bin
  unset TERMINFO
  set -C
  shift 5
  COMMAND4
  COMMAND5
  exit 3                              # 只是推出这个子 Shell
)
COMMAND6
```

如上所示，我们可以在子 Shell 内为 COMMAND4 和 COMMAND5 设置一个独立的环境。子 Shell 中的 exit 命令只会退出它所运行的子 Shell，而不是父 Shell 或脚本。

可能读者已经注意到，在前面的脚本 subshell_var.sh 中还使用了变量 BASH_SUBSHELL，它是 Bash 的内部变量，此变量的值会指示子 Shell 的嵌套深度。Bash 还有一个内部变量 SHLVL，此变量的值指示 Bash 的嵌套深度（shell level），如果是在命令行中，则$SHLVL 的值是 1，而在脚本中，$SHLVL 的值将增加为 2。

下面通过一个实例脚本 valueof_bash_subshell.sh 来了解变量 BASH_SUBSHELL 和 SHLVL 的值，其脚本内容如下：

```
#!/bin/bash -
echo "\$BASH_SUBSHELL outside subshell = $BASH_SUBSHELL"
( echo "\$BASH_SUBSHELL inside subshell = $BASH_SUBSHELL" )
( ( echo "\$BASH_SUBSHELL inside nested subshell = $BASH_SUBSHELL" ) )

echo

echo "\$SHLVL outside subshell = $SHLVL"
( echo "\$SHLVL inside subshell = $SHLVL" )
```

脚本的运行结果如下：

```
$BASH_SUBSHELL outside subshell = 0
$BASH_SUBSHELL inside subshell = 1
$BASH_SUBSHELL inside nested subshell = 2

$SHLVL outside subshell = 2
$SHLVL inside subshell = 2
```

13.3　捕　　获

到目前为止，在本书所介绍的脚本中还没有用到信号处理功能，因为它们的内容相对比较简单，执行时间很短，而且不会创建临时文件。而对于较大的或者更复杂的脚本来说，如果脚本具有信号处理功能可能就比较有用了。

当我们设计一个大且复杂的脚本时，应该考虑到如果脚本运行出现用户退出或系统关机的情况。当这样的事件发生时，一个信号将会发送给所有受影响的进程。相应地，这些进程可以采取一些措施以确保程序正常有序地终结。例如，我们编写一个会在执行时生成临时文件的脚本，在设计时，应该让脚本在执行完成后删除这些临时文件。同样聪明的做法是，如果脚本接收到了指示程序将提前结束的信号，也应删除这些临时文件。接下来学习如何在脚本中捕获信号。

13.3.1　trap 语句

Bash 的内部命令 trap 可以在 Shell 脚本内捕获特定的信号并对它们进行处理。trap 命令的语法如下：

```
$ trap command signal [ signal … ]
```

在上述语法中，command 可以是一个脚本或一个函数。signal 既可以用信号名也可以用信号值指定。可以不指定任何参数，直接使用 trap 命令，它将会打印与每个要捕获的信号相关联的命令列表。

当 Shell 收到信号 signal(s)时，command 会被读取和执行。如果 signal 是 0 或 EXIT，command 会在 Shell 退出时被执行。如果 signal 是 DEBUG，command 会在每个命令后被执行。signal 也可以被指定为 ERR，那么每当一个命令以非 0 状态退出时，command 就会被执行（注意，当非 0 退出状态来自一个 if 语句部分或 while、until 循环时，command 不会被执行）。

下面通过几个简单的实例来学习 trap 命令的用法。

首先定义一个变量 FILE：

```
$ FILE=`mktemp -u /tmp/testtrap.$$.XXXXXX`
```

这里使用 mktemp 命令创建一个临时文件；使用-u 选项，表示并不真正创建文件，只是打印生成的文件名；XXXXXX 表示生成 6 位随机字符。

然后定义捕获错误信号：

```
$ trap "echo There exist some error!" ERR
```

查看已经定义的捕获：

```
$ trap
trap -- 'echo There exist some error!' ERR
```

此时，当尝试使用 rm 命令删除变量$FILE 代表的并不存在的文件时，就会显示如下错误信息：

```
$ rm $FILE
rm: cannot remove `/tmp/testtrap.8020.zafuo4': No such file or directory
There exist some error!
```

从上面的输出信息中看到，Shell 捕获到了文件/tmp/testtrap.8020.zafuo4 不存在的这个错误信号，并执行 echo 命令显示出了我们指定的错误信息。

当调试较大的脚本时，可能想要赋予某个变量一个踪迹属性，并捕获变量的调试信息。通常，可能只使用一个简单的赋值语句如 VARIABLE=value，来定义一个变量。如果使用如下语句替换上面的变量定义，可能会提供更有用的调试信息：

```
# 声明变量 VARIABLE 并赋予其踪迹属性
declare -t VARIABLE=value
# 捕获 DEBUG
trap "echo VARIABLE is being used here." DEBUG

#脚本的余下部分…
```

现在，我们创建一个名称为 testtrap1.sh 的脚本，其内容如下所示：

```
#!/bin/bash

#捕获退出状态 0
trap 'echo "Exit 0 signal detected..."' 0

# 打印信息
echo "This script is used for testing trap command."

# 以状态（信号）0 退出此 Shell 脚本
exit 0
```

脚本运行结果如下：

```
$ chmod +x testtrap1.sh
$ ./testtrap1.sh
This script is used for testing trap command.
Exit 0 signal detected...
```

在上面的脚本中，trap 命令语句设置了一个当脚本以 0 状态退出时的捕获，因此，当脚本以 0 状态退出时会打印一条信息 Exit 0 signal detected…。

接着创建名称为 testtrap2.sh 的脚本，其内容如下：

```
#!/bin/bash

#捕获信号 SIGINT，然后打印相应的信息
trap "echo 'You hit control+C! I am ignoring you.'" SIGINT

#捕获信号 SIGTERM，然后打印相应的信息
trap "echo 'You tried to kill me! I am ignoring you.'" SIGTERM

#循环 5 次
for i in {1..5}; do

  echo "Iteration $i of 5"
  #暂停 5s
  sleep 5

#结束 for 循环
done
```

当运行上述脚本时，如果按 Ctrl+C 键，将会中断 sleep 命令进入下一次循环，并看到输出信息 You hit control+C! I am ignoring you.，但脚本 testtrap2.sh 并不会停止运行。脚本的运行结果如下：

```
$ chmod +x ./testtrap2.sh
$ sh ./testtrap2.sh
Iteration 1 of 5
You hit control+C! I am ignoring you.
Iteration 2 of 5
Iteration 3 of 5
Iteration 4 of 5
You hit control+C! I am ignoring you.
Iteration 5 of 5
```

当将上述脚本放在后台运行时，如果同时在另一个终端窗口尝试使用 kill 命令终结此脚本，则此脚本并不会被终结，而会显示信息 You tried to kill me! I am ignoring you.，此脚本的运行结果如下：

```
$ sh ./testtrap2.sh &
[1] 2320
$ Iteration 1 of 5
You tried to kill me! I am ignoring you.
Iteration 2 of 5
Iteration 3 of 5
Iteration 4 of 5
You tried to kill me! I am ignoring you.
Iteration 5 of 5
You tried to kill me! I am ignoring you.

[1]+  Done                    sh ./testtrap2.sh
```

有时，接收到一个信号后可能不想对其做任何处理。例如，当脚本处理较大的文件时，可能希望阻止一些错误的输入 Ctrl+C 或 Ctrl+\，并且希望它能执行完成而不被用户中断，这时就可以使用空字符串（" "或' '）作为 trap 的命令参数，Shell 将会忽略这些信号，其用法如下：

```
$ trap ' ' SIGHUP SIGINT [ signal … ]
```

13.3.2　实例：使用 trap 语句捕获信号

通过前面内容的学习我们已经知道，信号多用于以友好的方式结束一个进程的执行，即允许进程在退出之前有机会做一些清理工作。然而，信号同样还可用于其他用途。例如，当终端窗口的大小改变时，在此窗口中运行的 Shell 都会接收到信号 SIGWINCH。通常，这个信号是被忽略的，但是，如果一个程序关心窗口大小的变化，那么就可以捕获这个信号，并用特定的方式进行处理。

注意：除了 SIGKILL 信号以外，其他任何信号都可以被捕获并通过调用 C 语言函数 signal()来处理。

接下来就以一个脚本为实例演示如何捕获并处理 SIGWINCH 信号。我们创建名为 sigwinch_handler.sh 的脚本，其内容如下：

```
#!/bin/bash -
# 打印信息
```

```
echo "Adjust the size of your window now."
# 捕获 SIGWINCH 信号
trap "echo Window size changed." SIGWINCH

# 定义变量 COUNT
COUNT=0

# while 循环 30 次
while [ $COUNT -lt 30 ] ; do

  #将 COUNT 变量的值加 1
  COUNT=$(($COUNT + 1))
  # 休眠 1s
  sleep 1

# 结束 while 循环
done
```

当上面的 Shell 脚本运行时，如果改变了脚本运行所在终端窗口的大小，则脚本的进程就会收到 SIGWINCH 信号，从而调用 chwinsize()函数进行相应的处理。脚本的运行结果如下：

```
$ chmod +x sigwinch_handler.sh
$ ./sigwinch_handler.sh
Adjust the size of your window now.
Window size changed.
Window size changed.
```

通过上一节的学习知道，在 trap 命令中可以调用函数来处理相应的信号。下面以脚本 trapbg_clearup.sh 为例，进一步学习如何通过 trap 语句调用函数来处理信号，脚本内容如下：

```
#!/bin/bash -
# 捕获 INT 和 QUIT 信号，如果收到这两个信号，则执行函数 my_exit()后退出
trap 'my_exit; exit' SIGINT SIGQUIT

# 捕获 HUP 信号
trap 'echo Going down on a SIGHUP - signal 1, no exiting...; exit' SIGHUP

# 定义 count 变量
count=0
# 创建临时文件
tmp_file=`mktemp /tmp/file.$$.XXXXXX`

# 定义函数 my_exit
my_exit()
{
  echo "You hit Ctrl-C/Ctrl-\, now exiting…"
  # 清除临时文件
  rm -f $tmp_file >& /dev/null
}

# 向临时文件写入信息
echo "Do someting..." > $tmp_file

# 执行无限 while 循环
while :
do

  # 休眠 1s
```

```
    sleep 1
    # 将 count 变量的值加 1
    count=$(expr $count + 1)
    # 打印 count 变量的值
    echo $count

done
```

当上述脚本运行时，接收到 SIGINT 或 SIGQUIT 信号后会调用 my_exit()函数后退出（trap 命令列表中的 exit 命令），my_exit()函数会做一些清理临时文件的操作。我们运行此脚本，然后在另一个终端窗口中查看此脚本创建的临时文件：

```
$ ls -trl /tmp/ | tail -1
```

将会看到如下文件信息：

```
-rw------- 1 yantaol yantaol   15 Feb  6 22:09 file.6668.RI6669
```

现在，在脚本运行的终端窗口按 Ctrl+C 或 Ctrl+\键终结或退出此脚本，将会看到如下信息：

```
$ ./trapbg_clearup.sh
1
2
3
4
5
6
7
8
9
You hit Ctrl+C/Ctrl+\, now exiting…
```

然后查看脚本创建的临时文件是否已被清理：

```
$ ls -l /tmp/file.6668.RI6669
ls: /tmp/file.6668.RI6669: No such file or directory
```

当脚本运行在后台时，同样可以捕获信号。将上例中的脚本 trapbg_clearup.sh 放在后台运行：

```
$ ./trapbg_clearup.sh &
[1] 16957
$ 1
2
3
```

现在从另一个终端窗口发送 HUP 信号杀掉运行脚本的进程：

```
$ kill -1 16957
```

在脚本运行的终端窗口将会看到如下信息：

```
$ ./trapbg_clearup.sh &
[1] 16957
$ 1
2
3
4
5
6
7
8
9
```

```
10
Going down on a SIGHUP - signal 1, now exiting...

[1]+  Done                    ./trapbg_clearup.sh
```

Bash 中有两个内部变量可以方便地在处理信号时提供更多的与脚本终结相关的信息，这两个变量分别是 LINENO 和 BASH_COMMAND，BASH_COMMAND 是 Bash 中特有的。这两个变量分别用于报告脚本当前执行的行号和脚本当前运行的命令。

下面以脚本 trap_report.sh 为实例，学习如何在脚本中使用变量 LINENO 和 BASH_COMMAND 在脚本终结时提供更多的错误信息，其脚本内容如下：

```
#!/bin/bash -
# 捕获 SIGHUP、SIGINT 和 SIGQUIT 信号。如果收到这些信号，则执行函数 my_exit()后退出
trap 'my_exit $LINENO $BASH_COMMAND; exit' SIGHUP SIGINT SIGQUIT

# 函数 my_exit()
my_exit()
{
  # 打印脚本名称以及信号被捕获时所运行的命令和行号
  echo "$(basename $0)  caught error on line : $1 command was: $2"
  # 将信息记录到系统日志中
  logger -p notice "script: $(basename $0) was terminated: line: $1, command
was $2"
  # 其他清理命令
}

# 执行无限 while 循环
while :
do

  # 休眠 1s
  sleep 1
  # 将变量 count 的值加 1
  count=$(expr $count + 1)
  # 打印 count 变量的值
  echo $count

done
```

当上述脚本运行时，向脚本发送 SIGHUP、SIGINT 和 SIGQUIT 信号后，脚本将会调用 my_exit()函数，此函数将解析参数$1(LINENO)和$2(BASH_COMMAND)，显示信号被捕获时脚本所运行的命令及其行号，同样，logger 语句会将信息记录到日志文件/var/log/messages 中，如果需要，还可以在 my_exit()函数中执行一些清理命令，然后脚本将会退出（trap 命令列表中 exit 命令）。脚本的运行结果如下：

```
$ ./trap_report.sh
1
2
3
4
5
trap_report.sh  caught error on line : 34 command was: sleep
```

在/var/log/messages 文件中，将会看到一条记录如下：

```
May 9 16:48:13 localhost yantaol: script: trap_report.sh was terminated:
line: 34, command was sleep
```

前面已经学习了使用 trap 语句可以忽略信号。同样可以在脚本中忽略某些信号，当希望捕获这些信号时，可以重新定义它们。以脚本 trapoff_on.sh 为例，在此脚本中忽略信号 SIGINT 和 SIGQUIT，直到 sleep 命令结束运行后为止。然后当下一个 sleep 命令开始时，如果接收到终结信号，trap 语句将采取相应的行动。脚本内容如下：

```
#!/bin/bash -
# 忽略 SIGINT 和 SIGQUIT 信号
trap '' SIGINT SIGQUIT
# 打印提示信息
echo "You cannot terminate using ctrl+c or ctrl+\!"
# 休眠 10s
sleep 10

# 重新捕获 SIGINT 和 SIGQUIT 信号。如果捕获到这两个信号，则打印信息后退出
# 现在可以中断脚本了
trap 'echo Terminated!; exit' SIGINT SIGQUIT
# 打印提示信息
echo "OK! You can now terminate me using those keystrokes"
# 休眠 10s
sleep 10
```

脚本的运行结果如下：

```
$ chmod +x trapoff_on.sh
$ ./trapoff_on.sh
You cannot terminate using ctrl+c or ctrl+\!
OK! You can now terminate me using those keystrokes.
Terminated!
```

13.3.3　实例：移除捕获

如果在脚本中应用了捕获，通常在脚本的结尾处，将接收到信号时的行为处理重置为默认模式。重置（移除）捕获的语法如下：

```
$ trap - signal [ signal … ]
```

从上述语法中可以看出，使用破折号作为 trap 语句的命令参数，就可以移除信号的捕获。

下面以脚本 trap_reset.sh 为例，演示如何在脚本中移除之前定义的捕获。脚本的内容如下：

```
#!/bin/bash -
# 定义函数 cleanup()
function cleanup {
  # 如果变量 msgfile 指定的文件存在
  if [[ -e $msgfile ]]; then

    # 将文件重命名（或移除）
    mv $msgfile $msgfile.dead
  fi
  #退出
  exit
}

# 捕获 INT 和 TERM 信号
```

```
trap cleanup INT TERM

# 创建一个临时文件
msgfile=`mktemp /tmp/testtrap.$$.XXXXXX`
# 通过命令行向此临时文件中写入内容
cat > $msgfile

# 接下来，将临时文件的内容发送给指定的邮件地址，请读者自行完善此部分代码
# send the contents of $msgfile to the specified mail address...

# 删除临时文件
rm $msgfile

# 移除信号 INT 和 TERM 的捕获
trap - INT TERM
```

在上述脚本中，在用户已经完成了发送邮件的操作之后，临时文件会被删除。这时，因为已经不再需要清理操作，可以重置信号的捕获为默认状态，所以在脚本的最后一行重置了 INT 和 TERM 信号的捕获。

13.4　小　　结

下面总结本章所学的主要知识：

- 在 Linux 系统和其他类 UNIX 或 UNIX 操作系统中，信号被用于进程间的通信。
- 信号是一个发送到某个进程或同一进程中的特定线程的异步通知，用于通知发生的一个事件。
- 在 Linux 中，信号在处理异常和中断方面极其重要。
- 当一个事件发生时会产生一个信号，然后内核会将事件传递给接收的进程。
- 运行在用户模式下的进程会接收信号。如果接收的进程正运行在内核模式，那么信号的执行只有在该进程返回到用户模式时才会开始。

当进程收到一个信号时，可能会发生以下 3 种情况：

  - 进程可能会忽略此信号。有些信号不能被忽略，而有些没有默认行为的信号，默认会被忽略。
  - 进程可能会捕获此信号并执行一个被称为信号处理器的特殊函数。
  - 进程可能会执行信号的默认行为。例如，信号 15（SIGTERM）的默认行为是结束进程。

- 在 Shell 命令行提示符下，输入“kill -l”命令，可以显示所有信号的信号值和相应的信号名称。
- 由 Bash 运行的非内部命令会使用 Shell 从其父进程继承的信号处理程序。
- 默认情况下，Shell 接收到 SIGHUP 信号后会退出。在退出之前，一个交互式的 Shell 会向所有的作业不论正在运行的还是已停止的，重新发送 SIGHUP 信号。
- 如果要阻止 Shell 向某个特定的作业发送 SIGHUP 信号，那么可以使用内部命令 disown 将它从作业表中移除，或者用“disown -h”命令仍阻止 Shell 向特定的作业发送 SIGHUP 信号，但并不会将特定的作业从作业表中移除。

- 进程是运行在 Linux 中的程序的一个实例。
- 每当在 Linux 中执行一个命令时，都会创建或启动一个新的进程。
- 进程运行方式有两种的进程：前台进程和后台进程。
- 进程可以有 5 种状态：不可中断休眠状态（D）、运行状态（R）、休眠状态（S）、停止状态（T）和僵死状态（Z）。
- 使用 ps 命令可以查看当前的进程；使用 pstree 命令可以显示进程树的信息；使用 pgrep 命令可以基于名称或其他属性查找进程。
- 当准备杀掉一个进程或一连串的进程时，通常是尝试发送最安全的信号，即 SIGTERM 信号。
- 如果发送一个 SIGKILL 信号给进程，则会消除进程先清理后关闭的机会，这可能导致不好的结果。如果一个有序的终结不管用，那么发送 SIGINT 或 SIGKILL 信号就可能是唯一的方法了。
- killall 命令会发送信号到运行任何指定命令的所有进程。
- 使用 pkill 命令，可以通过指定进程名、用户名、组名、终端、UID、EUID 和 GID 等属性来杀掉相应的进程。pkill 命令默认也是发送 SIGTERM 信号给进程。
- Bash 的内部命令 trap 可以在 Shell 脚本内捕获特定的信号并对它们进行处理。
- 使用空字符串（" "或' '）作为 trap 的命令参数，可以让 Shell 忽略指定的信号。
- 除了 SIGKILL 信号以外，其他信号都可以被捕获并通过调用 C 语言函数 signal()来处理。
- Bash 中的两个内部变量 LINENO 和 BASH_COMMAND 可以方便地在处理信号时，报告脚本当前执行的行号和脚本当前运行的命令。
- 使用破折号作为 trap 语句的命令参数，可以移除指定信号的捕获。

13.5　习　　题

一、填空题

1．在 Linux 系统中，信号用于________。

2．________是运行在 Linux 中的程序的一个实例。

3．操作系统通过被称为________或________的数字来追踪进程。

4．启动一个进程可以使用两种方式，分别为________和________。

二、选择题

1．SIGHUP 信号默认（　　）进程。

A．忽略　　B．继续执行　　C．停止　　D．终止

2．下面表示进程处于运行状态的字母是（　　）。

A．R　　B．S　　C．T　　D．Z

3．下面可以查看进程信息的命令是（　　）。

A．ps　　B．trap　　C．pstree　　D．pgrep

三、判断题

1．系统中的每一个进程都有一个唯一的 PID。　（　　）

2．使用 kill 命令和 killall 命令都可以杀死一个正在运行的进程。　（　　）

四、操作题

1．手动启动一个 vim 进程并在后台运行。例如，使用 VI 编辑器编辑文件 a。

2．使用 ps 命令仅查看运行的 vim 进程。

3．使用 kill 命令强制杀死 vim 进程。

第 14 章　sed 和 awk

sed 和 awk 是处理文本文件的有力工具，它们将会起到事半功倍的作用。例如，对于某些重复性的编辑工作就可以选择 sed，它可以省去一些单调乏味的工作，我们可以用一个解决方案来取代重复的一系列按键，从而避免一些枯燥的劳动。

之所以会将 sed 和 awk 放在一章中学习，是因为它们具有很多共同点：

- 它们都使用相似的语法调用。
- 它们都是面向字符流，都是从文本文件中一行行地读取输入，并将输出直接发送到标准输出端。
- 它们都使用正则表达式进行模式匹配。
- 它们都允许用户将命令放在文件中一起执行。

接下来开始这两个神奇工具的学习！

14.1　sed 编辑器基础

sed 是用来解析和转换文本的工具，它使用简单，使用了简洁的程序设计语言。sed 是由贝尔实验室的 Lee E.McMahon 在 1973～1974 年期间开发的，并且目前应用在大部分操作系统上。sed 以交互式编辑器 ed 和早期的 qed（快速编译器，1965～1966）的脚本特性为基础，它是最早支持正则表达式的工具，并且仍用于文本处理，特别是替换命令。接下来一起来了解 sed 及它的基本语法。

14.1.1　sed 简介

sed 是非交互式的面向数据流的编辑器（Stream Editor）。之所以说它是面向数据流，是因为它像很多 UNIX 程序一样，输入通过程序被重定向到标准输出。输入通常来自文件，但也可以来自键盘输入。输出默认是发送到终端屏幕，但也可以重定向到文件。sed 可以通过解释脚本来工作，在脚本中指定了将要执行的动作。

sed 提供的功能是交互式文本编辑器的自然扩展。例如，它提供可以全局地应用到单个或一组文件的搜索替换功能。虽然我们通常不会使用 sed 去修改指定文件中仅出现一次的条目，但是使用它对许多文件进行一系列修改是很有用的。可以试想一下，几分钟之内在一百多个文件中对 20 个不同的文件进行编辑，足以说明 sed 的功能有多强大。

使用 sed 类似于编写简单的 Shell 脚本，可以依次指定将要执行的一系列动作。其中的大部分动作可以在 Vi 中手动地完成，如替换文本、删除某行、插入新文本等。而 sed 的优势在于可以在一处（一个 sed 脚本中）指定所有的编辑命令，然后逐条执行它们，不必进入每个文件中进行修改。sed 同样可以有效地编辑非常大的（大到在使用交互式文本编辑器编辑时会很慢）文件。

在创建和维护文档的过程中有很多机会使用 sed，尤其是当文档由单独的章节组成，每一章放在分隔的文件中时。特别是一个文件稿本在评审之后，有很多变更可能要应用到所有文件中。例如，在软件文档化项目中，软件的名称或它的组件可能会变更，需要追查和进行修改。使用 sed 可以很简单地完成处理工作。

sed 可以用于实现整个文档的一致性。你可以查找一个特定条目的所有不同的使用方式并把它们变成完全一致。例如，用 ASCII 字符码替换前后双引号（弯引号“”而不是直引号""）时，就可以使用 sed。

sed 具有几个基础的可以用于构建更复杂脚本的编程结构。它同样也有一次只能编辑一行的限制。

总体来说，可以使用 sed 进行如下操作：

- 自动地编辑一个或多个文件。
- 简化在多个文件中执行同样操作的工作。
- 编写转换程序。

14.1.2　sed 的模式空间

sed 维护着一种模式空间，即一个工作区或临时缓冲区，当使用编辑命令时，将在模式空间中存储单个输入行。下面展示了进行模式空间转换的一个两行的 sed 脚本，它将 The linux system 转换为 The LINUX Operating System，如图 14.1 所示。

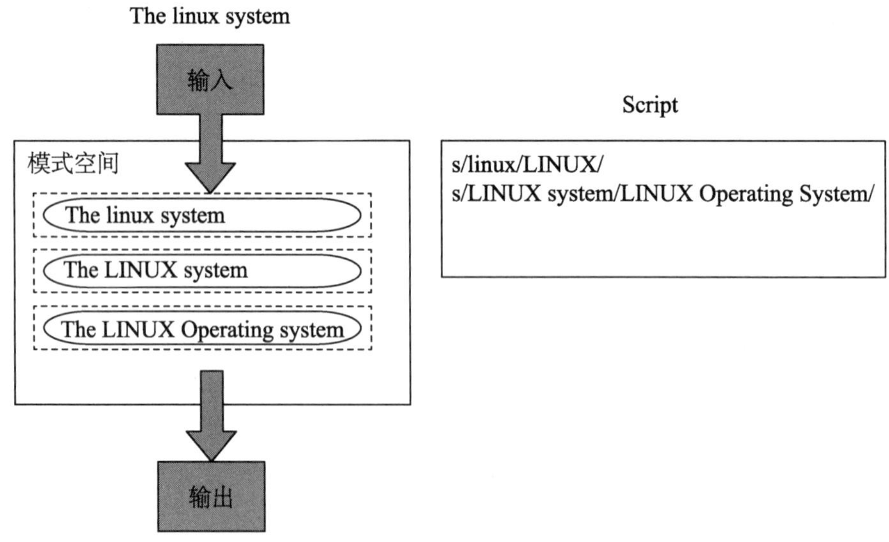

图 14.1　模式空间转换示意

注意： sed 一次处理一行输入的优点在读取非常庞大的文件时也不会出现问题。普通的文本编辑器必须将整个文件（或者它的一些庞大的部分）读入内存才可以工作。这样很容易产生内存溢出问题，或者处理庞大的文件时速度非常慢。

初始时，模式空间包含单个输入行的备份。在图 14.1 中是 The linux system 行。在 sed 脚本中正常的流程是在这一行上执行每个命令，直到执行到 sed 脚本的末尾。脚本中的第一个命令应用于这一行，将 linux 转换成 LINUX。然后执行第二个命令，将 LINUX system 转换成 LINUX Operating System。注意第二个替换命令的模式不匹配最初的输入行，而是匹配在模式空间中发生变化的当前行。

在执行了所有的命令后，当前行被输出。紧接着输入的下一行被读入模式空间，sed 脚本中的所有命令应用于新读入的行。

结果是，任何一个 sed 命令都可以为下一个命令修改模式空间的内容。模式空间的内容是动态的，而且并不总是匹配最初的输入行。

14.2　sed 的基本命令

像大多数 Linux 程序一样，sed 可以从标准输入获取输入信息并发送到标准输出。如果指定一个文件名作为参数，则可从这个文件中获取输入信息，而输出信息中将包含处理后的信息。sed 同样可以通过 Shell 的重定向将输出重定向到一个文件中，但这个文件不能是用于输入的文件。

调用 sed 命令的语法有两种：在命令行指定 sed 命令，或者将 sed 命令放入一个文件中并将其文件名作为参数。sed 命令的两种语法分别如下：

```
sed [OPTIONS]… 'COMMAND' [FILE]…
sed [OPTIONS] -f SCRIPTFILE [FILE]…
```

sed 的常用选项如下：

- -e：告诉 sed 将下一个参数作为 sed 命令来执行（execute）。只有在命令行上给出多个 sed 命令时才需要使用-e 选项。
- -f：指定由 sed 命令组成的脚本文件（file）的名称。如果 sed 脚本的第一行为“#n”，则 sed 执行的操作与指定-n 选项相同。
- -i：直接在文件中（in）修改读取的内容而不是输出到终端。
- -n：取消默认输出。在一般的 sed 用法中，所有来自标准输入的数据都会被显示到终端上。如果使用-n 参数，则只有经过 sed 处理的行才会被显示输出。

sed 命令的语法如下：

```
[address[,address]][!]command
```

sed 会将每个输入行复制到一个模式空间。sed 命令由地址和编辑命令组成。如果命令的地址和模式空间中的行匹配，那么编辑命令就被应用于匹配的行。如果一个 sed 命令没有地址，那么它被应用于每个输入行。如果一个编辑命令改变了模式空间的内容，则后续的编辑命令的地址将被应用于模式空间中的当前行而不是原始的输入行。

sed 命令的地址对于任何 sed 的编辑命令都是可选的。它可以是一个模式，被描述为由斜杠、行号或行寻址符号括住的正则表达式。大多数 sed 命令能接收由逗号分隔的两个地址，这两个地址用来标识行的范围，其语法格式如下：

```
[address1, address2]command
```

有些编辑命令只接收单个地址，它们不能应用于某个范围的行，其语法格式如下：

```
[line-address]command
```

编辑命令还可以用花括号进行分组以使其作用于同一个地址，其语法格式如下：

```
address {
command1
command2
command3
}
```

注意：在上述语法中，第一个命令 command1 可以与左花括号放置在同一行，但是右花括号必须单独处于一行。如果命令之间用分号分隔，那么可以将多个 sed 编辑命令放在同一行。但不提倡在同一行放置多个编辑命令。

sed 的编辑命令有 24 个，关于每个编辑命令的用途的详细信息请参考 sed 的 man 参考手册。本节仅介绍其中的几个编辑命令，分别是追加（a）、更改（c）、插入（i）、删除（d）、替换（s）、打印（l）、打印行号（=）。

14.2.1　追加、更改和插入命令

追加（a）、更改（c）、插入（i）命令提供了类似于 Vi 交互式编辑器的编辑功能。这些命令的语法在 sed 中并不常用，因为它们必须在多行中指定，语法如下：

```
[line-address]a\
    text

[line-address]i\
    text

[line-address]c\
    text
```

追加命令（a）将文本放置在当前行之后。更改命令（c）用所指定的文本取代模式空间的内容。插入命令（i）将新的文本放置在模式空间的当前行之前。这些命令要求后面跟一个反斜杠用于转义第一个行尾，text 必须从下一行开始。如要输入多行文本，每个连续的行必须用反斜杠结束，最后一行除外。如果文本包含一个字面含义的反斜杠，则要再添加一个反斜杠进行转义。例如，下面的 sed 脚本使用追加命令 a 在匹配<Tom's info>行的地方插入两行文本：

```
# sed 脚本的内容
bash-5.1$ cat sedInsert
/<Tom's info>/a\
Full name: Liu Yantao\
E-mail: yantao.freedom@icloud.com

# 将要处理的文本内容
bash-5.1$ cat example.txt
<Effy's info>
<Tom's info>

# 使用 sed 命令处理后的文本内容
bash-5.1$ sed -f sedInsert example.txt
<Effy's info>
```

```
<Tom's info>
Full name: Liu Yantao
E-mail: yantao.freedom@icloud.com
```

还可以指定在文件的结尾处使用追加命令（a）添加一行内容。例如，在文件 example.txt 结尾处添加一行<End of file>：

```
bash-5.1$ cat example.txt
<Effy's info>
<Tom's info>

bash-5.1$ sed '$a<End of file>' example.txt
<Effy's info>
<Tom's info>
<End of file>
```

上述命令中的$是行寻址符号，用于匹配文件的最后一行。提供的文本在前行之后输出，因此它成为输出的最后一行。

追加（append）命令（a）和插入（insert）命令（i）只应用于单个行地址，而不是一个范围内的行。然而，更改（change）命令（c）可以处理一个范围内的行，它用一个文本备份取代所有被寻址的行。换句话说，更改命令可以删除这个范围内的所有行，但是提供的文本只被输出一次。例如，下面的 sed 脚本 sedchange：

```
bash-5.1$ cat sedchange
/^From /,/^$/c\
<Mail Header Removed>
```

当 sedchange 脚本在包含邮件消息的文件中运行时，删除整个邮件消息头并添加行 < Mail Header Removed >：

```
bash-5.1$ cat mail.txt
From : Yantao.freedom@icloud.com

To : Test
Subject : Test

bash-5.1$ sed -f sedchange mail.txt
<Mail Header Removed>
To : Test
Subject : Test
```

更改命令（c）会清除模式空间，它在模式空间中与删除命令有同样的效果。因此，在 sed 脚本中，变更命令会被放在最后。

插入命令（i）和追加命令（a）不影响模式空间的内容。新增的文本不参与脚本中后续命令的执行，从而不受后续命令的影响。同样，新增的文本也不影响 sed 的内部行计数器。

下面来看插入命令的示例。假设要在所有的 Shell 脚本文件的第一行加入“#!/bin/bash”来指定脚本的解释程序。下面的命令即是在当前目录下给所有后缀名为“.sh”的文件的第一行插入一个新行：

```
bash-5.1$ sed -i 1i\#\!/bin/bash *.sh
```

在 sed 执行这个命令之后，模式空间不会更改。其中的新文本在当前行的前面输出，后续命令不能成功地匹配“#!/bin/bash”。

14.2.2　删除命令

删除（delete）命令（d）采用一个地址，如果行匹配这个地址就删除模式空间中的内容。删除命令（d）还是一个可以改变脚本中的控制流的命令。因为一旦执行这个命令，那么在“空的”模式空间中就不会再有命令执行。删除命令（d）会导致读取新输入行，而编辑脚本则从头开始新的一轮。重要的是，如果某行匹配这个地址，那么就删除整个行，而不只是删除行中匹配的部分。

我们可以使用命令“/^$/d”删除一个文件中的空行：

```
bash-5.1$ cat mail.txt
From : Yantao.freedom@icloud.com

To : Test
Subject : Test

bash-5.1$ sed '/^$/d' mail.txt
From : Yantao.freedom@icloud.com
To : Test
Subject : Test
```

删除命令也可以用于删除一个范围内的行。例如，下面的命令删除文件中的第 50 行到最后一行：

```
bash-5.1$ sed '50,$d' file
```

14.2.3　替换命令

替换命令（s）的语法如下：

```
[address]s/pattern/replacement/flags
```

这里 flags 是替换命令（s）的修饰标志，有如下几个：

- n：1～512 之间的数字，表示对文本模式 pattern 中指定模式第 *n* 次出现的情况进行替换。
- g：对模式空间中所有出现的情况进行全局（global）更改。而没有 g 时通常只在第一次匹配时进行替换。
- p：打印（print）模式空间的内容。
- w file：将模式空间的内容写入（write）文件 file 中。

修饰标志（flag）可以组合使用。例如，gp 表示对行进行全局替换并打印这一行。迄今为止，全局标志 g 是比较常用的，如果没有它，则替换只能在行第一次出现的位置执行。打印标志（p）和写标志（w）与打印编辑命令和写编辑命令的功能相同，但有一个重要的区别，即这些标志的操作是随替换成功而发生的。换句话说，如果进行了替换，那么这个行将被打印或写到文件中。因为默认的操作是处理所有行，不管是否执行了任何操作，当 sed 取消默认的输出时（-n 选项），通常会使用打印标志（p）和写标志（w）。另外，如果脚本包含匹配同一行的多个替换命令，那么这一行的多个复制就会被打印或写到文件中。

数字标志仅在少数情况下使用。例如，正则表达式在一行上重复匹配，而我们只需要对其中某个位置的匹配进行替换。

替换命令（s）应用于与地址（address）匹配的行。如果没有指定地址，那么就应用于模式（pattern）匹配的所有行。如果正则表达式作为地址来提供，并且没有指定模式，那么替换命令匹配由地址匹配的内容。当替换命令是应用于同一个地址上的多个命令之一时，这可能会非常有用。

地址需要一个作为定界符的斜杠“/”，和地址不同的是，正则表达式可以用任意字符来分隔，只有换行符除外。因此，如果模式包含斜杠，那么可以选择另一个字符作为定界符，如感叹号：

```
s!/usr/lib!/usr/lib64!
```

注意： 定界符出现了 3 次，而且在替代字符串（replacement）之后是必需的。不管使用哪一种定界符，如果它出现在正则表达式中或者替换文本中，那么就用反斜杠将它转义。

从前，计算机用固定长度的记录来存储文本。一行一般为 80 个字符，然后开始下一行，数据中由不可见字符来标记一行的结束和下一行的开始。每一行都有相同（固定）数量的字符。现代的系统更灵活，它们使用特殊字符（换行符 newline）来标记一行的结束。这就允许一行可以为任意长度。因为在内部存储时换行符只是一个字符，所以正则表达式可以使用“\n”来匹配嵌入的换行符。

注意： 许多 UNIX 程序对行的长度都有内部限制，但大多数 GNU 程序没有这样的限制。

replacement 是一个字符串，用来替换与模式（正则表达式）匹配的内容。在 replacement 中，只有如下字符具有特殊的含义：

- &：由正则表示式匹配的字符串进行替换。
- \n：匹配第 *n* 个子字符串（*n* 是一个数字），这个子字符串是之前在模式（pattern）中使用“\(”和“\)”指定的。
- \：用于将符号&和反斜线\等字符进行转义。另外，\用于转义换行符并创建多行 replacement 字符串。

因此，除了正则表达式中的元字符以外，sed 的替换部分（replacement）也有元字符。

假设有一个文件 file，其中的每行有 3 个制表符，我们使用换行符取代每行的第二个制表符，其文件内容和 sed 命令如下：

```
# 文件 file 的内容
bash-5.1$ cat file
column1 column2 column3 column4

# sed 脚本 sedSubstitution 的内容
bash-5.1$ cat sedSubstitution
s/\t/\
/2

bash-5.1$ sed -f sedSubstitution file
column1 column2
column3 column4
```

注意： 在上述 sed 脚本中，反斜杠后面不允许有空格。

在下面的例子中，使用反斜杠来转义&符号，让它作为普通字符出现在替换部分。例如，下面的 sed 替换命令：

```
s/ALU/Alcatel \& Lucent/g
```

其用途是将字符串 ALU 替换为 Alcatel & Lucent。例如，有一个文件 aboutALU.txt，使用上述 sed 命令替换该文件中的字符串 ALU，其内容如下：

```
bash-5.1$ cat aboutALU.txt
ALU provides mobile and broadband networking services. Its products and
services include access management services, access multiplexer, Carrier
Ethernet, IP/MPLS & ATM networks & consulting services. ALU's Bell Labs is
responsible for countless breakthroughs that have shaped the networking and
communications industry.

# 使用 sed 命令替换文件中的指定字符串
bash-5.1$ sed 's/ALU/Alcatel \& Lucent/g'  aboutALU.txt
Alcatel & Lucent provides mobile and broadband networking services. Its
products and services include access management services, access
multiplexer, Carrier Ethernet, IP/MPLS & ATM networks & consulting services.
Alcatel & Lucent's Bell Labs is responsible for countless breakthroughs that
have shaped the networking and communications industry.
```

然而我们容易忘记将出现在替换部分的&符号作为普通字符转义。如果在这个例子中没有对它进行转义，那么字符串 ALU 被转换成的结果将是 Alcatel ALU Lucent。

作为元字符，&符号表示模式匹配的范围，不是被匹配的行。可以使用&符号匹配一个单词或一串字符串。

当使用正则表达式匹配单词的变化时，&符号就特别有用。&允许指定一个可变的替换字符串，该字符串相当于匹配内容与实际内容相匹配的字符串。例如，想要用圆括号括住文档中任何对已编号章节的引用，那么任意诸如“See Section 14.1”或“See Section 9.2”的引用都要出现在圆括号中，如“(See Section 9.2)”。因为正则表达式可以匹配数字的不同组合，所以在替换字符串中可以使用元字符&并括起所匹配的内容。根据上述需求，可以使用如下 sed 命令来实现：

```
bash-5.1$ cat README
See Section 14.1 for the Key value pairs and See Section 9.2 for the Locale
codes.

# 使用 sed 命令 s/See Section [1-9][0-9]*\.[1-9][0-9]*/( & )/g
bash-5.1$ sed 's/See Section [1-9][0-9]*\.[1-9][0-9]*/( & )/g' README
( See Section 14.1 ) for the Key value pairs and ( See Section 9.2 ) for
the Locale codes.
```

14.2.4　打印命令

打印命令（p）用于打印（print）输出模式空间的内容，它既不清除模式空间又不改变脚本中的控制流。打印命令一般会被频繁地用在改变流控制的命令（如 d、N、b）之前。除非抑制（使用-n 选项）默认的输出，否则打印命令将输出重复的行。当抑制默认的输出，或者通过程序的流控制来避免到达脚本的底部时，也可能会使用打印命令。

下面看一个如何使用打印命令调试 sed 脚本 sedDebug 的例子。打印命令用于显示在发生任意改变之前的行的内容。脚本内容如下：

```
# sed 脚本 sedDebug 的内容
bash-5.1$ cat sedDebug
/^Index/{
p
s/-//
s/^Index //p
}

# 文件 index 的内容
bash-5.1$ cat index
Index -Shell introduction
Index -Shell beginning
Index -Basic command
Index -Advanced command
Index -Basic of program
Index -Shell condition

# 使用 sed 脚本 sedDebug 进行替换后的内容
bash-5.1$ sed -nf sedDebug index
Index -Shell introduction
Shell introduction
Index -Shell beginning
Shell beginning
Index -Basic command
Basic command
Index -Advanced command
Advanced command
Index -Basic of program
Basic of program
Index -Shell condition
Shell condition
```

注意： 打印标志被提供给替换命令。替换命令的打印标志不同于打印命令，因为它是以成功替换为条件的。

在上例中，每个受影响的行都被打印了两次。sed 脚本 sedDebug 中的花括号用于在同一个地址应用多个命令。

14.2.5　打印行号命令

跟在地址后面的等号“=”用来打印被匹配的行的行号。除非抑制行的自动输出，否则将打印行号和行本身。打印行号的语法如下：

```
[line-address]=
```

注意： 打印行号命令不能对一个范围内的行进行操作。

程序员可能会使用打印行号命令来打印源文件中的某些行。例如，下面的 sed 脚本 sedPrintln 会打印代码中 for 语句的行号和行本身：

```
# sed 脚本 sedPrintln 的内容
bash-5.1$ cat sedPrintln
/ *for (/{
        =
        p
}
```

```
# 打印代码中 for 语句的行号和行本身
bash-5.1$ sed -nf sedPrintln /usr/src/kernels/5.14.0-162.6.1.el9_1.x86_64/
scripts/kallsyms.c
141
    for (p = ignored_symbols; *p; p++)
145
    for (p = ignored_prefixes; *p; p++)
149
    for (p = ignored_suffixes; *p; p++) {
156
    for (p = ignored_matches; *p; p++) {
185
    for (i = 0; i < entries; ++i) {
255
    for (i = 0; i < entries; ++i) {
297
    for (i = 0; i < table_cnt; i++) {
410
    for (i = 0; i < table_cnt; i++) {
469
    for (i = 0; i < table_cnt; i++) {
474
        for (k = 0; k < table[i]->len; k++)
483
    for (i = 0; i < ((table_cnt + 255) >> 8); i++)
491
    for (i = 0; i < 256; i++) {
500
    for (i = 0; i < 256; i++)
513
    for (i = 0; i < len - 1; i++)
522
    for (i = 0; i < len - 1; i++)
531
    for (i = 0; i < table_cnt; i++)
540
    for (i = 0; i < len - 1; i++) {
554
    for (i = 0; i < table_cnt; i++) {
598
    for (i = 0; i < 0x10000; i++) {
614
    for (i = 255; i >= 0; i--) {
641
    for (i = 0; i < table_cnt; i++) {
642
        for (j = 0; j < table[i]->len; j++) {
737
    for (i = 0; i < table_cnt; i++)
754
    for (i = 0; i < table_cnt; i++)
769
        for (i = 1; i < argc; i++) {
```

当查找由编辑器报告的问题时，行号是非常有用的，编译器通常会列出行号。

14.2.6 读取下一行命令

读取下一行（next line）命令（n）用于读取输入的下一行到模式空间，其语法如下：

```
[address]n
```

读取下一行命令（n）改变了正常的流控制，它导致输入的下一行取代模式空间中的当前行。脚本中的后续命令应用于替换后的行，而不是当前行。如果没有抑制默认输出，那么在替换发生之前会打印当前行。

下面来看读取下一行命令的实例，在这个例子中，当空行在一个匹配模式的行之后时，则删除该空行。例如，在文件 mail.txt 中的“From :”行之后插入一个空行，我们想要删除这个空行而不是删除文件中的所有空行。下面是示例文件：

```
bash-5.1$ cat mail.txt
From : Yantao.freedom@icloud.com

To : Test
Subject : Test
```

现在使用脚本 sedNext 删除其中的空行：

```
bash-5.1$ cat sedNext
/From :/{
n
/^$/d
}

bash-5.1$ sed -f sedNext mail.txt
From : Yantao.freedom@icloud.com
To : Test
Subject : Test
```

以上代码的含义是：匹配任何以“From :”开始的行，然后读入下一行。如果新读入的行为空，则删除它。

在 sed 脚本中必须记住，出现在读取下一行命令之前的命令不会应用于模式空间中新的输入行，而且出现在其后面的命令也不应用于模式空间中旧的输入行。

14.2.7 读和写文件命令

读（read）文件命令（r）和写（write）文件命令（w）用于直接处理文件。这两个命令都是只有一个参数，即文件名，语法如下：

```
[line-sddress]r file
[address]w file
```

读文件命令将由参数 file 所指定的文件的内容读入模式空间中匹配的行之后。它不能对一个范围内的行进行操作。写文件编辑命令将模式空间的内容写到参数 file 所指定的文件中。

在读/写文件命令和文件名之间必须有空格（空格之后到换行符之前的每个字符都被当作文件名。因此，前导的和嵌入空格也是文件名的一部分）。如果文件不存在，则读文件命令也不会报错。如果写文件命令中指定的文件不存在，则将创建一个文件；如果文件已经存在，那么每次脚本被调用时其中的写文件命令将改写该文件。如果在一个 sed 脚本中有多个命令会写到同一个文件中，那么每个写文件命令都会将内容追加到这个文件中。

读文件命令对于将一个文件的内容插入另一个文件的特定位置是很有用的。例如，假设有一组文件并且每个文件都以相同的一个段落语句结束，使用 sed 脚本可以在必要时分别对结束部分进行维护，例如，使用读文件命令在每个文本文件的尾部插入文件 endOfFile 的内容：

```
# 文件 endOfFile 的内容
bash-5.1$ cat endOfFile
Contact us: yantao.freedom@icloud.com
======================================

# 直接修改后缀为.txt 的文件的内容，将文件 endOfFile 的内容插入文件的尾部
bash-5.1$ sed -i '$r endOfFile' *.txt

# 使用上面的 sed 命令后，所有后缀为.txt 的文件的内容如下
bash-5.1$ cat *.txt
ALU provides mobile and broadband networking services. Its products and
services include access management services, access multiplexer, Carrier
Ethernet, IP/MPLS & ATM networks & consulting services. ALU's Bell Labs is
responsible for countless breakthroughs that have shaped the networking and
communications industry.
Contact us: yantao.freedom@icloud.com
======================================
<Effy's info>
<Tom's info>
Contact us: yantao.freedom@icloud.com
======================================
From : Yantao.freedom@icloud.com

To : Test
Subject : Test

Contact us: yantao.freedom@icloud.com
======================================
bash-5.1$ cat endOfFile
Contact us: yantao.freedom@icloud.com
======================================
```

在上述 sed 命令中，字符$是指定文件最后一行的寻址符号。

你也许想要测试读文件命令的几个方面。现在再来看看下面的 sed 命令：

```
/^<tag>/r tagContent
```

上述命令的含义是，当 sed 匹配以字符串<tag>开始的行时，它将文件 tagContent 的内容附加在被匹配的行的末尾。例如，有一个 HTML 文件 first.html，其内容如下：

```
bash-5.1$ cat first.html
<html>
<body>
<tag>
</tag>
</body>
</html>
```

使用前面的 sed 命令进行相应的处理后，first.html 文件的内容如下：

```
bash-5.1$ sed '/^<tag>/r tagContent' first.html
<html>
<body>
<tag>
This is first html script.
Hello World!
</tag>
</body>
```

```
</html>

# 文件 tagContent 的内容
bash-5.1$ cat tagContent
This is first html script.
Hello World!
```

如果在上例中，命令“/^<tag>/r tagContent”之后还有其他命令，那么后续的命令不能对从文件 tagContent 中读取的内容进行任何修改，例如，我们保持文件 tagContent 和 first.html 的内容不变，但改为使用 sed 脚本 sedTestReadFile 处理文件 first.html 看看会得到什么结果：

```
bash-5.1$ cat sedTestReadFile
/^<tag>/r tagContent
/Hello World!/d

bash-5.1$ sed -f sedTestReadFile first.html
<html>
<body>
<tag>
This is first html script.
Hello World!
</tag>
</body>
</html>
```

从上面的结果中可以看出，正如前面所说，/Hello World!/d 命令并没有生效。因为读文件命令后面的编辑命令不会影响读文件命令从文件中读取的行。

使用-n 选项或#n 脚本语法可以取消抑制自动输出，阻止模式空间的初始行被输出，但是读命令的结果仍然会转到标准输出。

现在来看写文件命令的例子。写文件命令的功能之一是从一个文件中提取信息并将它放置在其他文件中。例如，有一个按字母顺序列出的 UNIX 和类 UNIX 操作系统名称的文件，对于每个名称都指明了它的类型。文件内容如下：

```
bash-5.1$ cat trademarkAndOS
AIX Unix
HP-UX Unix
IRIX Unix
RedHat Linux
SUSE Linux
Solaris Unix
Ubuntu Linux
```

假设现在想使用一个 sed 脚本将此文件中的内容按照操作系统的类型分类，并将结果分别写入独立的文件中。使用下面的 sed 脚本 sedWritefile 就可以完成此项工作：

```
bash-5.1$ cat sedWritefile
/Unix$/w type.unix
/Linux$/w type.linux
```

将文件 trademarkAndOS 使用 sed 脚本 sedWritefile 处理后的结果如下：

```
bash-5.1$ sed -f sedWritefile trademarkAndOS
AIX Unix
HP-UX Unix
IRIX Unix
RedHat Linux
SUSE Linux
```

```
Solaris Unix
Ubuntu Linux

# 经过 sed 脚本 sedWritefile 处理后生成的 type.linux 文件的内容
bash-5.1$ cat type.linux
RedHat Linux
SUSE Linux
Ubuntu Linux

# 经过 sed 脚本 sedWritefile 处理后生成的 type.unix 文件的内容
bash-5.1$ cat type.unix
AIX Unix
HP-UX Unix
IRIX Unix
Solaris Unix
```

写文件命令在被调用时就写出模式空间的内容，而不是等到达脚本结尾时才进行写操作。

在上面的例子中，我们想在写文件之前删除操作系统类型的名称。对于这种情况，可以对 sed 脚本 sedWritefile 稍加改动。修改后的脚本内容如下：

```
bash-5.1$ cat sedWritefile_ext
/Unix$/{
s///
w type.unix
}
/Linux$/{
s///
w type.linux
}
```

在上述脚本中，替换命令（s）匹配与地址相同的内容并将其删除。使用上述 sed 脚本对文件 trademarkAndOS 重新处理后的结果如下：

```
bash-5.1$ sed -f sedWritefile_ext trademarkAndOS
AIX
HP-UX
IRIX
RedHat
SUSE
Solaris
Ubuntu

bash-5.1$ cat type.unix
AIX
HP-UX
IRIX
Solaris

bash-5.1$ cat type.linux
RedHat
SUSE
Ubuntu
```

写文件命令还有许多不同的应用。例如，可以在脚本中使用写文件命令生成同一源文件的几个自定义版本。

14.2.8　退出命令

退出（quit）命令（q）会使 sed 脚本立即退出，停止处理新的输入行。它的语法如下：

```
[line-address]q
```

退出命令只适用于单行的地址。一旦找到和 line-address 匹配的行，那么脚本就结束运行。

注意：在将编辑操作写回到源文件的任何程序中不要使用退出命令（q），因为在执行退出命令之后，就不会再产生输出。如果想要编辑文件的前一部分内容并保留剩余内容不变，那么也不要使用退出命令。在这两种情况下使用退出命令是初学者常犯的错误。

例如，下面的 sed 命令使用退出命令从文件中打印前 10 行内容：

```
bash-5.1$ sed '10q' file
```

以上命令从文件的第一行开始打印每一行，直到到达第 10 行停止并退出。在这一点上，退出命令的功能与 Linux 的 head 命令类似：

```
# 使用 sed 命令显示文件的前 10 行内容
bash-5.1$ sed '10q' /etc/inittab
# inittab is no longer used.
#
# ADDING CONFIGURATION HERE WILL HAVE NO EFFECT ON YOUR SYSTEM.
#
# Ctrl-Alt-Delete is handled by /usr/lib/systemd/system/ctrl-alt-del.target
#
# systemd uses 'targets' instead of runlevels. By default, there are two
main targets:
#
# multi-user.target: analogous to runlevel 3
# graphical.target: analogous to runlevel 5

# 使用 head 命令显示文件的前 10 行内容
bash-5.1$ head -10 /etc/inittab
# inittab is no longer used.
#
# ADDING CONFIGURATION HERE WILL HAVE NO EFFECT ON YOUR SYSTEM.
#
# Ctrl-Alt-Delete is handled by /usr/lib/systemd/system/ctrl-alt-del.target
#
# systemd uses 'targets' instead of runlevels. By default, there are two
main targets:
#
# multi-user.target: analogous to runlevel 3
# graphical.target: analogous to runlevel 5
```

退出命令（q）的另一个用法是在比较大的文件中提取了想要的内容后退出 sed 脚本。因为，在 sed 已经找到它寻找的东西之后继续扫描庞大的文件是相当低效的。

如果比较下面两个 Shell 脚本会发现，第一个脚本比第二个脚本运行的效率更高。这两个脚本都是打印当前目录下所有文件的前 50 行内容：

```
# 脚本 sedPrint1.sh 的内容
bash-5.1$ cat sedPrint1.sh
#!/bin/bash

# 使用 for 循环遍历当前目录下内容
for file in *
do

  #到达文件的第 50 行后退出
  sed '50q' $file

done

# 脚本 sedPrint2.sh 的内容
bash-5.1$ cat sedPrint2.sh
#!/bin/bash

# 使用 for 循环遍历当前目录下的内容
for file in *
do

  #打印文件的前 50 行
  sed -n '1,50p' $file

done
```

14.3　sed 命令实例

本节将通过实例来进一步学习 sed 各种编辑命令的用法。

14.3.1　实例：向文件中添加或插入行

【例 1】在文件的指定行之后添加一行内容。

例如，有一个文件 info.txt，其内容如下：

```
bash-5.1$ cat info.txt
Linux - Sysadmin
Databases - Oracle, MySQL etc.
Security - Firewall, Network, Online Security etc.
Cool - Websites
Storage - NetApp, EMC etc.
Productivity - Too many technologies to explore, no much time available.
```

使用 sed 的追加命令(a)在上述文件的第 5 行之后添加一行 Solaris - Sysadmin, Recovery etc.：

```
bash-5.1$ sed '5a\
> Solaris - Sysadmin, Recovery etc.' info.txt
Linux - Sysadmin
Databases - Oracle, MySQL etc.
Security - Firewall, Network, Online Security etc.
Cool - Websites
Storage - NetApp, EMC etc.
Solaris - Sysadmin, Recovery etc.
Productivity - Too many technologies to explore, no much time available.
```

【例 2】在匹配模式的行之后添加一行内容。

下面的 sed 命令是在匹配模式 Databases 的行之后加入一行 Solaris - Sysadmin, Recovery etc.：

```
bash-5.1$ sed '/Databases/a\
> Solaris - Sysadmin, Recovery etc.' info.txt
Linux - Sysadmin
Databases - Oracle, MySQL etc.
Solaris - Sysadmin, Recovery etc.
Security - Firewall, Network, Online Security etc.
Cool - Websites
Storage - NetApp, EMC etc.
Productivity - Too many technologies to explore, no much time available.
```

【例 3】在文件的最后一行后添加多行内容。

下面的 sed 命令是在文件 info.txt 的最后一行之后添加两行内容：

```
bash-5.1$ sed '$a\
> Solaris - Sysadmin, Recovery etc.\
> Windows - Sysadmin etc.' info.txt
Linux - Sysadmin
Databases - Oracle, MySQL etc.
Security - Firewall, Network, Online Security etc.
Cool - Websites
Storage - NetApp, EMC etc.
Productivity - Too many technologies to explore, no much time available.
Solaris - Sysadmin, Recovery etc.
Windows - Sysadmin etc.
```

【例 4】在文件中的指定行之前插入一行内容。

下面的 sed 命令是在文件 info.txt 的第 3 行之前插入一行 Solaris - Sysadmin, Recovery etc.：

```
bash-5.1$ sed '3i\
> Solaris - Sysadmin, Recovery etc.' info.txt
Linux - Sysadmin
Databases - Oracle, MySQL etc.
Solaris - Sysadmin, Recovery etc.
Security - Firewall, Network, Online Security etc.
Cool - Websites
Storage - NetApp, EMC etc.
Productivity - Too many technologies to explore, no much time available.
```

【例 5】在匹配指定模式的行之前插入一行内容。

下面的 sed 命令是在文件 info.txt 中匹配模式/Security/的行之前插入两行内容：

```
bash-5.1$ sed '/Security/i\
> Solaris - Sysadmin, Recovery etc.\
> Windows - Sysadmin etc.' info.txt
Linux - Sysadmin
Databases - Oracle, MySQL etc.
Solaris - Sysadmin, Recovery etc.
Windows - Sysadmin etc.
Security - Firewall, Network, Online Security etc.
Cool - Websites
Storage - NetApp, EMC etc.
Productivity - Too many technologies to explore, no much time available.
```

【例 6】在文件的最后一行之前插入一行内容。

下面的 sed 命令将在文件 info.txt 的最后一行之前插入一行 Solaris - Sysadmin, Recovery etc.：

```
bash-5.1$ sed '$i\
> Solaris - Sysadmin, Recovery etc.' info.txt
Linux - Sysadmin
Databases - Oracle, MySQL etc.
Security - Firewall, Network, Online Security etc.
Cool - Websites
Storage - NetApp, EMC etc.
Solaris - Sysadmin, Recovery etc.
Productivity - Too many technologies to explore, no much time available.
```

14.3.2　实例：更改文件中指定的行

本节中仍然使用 14.3.1 节中的示例文件 info.txt。

【例 1】修改文件的第一行。

下面的 sed 命令是将文件 info.txt 的第一行的内容更改为<Change line>：

```
bash-5.1$ sed '1c<Change line>' info.txt
<Change line>
Databases - Oracle, MySQL etc.
Security - Firewall, Network, Online Security etc.
Cool - Websites
Storage - NetApp, EMC etc.
Productivity - Too many technologies to explore, no much time available.
```

【例 2】修改匹配指定模式的行。

下面的 sed 命令是将文件 info.txt 中匹配模式/Cool/的行修改为<Change line>：

```
bash-5.1$ sed '/Cool/c<Change line>' info.txt
Linux - Sysadmin
Databases - Oracle, MySQL etc.
Security - Firewall, Network, Online Security etc.
<Change line>
Storage - NetApp, EMC etc.
Productivity - Too many technologies to explore, no much time available.
```

【例 3】修改文件的最后一行。

下面的 sed 命令是将文件 info.txt 的最后一行修改为<Change line>：

```
bash-5.1$ sed '$c<Change line>' info.txt
Linux - Sysadmin
Databases - Oracle, MySQL etc.
Security - Firewall, Network, Online Security etc.
Cool - Websites
Storage - NetApp, EMC etc.
<Change line>
```

14.3.3　实例：删除文件中的行

首先，创建一个名为 info_num.txt 的文件用于接下来演示 sed 的删除命令。info_num.txt 文件的内容如下（此文件最后两行为空行）：

```
bash-5.1$ cat info_num.txt
1.      Linux - Sysadmin
2.      Databases - Oracle, MySQL etc.
3.      Security - Firewall, Network, Online Security etc.
```

```
4.      Cool - Websites
5.      Storage - NetApp, EMC etc.
6.      Productivity - Too many technologies to explore, no much time
available.
```

【例 1】删除文件中指定的行。

下面的 sed 命令是删除文件 info_num.txt 中的第 4 行：

```
bash-5.1$ sed '4d' info_num.txt
1.      Linux - Sysadmin
2.      Databases - Oracle, MySQL etc.
3.      Security - Firewall, Network, Online Security etc.
5.      Storage - NetApp, EMC etc.
6.      Productivity - Too many technologies to explore, no much time
available.
```

【例 2】从指定的行开始删除并每隔固定的行数删除一行。

下面的 sed 命令是从文件 info_num.txt 的第 4 行开始删除，并每隔 2 行就删掉一行。

```
bash-5.1$ sed '4~2d' info_num.txt
1.      Linux - Sysadmin
2.      Databases - Oracle, MySQL etc.
3.      Security - Firewall, Network, Online Security etc.
5.      Storage - NetApp, EMC etc.
```

【例 3】删除指定范围内的行。

下面的 sed 命令是删除文件 info_num.txt 中的第 3～6 行：

```
bash-5.1$ sed '3,6d' info_num.txt
1.      Linux - Sysadmin
2.      Databases - Oracle, MySQL etc.
```

【例 4】删除指定范围以外的行。

下面的 sed 命令是删除文件 info_num.txt 中除第 3～6 行之外的行：

```
bash-5.1$ sed '3,6!d' info_num.txt
3.      Security - Firewall, Network, Online Security etc.
4.      Cool - Websites
5.      Storage - NetApp, EMC etc.
6.      Productivity - Too many technologies to explore, no much time
available.
```

【例 5】删除文件中的最后一行。

下面的 sed 命令是删除文件 info_num.txt 中的最后一行：

```
bash-5.1$ sed '$d' info_num.txt
1.      Linux - Sysadmin
2.      Databases - Oracle, MySQL etc.
3.      Security - Firewall, Network, Online Security etc.
4.      Cool - Websites
5.      Storage - NetApp, EMC etc.
6.      Productivity - Too many technologies to explore, no much time
available.
```

【例 6】删除文件中匹配指定模式的行。

下面的 sed 命令是删除文件 info_num.txt 中匹配模式/ Productivity/的行：

```
bash-5.1$ sed '/Productivity/d' info_num.txt
1.      Linux - Sysadmin
2.      Databases - Oracle, MySQL etc.
3.      Security - Firewall, Network, Online Security etc.
```

```
4.      Cool - Websites
5.      Storage - NetApp, EMC etc.
```

【例 7】 从匹配指定模式的行删到文件的最后一行。

下面的 sed 命令将删除文件 info_num.txt 中从匹配模式/Productivity/的行到文件的最后一行的内容：

```
bash-5.1$ sed '/Productivity/, $d' info_num.txt
1.      Linux - Sysadmin
2.      Databases - Oracle, MySQL etc.
3.      Security - Firewall, Network, Online Security etc.
4.      Cool - Websites
5.      Storage - NetApp, EMC etc.
```

【例 8】 删除文件中匹配指定模式的行及其后面 *n* 行的内容。

下面的 sed 命令是删除文件 info_num.txt 中匹配模式/Security/的行及其后面的一行：

```
bash-5.1$ sed '/Security/, +1d' info_num.txt
1.      Linux - Sysadmin
2.      Databases - Oracle, MySQL etc.
5.      Storage - NetApp, EMC etc.
6.      Productivity - Too many technologies to explore, no much time
available.
```

【例 9】 删除文件中的空行。

下面的 sed 命令是删除文件 info_num.txt 中的空行：

```
bash-5.1$ sed '/^$/d' info_num.txt
1.      Linux - Sysadmin
2.      Databases - Oracle, MySQL etc.
3.      Security - Firewall, Network, Online Security etc.
4.      Cool - Websites
5.      Storage - NetApp, EMC etc.
6.      Productivity - Too many technologies to explore, no much time
available.
```

【例 10】 删除文件中不匹配指定模式的行：

下面的 sed 命令是删除文件 info_num.txt 中不匹配模式/Databases/或/Security/的行：

```
bash-5.1$ sed '/Databases\|Security/!d' info_num.txt
2.      Databases - Oracle, MySQL etc.
3.      Security - Firewall, Network, Online Security etc.
```

【例 11】 删除文件指定范围内的行中匹配指定模式的行。

下面的 sed 命令是删除文件 info_num.txt 的第 1～4 行中匹配模式/etc\./（即含有字符串“etc.”）的行：

```
bash-5.1$ sed '1,4{/etc\./d}' info_num.txt
1.      Linux - Sysadmin
4.      Cool - Websites
5.      Storage - NetApp, EMC etc.
6.      Productivity - Too many technologies to explore, no much time
available.
```

14.3.4　实例：替换文件中的内容

首先创建一个文本文件 techClass.txt，用于本节的实例演示。文件的内容如下：

```
bash-5.1$ cat techClass.txt
1. Network: Route, Switch, Wireless, Communicate, Device
```

```
2.  Security: Data Protection, Terminal Security, Cloud Security, WEB
Security
3.  Server: Blade, Mini Computer, Mainframes, HPC, Disaster Recovery,
Network
4.  Virtualization: Server Virtualization, Storage Virtualization, Desktop
Virtualization
5.  Database: SQLServer, MySQL, Oracle, DB2
6.  OS: Linux, Unix, Windows
# Additional class
```

【例 1】替换一行中第一个匹配模式的字符串。

下面的 sed 命令是将文件 techClass.txt 中每行的第一个匹配模式/Virtualization/的字符串替换为 Virt.:

```
bash-5.1$ sed 's/Virtualization/Virt./' techClass.txt
1.      Network: Route, Switch, Wireless, Communicate, Device
2.      Security: Data Protection, Terminal Security, Cloud Security, WEB
Security
3.      Server: Blade, Mini Computer, Mainframes, HPC, Disaster Recovery,
Network
4.      Virt.: Server Virtualization, Storage Virtualization, Desktop
Virtualization
5.      Database: SQLServer, MySQL, Oracle, DB2
6.      OS: Linux, Unix, Windows
# Additional class
```

从上述命令的运行结果中可以看到，文件的第 4 行，只有第一个出现的字符串 Virtualization 被替换成了 Virt.。

【例 2】替换文件中匹配指定模式的所有字符串。

下面的 sed 命令是将文件 techClass.txt 中所有的字符串 Virtualization 替换为 Virt.:

```
bash-5.1$ sed 's/Virtualization/Virt./g' techClass.txt
1.      Network: Route, Switch, Wireless, Communicate, Device
2.      Security: Data Protection, Terminal Security, Cloud Security, WEB
Security
3.      Server: Blade, Mini Computer, Mainframes, HPC, Disaster Recovery,
Network
4.      Virt.: Server Virt., Storage Virt., Desktop Virt.
5.      Database: SQLServer, MySQL, Oracle, DB2
6.      OS: Linux, Unix, Windows
# Additional class
```

运行上述命令后可以看到，文件的第 4 行中的所有 Virtualization 字符串都被替换成了 Virt.。

【例 3】替换文件中每行第 *n* 个匹配指定模式的字符串。

下面的 sed 命令是将文件 techClass.txt 中每行第 3 个 Virtualization 字符串替换为 Virt.:

```
bash-5.1$ sed 's/Virtualization/Virt./3' techClass.txt
1.      Network: Route, Switch, Wireless, Communicate, Device
2.      Security: Data Protection, Terminal Security, Cloud Security, WEB
Security
3.      Server: Blade, Mini Computer, Mainframes, HPC, Disaster Recovery,
Network
4.      Virtualization: Server Virtualization, Storage Virt., Desktop
Virtualization
5.      Database: SQLServer, MySQL, Oracle, DB2
6.      OS: Linux, Unix, Windows
# Additional class
```

运行上述命令后可以看到，文件中的第 4 行只有第 3 个 Virtualization 字符串被替换成了 Virt.。

【例 4】将发生字符串替换的行写入指定的文件，并且只打印发生替换的行。

下面的 sed 命令是将文件中的 Network 字符串替换为 Net.，然后打印发生替换的行，并将发生替换的行写入文件/tmp/sedOutput 中：

```
bash-5.1$ sed -n 's/Network/Net./gpw /tmp/sedOutput' techClass.txt
1.      Net.: Route, Switch, Wireless, Communicate, Device
3.      Server: Blade, Mini Computer, Mainframes, HPC, Disaster Recovery,
Net.
bash-5.1$ cat /tmp/sedOutput
1.      Net.: Route, Switch, Wireless, Communicate, Device
3.      Server: Blade, Mini Computer, Mainframes, HPC, Disaster Recovery,
Net.
```

运行上述命令后可以看到，文件中的所有 Network 字符串被替换成了 Net.，并打印了发生替换的行，还将输出写入文件/tmp/sedOutput 中。

【例 5】只替换文件中匹配指定模式的行中的字符串。

下面的 sed 命令是将文件 techClass.txt 中匹配模式“/:/”的行中的逗号“,”之后的字符串清空（替换为空）：

```
bash-5.1$ sed '/:/s/,.*//g' techClass.txt
1.      Network: Route
2.      Security: Data Protection
3.      Server: Blade
4.      Virtualization: Server Virtualization
5.      Database: SQLServer
6.      OS: Linux
# Additional class
```

【例 6】删掉每行的最后 *n* 个字符。

下面的 sed 命令是删掉文件 techClass.txt 中每行的最后两个字符：

```
bash-5.1$ sed 's/..$//g' techClass.txt
1.      Network: Route, Switch, Wireless, Communicate, Devi
2.      Security: Data Protection, Terminal Security, Cloud Security, WEB
Securi
3.      Server: Blade, Mini Computer, Mainframes, HPC, Disaster Recovery,
Netwo
4.      Virtualization: Server Virtualization, Storage Virtualization,
Desktop Virtualizati
5.      Database: SQLServer, MySQL, Oracle, D
6.      OS: Linux, Unix, Windo
# Additional cla
```

从上面的例子中可以看出，删掉字符串的个数由“s/..$//g”中的圆点“.”的个数决定。如果是 3 个点（s/...$//g），则删掉每行最后的 3 个字符。

【例 7】删除文件中的注释。

下面的 sed 命令是删除文件 techClass.txt 中的注释内容：

```
bash-5.1$ sed 's/^#.*//' techClass.txt
1.      Network: Route, Switch, Wireless, Communicate, Device
2.      Security: Data Protection, Terminal Security, Cloud Security, WEB
Security
3.      Server: Blade, Mini Computer, Mainframes, HPC, Disaster Recovery,
Network
4.      Virtualization: Server Virtualization, Storage Virtualization,
```

```
Desktop Virtualization
5.      Database: SQLServer, MySQL, Oracle, DB2
6.      OS: Linux, Unix, Windows
```

【例 8】删除文件中的注释及其空行。

下面的 sed 命令是删除文件 techClass.txt 中以井号“#”开头的注释及其空行：

```
bash-5.1$ sed 's/^#.*//;/^$/d' techClass.txt
1.      Network: Route, Switch, Wireless, Communicate, Device
2.      Security: Data Protection, Terminal Security, Cloud Security, WEB
Security
3.      Server: Blade, Mini Computer, Mainframes, HPC, Disaster Recovery,
Network
4.      Virtualization: Server Virtualization, Storage Virtualization,
Desktop Virtualization
5.      Database: SQLServer, MySQL, Oracle, DB2
6.      OS: Linux, Unix, Windows
```

在上面的 sed 命令中，有两个命令，由分号“;”分隔。第一个 sed 命令是将以井号“#”开头的行替换为空行；第二个 sed 命令则是删除空行。

【例 9】使用符号“&”获得匹配的字符串。

下面的 sed 命令是给文件 techClass.txt 中的每个行数编号加一个圆括号“()”：

```
bash-5.1$ sed 's/^[0-9]\./(&)/' techClass.txt
(1.)    Network: Route, Switch, Wireless, Communicate, Device
(2.)    Security: Data Protection, Terminal Security, Cloud Security, WEB
Security
(3.)    Server: Blade, Mini Computer, Mainframes, HPC, Disaster Recovery,
Network
(4.)    Virtualization: Server Virtualization, Storage Virtualization,
Desktop Virtualization
(5.)    Database: SQLServer, MySQL, Oracle, DB2
(6.)    OS: Linux, Unix, Windows
# Additional class
```

使用下面的命令可以实现与上述命令同样的功能：

```
bash-5.1$ sed 's/\(^[0-9]\.\)/(\1)/' techClass.txt
(1.)    Network: Route, Switch, Wireless, Communicate, Device
(2.)    Security: Data Protection, Terminal Security, Cloud Security, WEB
Security
(3.)    Server: Blade, Mini Computer, Mainframes, HPC, Disaster Recovery,
Network
(4.)    Virtualization: Server Virtualization, Storage Virtualization,
Desktop Virtualization
(5.)    Database: SQLServer, MySQL, Oracle, DB2
(6.)    OS: Linux, Unix, Windows
# Additional class
```

14.3.5　实例：打印文件中的行

本节仍然使用 14.3.4 节中的示例文件 techClass.txt，其内容如下：

```
bash-5.1$ cat techClass.txt
1.      Network: Route, Switch, Wireless, Communicate, Device
2.      Security: Data Protection, Terminal Security, Cloud Security, WEB
Security
3.      Server: Blade, Mini Computer, Mainframes, HPC, Disaster Recovery,
```

```
Network
4.      Virtualization: Server Virtualization, Storage Virtualization,
Desktop Virtualization
5.      Database: SQLServer, MySQL, Oracle, DB2
6.      OS: Linux, Unix, Windows
# Additional class
```

【例 1】打印文件中的第 *n* 行。

下面的 sed 命令是打印文件 techClass.txt 中的第 4 行：

```
bash-5.1$ sed -n '4p' techClass.txt
4.      Virtualization: Server Virtualization, Storage Virtualization,
Desktop Virtualization
```

【例 2】从文件的第 *n* 行开始打印，并每隔 *m*-1 行（每 *m* 行）就打印一行。

下面的 sed 命令是从文件 techClass.txt 的第 3 行开始打印，并且每隔两行就打印一行：

```
bash-5.1$ sed -n '3~2p' techClass.txt
3.      Server: Blade, Mini Computer, Mainframes, HPC, Disaster Recovery,
Network
5.      Database: SQLServer, MySQL, Oracle, DB2
# Additional class
```

【例 3】打印文件的最后一行。

下面的 sed 命令是打印文件 techClass.txt 的最后一行：

```
bash-5.1$ sed -n '$p' techClass.txt
# Additional class
```

【例 4】打印文件的第 *n* 行到第 *m* 行。

下面的 sed 命令是打印文件 techClass.txt 中的第 2～6 行：

```
bash-5.1$ sed -n '2,6p' techClass.txt
2.      Security: Data Protection, Terminal Security, Cloud Security, WEB
Security
3.      Server: Blade, Mini Computer, Mainframes, HPC, Disaster Recovery,
Network
4.      Virtualization: Server Virtualization, Storage Virtualization,
Desktop Virtualization
5.      Database: SQLServer, MySQL, Oracle, DB2
6.      OS: Linux, Unix, Windows
```

【例 5】打印文件的第 *n* 行到最后一行。

下面的 sed 命令是打印文件 techClass.txt 的第 3 行到最后一行：

```
bash-5.1$ sed -n '3,$p' techClass.txt
3.      Server: Blade, Mini Computer, Mainframes, HPC, Disaster Recovery,
Network
4.      Virtualization: Server Virtualization, Storage Virtualization,
Desktop Virtualization
5.      Database: SQLServer, MySQL, Oracle, DB2
6.      OS: Linux, Unix, Windows
# Additional class
```

【例 6】打印文件中匹配指定模式的行。

下面的 sed 命令是打印文件 techClass.txt 中匹配模式“/Network/”的行：

```
bash-5.1$ sed -n '/Network/p' techClass.txt
1.      Network: Route, Switch, Wireless, Communicate, Device
3.      Server: Blade, Mini Computer, Mainframes, HPC, Disaster Recovery,
Network
```

【例 7】打印文件中从匹配指定模式的行到第 *n* 行的内容。

下面的 sed 命令是将文件 techClass.txt 中从匹配模式“/Security/”的行到第 6 行的内容打印输出：

```
bash-5.1$ sed -n '/Security/,6p' techClass.txt
2.      Security: Data Protection, Terminal Security, Cloud Security, WEB
Security
3.      Server: Blade, Mini Computer, Mainframes, HPC, Disaster Recovery,
Network
4.      Virtualization: Server Virtualization, Storage Virtualization,
Desktop Virtualization
5.      Database: SQLServer, MySQL, Oracle, DB2
6.      OS: Linux, Unix, Windows
```

【例 8】打印文件中从第 *n* 行到匹配指定模式的行的内容。

下面的 sed 命令是将文件 techClass.txt 中从第 1 行到匹配模式“/Database/”的行打印输出：

```
bash-5.1$ sed -n '1,/Database/p' techClass.txt
1.      Network: Route, Switch, Wireless, Communicate, Device
2.      Security: Data Protection, Terminal Security, Cloud Security, WEB
Security
3.      Server: Blade, Mini Computer, Mainframes, HPC, Disaster Recovery,
Network
4.      Virtualization: Server Virtualization, Storage Virtualization,
Desktop Virtualization
5.      Database: SQLServer, MySQL, Oracle, DB2
```

【例 9】打印文件中从匹配指定模式的行到最后一行的内容。

下面的 sed 命令是将文件 techClass.txt 中从匹配模式“/Server/”的行到最后一行的内容打印输出：

```
bash-5.1$ sed -n '/Server/,$p' techClass.txt
3.      Server: Blade, Mini Computer, Mainframes, HPC, Disaster Recovery,
Network
4.      Virtualization: Server Virtualization, Storage Virtualization,
Desktop Virtualization
5.      Database: SQLServer, MySQL, Oracle, DB2
6.      OS: Linux, Unix, Windows
# Additional class
```

【例 10】打印文件中匹配指定模式的行及其后面的 *n* 行。

下面的 sed 命令是打印文件 techClass.txt 中匹配模式“/Network/”的行及其后面的一行：

```
bash-5.1$ sed -n '/Network/,+1P' techClass.txt
1.      Network: Route, Switch, Wireless, Communicate, Device
2.      Security: Data Protection, Terminal Security, Cloud Security, WEB
Security
3.      Server: Blade, Mini Computer, Mainframes, HPC, Disaster Recovery,
Network
4.      Virtualization: Server Virtualization, Storage Virtualization,
Desktop Virtualization
```

我们看到上述 sed 命令输出了 4 行，出现上述结果的原因是，文件 techClass.txt 的第 1 行和第 3 行均含有字符串 Network。

再来看如果打印文件 techClass.txt 中匹配模式“/Network/”的行及其后面的两行会是什么结果：

```
bash-5.1$ sed -n '/Network/,+2P' techClass.txt
1.      Network: Route, Switch, Wireless, Communicate, Device
2.      Security: Data Protection, Terminal Security, Cloud Security, WEB
Security
3.      Server: Blade, Mini Computer, Mainframes, HPC, Disaster Recovery,
Network
```

【例 11】打印文件中从匹配指定模式的行到匹配另一个指定模式的行的内容。

下面的 sed 命令是打印文件 techClass.txt 中从匹配模式“/Security/”的行到匹配模式“/OS/”的行的内容：

```
bash-5.1$ sed -n '/Security/,/OS/p' techClass.txt
2.      Security: Data Protection, Terminal Security, Cloud Security, WEB
Security
3.      Server: Blade, Mini Computer, Mainframes, HPC, Disaster Recovery,
Network
4.      Virtualization: Server Virtualization, Storage Virtualization,
Desktop Virtualization
5.      Database: SQLServer, MySQL, Oracle, DB2
6.      OS: Linux, Unix, Windows
```

14.3.6 实例：打印文件中的行号

【例 1】打印文件的总行数。

下面的 sed 命令用来显示一个文件的总行数，得到的结果与命令 wc -l 类似：

```
bash-5.1$ sed -n '$=' techClass.txt
7
```

【例 2】打印日志文件中报错的行号及其内容。

下面的 sed 命令是打印日志文件中出现错误信息的行号及其内容：

```
-bash-5.1# sed -n '/Error/{=;p}' /var/log/messages
944
May 9 10:22:09 lablte249 Socks5[3387]: Config: Error opening config file
(/etc/socks5.conf): No such file or directory
```

14.3.7 实例：从文件中读取和向文件中写入

下面使用文本文件 info_num.txt 和 techClass.txt 文件作为本节的示例文件，它们的内容如下：

```
bash-5.1$ cat info_num.txt
1.      Linux - Sysadmin
2.      Databases - Oracle, MySQL etc.
3.      Security - Firewall, Network, Online Security etc.
4.      Cool - Websites
5.      Storage - NetApp, EMC etc.
6.      Productivity - Too many technologies to explore, no much time
available.


bash-5.1$ cat techClass.txt
1.      Network: Route, Switch, Wireless, Communicate, Device
2.      Security: Data Protection, Terminal Security, Cloud Security, WEB
Security
3.      Server: Blade, Mini Computer, Mainframes, HPC, Disaster Recovery,
```

```
Network
4.      Virtualization: Server Virtualization, Storage Virtualization,
Desktop Virtualization
5.      Database: SQLServer, MySQL, Oracle, DB2
6.      OS: Linux, Unix, Windows
# Additional class
```

【例 1】在文件 1 的每行之后都读入一次文件 2 的内容。

下面的 sed 命令是在文件 techClass.txt 的每行之后都读入一次文件 info_num.txt 的内容：

```
bash-5.1$ sed 'r info_num.txt' techClass.txt
1.      Network: Route, Switch, Wireless, Communicate, Device
1.      Linux - Sysadmin
2.      Databases - Oracle, MySQL etc.
3.      Security - Firewall, Network, Online Security etc.
4.      Cool - Websites
5.      Storage - NetApp, EMC etc.
6.      Productivity - Too many technologies to explore, no much time
available.


2.      Security: Data Protection, Terminal Security, Cloud Security, WEB
Security
1.      Linux - Sysadmin
2.      Databases - Oracle, MySQL etc.
3.      Security - Firewall, Network, Online Security etc.
4.      Cool - Websites
5.      Storage - NetApp, EMC etc.
6.      Productivity - Too many technologies to explore, no much time
available.


3.      Server: Blade, Mini Computer, Mainframes, HPC, Disaster Recovery,
Network
1.      Linux - Sysadmin
2.      Databases - Oracle, MySQL etc.
3.      Security - Firewall, Network, Online Security etc.
4.      Cool - Websites
5.      Storage - NetApp, EMC etc.
6.      Productivity - Too many technologies to explore, no much time
available.


4.      Virtualization: Server Virtualization, Storage Virtualization,
Desktop Virtualization
1.      Linux - Sysadmin
2.      Databases - Oracle, MySQL etc.
3.      Security - Firewall, Network, Online Security etc.
4.      Cool - Websites
5.      Storage - NetApp, EMC etc.
6.      Productivity - Too many technologies to explore, no much time
available.


5.      Database: SQLServer, MySQL, Oracle, DB2
1.      Linux - Sysadmin
2.      Databases - Oracle, MySQL etc.
3.      Security - Firewall, Network, Online Security etc.
4.      Cool - Websites
5.      Storage - NetApp, EMC etc.
6.      Productivity - Too many technologies to explore, no much time
```

```
available.


6.      OS: Linux, Unix, Windows
1.      Linux - Sysadmin
2.      Databases - Oracle, MySQL etc.
3.      Security - Firewall, Network, Online Security etc.
4.      Cool - Websites
5.      Storage - NetApp, EMC etc.
6.      Productivity - Too many technologies to explore, no much time
available.


# Additional class
1.      Linux - Sysadmin
2.      Databases - Oracle, MySQL etc.
3.      Security - Firewall, Network, Online Security etc.
4.      Cool - Websites
5.      Storage - NetApp, EMC etc.
6.      Productivity - Too many technologies to explore, no much time
available.

```

因为在上述的 sed 命令中，我们在 r 之前没有指定一个数字，所以会在文件 techClass.txt 的每行之后都读入一次 info_num.txt 文件的内容。

【例 2】在文件 1 的指定行之后读入文件 2 的内容。

下面的 sed 命令是在文件 techClass.txt 的第 3 行之后读入文件 info_num.txt 的内容：

```
bash-5.1$ sed '3r info_num.txt' techClass.txt
1.      Network: Route, Switch, Wireless, Communicate, Device
2.      Security: Data Protection, Terminal Security, Cloud Security, WEB
Security
3.      Server: Blade, Mini Computer, Mainframes, HPC, Disaster Recovery,
Network
1.      Linux - Sysadmin
2.      Databases - Oracle, MySQL etc.
3.      Security - Firewall, Network, Online Security etc.
4.      Cool - Websites
5.      Storage - NetApp, EMC etc.
6.      Productivity - Too many technologies to explore, no much time
available.


4.      Virtualization: Server Virtualization, Storage Virtualization,
Desktop Virtualization
5.      Database: SQLServer, MySQL, Oracle, DB2
6.      OS: Linux, Unix, Windows
# Additional class
```

上面的 sed 命令可以用于在一个文件中插入一段内容。

【例 3】在文件 1 的匹配指定模式的行之后读入文件 2 的内容。

下面的 sed 命令是在文件 techClass.txt 的匹配模式/Virtualization/的行之后读入文件 info_num.txt 的内容：

```
bash-5.1$ sed '/Virtualization/r info_num.txt' techClass.txt
1.      Network: Route, Switch, Wireless, Communicate, Device
2.      Security: Data Protection, Terminal Security, Cloud Security, WEB
Security
```

```
3.      Server: Blade, Mini Computer, Mainframes, HPC, Disaster Recovery,
Network
4.      Virtualization: Server Virtualization, Storage Virtualization,
Desktop Virtualization
1.      Linux - Sysadmin
2.      Databases - Oracle, MySQL etc.
3.      Security - Firewall, Network, Online Security etc.
4.      Cool - Websites
5.      Storage - NetApp, EMC etc.
6.      Productivity - Too many technologies to explore, no much time
available.


5.      Database: SQLServer, MySQL, Oracle, DB2
6.      OS: Linux, Unix, Windows
# Additional class
```

【例 4】在文件 1 的最后一行读入文件 2 的内容。

下面的 sed 命令是在文件 techClass.txt 的最后一行读入文件 info_num.txt 的内容：

```
bash-5.1$ sed '$r info_num.txt' techClass.txt
1.      Network: Route, Switch, Wireless, Communicate, Device
2.      Security: Data Protection, Terminal Security, Cloud Security, WEB
Security
3.      Server: Blade, Mini Computer, Mainframes, HPC, Disaster Recovery,
Network
4.      Virtualization: Server Virtualization, Storage Virtualization,
Desktop Virtualization
5.      Database: SQLServer, MySQL, Oracle, DB2
6.      OS: Linux, Unix, Windows
# Additional class
1.      Linux - Sysadmin
2.      Databases - Oracle, MySQL etc.
3.      Security - Firewall, Network, Online Security etc.
4.      Cool - Websites
5.      Storage - NetApp, EMC etc.
6.      Productivity - Too many technologies to explore, no much time
available.
```

【例 5】将文件 1 的第 *n* 行的内容写入文件 2。

下面的 sed 命令是将文件 techClass.txt 的第 1 行的内容写入文件 output.txt：

```
bash-5.1$ sed -n '1w output.txt' techClass.txt
bash-5.1$ cat output.txt
1.      Network: Route, Switch, Wireless, Communicate, Device
```

【例 6】将文件 1 的指定几行的内容写入文件 2。

下面的 sed 命令是将文件 techClass.txt 的第 1 行和最后一行的内容写入文件 output.txt：

```
bash-5.1$ sed -n -e '1w output.txt' -e '$w output.txt' techClass.txt
bash-5.1$ cat output.txt
1.      Network: Route, Switch, Wireless, Communicate, Device
# Additional class
```

【例 7】将文件 1 的匹配某几个模式的行写入文件 2。

下面的 sed 命令是将文件 techClass.txt 的匹配模式/Network/和/Security/的行写入文件 output.txt：

```
bash-5.1$ sed -n '/Network\|Security/w output.txt' techClass.txt
```

```
bash-5.1$ cat output.txt
1.     Network: Route, Switch, Wireless, Communicate, Device
2.     Security: Data Protection, Terminal Security, Cloud Security, WEB
Security
3.     Server: Blade, Mini Computer, Mainframes, HPC, Disaster Recovery,
Network
```

【例 8】将文件 1 中从匹配指定模式的行到最后一行的内容写入文件 2。

下面的 sed 命令是将文件 techClass.txt 中从匹配模式/Server/的行到最后一行的内容写入文件 output.txt：

```
bash-5.1$ sed -n '/Server/,$w output.txt' techClass.txt
bash-5.1$ cat output.txt
3.     Server: Blade, Mini Computer, Mainframes, HPC, Disaster Recovery,
Network
4.     Virtualization: Server Virtualization, Storage Virtualization,
Desktop Virtualization
5.     Database: SQLServer, MySQL, Oracle, DB2
6.     OS: Linux, Unix, Windows
# Additional class
```

【例 9】将文件 1 中匹配指定模式的行及其后 *n* 行的内容写入文件 2。

下面的 sed 命令是将文件 techClass.txt 中匹配模式/Server/及其后 4 行的内容写入文件 output.txt：

```
bash-5.1$ sed -n '/Server/,+4w output.txt' techClass.txt
bash-5.1$ cat output.txt
3.     Server: Blade, Mini Computer, Mainframes, HPC, Disaster Recovery,
Network
4.     Virtualization: Server Virtualization, Storage Virtualization,
Desktop Virtualization
5.     Database: SQLServer, MySQL, Oracle, DB2
6.     OS: Linux, Unix, Windows
# Additional class
```

14.4　sed 与 Shell

本节我们将学习如何在 sed 中使用 Shell 变量以及如何通过 sed 的输出设置 Shell 变量。

14.4.1　实例：在 sed 中使用 Shell 变量

我们已经知道，在 Shell 中环境变量是以美元符号$开头，如$TERM、$PATH、$var 或 $i。而在 sed 中，符号$用于指示输入文件的最后一行或行的末尾（在 LHS 中），或符号本身（在 RHS 中）。sed 并不能直接访问 Shell 中的变量，因此必须使用双引号来扩展 Shell 的变量。

注意：LHS（left-hand side）和 RHS（right-hand side）分别指 sed 命令的左侧部分和右侧部分。例如，替换编辑命令“s/LHS/RHS/”。

如果要让 Shell 正确地解释 sed 命令中的 Shell 变量，则需要将 sed 命令放在双引号内：

```
bash-5.1$ sed "s/_terminal-type_./$TERM/g" input.file
```

假如有一个文件 input.file，其内容如下：

```
bash-5.1$ cat input.file
The name of terminal which you are using is _terminal-type_.
```

$TERM 变量的值为：

```
bash-5.1$ echo $TERM
vt100
```

现在使用 sed 命令将文件 input.file 中的字符串“_terminal-type_”替换为变量“$TERM”的值：

```
bash-5.1$ sed "s/_terminal-type_/$TERM/g" input.file
The name of terminal which you are using is vt100.
```

如果将上面的 sed 命令放在单引号内，则会得到如下的结果：

```
bash-5.1$  sed 's/_terminal-type_/$TERM/g' input.file
The name of terminal which you are using is $TERM.
```

当在 sed 命令中使用的是一个 Shell 变量时，该变量的值可能是任意字符串。那么怎样确保它能安全地在 LHS、RHS 和正则表达式中使用呢？

例如，有一些文件中声明了一些变量，这些变量定义了一些工具的路径及工具的一些配置文件的路径，其中一个文件的内容如下：

```
bash-5.1$ cat toolsPath.ini
AQUACHURN_ROOT_DIR=/opt/swe/tools/in/aquachurn-2.5
MANPATH=/usr/share/man:/usr/local/man:/opt/swe/tools/in/nmake-3.9/i686-
linux2.6/man
VOB2MOUNTFILE=/opt/swe/prof/enodeb/.enodebvobs
AQUARIUM_ROOT_DIR=/opt/swe/tools/in/aquarium-2.3
RSU_TEMPLATE2_INI=/opt/swe/tools/ext/rational/PurifyPlus.7.0.0.0-010/
config/templates2.ini
MOTUS_PROFILES=/opt/swe/prof
NTCADHOME=/opt/swe/tools/ext
OBJECTIME_HOME=/opt/swe/tools/ext/rational/objectime-5.2.1
LD_LIBRARY_PATH=/opt/swe/tools/ext/gnu/wxpythonsrc-2.8.9.1/i686-linux2.6/
lib:/opt/swe/tools/ext/gnu/gtk+-2.14.7/i686-linux2.6/lib:/opt/swe/tools/
ext/gnu/wxpythonsrc-2.8.9.1/i686-linux2.6/lib
SWE_ENVIRON=/opt/swe/tools/in/environ-4.3.4
SWE_ROOT=/opt/swe
COVERITY_LICENSE_FILE=/opt/swe/local/licenses/prevent/lte/license.dat
PATH=/opt/swe/tools/ext/scriptics/tcl_tk-8.4.13/i686-linux2.6/bin:/opt/
swe/tools/ext/gnu/cscope-15.7a/i686-linux2.6/bin:/usr/X11R6/bin:/usr/
atria/bin:/opt/swe/bin/in:/opt/swe/bin:/opt/swe/bin/pao:/bin:/usr/bin:/
sbin:/usr/sbin:/opt/swe/tools/in/nmake-3.9/i686-linux2.6/bin
DSP563_IDIR=/opt/swe/tools/ext/motorola/dsp563-1
MAGIC_PATH=/opt/swe/prof/enodeb/magic:/usr/atria/config/magic
JAVA_HOME=/opt/swe/tools/ext/sun/jdk-1.6.0/i686-linux2.6
C_INCLUDE=/opt/swe/tools/ext/iar/icc6811-4.40b-sun4/inc/
ROSERT_HOME=/opt/swe/tools/ext/rational/rosert-7.0.0.1_ifix8/releases/
RoseRT.7.0.0.0
WIS_LTE_PROJECT_DIR=/opt/swe/tools/in/projects/lte_project-1.0
B2BTOOLS_ROOT_DIR=/opt/swe/tools/in/b2btools-2.1
ROGUEWAVE_ROOT=/opt/swe/tools/ext/roguewave/rw-1.0
SWE_PATH=/opt/swe/bin/in:/opt/swe/bin:/opt/swe/bin/pao
XLINK_DFLTDIR=/opt/swe/tools/ext/iar/icc6811-4.40b-sun4/lib/
PYTHONPATH=/opt/swe/tools/ext/gnu/wxpythonsrc-2.8.9.1/i686-linux2.6/lib/
python2.5/site-packages/wx-2.8-gtk2-unicode:/opt/swe/tools/ext/gnu/numpy
-1.2.1/i686-linux2.6/lib/python2.5/site-packages:/opt/swe/tools/ext/
gnu/matplotlib-0.98.5.2/i686-linux2.6/lib/python2.5/site-packages
```

```
AQUADOC_ROOT_DIR=/opt/swe/tools/in/aquadoc-2.0
UTS_HOME=/opt/swe/tools/in/uts-current_lte_test
RSU_LICENSE_MAP=/opt/swe/tools/ext/rational/PurifyPlus.7.0.0.0-010/config/
PurifyPlus_License_Map
```

现在，工具的存放路径有所变动，需要将这些文件中变量所定义的路径进行修改，其中之一是将路径“/opt/swe”改为“/usr/local”。我们打算用 Shell 脚本批量实现这些更改。在脚本定义了两个变量，分别是 OLDPATH1 和 NEWPATH1：

```
OLDPATH1=/opt/swe
NEWPATH1=/usr/local
```

假如脚本的其中一条命令如下：

```
sed -i "s/$OLDPATH1/$NEWPATH1/" toolsPath.ini
```

当运行此脚本时，上面的命令就会报如下错误：

```
sed: -e expression #1, char 8: unknown option to `s'
```

为什么会出现上述错误呢？因为两个变量 OLDPATH1 和 NEWPATH1 的值中含有斜线“/”，上述 sed 命令的实际内容如下：

```
sed "s//opt/swe//usr/local/" toolsPath.ini
```

通过前面章节的学习我们已经知道，这样的 sed 命令一定会执行失败，因为存在语法错误，sed 命令的模式中的字符与定界符相同。这时我们就需要对模式中的斜线“/”进行转义，或使用更简单的方法，直接使用其他不会冲突的字符作为定界符。为了确保上述 sed 命令模式中的 Shell 变量能安全地使用，可以将 sed 命令修改如下：

```
sed -i "s#$OLDPATH1#$NEWPATH1#" toolsPath.ini
```

文件 toolsPath.ini 的内容就可以被成功替换如下：

```
bash-5.1$ cat toolsPath.ini
AQUACHURN_ROOT_DIR=/usr/local/tools/in/aquachurn-2.5
MANPATH=/usr/share/man:/usr/local/man:/usr/local/tools/in/nmake-3.9/i686
-linux2.6/man
VOB2MOUNTFILE=/usr/local/prof/enodeb/.enodebvobs
AQUARIUM_ROOT_DIR=/usr/local/tools/in/aquarium-2.3
RSU_TEMPLATE2_INI=/usr/local/tools/ext/rational/PurifyPlus.7.0.0.0-010/
config/templates2.ini
MOTUS_PROFILES=/usr/local/prof
NTCADHOME=/usr/local/tools/ext
OBJECTIME_HOME=/usr/local/tools/ext/rational/objectime-5.2.1
LD_LIBRARY_PATH=/usr/local/tools/ext/gnu/wxpythonsrc-2.8.9.1/i686-linux2.6
/lib:/opt/swe/tools/ext/gnu/gtk+-2.14.7/i686-linux2.6/lib:/opt/swe/tools
/ext/gnu/wxpythonsrc-2.8.9.1/i686-linux2.6/lib
SWE_ENVIRON=/usr/local/tools/in/environ-4.3.4
SWE_ROOT=/usr/local
COVERITY_LICENSE_FILE=/usr/local/local/licenses/prevent/lte/license.dat
PATH=/usr/local/tools/ext/scriptics/tcl_tk-8.4.13/i686-linux2.6/bin:/
opt/swe/tools/ext/gnu/cscope-15.7a/i686-linux2.6/bin:/usr/X11R6/bin:/
usr/atria/bin:/opt/swe/bin/in:/opt/swe/bin:/opt/swe/bin/pao:/bin:/usr/
bin:/sbin:/usr/sbin:/opt/swe/tools/in/nmake-3.9/i686-linux2.6/bin
DSP563_IDIR=/usr/local/tools/ext/motorola/dsp563-1
MAGIC_PATH=/usr/local/prof/enodeb/magic:/usr/atria/config/magic
JAVA_HOME=/usr/local/tools/ext/sun/jdk-1.6.0/i686-linux2.6
C_INCLUDE=/usr/local/tools/ext/iar/icc6811-4.40b-sun4/inc/
ROSERT_HOME=/usr/local/tools/ext/rational/rosert-7.0.0.1_ifix8/releases
/RoseRT.7.0.0.0
WIS_LTE_PROJECT_DIR=/usr/local/tools/in/projects/lte_project-1.0
```

```
B2BTOOLS_ROOT_DIR=/usr/local/tools/in/b2btools-2.1
ROGUEWAVE_ROOT=/usr/local/tools/ext/roguewave/rw-1.0
SWE_PATH=/usr/local/bin/in:/opt/swe/bin:/opt/swe/bin/pao
XLINK_DFLTDIR=/usr/local/tools/ext/iar/icc6811-4.40b-sun4/lib/
PYTHONPATH=/usr/local/tools/ext/gnu/wxpythonsrc-2.8.9.1/i686-linux2.6/
lib/python2.5/site-packages/wx-2.8-gtk2-unicode:/opt/swe/tools/ext/gnu/
numpy-1.2.1/i686-linux2.6/lib/python2.5/site-packages:/opt/swe/tools/
ext/gnu/matplotlib-0.98.5.2/i686-linux2.6/lib/python2.5/site-packages
AQUADOC_ROOT_DIR=/usr/local/tools/in/aquadoc-2.0
UTS_HOME=/usr/local/tools/in/uts-current_lte_test
RSU_LICENSE_MAP=/usr/local/tools/ext/rational/PurifyPlus.7.0.0.0-010/
config/PurifyPlus_License_Map
```

到目前为止，我们已经对如何在 sed 命令中使用 Shell 变量有了基本的了解。接下来通过几个实例脚本进一步学习如何在 sed 中使用 Shell 变量。

【例 1】移除文件中的空白行的 Shell 脚本 removeBlankLines.sh。

```
-bash-5.1$ cat removeBlankLines.sh
#!/bin/bash -
# 此脚本用于移除文件中的空行

# 检查传递给脚本的参数。如果没有指定参数，则打印脚本使用方法
if [ -z "$1" ]
then

  echo "Usage: `basename $0` target-file"
  # 退出脚本，退出状态码为 1
  exit 1

fi

sed -e "/^$/d" "$1"
# '-e' 选项表示后跟一个编辑命令（此项选为可选，这里可省略）
# '^' 表示一行的开始，'$' 表示一行的结束
# ^$指定配置没有任何内容的行
# 'd' 是删除命令

# 用双引号括起来的命令行参数允许在文件名中有空格或特殊字符

# 注意：这个脚本并不会真正地修改目标文件
# 如果需要直接修改目标文件，则需要重定向此脚本的输出，或者在 sed 命令中加入-i 选项

# 退出脚本，退出状态码为 0
exit 0
```

【例 2】替换文件中的字符串的脚本 substituteStr.sh。

```
-bash-5.1$ cat substStr.sh
#!/bin/bash -
# 此脚本用于替换文件中的指定字符串
# 例如"substStr.sh Tom Alex mail.txt"

# 定义参数的个数为 3
ARGS=3

# 测试传递给此脚本的参数个数。如果参数个数不等于 3，则打印脚本的使用方法
if [ $# -ne "$ARGS" ]
then
```

```
  echo "Usage: `basename $0` old-pattern new-pattern filename"
  # 退出脚本，退出状态码为 2
  exit 2

fi

old_pattern=$1
new_pattern=$2

# 检查指定的文件是否存在
if [ -f "$3" ]
then

  file_name=$3

else

  echo "File \"$3\" does not exist."
  # 退出脚本，退出状态码为 3
  exit 3

fi

# ---------------------------------
sed -e "s#$old_pattern#$new_pattern/g" $file_name
# ---------------------------------

# 's' 是 sed 中的替换命令
# 而/pattern/引用地址匹配
# '#' 是 sed 命令中的定界符
# 'g' 会使命令替换每行中所有匹配$old_pattern 的字符串而不是第一个匹配的字符串

exit 0
```

【例 3】检查目录中所有二进制文件来源的脚本 checkAuthorship.sh。

```
$ cat checkAuthorship.sh
#!/bin/bash -
# 此脚本用于在指定的目录下找到还有特定字符串的二进制文件

# 检查传递给脚本的参数是否为空。如果没有给脚本指定参数，则打印脚本的使用方法
if [ -z "$1" ]
then

  echo "Usage: `basename $0` target-dir"
  # 退出脚本，退出状态码为 2
  exit 2

fi

# 检查指定的目录是否存在
if [ -d "$1" ]
then

  # 如果指定的目录存在，则将指定的路径赋值给变量 directory
  directory="$1"

else

  # 如果指定的目录不存在，则显示下面的信息
```

```
  echo "Directory \"$1\" does not exist."
  # 退出脚本，退出状态码为 3
  exit 3

fi

# 定义要检查的字符串
fstring="Free Software Foundation"

# 使用 for 循环遍历指定目录下的所有文件
for file in `find $directory -type f -name '*' | sort`
do

  # 查找文件中还有特定字符串的行
  strings -f $file | grep "$fstring" | sed -e "s#$directory##"

done

# 退出脚本，退出状态码为 0
exit 0
```

【例 4】格式化邮件内容的脚本 formatEmail.sh。

```
$ cat formatEmail.sh
#!/bin/bash -
# 定义脚本的退出状态码
E_BADARGS=65
E_NOFILE=66

# 检查传递给脚本的参数是否为空。如果没有给脚本指定参数，则打印脚本的使用方法
if [ -z "$1" ]
then

  echo "Usage: `basename $0` filename"
  # 退出脚本，退出状态码为 65
  exit $E_BADARGS

fi

# 检查指定的文件是否存在
if [ -f "$1" ]
then

  # 如果指定的文件存在，则将指定的路径赋值给变量 file_name
  file_name="$1"

else

  # 如果指定的文件不存在，则打印下面的信息
  echo "File \"$1\" does not exist."
  # 退出脚本，退出状态码为 66
exit $E_NOFILE

fi
# ====================================================================

# 定义每行的最大宽度为 70 个字符
MAXWIDTH=70

# ----------------------------------
```

```
# 将 sed 脚本的内容存入变量 sedscript
sedscript='s/^>//
s/^  *>//
s/^  *//
s/              *//'
# ---------------------------------

# 删除每行中以字符'>'、空格和制表符开始的内容
# 然后将每行的长度拆成最大 $MAXWIDTH 个字符
sed "$sedscript" $1 | fold -s --width=$MAXWIDTH
# -s 选项表示尽可能在空格处拆折行。

exit 0
```

14.4.2　实例：从 sed 输出中设置 shell 变量

批量修改文件名的脚本 rename.sh。

```
-bash-5.1$ cat rename.sh
#!/bin/bash -
# 此脚本用于批量重命名当前目录下的所有文件
ARGS=2
ONE=1
# 上面两个变量用于得到正确的单复数（见下面的脚本）

# 检查传递给脚本的参数个数。如果参数个数不等于 2，则打印脚本的使用方法
if [ $# -ne "$ARGS" ]
then

  echo "Usage: `basenane $0` old-pattern new-pattern"
  # 退出脚本，退出状态码为 2
  exit 2

fi

number=0

# 循环遍历当前目录下所有文件名中包含字符串$1 的文件
for filename in *$1*
do
  # 如果指定的文件存在
  if [ -f "$filename" ]
  then

    # 去除文件的路径
    fname=`basename "$filename"`
    # 用新的文件名替换旧的文件名
    newname=`echo $fname | sed -e "s/$1/$2/g"`
    # 将文件重命名
    mv "$fname" "$newname"
    let "number += 1"

  fi

done

# 使用正确的语法
```

```
if [ "$number" -eq "$ONE" ]
then

  echo "$number file renamed."

else

  echo "$number files renamed."

fi

# 退出脚本，退出状态码为 0
exit 0
```

14.5　awk 基础

awk 的起源可以追溯到 sed 和 grep，并且经由这两个程序可以再追溯到 ED（最初的 UNIX 行编辑器）。这也是在接下来的学习中会发现 awk 和 sed 有很多相似之处的原因。本节先学习 awk 的命令行语法和一些基本概念及结构。

14.5.1　awk 简介

awk 是用于文本处理、数据提取和报告工具的解释性程序设计语言。awk 的名称源自于它的三个原作者（Alfred Aho、Peter Weinberger 和 Brian Kernighan）的姓。他们是这样描述 awk 的：awk 是一个方便的且富有表现力的程序语言，它可以应用于各种计算和数据处理任务。

将 awk 称为程序设计语言一定会“吓跑”一些人。那不妨把 awk 看作解决问题的一种方法，它为处理文件提供了更普遍的计算模型。

awk 的程序与其他语言的程序不同，因为 awk 程序是数据驱动的，也就是说，需要描述要处理的数据以及找到它之后要做什么事。其他大部分语言是过程化的，必须详细地描述程序每一步要做什么事。当使用过程化语言时，通常会难以清楚地描述程序将处理的数据。因此，awk 程序容易读写的特性总是令人耳目一新。

awk 程序的典型示例是将数据转换成格式化的报表。这些数据可能是由 Linux（或 UNIX、类 UNIX）程序产生的日志文件，而且格式化后的报表以一种对系统管理员有用的格式进行数据汇总。另一个例子是由独立的数据项和数据检索程序组成的数据处理应用程序。数据项是以结构化方式记录的数据。数据检索是从文件中提取数据并生成报告的过程。

所有这些操作的关键是数据拥有某种结构，即数据要按照一定的分类方式进行归类。因为只有当数据拥有某种结构时，才能最好地体现 awk 的功能。例如：可以使用 awk 脚本提取文档（文本文件）中各章节的标题并将它们编号以生成一个大纲；或者对于由制表符分隔的列项目所组成的高度结构化的表，可以使用 awk 脚本对表中的数据列进行重排序，甚至可以将列变成行，将行变成列。awk 不能处理非文本文件，如二进制可执行文件等。如果需要编辑这些文件，则需要使用 Emacs 中的 hexl-mode 等二进制编辑器。

和 sed 类似，awk 的基本功能也是搜索文件中包含某些模式的行（或其他文本单元）。

当某行匹配一个模式时，awk 就在那一行中执行指定的操作。awk 持续地用这种方式处理输入的行，直到输入文件的结尾。

和 sed 脚本一样，awk 脚本一般是通过 Shell 脚本进行调用的。即在 Shell 脚本中包含调用 awk 的命令行或 awk 解释的脚本。简单的一行 awk 脚本可以从命令行调用。

下面是 awk 的一些功能：

- 使用变量操作由文本记录和字段组成的文本文件。
- 具有算术和字符串操作符。
- 具有普通的程序设计结构，如循环结构和条件结构。
- 可以生成格式化报告。
- 可以定义函数。
- 可以从 awk 脚本中执行 Linux 命令。
- 可以处理 Linux 命令的结果。
- 可以更加巧妙地处理命令行的参数。
- 可以更容易地处理多个输入流。

可以根据 awk 的上述功能和适用范围来处理由 Shell 脚本执行的各种任务。

14.5.2　awk 的基本语法

当运行 awk 时，需要指定一个告诉 awk 该做什么动作的 awk 程序。这个程序由一系列命令组成。每条命令指定一个用于搜索的模式和一个找到模式时要执行的动作。

在语法上，一个 awk 命令由一个模式（pattern）后跟一个动作（action）组成。动作被括在花括号内，用来与模式分隔。每个 awk 命令之间通常用换行符来分隔。因此，一个 awk 程序的语法如下：

```
pattern { action }
pattern { action }
…
```

运行 awk 的方式主要有两种。如果 awk 程序很短，那么简单的方法就是把它直接写在运行 awk 的命令行中，其语法如下：

```
awk [OPTIONS] [--] program-text file …
```

当一个 awk 程序较长时，通常把它放在一个文件中更方便。采用这种方法运行 awk 的语法如下：

```
awk [OPTIONS] -f program-file [--] file …
```

本节主要介绍上面这两种语法格式。

从语法中可以看到，一个 awk 命令行是由选项、awk 程序文件或 awk 命令以及输入文件名组成的。脚本要处理的数据是从指定的文件中读取的。如果没有指定输入文件名或指定为“-”，那么 awk 命令将从标准输入中读取。

在 awk 命令中，常用的选项如下：

- -F fs：指定用于输入数据的列（field）分隔符 fs。
- -v var=value：在 awk 程序执行之前指定一个值 value 给变量 var。这个变量值用于 awk 程序的 BEGIN 块。

- -f program-file：指定一个 awk 程序文件（file），代替在命令行指定 awk 命令。
- “--”选项：根据 POSIX 参数解析约定，此选项表示命令行选项的结束。例如，利用这个选项，可以指定以“-”开头的输入文件，否则它将被解析为一个命令行选项。

14.5.3　第一个 awk 命令

一旦熟悉了 awk，想要使用它时，通常只需要输入一个简单的 awk 命令。因此，可以使用 awk 的第一种语法格式，把这个命令作为 awk 命令的第一个参数。这种命令格式指示 Shell 或命令解释程序来启动 awk，并使用指定的命令（11.5.2 节中的 program_text）处理输入文件中的记录。

下面以一个 awk 命令为例来了解 awk 是如何工作的。假设有一个文件 info.txt，其内容如下：

```
$ cat info.txt
Linux - Sysadmin
Databases - Oracle, MySQL etc.
Security - Firewall, Network, Online Security etc.
Cool - Websites
Storage - NetApp, EMC etc.
Productivity - Too many technologies to explore, no much time available.
```

把上述文件作为 awk 命令的输入文件，其 awk 命令如下：

```
$ awk '{ print }' info.txt
Linux - Sysadmin
Databases - Oracle, MySQL etc.
Security - Firewall, Network, Online Security etc.
Cool - Websites
Storage - NetApp, EMC etc.
Productivity - Too many technologies to explore, no much time available.
```

可以看到，上述命令显示的是 info.txt 文件的内容。我们来看看 awk 都做了什么。当调用 awk 时，指定文件 info.txt 作为输入文件，然后 awk 会在该文件中顺序地执行 print 命令，所有的输出都被送到了标准输出，因此我们看到了与命令 cat info.txt 的执行结果一样的内容。现在再来解释代码块{ print }。在 awk 中，花括号“{}”用于将代码块集合在一起，类似于 Shell 中的函数。在示例代码块中，只有一个 print 命令，对于 awk，当 print 命令不带任何参数时，就会打印当前行的所有内容。

下面的命令与上个示例中的 awk 命令稍有不同，但是它们的结果是一样的：

```
$ awk '{ print $0 }' info.txt
Linux - Sysadmin
Databases - Oracle, MySQL etc.
Security - Firewall, Network, Online Security etc.
Cool - Websites
Storage - NetApp, EMC etc.
Productivity - Too many technologies to explore, no much time available.
```

在 awk 中，变量$0 表示当前一整行，因此 print 和 print $0 所做的事情是一样的。如果将 print 的参数改为一个固定的字符串如{ print "hello" }，会得到什么结果呢？答案是，输入文件有多少行，它就会打印多少行 hello。

14.5.4　使用 awk 打印指定的列

awk 在处理已经被分隔为多个逻辑列的文本方面非常擅长，并且可以轻松地在 awk 程序中引用每个列。下面的 awk 命令将打印文件 info.txt 的第一列：

```
$ awk '{print $1}' info.txt
Linux
Databases
Security
Cool
Storage
Productivity
```

上述命令会有这样的输出结果的原因是，在不指定列分隔符的情况下，awk 默认使用空白作为列分隔符。我们已经知道-F 选项用于指定输入数据的列分隔符。现在使用-F 选项指定符号“-”作为输入文件 info.txt 的列分隔符，命令输出结果如下：

```
$ awk -F'-' '{print $2}' info.txt
 Sysadmin
 Oracle, MySQL etc.
 Firewall, Network, Online Security etc.
 Websites
 NetApp, EMC etc.
 Too many technologies to explore, no much time available.
```

从结果中看到，awk 使用列分隔符“-”将文件 info.txt 的内容分为了两列，然后打印输出了第二列的内容。

14.5.5　从 awk 程序文件中读取 awk 命令

通过前面的介绍知道，对于 awk 程序只包含一个或几个命令的情况，将其作为命令行参数传递给 awk 命令是非常方便的。当 awk 程序变得复杂且有很多行时，可以用一个文件来存放 awk 程序，即 awk 命令的第二种语法格式，使用-f 选项指示 awk 命令从一个文件中读取 awk 命令：

```
$ awk -f myscript.awk myfile
```

将 awk 程序放在文本文件中还允许使用额外的 awk 特性。例如，下面这个多行的 awk 程序和 14.5.4 节示例中的单个 awk 命令做同样的事情，以字符“-”为分隔符打印文件中的第二列内容：

```
$ cat secCol.awk
BEGIN {
  FS="-"
}
{ print $2 }

$ awk -f secCol.awk info.txt
 Sysadmin
 Oracle, MySQL etc.
 Firewall, Network, Online Security etc.
 Websites
 NetApp, EMC etc.
 Too many technologies to explore, no much time available.
```

两种方法的区别主要在于设置列分隔符的方式。在上面的 awk 程序文件中，列分隔符指定在代码内部（通过设置 FS 变量），而在 14.5.4 节的示例中，是通过命令行中 awk 命令的-F 选项来设置列分隔符的。

14.5.6　awk 的 BEGIN 和 END 块

正常情况下，awk 对每个输入行都会执行一次 awk 程序代码。然而，在很多情况下，可能需要在 awk 开始处理输入文件中的文本前执行一些初始化代码。对于这种情况，awk 允许定义一个 BEGIN 块（在 14.5.5 节的示例中已经使用过 BEGIN 块）。因为 BEGIN 块是在 awk 开始处理输入文件之前被调用的，所以它是初始化 FS 变量（列分隔符）、打印标题或初始化其他将在程序中调用的全局变量的绝佳位置。

awk 同样还提供另一个特殊的叫作 END 的块。awk 在输入文件的所有行都被处理之后会执行 END 代码块。通常情况下，END 块用于执行最后的运算或打印要在输出流的结尾处显示的概要。

14.5.7　在 awk 中使用正则表达式

awk 允许使用正则表达式有选择地执行一个单独的代码块，它取决于指定的正则表达式是否匹配当前行。例如下面这个 awk 命令，用于打印输出文件中包含字符串 admin 的行：

```
$ awk '/admin/{ print }' info.txt
Linux - Sysadmin
```

也可以打印输出匹配字符串 admin 的那一行的第一列：

```
$ awk -F'-' '/admin/{ print $1 }' info.txt
Linux
```

当然，也可以使用其他复杂一些的正则表达式，但正则表达式必须放在斜线内，其用法与 sed 类似。也可以使用操作符“~”（或“!~”）指定任意列或变量匹配（或不匹配）一个正则表达式，这就组成了 14.5.8 节要讲的表达式。例如，打印文件 info.txt 中第二列匹配字符“-”的行的第一列：

```
$ awk '$2 ~ /-/ { print $1 }' info.txt
Linux
Databases
Security
Cool
Storage
Productivity
```

14.5.8　awk 的表达式和块

awk 还有很多方法可以有选择地执行代码块。可以把任意类型的布尔表达式放在代码块之前来控制什么时候可以执行特定的块，即只有当代码块前面的布尔表达式的值为真时，awk 才会执行此代码块。下面的示例将输出文件/etc/passwd 中第一列等于 root 的所有行的第三列：

```
$ awk 'BEGIN { FS=":" } $1 == "root" { print $3 }' /etc/passwd
0
```

awk 提供了丰富的比较操作符，常见的有==、<、>、<=、>=和!=。另外，还有在 14.5.7 节提到的~和!~，分别表示匹配和不匹配。使用这些操作符时，在它们的左边指定一个变量，然后在右边指定一个正则表达式或一个字符串。下面的示例是打印文件 info.txt 中匹配字符串 etc 的所有行的第一列：

```
$ cat info.txt
Linux - Sysadmin
Databases - Oracle, MySQL etc.
Security - Firewall, Network, Online Security etc.
Cool - Websites
Storage - NetApp, EMC etc.
Productivity - Too many technologies to explore, no much time available.

$ awk 'BEGIN { FS="-" } $2 ~ "etc" { print $1 }' info.txt
Databases
Security
Storage
```

表达式是 awk 程序的基本组成部分。一个表达式对可以打印、测试或传递给一个函数的内容进行求值。另外，一个表达式可以使用一个赋值操作符给一个变量或一列赋予一个新的值。

其他大多数类型的语句都包含一个或多个指定数据在哪处理的表达式。和在其他语言一样，awk 的表达式包含变量、数组引用、常量和函数调用，此外还有与各种操作符的组合。

14.5.9　awk 的条件语句

awk 同样还提供了类似于 C 语言的 if 语句。可以把 14.5.8 节示例中的 awk 命令改写为使用 if 语句：

```
$ awk 'BEGIN { FS="-" } { if ( $2 ~ "etc" ) { print $1 } }' info.txt
Databases
Security
Storage
```

结果是一样的。在 14.5.8 节的例子中，布尔表达式被放在块的外部，而在本例中，对每一个输入行都执行一次块，我们通过使用 if 语句来有选择地执行 print 命令。这两种方法都不错，可以选择与 awk 程序的其他部分最匹配的一个。

if…else 语句是 awk 的决策语句。它的语法如下：

```
if (condition) then-body [else else-body]
```

语法中的 condition（条件）是一个表达式，用来控制后续语句要做什么。如果 condition 为真，则 then-body 就会被执行，否则，else-body 将被执行。语句中的 else 部分是可选的。如果条件的值为 0 或空字符串，则条件为假；否则条件为真。

awk 同样允许使用布尔操作符“||”（逻辑或）和“&&”（逻辑与）来创建更复杂的布尔表达式，例如，下面的例子是以符号“-”为分隔符打印输出文件 info.txt 中第一列匹配字符串 Linux 或第二列匹配字符串 Network 的行：

```
$ awk 'BEGIN { FS="-"} ( $1 ~ "Linux" || $2 ~ "Network" ) { print }' info.txt
```

```
Linux - Sysadmin
Security - Firewall, Network, Online Security etc.
```

14.5.10　awk 的变量和操作符

到目前为止，我们已经使用 awk 打印了字符串、整行或指定的列。awk 还可以执行整数和浮点数运算。使用数学表达式，可以很轻松地写一个计算文件中的空白行的 awk 程序，其内容如下：

```
$ cat foundBlankline.awk
BEGIN { x=0 }
/^$/ { x=x+1 }
END { print "Found " x " blank lines."}
```

在 BEGIN 块中，将整型变量 x 初始化为 0。每次当 awk 遇到空白行时，awk 将会执行“x=x+1”语句，对变量 x 进行累加。在处理了所有行之后，将执行 END 块，awk 将打印输出最后的总结，指示它找到的空白行数。

假设有一个文本文件 mail.txt，其内容如下：

```
$ cat mail.txt
From : Yantao.freedom@icloud.com

To : Test
Subject : Test

Contact us: yantao.freedom@icloud.com
======================================
```

使用 awk 命令调用 awk 程序文件 foundBlankline.awk 来处理文件 mail.txt，得到的结果如下：

```
$ awk -f foundBlankline.awk mail.txt
Found 2 blank lines.
```

当在变量中执行数学运算时，只要变量包含有效的数字串，awk 会自动地处理字符串到数字的转换步骤，如下面的例子：

```
x="3.5"
# 设置变量 x 包含字符串 3.5
x=x+1
# 将变量 x 的值加 1
print x
# 打印 x 的值
```

awk 程序的输出如下：

```
4.5
```

尽管给变量 x 指定了字符串值 3.5，仍然可以采用数学运算的方式将其值加 1。但在 Bash 中我们并不能这样做。首先，Bash 不支持浮点运算；其次，Bash 执行任何数学运算时，都需要将算式使用奇怪的结构“$((　))”括起来。而使用 awk 的操作是自动的，这使代码好看且整洁。

如果想将输入文件 math.txt 每行的第二列的值平方后再加 1，就可以使用如下 awk 命令：

```
$ cat math.txt
a 2
b 13
```

```
c 5

$ awk '{ print ( $2^2 ) + 1 }' math.txt
5
170
26
```

可以做一个小实验：指定的变量不包含有效的数字，而你在数学表达式中将该变量用于计算，你会发现，awk 会把这个变量作为数字 0 来处理。

使用 awk 的另一个好处是它含有完整的算术运算符。除了标准的加、减、乘和除运算符外，awk 还允许使用指数操作符“^”，模运算操作符“%”及其他赋值运算符，包括预增加/减少运算符和后增加/减少运算符（i++，--i），加、减、乘、除赋值运算符（a+=1，b-=2，c*=3，d/=4）等。

14.5.11　awk 的特殊变量

awk 有自己的特殊变量。这些变量可以用来调整 awk 怎样工作或收集与输入相关的有用信息。我们在前面章节中已经提到了这些特殊变量之一的 FS 变量。FS 变量允许设置希望 awk 在列之间查找的字符序列。FS 的值并不限于单个字符，它可以被设置为正则表达式或任意长度的字符模式。如果处理的列是由一个或多个制表符分隔的，那么可以将 FS 设置如下：

```
FS="\t+"
```

这里使用了特殊的正则表达式字符“+”，表示“匹配一个或多个前面的字符”。

如果在输入的内容中，列由空白（一个或多个空格，或制表符）分隔，那么可以尝试设置 FS 变量为如下正则表达式：

```
FS="[[:space:]+]"
```

上面的设置其实是没必要的，因为默认情况下，FS 变量的值被设置为一个空格字符，而 awk 会将其解释为“一个或多个空格或制表符”。

接下来要讲的两个变量，通常不会去改写它的值，一般是读取它们的值来获得与输入内容相关的有用信息。第一个特殊变量是 NF，此变量记录的是列的数量（the number of fields）。awk 会自动将此变量的值设置为当前记录的列的个数。可以使用 NF 变量只显示某些输入行。例如，下面的 awk 命令只显示文件 info.txt 中列数是 3 的行：

```
$ awk 'NF == 3 { print }' info.txt
Linux - Sysadmin
Cool - Websites
```

当然，也可以在条件语句中使用 NF 变量，例如：

```
{
  if ( NF > 2 ) {
    print $1" "$2":"$3
  }
}
```

第二个特殊变量是 NR，此变量用于记录当前记录的数量（the total number of records）（awk 将第一条记录设置为数字 1）。NR 可以像 NF 变量一样，只打印输入内容的某几行。例如，下面的 awk 命令用于打印输出文件 info.txt 中第三行以后输入的记录：

```
$ awk '{ if ( NR > 3 ) { print NR".\t"$0 } }' info.txt
4.      Cool - Websites
5.      Storage - NetApp, EMC etc.
6.      Productivity - Too many technologies to explore, no much time
available.
```

上例中的语句“print NR".\t"$0”是在当前记录编号后面打印字符“.”和一个制表符，然后打印当前记录的内容。

14.5.12　awk 的循环结构

在很多方面，awk 和 C 语言类似。例如，awk 中也存在 for、while 和 do…while 循环结构。

在编程中，循环是可以连续地执行两次以上的程序的一部分。while 循环语句是 awk 中最简单的循环语句，只要条件为真，它就重复地执行。while 循环的语法如下：

```
while (condition)
  body
```

body 代表任意 awk 语句，condition 是一个表达式，用来控制循环保持运行多久。while 循环语句所做的第一件事是测试 condition。如果 condition 为真，就执行 body 中的语句。当 body 中的语句全部执行一次后，condition 会再次被测试，并且如果仍为真，body 会被再次执行。不断重复这一过程，直到 condition 不再为真时为止。如果 condition 一开始就为假，body 则从不会被执行，awk 会继续处理此循环之后的语句。下面这个例子是在 Shell 命令行提示符下打印输出文件 info.txt 中每行记录的前 3 列，并在输出中每行仅显示一列：

```
$ awk '{
> i = 1
> while ( i <= 3 ) {
>   print $i
>   i++
> }
> }' info.txt
Linux
-
Sysadmin
Databases
-
Oracle,
Security
-
Firewall,
Cool
-
Websites
Storage
-
NetApp,
Productivity
-
Too
```

在上述示例中，循环体的正文是在花括号中的复合语句，它包含两个语句。首先，将变量 i 的值设为 1。然后，while 语句测试 i 的值是否小于或等于 3，当 i 等于 1 时测试为真，因此第 1 列被打印，“i++”将 i 的值加 1。最后，while 循环在 i 等于 4 时终结。

注意：在 while 语句的左花括号和正文语句之间的换行不是必须执行的，但使用一个换行可以让程序更清晰，除非正文语句非常简单。

do…while 循环是 while 循环语句的一个变体，其语法如下：

```
do
  body
while (condition)
```

do 循环先执行 body 一次，只要 condition 为真就重复执行 body。即使一开始 condition 为假，body 也会被执行一次。

for 循环语句使记录循环的重复次数更方便。for 语句的基本语法格式如下：

```
for (init; condition; increment)
  body
```

for 语句中的 init、condition 和 increment 部分是任意的 awk 表达式，而 body 代表任意的 awk 语句。

for 循环语句由执行 init 部分开始。如果 condition 为真，就重复地执行 body 和 increment。通常情况下，init 设置变量为 0 或 1，increment 每次将变量的值加 1，然后 condition 将它与期望的循环次数进行比较，例如下面的 awk 命令：

```
$ awk '{
> for (i = 1; i <= 3; i++)
>   print $i
> }' info.txt
Linux
-
Sysadmin
Databases
-
Oracle,
Security
-
Firewall,
Cool
-
Websites
Storage
-
NetApp,
Productivity
-
Too
```

示例中的 for 循环的功能与前面示例中的 while 循环的功能相同。

14.5.13　awk 的数组

awk 也有数组。在 awk 中，数组索引通常从 1 开始而不是从 0 开始，可以采用如下方式定义一个数组：

```
myarr[1]="one"
myarr[2]="123"
```

当 awk 遇到第一个赋值时，数组 myarr 被创建并且将 myarr[1]设为 one。在第二个赋值语句被执行后，数组 myarr 具有两个元素。

awk 具有方便的机制来迭代（依次访问）数组中的元素，例如：

```
for ( x in myarr ) {
  print myarr[x]
}
```

上述 awk 代码将打印输出数组 myarr 中的每一个元素。当使用 for 循环中这个特殊的 in 格式时，awk 将把数组 myarr 中每个存在的索引赋值给循环控制变量 x，在每次赋值之后都执行一次循环中的代码。虽然这是一个很方便的特性，但也有一个缺陷，那就是当 awk 循环数组索引时，并不会遵循特定的顺序。也就是说，我们没有办法知道上述代码的输出将是：

```
one
123
```

还是：

```
123
one
```

awk 的数组除了支持使用数字索引以外，还支持使用字符串索引，例如：

```
myarr["name"]="Tom"
```

当使用数组时，awk 提供了很多灵活的特性。我们可以使用字符串索引，并且不需要有连续的数字索引序列（例如，可以只定义 myarr[1]和 myarr[100]，不用定义索引为 2～99 的数组）。虽然这些特性很有用，但是有时也会引起混乱。幸运的是，awk 还提供了几个方便的特性，使数组变得更易于管理。

首先，可以删除 awk 数组中的元素。例如，在 awk 中想删除数组 myarr 中索引为 1 的元素，可以使用如下的 awk 命令：

```
delete myarr[1]
```

如果想看指定的数组元素是否存在，那么可以使用特定的布尔操作符 in，例如：

```
if ( 1 in myarr ) {
  print "Yes, It's Here."
} else {
  print "No, Can't find it."
}
```

14.6　awk 与 Shell

通常，将 awk 脚本与 Shell 脚本结合使用来执行各种任务是很有用的。我们一般会将信息传入 awk 脚本再将信息以对 Shell 有用的格式传回。本节就来学习如何将 awk 和 Shell 结合使用。

14.6.1　实例：在 awk 中使用 Shell 变量

awk 程序通常作为大的 Shell 脚本的一个组成部分。例如，使用 Shell 变量来保存 awk 程序搜索用的模式是很常见的。这里有两种方法可以在 awk 程序中获取 Shell 变量的值。

最常见的方法是，在 Shell 脚本内部的 awk 程序中，使用 Shell 引用来替换变量的值。例如下面的 Shell 脚本：

```
$ cat awkSearchpattern.sh
#!/bin/bash

# 从标准输入读取变量 pattern 的值
read -p "Enter search pattern: " pattern

# 打印输出匹配变量 pattern 的值的行并记录匹配的次数。在处理完所有行后，打印匹配的总次数
awk "/$pattern/"'{ nmatches++; print } END { print nmatches, "found." }'
info.txt
```

上述脚本的 awk 程序由两块引用文本连接在一起组成。第一部分是用双引号括起来的，这样允许引号内的 Shell 变量进行替换。

运行上述脚本后，将得如下结果：

```
$ chmod +x ./awkSearchpattern.sh
$ ./awkSearchpattern.sh
Enter search pattern: Security
Security - Firewall, Network, Online Security etc.
1 found.
```

变量替换是通过引用实现的，但可能会导致潜在的混乱。它需要我们对 Shell 的引用规则足够了解，并且在阅读程序时，通常很难正确地匹配引号。

一个更好的方法是使用 awk 的变量赋值功能，将 Shell 变量的值指定为 awk 变量的值，然后使用动态正则表达式来匹配模式。下面这个脚本就是使用 awk 的变量赋值功能对上个示例脚本的一个改进版本，其内容如下：

```
$ cat ./awkSearchpattern_better.sh
#!/bin/bash

# 从标准输入读取变量 pattern 的值
read -p "Enter search pattern: " pattern

# 使用 awk 的-v 选项指定变量 pat，并将 Shell 变量的值赋值给 pat 变量。在处理完所有行后，
  打印匹配的总次数
awk -v pat="$pattern" '$0 ~ pat { nmatches++; print } END { print nmatches,
"found." }' info.txt
```

现在，awk 程序只有一个用单引号括起来的一串命令，而赋值语句-v pat="$pattern"仍使用双引号，是为了避免$pattern 的值中包含空格。使用 awk 的变量同样非常灵活，因为它可以使用在 awk 程序中的任何地方，并且不需要使用引号。

在 Shell 脚本中，awk 程序还可以访问 Shell 的环境变量。awk 解释器会在以环境变量名为索引的 ENVIRON 数组中存储 Shell 环境变量的一个备份。

例如，可以在 awk 程序中使用 Shell 的 PATH 环境变量，执行如下的 awk 命令：

```
$ awk 'path=ENVIRON["PATH"] { print "The PATH is: " path }' /tmp/empty
The PATH is: /usr/lib/qt-3.3/bin:/usr/kerberos/bin:/usr/local/bin:/bin:/
usr/bin:/usr/NX/bin
```

14.6.2　实例：从 awk 命令的输出中设置 Shell 变量

在 14.6.1 节中介绍了怎样在 awk 中使用 Shell 变量。本节一起看一下怎样从 awk 命令

的输出中设置 Shell 变量。

在 Shell 命令行提示符下定义一个变量 x，并使用如下 awk 命令对其进行赋值：

```
bash-5.1$ x=`awk -F'-' '/Linux/{ print $2 }' info.txt`
```

执行上述命令后，使用 echo 命令查看变量 x 的值：

```
bash-5.1$ echo $x
Sysadmin
```

上面是使用 awk 命令的输出对 Shell 变量进行赋值的简单例子。

如果通过 awk 来设置多个 Shell 变量呢？来看下面这个例子：

```
bash-5.1$ z=`awk -F " - " '{ if( $1 ~ "Linux" ) print "x="$2; if( $1 ~ "Cool" )
print "y="$2 }' info.txt`

bash-5.1$ echo $z
x=Sysadmin y=Websites

bash-5.1$ eval $z

bash-5.1$ echo $z
x=Sysadmin y=Websites

bash-5.1$ echo $x
Sysadmin

bash-5.1$ echo $y
Websites
```

在上述示例中，我们通过 awk 命令的输出将给变量 x 和 y 赋值的语句存放到变量 z 中，然后通过 eval 命令将变量 z 的值作为一条命令被 Shell 执行，这样 x 和 y 就变为 Shell 变量并完成了赋值。

将上述示例稍加改动，还可以使用 source 命令从 awk 命令的输出中设置 Shell 变量。例如，将上例中的 awk 命令修改如下：

```
bash-5.1$ awk -F " - " '{ if( $1 ~ "Linux" ) print "x="$2; if( $1 ~ "Cool" )
print "y="$2 }' info.txt > defVar
```

在这个命令中，将 awk 命令的输出重定向到了文件 defVar 中，运行上述命令后，可以看到文件的内容如下：

```
bash-5.1$ cat defVar
x=Sysadmin
y=Websites
```

然后使用 source 命令，在当前 Shell 中读取并执行文件 defVar 中的命令：

```
bash-5.1$ source defVar
```

这样就将 x 和 y 就变成了 Shell 变量并完成了赋值。查看这两个变量的内容分别如下：

```
bash-5.1$ echo $x
Sysadmin

bash-5.1$ echo $y
Websites
```

14.7　awk 命令实例

本节通过一些实例进一步学习如何将 awk 命令应用在 Shell 脚本中。

14.7.1　实例：使用 awk 编写字符统计工具

下面编写一个统计文件中指定字符出现次数的 Shell 脚本 letter_count.sh，它的字符统计功能主要由 awk 程序实现，其内容如下：

```
-bash-5.1$ cat letter_count.sh
#!/bin/bash
# 初始化一个变量用于存放 awk 脚本
INIT_TAB_AWK=""

count_case=0
FILE_PARSE=$1

# 定义退出状态码为 65
E_PARAMERR=65

usage()
{

  # 显示脚本使用方法，示例:./letter_count.sh filename.txt a b c
  echo "Usage: letter_count.sh file letters" 2>&1

  # 退出脚本，退出状态码为 65
  exit $E_PARAMERR

}
# 如果指定的文件不存在，则显示相关信息并退出脚本的运行
if [ ! -f "$1" ] ; then

  echo "$1: No such file." 2>&1

  # 打印脚本使用方法并退出
  usage

fi

# 如果没有指定要统计的字符，则显示相关信息并退出脚本的运行
if [ -z "$2" ] ; then

   echo "$2: No letters specified." 2>&1
   usage

fi

# 获取指定的字符
shift

# 遍历每个指定的字符
for letter in `echo $@`
```

```
do

  # 定义 awk 脚本的内容，此变量将作为参数传递给后面命令中的 awk 脚本
  INIT_TAB_AWK="$INIT_TAB_AWK tab_search[${count_case}] = \"$letter\";
final_tab[${count_case}] = 0; "

  count_case=`expr $count_case + 1`

done


# 将文件的内容通过管道传递给 awk 命令，并使用 awk 脚本对文件进行处理
cat $FILE_PARSE |
awk \
"BEGIN { $INIT_TAB_AWK } \
# 下面的 split()函数是将一行记录按照单个分隔并存放到数组 tab 中
{ split(\$0, tab, \"\"); \
# 循环遍历数组 tab
for (chara in tab) \
# 循环遍历数组 tab_search
{ for (chara2 in tab_search) \
# 如果在记录中找到指定的字符，就将计数加 1
{ if (tab_search[chara2] == tab[chara]) { final_tab[chara2]++ } } } } \
# 分别打印每个字符出现的次数
END { for (chara in final_tab) \
{ print tab_search[chara] \" => \" final_tab[chara] } }"
# ------------------------------------------------------------------------
#  Nothing all that complicated, just . . .
#  for-loops, if-tests, and a couple of specialized functions.

exit $?
```

脚本的运行结果如下：

```
-bash-5.1$ chmod +x ./letter_count.sh

-bash-5.1$ ./letter_count.sh info.txt i s L e
i => 12
s => 6
L => 2
e => 20
```

14.7.2　实例：使用 awk 程序统计文件的总列数

下面再编写一个 Shell 脚本 column_totaler.sh，使用 awk 统计一个文件的总列数，脚本的内容如下：

```
-bash-5.1$ cat column_totaler.sh
#!/bin/bash -
# 定义脚本参数的个数
ARGS=2

# 定义错误退出状态码为 65
E_WRONGARGS=65

# 将命令行中指定给脚本的第 2 个参数赋值给变量 column_number
column_number=$2
```

```
usage()
{

  # 显示脚本的使用方法，例如:./column_totaler.sh filename.txt a b c
  echo "Usage: column_totaler.sh file letters" 2>&1

  # 退出脚本，退出状态码为 65
  exit $E_PARAMERR

}

# 检查脚本命令行参数的个数
if [ $# -ne "$ARGS" ]
then

   usage

fi

# 如果指定的文件不存在，则显示相关信息并退出脚本的运行
if [ ! -f "$1" ] ; then

  echo "$1: No such file." 2>&1

  # Print usage message and exit.
  usage

fi

# 定义 awk 程序的内容
awkscript='{ total += col_num }
END { print total }'

# 运行 awk 命令
awk -v col_num="$column_number" "$awkscript" "$1"


# 退出脚本，退出状态码为 0
exit 0
```

脚本的运行结果如下：

```
-bash-5.1$ chmod +x column_totaler.sh

-bash-5.1$ ./column_totaler.sh info.txt 3
18
```

读者可以在上述脚本的基础上进行一些改进，在命令中指定一个分隔符而不是列数，让脚本自动统计文件的总列数。

14.7.3　实例：使用 awk 自定义显示文件的属性信息

接下来编写一个显示指定文件的某些属性信息的 Shell 脚本 fileinfo.sh，使用 awk 自定义显示“ls -l <filename>”部分的内容，脚本的内容如下：

```
#!/bin/bash -
# 定义退出状态码为 65
E_WRONGARGS=65
```

```
# 检查命令行的第一个参数是否存在
if [ -z "$1" ]
then

  # 显示脚本的使用方法
  echo "Usage: `basename $0` file-path"

  # 退出脚本
  exit
fi

file=$1

# 检查指定的文件是否存在
if [ ! -e "$file" ]
then
  echo "$file does not exist."

  # 退出脚本，退出状态码为 65
  exit $E_WRONGARGS
fi

# 打印文件的全路径，分隔两个制表符后再打印文件的大小
ls -l $file | awk '{ print $9 "\t\tfile size: " $5 }'
# 显示文件的相关信息
whatis `basename $file`   # File info.
# 注意，whatis 数据库需要被设置后才能工作
# 如要设置 whatis 数据库，使用 root 运行命令/usr/bin/makewhatis
echo

# 退出脚本，退出状态码为 0
exit 0
```

脚本的运行结果如下：

```
-bash-5.1$ chmod +x fileinfo.sh

-bash-5.1$ ./fileinfo.sh /bin/mkdir
/bin/mkdir             file size: 29852
mkdir (1)             - make directories
mkdir (1p)            - make directories
mkdir (2)             - create a directory
mkdir (3p)            - make a directory
```

14.7.4　实例：使用 awk 显示 ASCII 字符

下面编写一个用于打印 ASCII 字符表的 Shell 脚本 printAscII.sh，使用 awk 打印输出 ASCII 字符并对其输出进行格式化，脚本的内容如下：

```
#!/bin/bash -
# 定义可打印的 ASCII 字符的范围，用十进制数值进行指定
START=33
END=125

# 打印输出头部
echo -e "\tDecimal\tHex\tCharacter"
```

```
echo -e "\t-------\t---\t---------"

# 此 for 循环用于从变量 START 的值开始循环，每次加 1，直到大于变量 END 的值为止
for ((i=START; i<=END; i++))
do

  # 对于 awk 中的 printf 语句，%c 表示一个 ASCII 字符，%x 表示十六进制格式
  echo $i | awk '{printf("\t%3d\t%2x\t%c\n", $1, $1, $1)}'

done

# 退出脚本，退出状态码为 0
exit 0
```

脚本的运行结果如下：

```
-bash-5.1$ chmod +x ./printAscII.sh
-bash-5.1$ ./printAscII.sh
       Decimal Hex     Character
       -------   ---       ---------
        33     21      !
        34     22      "
        35     23      #
        36     24      $
        37     25      %
        38     26      &
        39     27      '
        40     28      (
        41     29      )
        42     2a      *
        43     2b      +
        44     2c      ,
        45     2d      -
        46     2e      .
        47     2f      /
        48     30      0
        49     31      1
        50     32      2
        51     33      3
        52     34      4
        53     35      5
        54     36      6
        55     37      7
        56     38      8
        57     39      9
        58     3a      :
        59     3b      ;
        60     3c      <
        61     3d      =
        62     3e      >
        63     3f      ?
        64     40      @
        65     41      A
        66     42      B
        67     43      C
        68     44      D
        69     45      E
        70     46      F
        71     47      G
        72     48      H
        73     49      I
```

```
    74      4a      J
    75      4b      K
    76      4c      L
    77      4d      M
    78      4e      N
    79      4f      O
    80      50      P
    81      51      Q
    82      52      R
    83      53      S
    84      54      T
    85      55      U
    86      56      V
    87      57      W
    88      58      X
    89      59      Y
    90      5a      Z
    91      5b      [
    92      5c      \
    93      5d      ]
    94      5e      ^
    95      5f      _
    96      60      `
    97      61      a
    98      62      b
    99      63      c
   100      64      d
   101      65      e
   102      66      f
   103      67      g
   104      68      h
   105      69      i
   106      6a      j
   107      6b      k
   108      6c      l
   109      6d      m
   110      6e      n
   111      6f      o
   112      70      p
   113      71      q
   114      72      r
   115      73      s
   116      74      t
   117      75      u
   118      76      v
   119      77      w
   120      78      x
   121      79      y
   122      7a      z
   123      7b      {
   124      7c      |
   125      7d      }
   125      7d      }
```

14.7.5　实例：使用 awk 获取进程号

下面编写一个通过 PID 来找到对应的完整进程路径的脚本 findProcess.sh，使用 awk 来获取进程的 PID 和对应的完整路径。脚本的内容如下：

```
#!/bin/bash -
# 定义脚本的参数个数
ARGNO=1

# 定义退出状态码
E_WRONGARGS=65
E_BADPID=66
E_NOSUCHPROCESS=67
E_NOPERMISSION=68

PROCFILE=exe

# 检查传递给脚本的参数个数
if [ $# -ne $ARGNO ]
then

  echo "Usage: `basename $0` PID-number" >&2

  # 退出脚本，退出状态码为 65
  exit $E_WRONGARGS

fi

# 确认指定的 PID
pidno=$( ps ax | grep $1 | awk '{ print $1 }' | grep $1 )

# 如果经过上述的管道过滤后，得到的字符串长度为 0
# 则指定的 PID 不存在
if [ -z "$pidno" ]
then

  echo "No such process running."

  # 退出脚本，退出状态码为 67
  exit $E_NOSUCHPROCESS

fi

# 检查文件的读权限
if [ ! -r "/proc/$1/$PROCFILE" ]
then

  echo "Process $1 running, but..."
  echo "Can't get read permission on /proc/$1/$PROCFILE."

  # 普通用户不能访问/proc 目录下的某些文件
  # 退出脚本，退出状态码为 68
  exit $E_NOPERMISSION

fi

exe_file=$( ls -l /proc/$1/exe | awk '{ print $11 }' )

# 如果软链接/proc/pid-number/exe 存在
# 则显示对应的可执行文件的全路径
if [ -e "$exe_file" ]
```

```
then

  echo "Process #$1 invoked by $exe_file."

else

  echo "No such process running."

fi

exit 0
```

脚本的运行结果如下：

```
-bash-5.1$ ps -ef | grep yantaol
root     21695 21215  0 Apr02 pts/1    00:00:00 su - yantaol
yantaol  21696 21695  0 Apr02 pts/1    00:00:00 -bash
yantaol  22298 21696  0 00:00 pts/1    00:00:00 ps -ef
yantaol  22299 21696  0 00:00 pts/1    00:00:00 grep yantaol

-bash-5.1$ ./findProcess.sh 21696
Process #21696 invoked by /bin/bash.
```

14.8 小　　结

下面总结本章所学的主要知识：

sed 和 awk 的共同点如下：

- ❑ 它们都使用相似的语法调用。
- ❑ 它们都是面向字符流，都是从文本文件中每次一行地读取输入，并将输出直接发送到标准输出端。
- ❑ 它们都使用正则表达式进行模式匹配。
- ❑ 它们都允许用户将命令放在文件中一起执行。

sed 是由贝尔实验室的 Lee E.McMahon 在 1973 到 1974 年期间开发的，并且目前应用在大部分操作系统上。sed 是用来解析和转换文本的工具，它使用简单，是简洁的程序设计语言。

sed 是非交互式的面向数据流的编辑器。可以使用 sed 做如下操作：

- ❑ 自动地编辑一个或多个文件。
- ❑ 简化在多个文件中执行同样操作的工作。
- ❑ 编写转换程序。

sed 维护着一种模式空间，即一个工作区或临时缓冲区，当使用编辑命令时，将在模式空间中存储单个输入行。sed 一次处理一行输入的优点是在读取非常庞大的文件时不会出现问题。

sed 命令的两种语法分别如下：

```
sed [OPTIONS]… 'COMMAND' [FILE]…
sed [OPTIONS] -f SCRIPTFILE [FILE]…
```

sed 的常用选项如下：

- -e：告诉 sed 将下一个参数解释为 sed 命令。只有在命令行中给出多个 sed 命令时才需要使用-e 选项。
- -f：指定由 sed 命令组成的脚本的名称。如果 sed 脚本的第一行为“#n”，则 sed 执行的操作与指定-n 选项相同。
- -i：直接修改读取的内容而不是输出到终端。
- -n：取消默认输出。在一般的 sed 用法中，所有来自标准输入的数据都会被显示到终端上。如果使用-n 参数，那么只有经过 sed 处理的行才会被显示输出。

sed 中的追加命令（a）是将文本放置在当前行之后；更改命令（c）是用所指定的文本取代模式空间的内容；插入命令（i）是将新增的文本放置在模式空间的当前行之前；删除命令（d）采用一个地址，如果行匹配这个地址就删除模式空间的内容；替换命令（s）使用修饰标志 flag 来替换指定的字符串；打印命令（p）输出模式空间的内容，它既不清除模式空间也不改变脚本中的控制流；读取下一行命令（n）用于读取输入的下一行到模式空间；读文件命令（r）将由参数 file 所指定的文件的内容读入模式空间中匹配的行之后；写文件命令（w）的功能之一是从一个文件中提取信息并将它放置在其他文件中；退出命令（q）会使 sed 脚本立即退出，停止处理新的输入行。

与 Shell 中的符号“$”不同，sed 中的符号“$”用于指示输入文件的最后一行或行的末尾（在 LHS 中），或者符号本身（在 RHS 中）。

LHS（left-hand side）和 RHS（right-hand side）分别指 sed 命令的左侧部分和右侧部分。例如，替换编辑命令“s/LHS/RHS/”。

awk 是一个方便的且富有表现力的程序语言，它可以应用于各种计算和数据处理任务。

和 sed 类似，awk 的基本功能也是搜索文件中包含某些模式的行（或其他文本单元）。当某行匹配一个模式时，awk 就在那一行中执行指定的操作。awk 持续地用这种方式处理输入的行，直到输入文件的结尾。

awk 的功能如下：

- 使用变量操作由文本记录和字段组成的文本文件。
- 具有算术和字符串操作符。
- 具有普通的程序设计结构，如循环结构和条件结构。
- 可以生成格式化报告。
- 可以定义函数。
- 可以从 awk 脚本中执行 Linux 命令。
- 可以处理 Linux 命令的结果。
- 可以更加巧妙地处理命令行的参数。
- 可以更容易地处理多个输入流。

awk 的基本语法如下：

```
awk [OPTIONS] [--] program-text file …
awk [OPTIONS] -f program-file [--] file …
```

awk 常用的选项如下：

- -F fs：指定用于输入数据的列分隔符 fs。
- -v var=value：在 awk 程序执行之前指定一个值 value 给变量 var。这个变量值用于 awk 程序的 BEGIN 块。

- -f program-file：指定一个 awk 程序文件，代替在命令行指定 awk 命令。
- “--”选项：根据 POSIX 参数解析约定，此选项表示命令行选项的结束。例如，利用这个选项可以指定以“-”开头的输入文件，否则它将被解析为一个命令行选项。

在不指定列分隔符的情况下，awk 默认使用空白作为列分隔符。

awk 的 BEGIN 块是在 awk 开始处理输入文件之前被调用的，因此它是用于初始化 FS 变量（列分隔符）、打印标题或初始化其他将在程序中调用的全局变量的绝佳位置。

awk 的 END 块是在输入文件的所有行都被处理之后才执行的代码块。通常情况下，它被用于执行最后的运算或打印要在输出流的结尾处显示的概要。

awk 也允许使用正则表达式有选择地执行一个单独的代码块，它取决于指定的正则表达式是否匹配当前行。

在 awk 中，可以把任意类型的布尔表达式放在代码块之前来控制特定的块什么时候可以执行。这些布尔表示式中的比较操作符包括==、<、>、<=、>=、!=、~和!~。在 awk 中执行算术运算时，awk 会将整数字符串转换为一个整数。

awk 的 FS 变量允许设置希望 awk 在列之间查找的字符序列；NF 变量用于记录列的数量，awk 会自动将此变量的值设置为当前记录的列的个数；NR 变量用于记录当前记录的数量（行数）（awk 将第一条记录设置为数字 1）。

在 awk 中，数组索引通常从 1 开始而不是从 0 开始。当 awk 循环数组索引时，它并不会遵循特定的顺序。

14.9　习　　题

一、填空题

1．sed 是用来________的工具。

2．sed 命令调用的方法有两种，一种是________，另一种是________。

3．awk 被设计用于________，并通常被用作________工具的解释性程序设计语言。

二、选择题

1．在 sed 编辑命令中，（　　）命令用来追加内容。

A．a　　B．c　　C．i　　D．d

2．使用 sed 命令替换文件内容时，（　　）标志表示替换所有匹配的内容。

A．w　　B．n　　C．g　　D．p

3．在 awk 命令中，（　　）选项用来指定输入数据的列分隔符。

A．-F　　B．-v　　C．-f　　D．-a

三、判断题

1．在 awk 中可以定义 BEGIN 和 END 块。其中：BEGIN 块在 awk 开始处理输入文件之前被调用；END 块是在 awk 输入文件中的所有行都被处理之后才执行。（　　）

2．Shell 中的“$”符号和 sed 命令中的“$”符号的含义相同。（　　）

四、操作题

1．编写一个 Shell 脚本 test.sh，其内容如下：

```
# cat test.sh
#!/bin/bash
echo "Hello World!"
```

使用 sed 命令将/bin/bash 替换为/bin/sh。

2．使用 sed 命令在/etc/hosts 文件中添加如下记录：

```
192.168.1.200       www.benet.com     www
```

3．使用 awk 命令给外部变量 VAR1 和 VAR2 分别赋值为 hello 和 world，然后使用 eval 命令执行赋值语句，最后使用 echo 命令输出变量 VAR1 和 VAR2 的值。

第 15 章　其他 Linux Shell 概述

到目前为止，我们已经以 Bash 为基础完成了 Shell 的基本概念、常用命令、算术表达式、脚本编程、条件执行、控制结构、函数、正则表达式、重定向、管道和过滤器等内容的学习。想必读者对 Linux Shell 也有了一个系统的了解，并能够着手编写自己的 Shell 脚本了。

但是，我们知道，Linux（及 UNIX 或类 UNIX）下的 Shell 有很多种，根据环境和编程需求不同有时可能需要使用不同的 Shell。这就需要我们在掌握最常用的 Bash 的同时还要对其他主流的 Shell 有一定的了解，本章就一起来简单学习另外 3 个常用的 Shell：C Shell、Korn Shell 和 Z Shell。

15.1　C Shell 概述

我们在第 1 章中已经知道了 Linux（UNIX 或类 UNIX）中的 Shell 有多种类型，而 C Shell 也是其中的一种，它是比 Bourne Shell（sh）更适于编程的 Shell。接下来就让我们一起来学习 C Shell。

15.1.1　csh 简介

C Shell（简称 csh）是由 Bill Joy 在 1979 年开发的，他开发 C Shell 的主要意图是想创建一个具有类似 C 语言语法的 Shell。从 BSD UNIX 系统的 2BSD 版本开始，C Shell 就已经广泛分发了。

C Shell 是一个通常运行在文本窗口并允许用户输入命令的命令处理程序。C Shell 也同样可以从脚本文件中读取命令。与其他 Linux Shell 类似，C Shell 支持文件名通配符、管道、here documents 重定向、命令替换以及用于条件测试和循环的控制结构等。C Shell 与其他 Shell 的不同之处在于它的交互式特性和总体风格。C Shell 的新特性使其使用起来更便捷。C Shell 的总体风格看起来更像 C 语言并且可读性更好。

在很多系统中（如 mac OS X 和 RedHat Linux），csh 实际是指 tcsh，tcsh 是 csh 的改进版。在这些系统中，csh 和 tcsh 都链接到包含 tcsh 可执行程序的同一个文件中，因此它们都调用同一个 C Shell 的改进版。

在 Debian、Ubuntu 及它们的衍生版本中，csh 和 tcsh 是两个不同的包。前者是基于原始 BSD 版本的 csh，而后者是改进的 tcsh。

tcsh 增添了文件名和命令补全功能，以及从 Tenex 系统借鉴来的命令行编辑概念（这便是 tcsh 中 t 的由来）。因为 tcsh 只是增添功能并没有改进，所以 tcsh 是向前兼容 C Shell

的。虽然 tcsh 一开始是 Bill Joy 创建的原始代码树的分支，但是其现在已经是用于持续开发的主要分支了。tcsh 是很稳定的，基本上每年发布一个新版本，大部分版本都是对小的漏洞的修复。

15.1.2　csh 的特性

C Shell 的主要设计目标是使它看起来更像 C 语言，并更好地用于交互式应用。

我们知道 UNIX、Linux 和类 UNIX 系统几乎完全由 C 语言写成，因此 C Shell 作为命令语言的首要目标就是在文体上尽量与系统其他部分保持一致。C Shell 的关键字、使用的圆括号、内部表达式语法和对数组的支持都是受到了 C 语言的强烈影响。

按照今天的标准，相比其他流行的脚本语言，csh 并不特别像 C 语言。但当它与 Bourne Shell（sh）相比时，它们的差异就特别明显。下面这个例子演示了 C Shell 常用的表达式操作符和语法。

```
#!/bin/csh

if ( $days > 365 ) then

  echo This is over a year.

endif
```

如果使用 Bourne Shell，其语法如下：

```
#!/bin/sh

if [ $days -gt 365 ]
then

  echo This is over a year.

fi
```

Bourne Shell 缺少一个表达式语法。方括号条件需要由运行较慢的外部程序 test 来计算。Bourne Shell 的 if 命令把它的参数当作需要作为子进程运行的新命令来处理，如果子进程以返回码 0 退出，那么 Bourne Shell 将查找 then 从句并运行其嵌套的块；否则，Bourne Shell 将运行 else 代码块。

相比之下，csh 可以直接计算表达式，效率更高。csh 还有更好的可读性：它的表达式使用的语法和操作符大部分是从 C 语言复制而来的。

C Shell 的另一个设计目标是更好地用于交互式应用。它引入了很多更简单、快速的新特性，使其可以在终端更好地使用，这些特性如下：

- 历史记录：内部命令 history 允许用户重调用之前的命令，并且通过几个按键就可以重新运行这些命令。例如，将两个感叹号“!!”作为命令输入，就会使前一个命令马上运行。还有其他简短的按键组合，如“!$”表示前一个命令的最后一个参数。
- 编辑操作符：不仅可以在前一个命令的文本中进行编辑，而且可以在变量替换时进行编辑。操作符的范围从简单的字符串搜索/替换，扩展到解析路径名以及提及指定的段。
- 别名：内部命令 alias 允许用户定义别名，当用户输入一个别名时，C Shell 在内部将其解释为用户之前定义的内容。对于很多简单的场景，别名执行的速度更快并且比脚本更方便。

- 目录堆栈：目录堆栈允许用户放入和取出当前的工作目录，使用户在文件系统的不同目录下前后跳转更方便。
- 波浪号：使用字符“~”为 home 目录提供一个速记方法。
- cd 命令路径：C Shell 将搜索路径的概念扩展到了 cd 命令，如果指定的目录不在当前目录下，则 csh 将尝试在 cdpath 目录中找到它。
- 作业控制：在 20 世纪 80 年代，大部分用户只有字符模式的终端，因此他们只能同时工作在一个任务上。C Shell 的作业控制允许用户通过 Ctrl+Z 键来挂起当前活跃的任务并创建一个 C Shell 新任务。用户可以使用 fg 命令在任务之间进行切换。活跃的任务是放在前台的任务，其他任务或者被认为是挂起的或者是运行在后台的。
- 路径散列法：路径散列法加速了 C Shell 搜索可执行文件的速度。C Shell 会查阅一个通过扫描 path 的所有目录构建的哈希表。这个表通常可以告诉 C Shell 在哪里可以找到文件（如果它存在）而不需要在所有目录中查找，并且这个表可以使用 rehash 命令来更新。

15.1.3　csh 的内部变量

C Shell 内置了一些特殊变量，并且这些变量中有些不需要赋值（可以使用 set 命令简单地设置变量名而不要指定任何值）。unset 命令可以用于消除任何不需要的变量。下面就来了解几个常用的 csh 内部变量。

- argv：用于 Shell 脚本中存放参数值的特殊变量。
- autologout：包含 Shell 自动退出前 Shell 可以处于空闲状态的分钟数。
- history：设置可以存放多少历史（先前运行的命令）行。
- ignoreeof：阻止使用 Ctrl+D 键退出。
- noclobber：使用重定向时阻止文件的覆盖。
- path：包含在运行程序或 Shell 脚本时需要搜索的目录列表。
- prompt：设置命令行提示符字符串。
- term：包含当前终端的类型。

在 C Shell 中使用内建命令 set 来定义一个变量。C Shell 既支持常规的变量也支持数组变量。示例如下：

```
set autologout=5

# 设置一个数组变量 var
set var=(a b c)
```

15.1.4　csh 的内部命令

和其他 Shell 的内部命令一样，C Shell 的内部命令就是在 Shell 内部运行的命令。如果一个内部命令作为管道的任意部分出现（除了管道的最后一条命令），则这个内部命令将运行在子 Shell 中。

如果从 C Shell 命令行提示符中输入命令，则系统首先搜索内部命令，如果内部命令不存在，则系统会搜索由 path 变量指定的目录。有些 C Shell 内部命令和操作系统命令具有同样的名称。然而，这些命令不以同样的方式运作。关于命令如何工作的更多信息，可以查看相应的命令描述。

如果在 Shell 中运行 Shell 脚本，并且 Shell 脚本的第一行以#!/ShellPathname 开头，例如 C Shell 将使用注释中指定的 Shell 来处理脚本，否则，它将运行默认的 Shell。如果脚本由默认的 Shell 运行，则 C Shell 的内部命令可能不会被识别。因此运行 C Shell 命令时，要使脚本的第一行为#!/bin/csh。

下面来学习 C Shell 的内部命令。

- @ 命令：其语法如下：

```
@ [Name[n] = Expression]
```

当不指定参数时，@命令会显示所有 Shell 变量的值；否则，将把 Name 变量的值设置为表达式 Expression 的值。如果表达式中包含<、>、&或|字符，那么这部分表达式必须放在圆括号中。当语法中的 *n* 被指定时，Name 数组变量的第 *n* 个元素将被设置为表达式 Expression 的值。而且，Name 数组变量和它的第 *n* 个元素必须已经存在。

- alias 命令的语法如下：

```
alias [Name [WordList]]
```

如果不指定任何参数，alias 命令将显示所有别名；否则，显示指定 Name 的别名。如果 WordList 被指定，则 alias 命令将把 WordList 的值指定给 Name。指定的别名 Name 不能是 alias 或 unalias。

- bg 命令，其语法如下：

```
bg [%Job …]
```

bg 命令用于将当前任务或由%Job 指定的任务放到后台（background）执行，恢复运行处于停止状态的任务。

- break 命令：用于终止 foreach 或 while 循环，继续运行这些循环之后的命令。
- breaksw 命令：用于终止 switch 命令，继续运行 endsw 命令之后的命令。
- case 命令的语法如下：

```
case Label:
```

- case 命令用于在 switch 命令中定义一个 Label。
- cd 命令的语法如下：

```
cd [Name]
```

cd 命令等同于 chdir 命令（见下面的描述）。

- chdir 命令的语法如下：

```
chdir [Name]
```

变更当前的目录到由 Name 指定的目录。如果没有指定 Name，则 chdir 命令会将当前目录切换到用户的 home 目录。如果指定 Name 不是当前目录的子目录，并且其路径不是以/、./或../开头，Shell 将会检查 Shell 变量 cdpath 的每一部分，看是否有子目录匹配 Name。如果 Name 的内容是以/开头的，那么 Shell 将尝试检查它是否为一个目录。

- continue 命令：用于跳过 while 或 foreach 的当前循环，直接继续执行它们的下一次循环。
- default 命令：用于标识 switch 语句的默认情况，出现在所有 case 语句之后。
- dirs 命令：用于显示目录堆栈。
- echo 命令：写字符串到 Shell 的标准输出。
- else 命令：当使用语句 if(expr) then…else…enif 时，else 语句是 csh 的内部命令。如果（expr）为真，则 else 语句之前的命令被执行。如果（expr）为假，则在 else 和 endif 语句之间的命令被执行。
- end 命令：用于表示 foreach 命令的结束。foreach 和 end 语句必须放在分隔的两行。
- endif 命令：用于表示 if 语句的结束。
- endsw 命令：用于表示 switch 语句的结束。
- eval 命令的语法如下：

```
eval Parameter …
```

将参数 Parameter 作为 Shell 的输入，并执行当前 Shell 上下文产生的命令。eval 命令通常用于执行作为命令替换或变量替换的结果所产生的命令，因为解析发生在这些替换之前。

- exec 命令的语法如下：

```
exec Command
```

exec 命令用于运行指定的命令以代替当前的 Shell。

- exit 命令的语法如下：

```
exit (Expression)
```

exit 命令以 Shell 变量 status 的值退出 Shell，或以指定表达式 Expression 的值退出 Shell。

- fg 命令的语法如下：

```
fg [%Job …]
```

上面的命令是把当前任务或由%Job 指定的任务放在前台执行，继续运行处于停止状态的任务。

- foreach 命令的语法如下：

```
foreach Name (List) Command…
```

foreach 命令用于连续地把 List 中的每个元素的值赋值给 Name 变量，并执行 foreach 与 end 命令之间的一系列命令。

- glob 命令的语法如下：

```
glob List
```

glob 命令与 echo 命令类似。

- history 命令的语法如下：

```
history [-r | -h] [n]
```

history 命令用于显示历史记录列表。旧的记录先显示。如果指定了数量 *n*，那么只有指定的最新 *n* 条记录被显示。-r 选项表示倒序，因此在执行-r 选项的情况下，最新的记录将首先显示。-h 选项表示显示记录时不显示编号。

- jobs 命令的语法如下：

```
jobs [-l]
```

jobs 命令用于列出活跃的任务。使用-l 选项，除了列出任务编号和名称外，还可以列出进程 ID。

- kill 命令的语法如下：

```
kill -l | [[-Signal] % Job...|PID...]
```

kill 命令用于发送 TERM（终结）信号或由 Signal 指定的信号给指定的任务或进程。-l 选项指示列出信号的名称。

- limit 命令的语法如下：

```
limit [-h] [Resource [Max-Use]]
```

limit 命令用于限制使用当前进程指定的资源。进程资源限制定义在文件/etc/security/limits.conf 文件中。可控制的资源是 CPU 时间、文件大小、数据大小、core dump 大小和内存的使用。

- logout 命令：用于注销登录 Shell。
- nice 命令的语法如下：

```
nice [+n] [command]
```

如果没有指定数值，则运行在这个 Shell 中的命令的优先级将被设为 24。如果指定了+n，则优先级会加上指定的数值。如果+n 和 command 都被指定，那么命令就会以 24 加上指定的数值为优先级。如果有 root 用户权限，则可以在运行 nice 命令时指定一个负值。

- rehash 命令：用于引起 Shell 变量 path 中的目录内容哈希表的重计算。如果用户向 path 变量中添加新的目录，或有人修改了 path 变量中的系统目录的内容，则需要运行 rehash 命令。
- set 命令的语法如下：

```
set[[Name[n]] [=Word]] | [Name= (List)]
```

当没有参数指定时，set 命令会显示所有变量的值。如果仅指定了变量名 Name，C Shell 将把变量 Name 的值设为空字符串。

- setenv 命令的语法如下：

```
setenv Name Value
```

setenv 命令用于将由 Name 指定的环境变量的值设置为 Value。

- shift 命令的语法如下：

```
shift [Variable]
```

shift 命令用于将 Shell 变量 argv 中的元素向左移。如果 Shell 变量 argv 或指定的变量没有设置或其值少于一个单词，则会产生一个错误。

- source 命令的语法如下：

```
source [-h]Name
```

source 命令用于读取并执行名称为 Name 的文件中的命令。这些命令不会被存放在历史记录列表中。如果使用-h 选项，则会把读取的命令存入历史列表中而不执行。

- stop 命令的语法如下：

```
stop[%Job...]
```

stop 命令用于停止当前任务或运行在后台的指定任务。

- time 命令的语法如下：

```
time[Command]
```

time 命令用于控制命令的自动计时。如果不指定 Command，则 time 命令会显示当前 Shell 及其子 Shell 使用的时间概况。如果指定 Command，则命令的运行时间将被计时，命令执行完毕后，Shell 会显示用时的概况。

- umask 命令的语法如下：

```
umask[Value]
```

umask 命令用于确定文件权限。指定的值 Value 用于确定文件创建时的权限，默认值是 022。如果不指定 Value，则显示当前设置的值。

- unalias 命令的语法如下：

```
unalias *|Pattern
```

unalias 命令用于移除指定的别名。如果指定*，则移除所有的别名。使用 unalias 命令对于一个不存在的别名不会产生错误。

- unlimit 命令的语法如下：

```
unlimit [-h][Resource]
```

unlimit 命令用于移除指定资源的限制。如果没有资源 Resource 指定，则取消所有资源的限制。

- unset 命令的语法如下：

```
unset *|Pattern
```

unset 命令用于删除指定的变量。如果指定*，则删除所有定义的变量。如果指定的变量没有设置，不会产生一个错误。

- while 命令的语法如下：

```
while(Expression) Command. . .  end
```

while 命令用于当表达式 Expression 的值为非 0 时，执行 while 和 end 语句之间的所有命令。可以使用 break 命令结束 while 循环，也可以使用 continue 命令跳过本次循环直接执行下一次循环。while 和 end 语句必须为单独的两行。

15.1.5　tcsh 在 csh 基础上的新特性

本节主要介绍 tcsh 在 csh 基础上提供的增强功能，包括命令行编辑器，补全和列表，拼写校正，目录堆栈替换，自动、定期和定时事件以及终端管理功能。

1. 命令行编辑器功能

命令行的输入可以使用类似于在 GNU Emacs 或 Vi 中的击键序列进行编辑。在 C Shell 下，需要修改配置文件中的 edit 变量才能使用编辑功能。在交互式模式下，编辑功能是默认启用的。内部命令 bindkey 可以显式地和更改键绑定。默认使用 Emacs 风格键绑定，但 bindkey 命令可以更改键绑定为 Vi 风格。

内部命令 bindkey 的默认输出如下：

```
> bindkey
Standard key bindings
"^@"          -> set-mark-command
```

```
"^A"          -> beginning-of-line
"^B"          -> backward-char
"^C"          -> tty-sigintr
"^D"          -> delete-char-or-list-or-eof
"^E"          -> end-of-line
"^F"          -> forward-char
"^G"          -> is undefined
"^H"          -> backward-delete-char
"^I"          -> complete-word
"^J"          -> newline
"^K"          -> kill-line
"^L"          -> clear-screen
"^M"          -> newline
"^N"          -> down-history
"^O"          -> tty-flush-output
"^P"          -> up-history
"^Q"          -> tty-start-output
"^R"          -> redisplay
"^S"          -> tty-stop-output
"^T"          -> transpose-chars
"^U"          -> kill-whole-line
"^V"          -> quoted-insert
"^W"          -> kill-region
"^X"          -> sequence-lead-in
"^Y"          -> yank
"^Z"          -> tty-sigtsusp
"^["          -> sequence-lead-in
"^\"          -> tty-sigquit
"^]"          -> tty-dsusp
" " to "/"     -> self-insert-command
"0" to "9"     -> digit
":" to "~"     -> self-insert-command
"^?"          -> backward-delete-char
"^      -> list-choices
"^      -> backward-delete-word
"^      -> complete-word
"^      -> clear-screen
"^      -> run-fg-editor
"^      -> complete-word
"^      -> copy-prev-word
" " to "ÿ"   -> self-insert-command
Alternative key bindings
Multi-character bindings
"^[[A"         -> up-history
"^[[B"         -> down-history
"^[[C"         -> forward-char
"^[[D"         -> backward-char
"^[[H"         -> beginning-of-line
"^[[F"         -> end-of-line
"^[[3~"        -> delete-char
"^[[1~"        -> beginning-of-line
"^[[4~"        -> end-of-line
"^[OA"         -> up-history
"^[OB"         -> down-history
"^[OC"         -> forward-char
"^[OD"         -> backward-char
"^[OH"         -> beginning-of-line
"^[OF"         -> end-of-line
"^[^D"         -> list-choices
"^[^H"         -> backward-delete-word
"^[^I"         -> complete-word
```

```
"^[^L"          -> clear-screen
"^[^Z"          -> run-fg-editor
"^[^["          -> complete-word
"^[^_"          -> copy-prev-word
"^[ "           -> expand-history
"^[!"           -> expand-history
"^[$"           -> spell-line
"^[/"           -> dabbrev-expand
"^[0"           -> digit-argument
"^[1"           -> digit-argument
"^[2"           -> digit-argument
"^[3"           -> digit-argument
"^[4"           -> digit-argument
"^[5"           -> digit-argument
"^[6"           -> digit-argument
"^[7"           -> digit-argument
"^[8"           -> digit-argument
"^[9"           -> digit-argument
"^[?"           -> which-command
"^[A"           -> newline-and-hold
"^[B"           -> backward-word
"^[C"           -> capitalize-word
"^[D"           -> delete-word
"^[F"           -> forward-word
"^[H"           -> run-help
"^[L"           -> downcase-word
"^[N"           -> history-search-forward
"^[P"           -> history-search-backward
"^[R"           -> toggle-literal-history
"^[S"           -> spell-word
"^[U"           -> upcase-word
"^[W"           -> copy-region-as-kill
"^[Y"           -> yank-pop
"^[_"           -> insert-last-word
"^[a"           -> newline-and-hold
"^[b"           -> backward-word
"^[c"           -> capitalize-word
"^[d"           -> delete-word
"^[f"           -> forward-word
"^[h"           -> run-help
"^[l"           -> downcase-word
"^[n"           -> history-search-forward
"^[p"           -> history-search-backward
"^[r"           -> toggle-literal-history
"^[s"           -> spell-word
"^[u"           -> upcase-word
"^[w"           -> copy-region-as-kill
"^[y"           -> yank-pop
"^[^?"          -> backward-delete-word
"^X^X"          -> exchange-point-and-mark
"^X*"           -> expand-glob
"^X$"           -> expand-variables
"^XG"           -> list-glob
"^Xg"           -> list-glob
"^Xn"           -> normalize-path
"^XN"           -> normalize-path
"^X?"           -> normalize-command
"^X^I"          -> complete-word-raw
"^X^D"          -> list-choices-raw
Arrow key bindings
down            -> down-history
```

```
up            -> up-history
left          -> backward-char
right         -> forward-char
home          -> beginning-of-line
end           -> end-of-line
```

tcsh 总是将方向键和如下功能进行绑定，除非方向键被编写为其他字母按键。

- 方向键↓：上一个历史命令；
- 方向键↑：下一个历史命令；
- 方向键←：后移一个字符；
- 方向键→：前移一个字符。

可以使用内部命令 settc 将方向键转义序列设置为空字符串来阻止这些绑定。

我们已经知道了 bindkey 命令用于列出键绑定，而 bindkey -l 命令则用于列出和简略地描述编辑器命令。该命令的输出如下：

```
> bindkey -l
backward-char
        Move back a character
backward-delete-char
        Delete the character behind cursor
backward-delete-word
        Cut from beginning of current word to cursor - saved in cut buffer
backward-kill-line
        Cut from beginning of line to cursor - save in cut buffer
backward-word
        Move to beginning of current word
beginning-of-line
        Move to beginning of line
capitalize-word
        Capitalize the characters from cursor to end of current word
change-case
        Vi change case of character under cursor and advance one character
change-till-end-of-line
        Vi change to end of line
clear-screen
        Clear screen leaving current line on top
complete-word
        Complete current word
complete-word-fwd
        Tab forward through files
complete-word-back
        Tab backward through files
complete-word-raw
        Complete current word ignoring programmable completions
copy-prev-word
        Copy current word to cursor
copy-region-as-kill
        Copy area between mark and cursor to cut buffer
dabbrev-expand
        Expand to preceding word for which this is a prefix
delete-char
        Delete character under cursor
delete-char-or-eof
        Delete character under cursor or signal end of file on an empty line
delete-char-or-list
        Delete character under cursor or list completions if at end of line
delete-char-or-list-or-eof
        Delete character under cursor, list completions or signal end of
```

```
file
delete-word
        Cut from cursor to end of current word - save in cut buffer
digit
        Adds to argument if started or enters digit
digit-argument
        Digit that starts argument
down-history
        Move to next history line
downcase-word
        Lowercase the characters from cursor to end of current word
end-of-file
        Indicate end of file
end-of-line
        Move cursor to end of line
exchange-point-and-mark
        Exchange the cursor and mark
expand-glob
        Expand file name wildcards
expand-history
        Expand history escapes
expand-line
        Expand the history escapes in a line
expand-variables
        Expand variables
forward-char
        Move forward one character
forward-word
        Move forward to end of current word
gosmacs-transpose-chars
        Exchange the two characters before the cursor
history-search-backward
        Search in history backward for line beginning as current
history-search-forward
        Search in history forward for line beginning as current
insert-last-word
        Insert last item of previous command
i-search-fwd
        Incremental search forward
i-search-back
        Incremental search backward
keyboard-quit
        Clear line
kill-line
        Cut to end of line and save in cut buffer
kill-region
        Cut area between mark and cursor and save in cut buffer
kill-whole-line
        Cut the entire line and save in cut buffer
list-choices
        List choices for completion
list-choices-raw
        List choices for completion overriding programmable completion
list-glob
        List file name wildcard matches
list-or-eof
        List choices for completion or indicate end of file if empty line
load-average
        Display load average and current process status
magic-space
        Expand history escapes and insert a space
```

```
newline
        Execute command
normalize-path
        Expand pathnames, eliminating leading .'s and ..'s
normalize-command
        Expand commands to the resulting pathname or alias
overwrite-mode
        Switch from insert to overwrite mode or vice versa
prefix-meta
        Add 8th bit to next character typed
quoted-insert
        Add the next character typed to the line verbatim
redisplay
        Redisplay everything
run-fg-editor
        Restart stopped editor
run-help
        Look for help on current command
self-insert-command
        This character is added to the line
sequence-lead-in
        This character is the first in a character sequence
set-mark-command
        Set the mark at cursor
spell-word
        Correct the spelling of current word
spell-line
        Correct the spelling of entire line
stuff-char
        Send character to tty in cooked mode
toggle-literal-history
        Toggle between literal and lexical current history line
transpose-chars
        Exchange the character to the left of the cursor with the one under
transpose-gosling
        Exchange the two characters before the cursor
tty-dsusp
        Tty delayed suspend character
tty-flush-output
        Tty flush output character
tty-sigintr
        Tty interrupt character
tty-sigquit
        Tty quit character
tty-sigtsusp
        Tty suspend character
tty-start-output
        Tty allow output character
tty-stop-output
        Tty disallow output character
undefined-key
        Indicates unbound character
universal-argument
        Emacs universal argument (argument times 4)
up-history
        Move to previous history line
upcase-word
        Uppercase the characters from cursor to end of current word
vi-beginning-of-next-word
        Vi goto the beginning of next word
vi-add
```

```
        Vi enter insert mode after the cursor
vi-add-at-eol
        Vi enter insert mode at end of line
vi-chg-case
        Vi change case of character under cursor and advance one character
vi-chg-meta
        Vi change prefix command
vi-chg-to-eol
        Vi change to end of line
vi-cmd-mode
        Enter vi command mode (use alternative key bindings)
vi-cmd-mode-complete
        Vi command mode complete current word
vi-delprev
        Vi move to previous character (backspace)
vi-delmeta
        Vi delete prefix command
vi-endword
        Vi move to the end of the current space delimited word
vi-eword
        Vi move to the end of the current word
vi-char-back
        Vi move to the character specified backward
vi-char-fwd
        Vi move to the character specified forward
vi-charto-back
        Vi move up to the character specified backward
vi-charto-fwd
        Vi move up to the character specified forward
vi-insert
        Enter vi insert mode
vi-insert-at-bol
        Enter vi insert mode at beginning of line
vi-repeat-char-fwd
        Vi repeat current character search in the same search direction
vi-repeat-char-back
        Vi repeat current character search in the opposite search direction
vi-repeat-search-fwd
        Vi repeat current search in the same search direction
vi-repeat-search-back
        Vi repeat current search in the opposite search direction
vi-replace-char
        Vi replace character under the cursor with the next character typed
vi-replace-mode
        Vi replace mode
vi-search-back
        Vi search history backward
vi-search-fwd
        Vi search history forward
vi-substitute-char
        Vi replace character under the cursor and enter insert mode
vi-substitute-line
        Vi replace entire line
vi-word-back
        Vi move to the previous word
vi-word-fwd
        Vi move to the next word
vi-undo
        Vi undo last change
vi-zero
        Vi goto the beginning of line
```

```
which-command
        Perform which of current command
yank
        Paste cut buffer at cursor position
yank-pop
        Replace just-yanked text with yank from earlier kill
e_copy_to_clipboard
        (WIN32 only) Copy cut buffer to system clipboard
e_paste_from_clipboard
        (WIN32 only) Paste clipboard buffer at cursor position
e_dosify_next
        (WIN32 only) Convert each '/' in next word to '\\'
e_dosify_prev
        (WIN32 only) Convert each '/' in previous word to '\\'
e_page_up
        (WIN32 only) Page visible console window up
e_page_down
        (WIN32 only) Page visible console window down
```

2．补全和列表功能

tcsh 可以让用户只输入单词的一部分（如 ls /usr/lo）并单击 Tab 键来运行 complete-word 编辑器命令，这时 tcsh 就会在输入缓冲区中使用完整的单词替换不完整的单词来补全文件名（变为 ls /usr/local/）。如果没有找到匹配的内容，那么终端响铃就会响起。如果单词已经补全，那么字符“/”（或空格）就会被添加到单词的结尾。

命令或变量的补全方式大致相同。例如，输入 hostn[Tab]，如果 hostname 是系统中以 hostn 开头的唯一命令，那么 tcsh 会将 hostn 补全为 hostname。命令补全功能可以在 path 变量定义的所有目录中查找命令。输入 echo $SHE[Tab]，如果再没有其他变量以 SHE 开头，那么$SHE 会被补全为$SHELL。

tcsh 通过解析输入缓冲区来确定想补全的单词是否可以作为文件名、命令或变量来补全。缓冲区中的第一个单词和后面跟的字符;、|、|&、&&或||的第一个单词被解析为一个命令。一个以字符$开头的单词被解析为变量，其他的则被解析为文件名。

用户可以随时输入^D（Ctrl+D）来运行 delete-char-or-list-or-eof 编辑器命令，以列出所有可能的补全单词。例如：

```
> ls /usr/l[^D]
lib/    libexec/ local/
> ls /usr/l
```

如果设置了 Shell 变量 autolist，每当补全失败时，tcsh 都会列出剩下的选择：

```
> set autolist
> ls /usr/l[Tab]
lib/    libexec/ local/
> ls /usr/l
```

3．拼写校正功能

tcsh 可以纠正文件名、命令或变量名的拼写。单个单词可以使用 spell-word 编辑器命令进行拼写校正，而整个输入缓冲区可以使用 spell-line 编辑器命令。Shell 变量 correct 可以被设置为 cmd，用来校正命令名，或设置 all 用来校正每次按 Enter 键后的整行内容，并且可以设置变量 autocorrect，使在每次补全之前校正被补全的单词。

当拼写校正功能以上述方法中的任何一种被调用，并且 tcsh 认为命令行的任何部分存在拼写错误时，它会提示正确的行。例如：

```
> set correct=cmd
> hostmame

CORRECT>hostname (y|n|e|a)?
```

此时，如果输入 y 或空格会执行正确的行：

```
CORRECT>hostname (y|n|e|a)? yes
localhost
>
```

输入 e 会在输入缓冲区中保留不正确的命令：

```
CORRECT>hostname (y|n|e|a)? edit
> hostmame
```

输入 a 会终止命令，就像按 Ctrl+C 键一样：

```
CORRECT>hostname (y|n|e|a)? abort
>
```

4. 目录堆栈替换功能

目录堆栈由一个目录列表实现，列表编号从 0 开始，目录堆栈供内部命令 pushd、popd 和 dirs 所使用。命令 dirs 可以用于打印、存储、恢复和清除目录堆栈。Shell 变量 savedirs 和 dirsfile 可用于在注销时自动存储目录堆栈，而在登录时自动将其恢复它。Shell 变量 dirstack 可用于查看目录堆栈，以及将任意目录放入目录堆栈。

字符=后跟一个或多个数字，被扩展为一个目录堆栈中的条目。特殊情况“=-”则被扩展为堆栈中的最后一个目录。例如：

```
> dirs -v
0       /tmp
1       /usr/local
2       ~
3       ~

> echo =1
/usr/local

> echo =-
/home/yantaol
```

5. 自动、定期和定时事件功能

在 Shell 的生命周期的不同阶段有多种方式可以自动地运行命令。这里做了一个总结，详细的描述请参考 tcsh 的 man 手册。

- ❑ 内部命令 sched 用于把命令存入预订事件列表中，以便在给定的时间由 Shell 执行。
- ❑ 特殊的别名 beepcmd、cwdcmd、periodic、precmd、postcmd 和 jobcmd 可以被设置分别用于当 Shell 响铃时、当工作目录变更时、每个定期时间、在每次提示符打印之前、在每个命令执行之前、当每个命令变更状态时执行一些命令。
- ❑ Shell 变量 autologout 可以设置用于在给定的空闲分钟数后注销或锁住 Shell。
- ❑ Shell 变量 mail 可以设置用于定期地检查新邮件。
- ❑ Shell 变量 rmstar 可以设置用于当用户输入“rm *”命令时，询问用户是否真的要执行删除所有文件的操作。

- Shell 变量 time 可以设置用于当任意命令执行的时间超过指定的 CPU 秒数时自动执行内部命令 time。

6. 终端管理功能

tcsh 使用 3 种不同的终端模式，分别是编辑、引用和执行。编辑模式在编辑时使用，引用模式在引用文字字符时使用，执行模式在执行命令时使用。tcsh 在每个模式常量中保存了一些设置，因此在困惑状态下离开 tty（终端）的命令不会干扰 Shell。保存在常量中的终端模式的列表可以使用 tcsh 的内部命令 setty 来检查和修改。

tcsh 的内部命令 echotc、settc 和 telltc 可用于从命令行操作和调试终端的功能。

在支持 SIGWINCH 或 SIGWINDOW 的系统中，tcsh 会自动适应窗口大小并校正环境变量 LINES 和 COLUMNS（如果设置的话）。

15.2　Korn Shell 概述

通过 15.1 节的学习，我们对 C Shell 有了一个基本的了解，本节将学习另一种类型的 Shell——Korn Shell。

15.2.1　ksh 简介

Korn Shell 简称为 ksh，它是由 David Korn 于 20 世纪 80 年代初期在贝尔实验室开发的，并于 1983 年 7 月 14 日在由高级计算机系统协会（USENIX）赞助的 USENIX 年度技术大会上宣布。其他早期的贡献者包括贝尔实验室的开发人员 Mike Veach 和 Pat Sullivan，他们分别编写了 Emacs 风格和 Vi 风格的行编辑模式的代码。

2000 年之前，ksh 仍然是 AT&T 的专有软件。从 2000 年之后它就是开源软件了，自 2005 年的 ksh93q 版本开始，ksh 就已经遵循通用公共许可证（CPL）了。ksh 是 AT&T 软件技术的开源软件集合的一部分。由于 ksh 最初只有通过 AT&T 的专有许可才可以用，所以有一些免费和开源的替代方案在当时被创建，它们包括无版权的版本，如 pdksh、mksh 和 zsh。

最初的 ksh（ksh88）的功能被作为 POSIX.2（Shell 和实用程序）标准中命令解释器的基础。一些厂商仍然发布他们自己的基于旧的 ksh88 的版本，有的是一些扩展。ksh93u+ 仍由其作者维护，ksh93u+的版本命名是在名称中追加字母，当前的最新版本是 ksh93u+，它的前一个版本是 ksh93u，中间的一些漏洞修复版本的发布并没有更改这个版本的名称。

下面是 ksh 的几种变体及其说明：

- dtksh：ksh93 的分支，它是通用桌面环境（CDE）的一部分。
- tksh：ksh93 的分支，它提供对 Tk 部件工具箱的访问支持。
- oksh：是 OpenBSD 的 ksh 产品的分支。它仅支持 GNU/Linux，被作为 DeLi Linux 中的默认 Shell。
- mksh：是来自 MirOS BSD 的 ksh 的免费实现。

15.2.2　ksh 的特性

需要特别说明的是，本节介绍的 ksh 的特性是基于 ksh88 版本。如果要查看使用的 ksh 的版本，则先在 ksh 的命令行下执行如下命令：

```
$ set -o emacs
```

然后依次按 Esc 键和 Ctrl-V 键，将会看到如下信息：

```
$ set -o emacs
$ Version M-11/16/88i
```

或者输入命令：

```
$ set -o vi
```

接着先按 Esc 键进入控制模式，再按 Ctrl+V 键，同样可以看到版本信息：

```
$ set -o vi
$ Version M-11/16/88i
```

ksh 向后兼容 Bourne Shell，不仅包含很多 C Shell 的特性，而且还加入了很多自己的新特性，其灵感主要来自贝尔实验室用户的需求。由此在与系统交互和编程方面，ksh 可以大大提高工作效率和程序质量。ksh 程序编写简单，并且比由其他低级语言（如 C 语言）编写的程序更简明和可读。

与其他种类的 Shell 类似，当你准备编写并运行一些 ksh 脚本，但你的登录 Shell 又没有配置为 ksh 时，需要将下面的一行代码添加到 ksh 脚本的第一行，以保证其会被 ksh 执行：

```
#!/bin/ksh
```

注意：如果你的 ksh 不是安装在路径/bin/ksh 下，那么可以用相应的全路径来替换上述语句中的路径。

ksh 从 C Shell 中引入的新特性如下：

- 作业控制：ksh 的作业控制功能实际上与 csh 的一样。程序可以被停止、重新开始、移到后台及从后台移出。程序可以被使用它们的作业号杀掉。
- 别名：程序和 ksh 脚本连同它们的选项可以另外命名为单个名称。
- 函数：类似于其他程序语言，通过其将代码组织到更小、更易管理的单元中，增加了可编程性。函数同样允许 ksh 程序存储在内存中。
- 历史命令：执行过的命令被存储在历史文件中，历史命令可以被修改后重新执行，或者按照原来的内容执行。可以保存多个登录会话的命令，直到达到用户指定的限制为止。

与 Bourne Shell 相比，ksh 的优势体现在以下几个方面：

- 命令行编辑：命令可以在 Vi、Emacs 或 Gmacs 模式下被编辑，无须回退或重输入。
- 集成编程特性：一些外部的 Linux（UNIX 或类 UNIX）命令的功能包括 test、expr、getopt 和 echo，已经集成到了 ksh 中，使常见的编程任务能以更清洁的方式完成，无须创建额外的进程。
- 控制结构：特别是 select 结构，使菜单的创建变得简单。
- 调试功能：可以使用此功能编写帮助程序，调试 Shell 代码的工具。

- 正则表达式：具有更好的变量扩展中的正则表达式支持，而且添加了文件名通配符。
- 增强的 I/O 工具：文件描述符和流可以被指定。多个文件可以被同时打开并读取。
- 新的选项和变量：提供了更多的环境定制的控制。
- 提高了性能：使用 ksh 编写的程序比由 Bourne Shell 或 csh 编写的类似程序运行得更快。
- 安全特性：帮助防止特洛伊木马和其他病毒的入侵。

1．命令行编辑

有两种方法可以进入命令行编辑模式。第一种方法是使用环境变量 VISUAL 来设置编辑模式。ksh 会检查这个变量的值是否为 vi 或 macs（GNU Emacs 对应的软件包一般是 gmacs 或 gnumacs）。设置环境变量 VISUAL 的一个非常好的方式是把如下一行代码放入主目录下的.profile 或其他环境文件中：

```
VISUAL=$(whence emacs)
```

或者：

```
VISUAL=$(whence vi)
```

内部命令 whence 用于将另一个命令的名称作为它的参数，然后输出这个命令的全路径到标准输出。在这里使用 whence 命令是使上述语句具有较好的可移植性，因为其他系统的编辑器可能存储在不同的目录下。

进入命令行编辑模式的第二种方法是使用 set -o 命令，就是在本节开头查看 ksh 的版本所使用的命令：

```
$ set -o emacs
```

或者：

```
$ set -o vi
```

可以发现，Vi 和 Emacs 编辑模式擅长模拟这些编辑器的基本命令，而不是它们的高级特性。这是因为它们的主要目的是让用户从最喜欢的编辑器转移到 Shell。

2．控制结构

ksh、sh、csh 都有的控制结构是 if…else、for、case 和 while，select 控制结构是在 ksh 中新加入的。select 允许用户方便地生成简单的菜单，它具有简洁的语法，但却做了相当多的工作。select 的语法如下：

```
select vname [ in word … ]
do
  list
done
```

除了 select 关键字以外，select 的语法和 for 语句的语法一样，并且也可以在 select 中省略 in 列表，它将默认使用$@即引用命令行参数的列表。

select 所做的工作如下：

（1）生成一个包含列表的每一项的菜单，并为每个选项编号。

（2）提示用户输入一个编号。

（3）分别将选择的选项存储在变量 vname 中，选择的编号存储在内部变量 REPLY 中。

（4）执行正文中的语句。

（5）一直重复执行此过程，除非遇到 break 语句。

关于调试功能：

ksh 具有几个基本功能都支持调试。其中最基本的是 set 命令中的几个选项，当然这些选项同样可以在命令行上运行脚本时使用，这几个选项的功能如表 15.1 所示。

表 15.1　调试选项表

set -o选项	命　令　行	选项的功能
noexec	与命令set -n的功能相同	不运行命令，只检查语法错误
verbose	与命令set -v的功能相同	在运行命令之前先打印命令
xtrace	与命令set -x的功能相同	在命令行处理之后打印命令

例如，在 ksh 命令行下设置 set -o xtrace 选项，看看执行命令后会有什么结果：

```
$ set -o xtrace
$ var1=bob
+ var1=bob
$ print "$var1"
+ print bob
bob
$ ls -l $(whence vim)
+ whence vim
+ ls --color=tty -l /usr/bin/vim
-rwxr-xr-x 1 root root 2731628 Jun  13  2022 /usr/bin/vim
$
```

可以看到，xtrace 选项会在命令行已经进行过参数替换、命令替换和其他命令行处理步骤之后打印命令行的内容。

ksh 还提供了更复杂的调试辅助工具，即 3 个可以使用在 trap 语句中的“假信号”，它们可以使 Shell 在特定条件下采取相应的行动。这些假信号就像真的一样，只不过它们是由 Shell 产生的（不像真信号是由底层的操作系统发出的）。这 3 个信号及其含义如下：

- EXIT：当 Shell 从函数或脚本中退出时会发送此信号。
- ERR：当命令返回一个非 0 退出状态时会发送此信号。
- DEBUG：在每个语句执行后都会发送此信号。

当在脚本或函数中设置了捕获 EXIT 信号时，在函数或脚本退出时将执行指定的操作。下面的脚本 demo_trapEXIT.ksh 是一个捕获 EXIT 信号的例子：

```
$ cat demo_trapEXIT.ksh
#!/bin/ksh

function func {

 print 'Start of the function.'
 trap 'print "Exiting from the function."' EXIT

}

print 'Start of the script.'

trap 'print "Exiting from the script."' EXIT

func
```

脚本的运行结果如下：

```
$ chmod +x demo_trapEXIT.ksh
$ ./demo_trapEXIT.ksh
Start of the script.
Start of the function.
Exiting from the function.
Exiting from the script.
```

不管脚本或函数的退出状态是否正常，都会发生一个 EXIT 捕获。

捕获信号 ERR 的代码可以利用 ksh 的内部变量“?”(用于存储前一个命令的退出状态)，使用此信号的一个简单且有效的方法是把如下一段代码放入想调试的脚本中：

```
function errtrap {

  status=$?
  print "ERROR: Command exited with status $ status."

}

trap errtrap ERR
```

还可以对上述代码做进一步的完善。例如，如果能显示出现错误的行的编号，则会对调试脚本更有帮助。在捕获 ERR 信号时，将 ksh 的内部变量$LINENO 作为参数传入即可，将上面的代码改进如下：

```
function errtrap {

  status =$?
  print "ERROR line $1: Command exited with status $status."

}

trap 'errtrap $LINENO' ERR
```

使用 DEBUG 信号是实现 ksh 调试器的基础。事实上，DEBUG 捕获把在大型软件开发项目中实现有效的 Shell 调试程序的任务变成了可控的运用。

3. ksh的安全特性

Linux（UNIX 或类 UNIX）系统与 Shell 有一些关联的安全问题，它也是系统管理员所担心的问题。ksh 具有帮助解决这个问题的 3 个特性，它们分别是：受限制的 Shell、跟踪别名功能和特权模式。

受限制的 Shell 是将用户放到一个他（她）的移动能力和写文件能力被严格限制的环境，通常用于访客账户。可以将 rksh 或 ksh –r 放入用户的/etc/passwd 目录下，对用户登录 Shell 加以限制。

由受限制的 Shell 强加的特定约束不允许用户执行如下操作：

- 变更工作目录：此时使用 cd 命令是无效的。如果尝试使用此命令，将会得到错误信息 ksh: cd: restricted。
- 重定向输出到文件：重定向符“>、>|、<>和>>”也是不允许使用的。
- 给环境变量 SHELL、ENV 和 PATH 指定新值。
- 指定任何路径名中带有斜杠“/”的路径：Shell 会将当前目录以外的文件视为“未找到”。

跟踪别名是 ksh 用于防止特洛伊木马攻击的一种方式。首先，ksh 为几乎所有的常用工具如 ls、mv、cp、who、grep 及其他工具都定义了跟踪别名。由于别名优先于可执行文件，所以别名总是会运行，而特洛伊木马则不会被运行。

此外，如果输入命令“alias -t”想查看所有的跟踪别名，则 Shell 不会让你知道这些别名。因此，如果想入侵系统，那么将很难找到一个可以作为特洛伊木马的命令。这是一个非常聪明且未公开的安全特性。

特权模式是 ksh 用于防止特洛伊木马攻击的另一种方式。通过如下命令来实现：

```
$ set -o privileged
```

或者：

```
$ set -p
```

每当 Shell 执行一个设置了 suid 位的脚本时，Shell 会自动进入特权模式。

在特权模式下，当一个具有 suid 的 ksh 脚本被调用时，Shell 不会运行用户的环境文件，即它不会扩大用户的 ENV 环境变量，而是运行文件/etc/suid_profile。

配置文件/etc/suid_profile 的编写应该以与受限制的 Shell 类似的方式限制具有 suid 位的 ksh 脚本，至少应该将 PATH 环境变量设为只读，其命令如下：

```
typeset -r PATH
```

或者：

```
readonly PATH
```

并将 path 设置为一个或多个安全目录，这样可以防止任何诱饵被调用。

由于特权模式是一个选项，所以可以使用如下命令关闭特权模式：

```
$ set +o privileged
```

或者：

```
$ set +p
```

这样 Shell 会自动将有效用户的 ID 改变为与真实用户的 ID 相同，即如果关闭了特权模式，就关闭了 suid。

特权模式是一个优秀的安全特性，它解决了原始环境文件第一次出现在 C Shell 中时的引入问题。

15.2.3　ksh 的内部变量

ksh 记录了几个 Shell 的内部变量。按照惯例，内部变量的名称都为大写字母。定义变量的语法和别名的语法类似，如下所示：

```
varname=value
```

定义内部变量的语法如下：

```
VARNAME=value
```

等号“=”的两侧不能有空格，如果指定的值不止一个单词，则其必须被等号括起。

ksh 中有几个变量与前面讲到的命令行编辑模式相关，这些变量分别如下：

- COLUMNS：用于定义终端窗口的字符列（column）宽度。它的标准值是 80（有时是 132），尽管如此，如果使用类似于 X Window 这样的窗口系统，那么可以将终端窗口设置为希望的任何大小。

- LINES：定义在文本行（line）下终端的长度。终端的标准值是 24。同样，如果使用窗口系统，那么通常可以将其调整为任意大小。
- HISTFILE：命名历史文件（history file）的名称。用于编辑模式操作。
- EDITOR：变量用于定义文本编辑器（editor）的路径名。后缀（emacs 或 vi）决定哪个编辑模式被使用。
- VISUAL：与 EDITOR 相似，如果 EDITOR 没有被设置则使用该变量，反之亦然。
- FCEDIT：与 fc 命令结合使用的编辑器的路径名。

上述变量中前两个变量有时会被文本编辑器和其他屏幕导向程序使用，前提是这两个变量被正确地设置。虽然 ksh 和大部分窗口系统应该知道怎样正确地设置这两个变量，但是当屏幕导向程序有显示问题时，应该查看变量 COLUMNS 和 LINES 的值。

内部变量 TERM 对于程序来说是极其重要的，如文本编辑器，此外还包括所有屏幕编辑器（如 Vi 和 Emacs）、more 和无数的第三方应用程序。

因为用户会花费越来越多的时间在程序上，而使用 Shell 却越来越少，所以正确地设置 TERM 变量是极其重要的。在大部分情况下系统管理员会帮用户设置好 TERM 变量，但在你需要自己设置的情况下，可以参考一些指导方法。

TERM 的值必须是一个由小写字母组成的看起来像 terminfo 数据库中的文件名的短字符串。这个 terminfo 数据库是在目录/usr/lib/terminfo 下的两层目录文件。这个目录包含以单个字符命名的子目录，而每个子目录包含以该目录的字母开头的所有终端信息文件。每个文件描述告诉有问题的终端怎样做一些常见的事情。例如，把光标移到屏幕上的适当位置、滚动屏幕、插入文本等，这些描述是二进制格式的。

终端描述符文件的名称和被描述的终端名是一样的，有时会使用一个缩写。例如，DEC VT100 在文件/usr/lib/terminfo/v/vt100 中进行描述，一个 X Window 系统中的 XTerm 终端窗口在文件/usr/lib/terminfo/x/xterm 中进行描述。

有时 Linux 软件会错误地设置 TERM 变量，这通常发生在 X 终端和基于 PC 的 UNIX 系统中。因此在做进一步的操作之前，应该先通过输入命令 print $TERM 检查变量 TERM 的值。如果发现 Linux 系统没有设置正确的值，则需要自己找到合适的 TERM 的值。如果没有系统管理员来帮你做这件事，那么找到 TERM 的值的最好方法就是推测 terminfo 的名称，并在目录/usr/lib/terminfo 下通过 ls 命令查找以这个名称命令的文件。例如，如果终端是 Blivitz BL-35A，那么可以尝试如下命令：

```
$ cd /usr/lib/terminfo
$ ls b/bl*
```

如果命令执行成功，则会看到如下内容：

```
bl35a          blivitz35a
```

在上面的示例中，这两个名字类似于同一终端描述符的同义词（软链接），因此可以使用它们中的任何一个作为 TERM 的值。换句话说，可以把这两行中的任一行放入.profile 中：

```
TERM=bl35a
TERM=blivitz35a
```

如果命令没执行成功，不会打印任何内容，那么必须做另一个猜测再试一次。如果发现 terminfo 不包含任何与终端类似的内容，那么需要查阅终端手册，看看终端是否可以模拟更流行的模型，对于现在的大部分终端来说都是可以的。

相反，terminfo 可能有多个条目关联到终端，分别用于子模型、特定的模式等。如果有多个选择可以作为 TERM 的值，建议使用文本编辑器或其他你使用的屏幕导向程序测试每一个值，看哪一个最合适。

另一个重要的内部变量是 PATH，但值得注意的是搜索你的 PATH 变量中的目录可能会花费较长时间，一些 PATH 搜索所涉及的大量磁盘读写操作的时间可能比调用命令的运行时间还长。

为此，ksh 提供了一种避免 PATH 搜索的方法：即跟踪别名机制。首先请注意，如果通过给出命令的全路径来指定一个命令，那么 Shell 甚至不会使用 PATH 变量，而是直接执行文件。

如果开启了跟踪别名，那么当第一次调用一个别名时，Shell 会以正常的方式（通过 PATH）查找可执行文件，然后会把该命令作为别名来存储命令的全路径名，因此当下次再调用命令时，Shell 将使用全路径名，不会再搜索 PATH。如果修改了 PATH，Shell 会把跟踪别名标记为未定义，以便在调用相应的命令时，可以再次搜索全路径。

事实上，可以单纯为了避免对经常使用的命令的 PATH 查找而添加跟踪别名，只需要将如下命令行放入.profile 或环境文件中，Shell 会自己替换命令的全路径。

```
alias -t command = command
```

ksh 的内部变量 CDPATH 的值和 PATH 变量的值类似，是一个由冒号分隔的目录列表，它的目的是增加内部命令 cd 的功能。

默认情况下，CDPATH 变量是不设置的（意味着它为空），当输入命令 cd *dirname* 时，Shell 将会在当前目录下查找名称为 dirname 的子目录（和 PATH 变量类似，当 dirname 以斜杠“/”开头时是不会进行此查找操作的）。如果设置变量 CDPATH，就给 Shell 提供了一个查找 dirname 的位置列表，这个列表可能包含也可能不包含当前目录。

下面是一个例子，现在假设在目录“~/work/projects/devtools/windows/confman”下有几个子目录是经常要访问的，它们分别叫作 src、bin 和 doc。定义的 CDPATH 变量如下：

```
CDPATH=:~/work/projects/devtools/windows/confman
```

根据这个设置，如果你输入命令 cd doc，那么 Shell 将在当前目录下查找名称为 doc 的子目录。如果它没有找到，则会在 CDPATH 定义的目录“~/work/projects/devtools/windows/confman”中查找。如果 Shell 在那里找到了 doc 目录，则会直接切换到那个目录下。

当经常需要通过 cd 命令到文件层级较深的目录中时，cd doc 命令提供了一种便捷的方式。

15.2.4　ksh 的内部命令

内部命令有两种类型：特殊内部命令和常规内部命令。特殊内部命令与常规内部命令的区别主要在如下几个方面：

- 特殊内部命令的语法错误可能会引起 Shell 执行命令结束。而常规内部命令的语法错误不会发生这个问题。如果特殊内部命令的语法错误没有结束 Shell 程序，那么它的退出值将是非 0。

- 由特殊内部命令指定的变量赋值在命令结束之后仍然有效。
- 输入、输出重定向在参数赋值之后处理。

下面先了解 ksh 的特殊内部命令。

- . File [Argument ...]：用于读取指定文件中的全部内容，然后将它们作为命令来执行。这些命令在当前 Shell 环境中执行。使用 PATH 变量指定的搜索路径来查找包含这些命令的目录。如果在此命令后指定了参数，则这些参数将变为位置参数，否则，位置参数不变。此命令的退出状态是指定的 File 中最后一条被执行的命令的退出状态。

注意：. File [Argument ...]命令是在执行任何命令之前先读取整个文件的内容。因此，指定的文件 File 中的 alias 和 unalias 命令不会应用于定义在此文件中的任何函数。

- break [n]：用于从 for、while、until 或 select 循环中退出。如果指定了参数 n，此命令会中断由参数 n 指定的层级数。参数 n 的值是大于或等于 1 的任意整数。
- continue [n]：继续 for、while、until 或 select 循环的下一个迭代。如果指定了参数 n，则命令会在循环的第 *n* 个迭代继续。参数 n 的值是大于或等于 1 的任意整数。
- eval [Argument ...]：读取指定的参数作为 Shell 的参数，并执行生成的命令或原有命令。
- exec [Argument ...]：在当前 Shell 下（并不创建新的进程）执行由参数指定的命令。输入、输出参数可以出现并影响当前进程。如果不指定参数，exec 命令会修改由输入、输出重定向列表规定的文件描述符。在这种情况下，任何以这种机制打开的大于 2 的文件描述符在调用其他程序时都会关闭。
- exit [n]：以由参数 n 指定的退出状态退出 Shell。参数 n 必须是一个范围为 0～255 的无符号十进制整数。如果省略参数 n，则退出状态是最后一条执行命令的退出状态。除非在特殊内部命令 set 的 ignoreeof 选项开启的情况下，EOF 字符同样也会退出 Shell。
- export [-p] [Name[=Value]]：标记指定的变量自动输出到后续执行命令的环境中。-p 选项用于将所有输出的变量的 Name 和 Value 写到标准输出，其格式如下：

```
export Name= Value
```

- newgrp [Group]命令相当于如下命令：

```
exec /usr/bin/newgrp [Group]
```

注意：newgrp 命令不返回。

- readonly [-p] [Name[=Value]] ...：将由参数 Name 指定的变量标记为只读。这些变量不能被后续的赋值所修改。
- return [n]：使 Shell 函数返回到调用的脚本。返回状态由参数 n 指定。如果省略参数 n，则返回最后一个执行的命令的状态。如果在函数或脚本的外部调用 return 命令，那么它等同于 exit 命令。
- set[+|-abCefhkmnostuvx] [+|-o Option]... [+|-AName] [Argument...]：如果不指定任何参数和选项，set 命令会显示当前环境中的所有 Shell 变量的名称和值。如果指定了选项，将会设置或取消 Shell 的相应属性。

- shift [n]：从$n+1 开始到$1，重命名位置参数。参数 n 的默认值是 1。参数 n 可以是任何其值为小于或等于特殊参数$#的非负整数的算术表达式。
- times：打印 Shell 或从 Shell 运行的进程的累计用户和系统时间。
- trap [Command] [Signal] …：当 Shell 收到指定的信号时运行指定的命令。参数 Command 在设置捕获时读取一次以及当捕获被处理时读取一次。参数 Signal 可以通过数值或信号名指定。设置捕获被当前忽略的信号的任何尝试都将是无效的。如果参数是-，则所有的捕获都将被重置为它们的原始值。如果参数 Signal 的值是 ERR，那么每当命令的退出状态为非 0 时，指定的命令 Command 则被执行。如果信号是 DEBUG，那么在每个命令执行之后，指定的命令 Command 会被执行。如果参数 Signal 的值是 0 或 EXIT 信号并且 trap 命令是在函数内执行，那么指定的命令 Command 是在函数运行完成后执行。如果参数 Signal 的值是 0 或 EXIT 信号，而 trap 命令设置在任何函数之外，那么指定的命令 Command 是在退出 Shell 时执行。不带任何参数的 trap 命令会打印与每个信号关联的命令列表。如果指定的 Command 为空，表示为""（空双引号），那么 ksh 命令将忽略信号。
- typeset [+HLRZfilrtux [n]] [Name[=Value]] ...：为 Shell 参数设置属性和值。当此命令在函数内被调用时，参数 Name 的新实例将被创建。当函数执行完成时参数的值和类型会恢复。
- unset [-fv] Name ...：注销由 Name 指定的变量或函数的属性和值。如果指定了-v 选项，那么参数 Name 代表变量名，Shell 将把它从环境中注销并移除。只读变量可以被注销。注销 ERRNO、LINENO、MAILCHECK、OPTARG、OPTIND、RANDOM、SECONDS、TMOUT 和下画线（_）变量将移除它们的特殊含义，即使它们是后来被赋值的。如果指定了-f 选项，那么参数 Name 代表函数名，Shell 将注销指定函数的定义。

ksh 还提供了一些常规的内部命令，接下来一起学习。

1. alias命令

alias [-t] [-x] [AliasName[= String]] ...：创建或重新定义别名，或将现有的别名定义在标准输出上显示。

【例 1】修改 ls 命令使它显示文件的详细信息：

```
$ alias ls='ls -CF'
```

【例 2】使用 1KB 单位的 du 命令：

```
$ alias du=du\ -k
```

【例 3】查看 ls 命令的全路径：

```
$ alias -t ls
ls=/usr/bin/ls
```

2. bg命令

bg [JobID...]：把指定的作业放到后台执行。如果没有指定参数 JobID，则把当前的作业放到后台执行。

例如，假设 jobs 命令的输出显示有如下停止的作业：

```
[2] + Stopped (SIGSTOP)  sleep 100 &
```

可以使用如下命令使作业 sleep 100 &继续运行：

```
$ bg %2
```

屏幕将显示作业 2 的新状态：

```
[2] sleep 100 &
```

3．fg命令

fg [JobID]：把指定的作业放到前台运行。如果没有指定任何作业，此命令会把当前作业放到前台运行。

例如，我们运行了如下命令：

```
$ sleep 100 &
[1]    30140
```

使用命令 jobs -l 将会看到如下作业在后台运行，其作业 ID 为 1：

```
$ jobs -l
[1] + 30140     Running                 sleep 100 &
```

现在使用如下命令，将上述作业放到前台运行：

```
$ fg %1
```

这时在屏幕上将看到如下信息：

```
sleep 100
```

4．getopts命令

getopts OptionString Name [Argument ...]：处理命令行参数和检查有效的选项。

【例 1】下面的 getopts 命令指定 a、b、c 是有效的选项，并且选项 a 和 c 具有参数：

```
getopts a:bc: OPT
```

【例 2】下面的 getopts 命令指定 a、b、c 是有效选项，选项 a 和 b 有参数，而当遇到一个未定义的命令行选项时，getopts 会将 OPT 的值设为？：

```
getopts :a:b:c OPT
```

【例 3】下面是一段解析和显示脚本参数的代码：

```
aflag=
bflag=

while getopts ab: name
do

  case $name in
  a) aflag=1;;
  b) bflag=1
    bval="$OPTARG";;
  ?) printf "Usage: %s: [-a] [-b value] args\n" $0
    exit 2;;
  esac

done

if [ ! -z "$aflag" ]
then
```

```
  printf "Option -a specified\n"

fi

if [ ! -z "$bflag" ]
then

        printf 'Option -b "%s" specified\n' "$bval"

fi

shift $(($OPTIND -1))

printf "Remaining arguments are: %s\n" "$*"
```

5．jobs命令

jobs [-l|-n|-p] [JobID...]：显示在当前 Shell 环境下启动的作业的状态。如果没有指定 JobID，将显示所有活跃的作业的状态信息。如果一个作业被报告为终结，那么 Shell 会将此作业的进程 ID 从当前 Shell 环境已知的列表中移除。

【例 1】显示当前 Shell 环境下所有作业的状态，输入如下命令：

```
$ jobs -l
```

屏幕会显示如下输出信息：

```
+[4] 139  Running       sleep 50 &
-[3] 465  Stopped       mail yantaol
 [2] 687  Done(1)       foo.bar&
```

【例 2】如果要显示名称以字母 s 开头的作业的进程 ID，则输入如下命令：

```
$ jobs -p %s
```

我们使用例 1 中报告的作业，屏幕将显示如下进程 ID：

```
139
```

6．kill命令

kill 命令用于发送一个信号给运行的进程，其语法如下：

```
kill[-s{SignalName|SignalNumber}]ProcessID...
kill[-SignalName|-SignalNumber]ProcessID...
```

【例 1】终止指定的进程。如要终止 PID 为 1095 的进程，可以输入如下命令：

```
$ kill 1095
```

【例 2】停止忽略默认信号的进程，使用如下的命令：

```
$ kill -kill 2098 1569
```

上述命令将发送信号 9，即 SIGKILL 信号给进程 ID 为 2098 和 1569 的进程。信号 SIGKILL 是通常不能被忽略和覆盖的特殊信号。

【例 3】停止所有用户自己的进程并注销用户的账号，使用如下命令：

```
$ kill -kill 0
```

上述命令发送信号 9（SIGKILL 信）给进程组 ID 等于发送者的进程组 ID 的所有进程。因为 Shell 不能忽略 SIGKILL 信号，所以这个账号同样会停止登录 Shell。

【例 4】停止用户自己的所有进程，使用如下命令：

```
$ kill -9 -1
```

上述命令发送信号 9 给有效用户拥有的所有进程，即使这些进程启动在其他作业区或属于其他进程组。

【例 5】发送一个不同的信号代码到一个进程，使用如下命令：

```
$ kill -USR1 1103
```

kill 命令的名称很容易给人造成误解，因为很多信号是不终止进程的，如 SIGUSR1 信号。信号 SIGUSR1 所采取的行为由运行的特定程序定义。

7．let命令

let Expression...命令用于对算术表达式求值。如果最后一个表达式的值为非 0，那么其退出状态为 0，否则为 1。

例如，求一个简单表达式 8*(10-3)的值，使用如下命令：

```
$ let "y = 8 * (10 - 3)"

$ echo $y
56
```

8．pwd命令

pwd 命令相当于命令 print -r - $PWD。ksh 的内部命令 pwd 不支持软链接。

read[-prsu[n]] [Name?Prompt] [Name...]：获取 Shell 输入。读取一行的内容，并使用变量 IFS 变量中的字符将其分为若干列。

【例 1】下面一段脚本代码用于打印文件的内容，将文件中每行第一列的内容移到行尾：

```
while read -r xx yy
do
  printf "%s %s/n" $yy $xx
done < InputFile
```

【例 2】从命令行读取输入并将其分隔为列，使用“Please enter: ”作为提示，其命令如下：

```
$ read word1?"Please enter: " word2
```

运行上述命令后，系统将显示：

```
Please enter:
```

此时，如果输入 hello world 后按 Enter 键，将得到如下结果：

```
Please enter: hello world
$ echo $word1
hello
$ echo $word2
world
```

【例 3】保留输入文件的副本作为历史文件中的命令，使用如下命令：

```
$ read -s line < InputFile
```

如果文件 InputFile 中包含 echo hello world，那么 echo hello world 将被保存为历史文件中的一条命令。

9．setgroups命令

setgroups 命令将执行/usr/bin/setgroups 命令，setgroups 命令会作为一个单独的 Shell 运行。在 ksh 中还存在一个内部命令 setgroups，此命令会调用一个子 Shell，而/usr/bin/setgroups 与其不同，它会替换当前运行的 Shell。因为此内部命令只是为了兼容性而存在，所以建议脚本使用绝对路径/usr/bin/setgroups 而不是此内部命令。

【例 1】直接使用 setgroups 命令可以显示当前的组成员关系和进程组的设置，其输出如下：

```
$ setgroups
yantaol:

   user groups = staff,payroll
   process groups = staff,payroll
```

【例 2】添加 finance 组到当前会话的进程组，使用如下命令：

```
$ setgroups -a finance
```

【例 3】设置真实组为 finance，使用如下命令：

```
$ setgroups finance,staff,payroll
```

上述命令设置 finance 为真实组。组 staff 和 payroll 构成补充组列表。

【例 4】从当前进程组设置中删除 payroll 组，使用如下命令：

```
$ setgroups -d payroll
```

【例 5】将进程组设置改回默认设置，使用如下命令：

```
$ setgroups -
```

上述命令将当前会话重置为登录后的最初状态。

10．setsenv命令

setsenv 命令将执行/usr/bin/setsenv 命令，setsenv 命令将替换当前执行的 Shell。

【例 1】显示当前的环境变量，其命令如下：

```
$ setsenv
```

【例 2】添加 PSEUDO=yantaol 为受保护的环境变量，其命令如下：

```
$ setsenv PSEUDO=yantaol
```

上述命令为受保护环境变量 PSEUDO 设置一个用户名。

11．test命令

test 命令用于计算条件表达式，与[expression]的作用相同。

12．ulimit命令

ulimit [-HSacdfmst] [Limit]：设置或显示定义在文件/etc/security/limits 中的用户进程资源限制。此文件中定义的值被作为用户添加到系统时的默认设置。这些值可以在用户添加到系统时使用 mkuser 命令设置或使用 chuser 命令修改。限制被分为软限制和硬限制两种。用户可以使用 ulimit 命令修改软限制到硬限制的最大值。必须有 root 用户权限才能修改资源硬限制。

13．umask命令

umask [-S] [Mask]：确定文件权限。权限掩码 Mask 的值与创建进程的权限共同决定创建的文件的权限。它的默认值是 022。如果没有指定参数 Mask，则 umask 命令会在标准输出上显示当前 Shell 环境的文件模式创建掩码。

【例 1】设置模式掩码，使后续创建的文件具有 775 的权限，其命令如下：

```
$ umask a=rx,ug+w
```

或者：

```
$ umask 002
```

【例 2】显示当前模式掩码的值，其命令如下：

```
$ umask
0002
```

【例 3】使用-S 选项产生符号输出，其命令如下：

```
$ umask -S
u=rwx,g=rwx,o=rx
```

【例 4】设置模式掩码，使后续创建的文件清除所有写权限位，其命令如下：

```
$ umask -- -w
```

注意：在上面的例子中，参数 Mask 的值-x、-r、-w 之前必须是双连字符“--”，以防止它们被解释为 umask 命令的一个选项。

14．unalias命令

unalias{-a|AliasName...}：移除每个指定的 AliasName 或所有的别名定义。

15．wait命令

wait[ProcessID...]：等待指定的作业和终端。如果不指定一个作业，此命令会等待所有当前活跃的子进程。此命令的退出状态是它等待的那个进程的退出状态。

16．whence命令

whence [-pv]Name...：指示指定的参数 Name 如果被作为一个命令名将被如何解释。如果不指定任何选项，whence 命令将显示指定的参数 Name 对应的绝对路径名（如果存在）。

15.2.5　增强的 ksh93u+

ksh93u+是 Korn Shell 的最新版本，这个增强版本不仅向前兼容旧版本的 ksh（ksh88），还包括一些在 ksh88 中不可用的额外特性。一些脚本在 ksh93u+中运行与在 ksh88 中运行也会有所不同，因为这两个 ksh 的变量处理有所区别。下面来了解一下与 ksh88 相比，ksh93u+引入了哪些新特性。

1．改进的算法

可以在算术表达式中使用 libm 函数库（典型的 C 语言中的函数），如“value= $((sqrt(9)))”。ksh93u+提供了更多的算术操作符，包括一元操作符“+、++、--”和“?:”结构（如“x ? y : z”）以及“,”（逗号）操作符。ksh93u+支持 64 位的算术运算，还支持浮点运算。typeset -E 可以用于指定有效位的个数，而 typeset -F 可以用于指定一个算术变量小数位的个数。SECONDS 变量可以显示精确到百分位的秒数而不是只精确到个位。

2．支持复合变量

ksh93u+增加了对复合变量的支持。复合变量允许用户在一个变量名内指定多个值，其语句如下：

```
$ myvar=( x=1 y=2 )
```

如果要分别显示 myvar 变量的两个值，则其语法如下：

```
$ echo ${myvar.x}
1
$ echo ${myvar.y}
2
```

从上面的语法中可以看出，如果要使用每个下标变量的值，那么需要在父变量与下标变量之间使用句号（.）分隔。

3．支持复合赋值

在初始化数组时，ksh93u+支持复合赋值，并对索引数组和联合数组都支持。指定的值被放在圆括号中，复合赋值的语句如下：

```
$ numbers=( zero one two three )
```

下面查看数组 numbers 中元素的值，使用如下语句：

```
$ echo ${numbers[0]}
zero
$ echo ${numbers[2]}
two
```

4．支持联合数组

联合数组是使用字符串作为索引的数组。在 ksh93u+中，使用 typeset 命令的-A 选项允许指定一个联合数组，语句如下：

```
$ typeset -A studentsnum
$ studentsnum=( [class1]=35 [class2]=29 )
```

如果要显示上述联合数组中某个元素的值，那么可以使用如下语句：

```
$ echo ${studentsnum[class1]}
35
```

5．支持变量名引用

在 ksh93u+中，使用 typeset 命令的-n 选项允许指定一个变量名作为另一个变量的引用。这样，修改一个变量的值就会依次修改引用变量的值。通过下面这个例子来了解变量名的引用：

```
$ greeting="hello"
$ typeset -n welcome=greeting
$ welcome="hi there"
$ print $greeting
hi there
```

6．增强的参数扩展

在 ksh93u+中增加了如下一些参数扩展命令。

${!varname}表示变量 varname 本身的名称。例如，定义一个名称为 var 的变量，然后使用 echo 查看${!var}的值，其命令结果如下：

```
$ var=1
$ echo ${!var}
var
```

${!varname[@]}表示数组 varname 的所有索引。通过下面的例子来了解${!varname[@]}的含义：

```
$ arrlist=( zero one two three )
$ echo ${!arrlist[@]}
0 1 2 3
```

${param:offset}表示 param 的值的子字符串，此字符串从 offset 所指定的位置开始。通过下面的例子来了解${param:offset}的含义：

```
$ var="hello world"
$ echo ${var:5}
world
```

${param:offset:num}表示 param 的值的字符串，从 offset 位置开始，长度为 num。以上例中的变量为例：

```
$ echo ${var:0:5}
hello
```

${@:offset}指示所有位置参数，从 offset 开始。

${@:offset:num}指定从 offset 开始的 num 个位置参数。

${param/pattern/repl}用指定的字符串 repl 替换 param 的值中第一个匹配模式 pattern 的字符串，其值为替换后的 param 的值，但 param 本身的值不变。

${param//pattern/repl}用指定的字符串 repl 替换 param 的值中所有匹配模式 pattern 的字符串，其值为替换后的 param 的值，但 param 本身的值不变。

${param/#pattern/repl}如果 param 的值以模式 pattern 开头，那么它将被 repl 替换，其值为替换后的 param 的值，但 param 本身的值不变。

${param/%pattern/repl}如果 param 的值以模式 pattern 结尾，那么它将被 repl 替换，其值为替换后的 param 的值，但 param 本身的值不变。

7．提供约束函数

约束函数是与特定的变量关联的函数。它允许每次定义和调用用于引用、设置或取消变量的函数。这些函数采用 varname.function 的格式，varname 是变量名，function 是约束函数。预定义的约束函数有 get、set 和 unset。

varname.get 函数在每次变量 varname 被引用时调用。如果在这个函数中设置了特殊变量.sh.value，那么变量 varname 的值会变为此特殊变量的值。例如，在命令行定义了一个函数 time.get：

```
$ function time.get
> {
>   .sh.value=$(date +%r)
> }
```

接下来打印变量 time 的值，将得到如下结果：

```
$ echo $time
07:14:49 PM
$ echo $time
07:15:12 PM
```

varname.set 函数在每次变量 varname 被设置时调用。如果在这个函数中设置了特殊变量.sh.value，那么变量 varname 的值会被赋值为此特殊变量的值。例如，在命令行定义了一个函数 adder.set：

```
$ function adder.set
> {
>   let .sh.value="${.sh.value} + 1"
> }
```

接下来在命令行中给变量 adder 赋值，再查看变量 adder 的值，将会得到如下的结果：

```
$ adder=0
$ echo $adder
1
$ adder=$adder
$ echo $adder
2
```

varname.unset 函数在每次变量 varname 被取消时调用。

8．提供不同的函数环境

用 function funcname 格式声明的函数运行在一个单独的函数环境并支持本地变量；用 funcname()格式声明的函数与父 Shell 运行在同一个环境下。

命令返回值：

- 如果执行的命令没有找到，则返回值是 127。
- 如果执行的命令为不可执行文件，则返回值是 126。
- 如果命令是可执行的但被信号终结，则返回值是 256+信号值。

9．支持PATH搜索规则

首先搜索特殊内部命令，然后是所有函数（包括那些在 FPATH 目录中的），最后是其他内部命令。

10．新增的内部命令

在 ksh93u+中增加了如下内部命令：

- builtin 命令：列出所有可用的内部命令。
- printf 命令：工作原理与 C 库例程 printf()类似。

- disown 命令：阻止 Shell 发送 SIGHUP 信号到指定的命令。
- getconf 命令：其工作原理与命令/usr/bin/getconf 类似。
- read 命令增加了如下选项：
- read -d {char}允许指定一个字符分隔符替代默认的换行符。
- read -t {seconds}允许指定一个时间限制：在几秒钟之后，read 命令会超时。如果 read 命令超时，将返回 FALSE。
- exec 命令增加了如下选项：
  - exec -a {name} {cmd}指定使用 name 替换 cmd 命令的参数 0。
  - exec -c {cmd}让 exec 在执行 cmd 命令之前清除环境。
- kill 命令增加了如下选项：
  - kill -n {signum}用于指定发送给进程的信号值。
  - kill -s {signame}用于指定发送给进程的信号名。
- whence 命令增加了如下选项：
  - -a 选项用于显示所有匹配。
  - -f 选项用于跳过函数的搜索。
- 所有常规内部命令都识别-?选项，用于显示指定命令的语法。

ksh93u+与 ksh 的不同之处主要有以下几点：

- 在 ksh93u+中，不能使用内部命令 typeset -fx 来导出函数。
- 在 ksh93u+中，不能使用 alias -x 内部命令来导出别名。
- 在 ksh93u+中，一个美元符号后跟一个单引号（$'）被解释为一个 ANSI C 字符串。必须用双引号将美元符号括起来（\"$\"'）得到老的 ksh 的结果。
- ksh93u+内部命令的参数解析逻辑已经被改变。在 ksh 中可用的内部命令的非法参数结果组合在 ksh93u+中将无法工作。例如，在 ksh 中，typeset -4i 的执行结果与 typeset -i4 类似，但在 ksh93u+中，typeset -4i 就无法工作。
- ksh93u+移除了 ERRNO 变量。
- 在 ksh93u+中，对于非交互式 Shell，重定向符号后的文件名不会被扩展。
- 在 ksh93u+中，必须使用 alias 内部命令的-t 选项显示跟踪别名。
- 在 ksh93u+中的 Emacs 编辑模式下，按 Ctrl+T 键会互换当前和前一个字符。而在 ksh 的 Emacs 模式下，按 Ctrl+T 键会互换当前和后一个字符。
- 在 ksh93u+中，不允许不对称的括号。例如，${name-(}需要一个转义字符${name-\(}。
- 在 ksh93u+中，kill -1 命令只显示信号名，不会显示数值。

15.3　Z Shell 概述

zsh 是一种功能强大的 UNIX Shell，是 Bash 和 Korn Shell 的进化版本，被广泛应用于 UNIX 和 Linux 系统中。本节将介绍 Z Shell 的相关知识。

15.3.1　zsh 简介

Z-Shell（简称 zsh）是由 Paul Falstad 在 1990 年开发的一个开源 UNIX Shell。zsh 是在 Bash 之上开发的，并在有效的命令解释器旁边提供了一个交互式登录 Shell。zsh 包含 bash、ksh、tcsh 等其他 Shell 中的许多优秀的功能，也拥有诸多自身特色。

15.3.2　zsh 的特性

zsh 是一种功能强大的 Shell，具有自动补全、插件支持、命令别名支持、强大的提示功能、历史命令查询、脚本编写等特性，具体描述如下：

- 自动补全：zsh 的自动补全功能非常强大，可以根据上下文和历史命令等自动补全命令、文件名和路径名等。
- 插件支持：zsh 支持插件，可以通过安装和配置插件来增强其功能，如语法高亮、命令别名、目录快速跳转等。
- 命令别名支持：zsh 支持命令别名，可以通过设置别名来快速执行常用的命令，简化命令输入。
- 支持多种配置文件：zsh 支持多种配置文件，包括.zshrc、.zlogin、.zprofile 和.zshenv 等，用户可以根据需要进行配置。
- 丰富的 Prompt：zsh 的 Prompt 非常丰富，可以显示各种有用的信息，如当前路径、Git 分支和时间等。
- 历史命令查询：zsh 支持历史命令查询，可以通过方向键或搜索功能查找和执行之前执行过的命令。
- 脚本编写：zsh 支持脚本编写，可以编写各种 Shell 脚本来完成自动化任务和批处理任务。

15.3.3　zsh 的内部变量

在 zsh 中也有内置变量可以使用，它们为用户提供方便，也可以提高工作效率。其中，常见的内置变量如下：

- $PAHT：指定 Shell 搜索命令或可执行文件的路径。默认的 PATH 变量包含常用的工具和应用程序的路径，如/usr/bin、/bin 和/sbin 等。
- $HOME：当前用户的主目录。
- $PWD：当前的工作目录。
- $USER：当前用户的用户名。
- $UID：当前用户的用户 ID。
- $SHELL：当前 Shell 的名称和路径。

如果要使用这些变量，语法格式如下：

```
echo $VARIABLE_NAME
```

例如，查看当前用户的主目录，执行命令如下：

```
echo $HOME
```

15.3.4　zsh 的内部命令

zsh 也提供了一些内部命令，用于在 Shell 内部执行。其中，常见的内部命令如表 15.2 所示。

表 15.2　zsh的内部命令

命　　令	描　　述
alias	设置别名
autoload	预加载Shell函数到内存中
bg	后台执行作业
builtin	执行内置命令而不是同名的外部命令
command	执行外部命令而不是内置的同名命令
emulate	仿真其他Shell
eval	当前Shell执行指定的命令和参数
exec	执行命令和参数来替换当前的Shell进程
zmodload	加载额外的模块操作

下面来看一个例子，使用 zmodload 命令查看当前已安装的模块，命令如下：

```
$ zmodload
zsh/compctl
zsh/complete
zsh/main
zsh/regex
zsh/zle
```

15.4　小　　结

下面总结本章所学的主要知识：

- C Shell（简称 csh）是由 Bill Joy 在 1979 年开发的。它是一种比 Bourne Shell（sh）更适于编程的 Shell。C Shell 的总体风格看起来更像 C 语言并且可读性更好。
- 在很多系统中（如 Mac OS X 和 RedHat Linux），csh 实际上是 tcsh，tcsh 是 csh 的改进版。在这些系统中，csh 和 tcsh 都链接到包含 tcsh 可执行程序的同一个文件中，因此它们都调用同一个 C Shell 的改进版。
- 我们知道 UNIX（以及 Linux 和类 UNIX）系统几乎完全由 C 语言写成，因此 C Shell 作为命令语言的首要目标就是在文体上尽量与系统其他部分保持一致。C Shell 的关键字、使用的圆括号、内部表达式语法和对数组的支持都是受 C 语言的影响。
- C Shell 的主要目标之一是更好地用于交互式应用。它引入了很多更简单、快速的新特性，可以更好地在终端使用。在这些特性中，重要的是历史记录、编辑机制、别名、目录堆栈、波浪号、cdpath、作业控制和路径散列法。

- C Shell 脚本的第一行为#!/bin/csh（如果此路径与用户系统中的路径不符，则需要替换）。
- tcsh 在 csh 基础上增强的主要功能包括：命令行编辑器，编辑指令，补全和列表，拼写校正，目录堆栈替换，自动、定期和定时事件，本地语言系统支持，终端管理和新增的变量。
- Korn Shell 简称为 ksh，它是由 David Korn 于 20 世纪 80 年代初期在贝尔实验室开发的，并于 1983 年 7 月 14 日在由高级计算机系统协会（USENIX）赞助的 USENIX 年度技术大会上宣布。自 2005 年初的 ksh93q 版本开始，它便遵循通用公共许可证（CPL），作为 AT&T 软件技术的开源软件集合的一部分。
- 最初的 ksh（ksh88）的功能被作为 POSIX.2（Shell 和实用程序）标准中命令解释器的基础。
- ksh 从 C Shell 中引入的新特性包括：作业控制、别名、函数和命令历史。
- ksh 与 Bourne Shell 相比的优势主要表现在：命令行编辑、集成编程特性、控制结构、调试功能、正则表达式、增强的 I/O 工具、新的选项和变量、提高了性能、安全特性。
- ksh、sh 和 csh 都有的控制结构是 if…else、for、case 和 while，而 select 控制结构是在 ksh 中新加入的。
- ksh 的特权模式是一个优秀的安全特性。它解决了原始环境文件第一次出现在 C Shell 中的引入问题。
- ksh93u+是 Korn Shell 的最新版本，这个增强版本不仅向前兼容旧版本的 ksh(ksh88)，还包括一些在 ksh88 中不可用的额外特性。
- 与 ksh88 相比，在 ksh93u+中引入的新特性包括：改进的算法、支持复合变量、支持复合赋值、支持联合数组、支持变量名引用、增强的参数扩展、提供约束函数、提供不同的函数环境、支持命令返回值、支持 PATH 搜索规则及一些新增的内部命令和选项等。
- Z-Shell（简称 zsh）是由 Paul Falstad 在 1990 年开发的一个开源 UNIX Shell。
- zsh 不仅包含其他 Shell 的许多优秀功能，而且其自身也提供了许多新的特性，如自动补全、插件支持、命令别名支持、丰富的 Prompt、历史命令查询和脚本编写等。

15.5　习　　题

一、填空题

1．C Shell 是由________在 1979 年开发的。

2．C Shell 是一个通常运行在________并允许用户输入命令的________。

3．Korn Shell 是由________于 20 世纪 80 年代初期在贝尔实验室开发的。

4．Z-Shell 是由________在 1990 年开发的一个开源 UNIX Shell。

二、选择题

1．下面用来设置存放的历史行的变量是（　　）。

A．history　　B．path　　C．prompt　　D．term

2．在 Korn Shell 中，从函数或脚本中退出时发送（　　）信号。

A．ERR　　B．DEBUG　　C．EXT　　D．EXIT

3．下面用来显示当前工作目录的变量是（　　）。

A．HOME　　B．PATH　　C．PWD　　D．UID

三、判断题

1．在定义变量时，等号“=”的两边都不能有空格。（　　）

2．不管使用哪种 Shell 编写脚本，在第一行都必须以“#!/ShellPathname”开头。（　　）